"十二五"普通高等教育本科国家级规划教材

大学物理学

（第三版）（下册）

主　编　吴　柳

副主编　王波波

高等教育出版社·北京

内容提要

本书是在第二版的基础上修订而成的。修订工作依据教育部高等学校物理学与天文学教学指导委员会编制的《理工科类大学物理课程教学基本要求》（2010年版）开展，并充分考虑了与现行高中物理教学的衔接。

全书分上、下两册，共20章，涵盖了基本要求的核心类和大部分拓展类内容，每册教学内容大约对应64学时。上册包括绪论，质点运动学，动量守恒定律，能量守恒定律，角动量守恒定律，刚体力学基础，流体力学简介，相对论，静电场，磁场，变化的电磁场；下册包括气体动理论，热力学基础，振动，波动，几何光学，波动光学，量子物理基础，原子、分子与固体，原子核简介。

本书突出物理学的基本思想方法，反映科技发展前沿和物理学基本原理的应用实际，彩版印刷，版式新颖，图文并茂，文字简洁，贴近生活，使用方便。

本书可作为高等学校理工科各专业大学物理课程的教材或教学参考书，也可供其他专业的教师和学生及社会读者阅读。

图书在版编目（CIP）数据

大学物理学. 下册 / 吴柳主编. -- 3版. -- 北京：
高等教育出版社, 2021.9
ISBN 978-7-04-056346-7

Ⅰ.①大… Ⅱ.①吴… Ⅲ.①物理学–高等学校–教材 Ⅳ.①O4

中国版本图书馆CIP数据核字(2021)第132774号

DAXUE WULIXUE

策划编辑	张海雁	责任编辑	张海雁	封面设计	张 楠	版式设计	张 楠
插图绘制	于 博	责任校对	刘丽娟	责任印制	朱 琦		

出版发行	高等教育出版社	网 址	http://www.hep.edu.cn
社 址	北京市西城区德外大街4号		http://www.hep.com.cn
邮政编码	100120	网上订购	http://www.hepmall.com.cn
印 刷	保定市中画美凯印刷有限公司		http://www.hepmall.com
开 本	850mm×1168mm 1/16		http://www.hepmall.cn
印 张	19	版 次	2003年10月第1版
			2021年9月第3版
字 数	505千字		
购书热线	010-58581118	印 次	2021年9月第1次印刷
咨询电话	400-810-0598	定 价	69.00元

本书如有缺页、倒页、脱页等质量问题，请到所购图书销售部门联系调换
版权所有 侵权必究
物 料 号 56346-00

第17章 波动光学　165

第18章 量子物理基础　217

静止的云其内部的大量水分子并不是静止的，而是以不同的速度向各个方向运动；而且受到重力的影响，越高处分子数密度越小，气压也越低. 海拔越高越缺氧就是这个原因，所以攀登高峰时往往需要携带氧气. 图中远处为世界最高峰珠穆朗玛峰.

12

气体动理论

思考题解答

组成宏观物体的大量微观粒子都在做永不停息的无规则运动，由于这种无规则运动的剧烈程度在宏观上表现为温度的高低，因此称为热运动.

热学（heat）的研究对象是大量微观粒子（分子、原子等）组成的系统（固体、液体、气体等），它的任务是研究物质热运动的规律. 热学理论分为热力学和统计物理学. 热力学（thermodynamics）是通过实验总结得到的关于热现象的宏观理论，统计物理学（statistical physics）则是关于热现象的微观理论.

统计物理学从物质的微观结构出发，应用微观粒子的基本运动规律和统计方法，寻求表征系统状态的宏观量与描述微观粒子状态的微观量的统计平均值之间的关系，从而揭示热现象的微观本质.

统计物理学是在气体动理论的基础上发展起来的. 关于气体动理论和理想气体读者在中学已有初步了解. 本章在理想气体模型的基础上运用统计方法给出温度、压强的微观解释和能量按自由度均分定理，然后重点讨论平衡态的经典统计分布，最后简单介绍内迁移现象和描述非理想气体的范德瓦耳斯方程.

12-1-1 平衡态 状态参量

按照分子动理论的基本观点，宏观物体都是由大量原子或分子等微观粒子（以下统称为分子）组成的，分子之间存在相互作用力，这些分子都在永不停息地做无规则运动。热学研究与热现象有关的问题，而一切宏观热现象本质上都是构成物质的大量分子无规则运动的外在表现，与分子的集体定向运动无关，因此这种大量分子的无规则运动也称为热运动。

热学研究的对象称为热力学系统（thermodynamic system），简称系统，它是做热运动的大量分子构成的有限的宏观物质体系。与系统相互作用的周围环境称为外界（surroundings）。例如，研究气缸中的气体时，气缸和活塞等就是外界。

外界与系统之间相互影响，当外界变化时系统的宏观性质也会随之变化。例如，图12-1所示的气缸中封闭有一定量的某种气体，外界和气体之间透过缸壁会传递分子热运动的能量（热量），当活塞从A移动到B时，处于气缸左边的气体分子将向右边的真空迁移，形成宏观粒子流，气体的宏观性质也会变化。但如果气缸处于恒温环境中且让活塞停在B处不动，事实表明，经过足够长时间后，气体与环境的能量交换和气体分子的宏观流动都将停止，气体的宏观性质也就不再变化。我们把这种与外界没有宏观能量和物质交换条件下，系统宏观性质不随时间变化的状态称为平衡态（equilibrium state）。显然，在气体达到平衡态之前的过程中，系统的状态都不是平衡态，称为非平衡态。应该注意，处于平衡状态时，系统宏观性质虽然不随时间变化，但从微观上看，组成系统的大量分子仍然在做热运动，所以说系统的平衡态是一种热动平衡。

平衡态的特征是系统内没有宏观的粒子流动和能量流动。如图12-2所示，均匀铜棒（系统）两端分别置于冰水和沸水中，经过足够长时间后也可以达到宏观性质（棒上温度分布）不随时间变化的状态，但棒与外界存在能量交换，棒中仍然有能量（热量）从高温端流向低温端，所以并不是平衡态。这种与外界存在能量或物质交换时系统宏观性质不随时间变化的状态称为稳恒态（steady state）。

今后若不特别说明，系统的状态均指平衡态。在平衡态下，热力学系统的各种宏观性质都不随时间变化，描述系统宏观状态的物理量都具有确定值。这些宏观物理量称为状态参量（state parameters），包括几何参量（如体积）、力学参量（如压强）、化学参量（如系统中各种组分的质量或物质的量）等。通常选取一组独立而又足以确定平衡态的状态参量作为自变量，其余状态参量则表示为它们的函数。

除质量外，能用压强p和体积V两个自变量描写的系统，简称pV系统。pV系

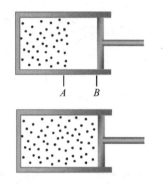

图12-1 封闭在绝热气缸中的气体开始时处于左边，右边为真空，随着时间推移，气体迁移到右边并最终达到各处均匀、宏观性质不变的平衡态

图12-2 两端分别置于沸水和冰水中的铜棒达到稳恒态时，其上温度分布不变

统可以是气体、液体和各向同性固体，本章仅限于讨论气体．气体没有固定形态，气体的体积是指气体分子所能到达的空间，它与气体分子自身总体积不同．对于盛在容器中的气体，如图12-3所示，气体分子所能到达的空间是容器的容积与气体分子自身占有的总体积之差．可见气体的体积比容器的容积小，只有当气体分子自身体积可以忽略时，其体积才等于容器的容积．在国际单位制中体积的单位是 m^3，它与常用单位升（L）的换算关系为 $1\ L = 10^{-3}\ m^3$．气体的压强是指气体作用于气体内或器壁上单位面积的正压力．在国际单位制中压强的单位是帕斯卡，简称帕（Pa），$1\ Pa = 1\ N \cdot m^{-2}$．压强的单位曾用标准大气压（atm），简称大气压，$1\ atm = 1.013 \times 10^5\ Pa$．

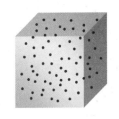

图12-3　气体的体积是容器的容积与气体分子自身占有的总体积之差，当气体分子本身的大小可以忽略时则为容器的容积

当系统与外界发生物质或能量交换时，系统的状态就会发生变化．图12-4所示吹气球即为一例，这里外界做功将气体压入气球，以球内气体为系统，表征其状态的体积和压强以及气体的质量都将变化．系统状态变化的历程称为热力学过程，简称过程．系统状态的变化必然破坏原来的平衡态，而到达新的平衡态则需要一定时间，这个时间称为弛豫时间（relaxation time）．在实际过程中，往往在新的平衡态建立以前系统就在外界作用下继续下一步变化，所以系统经历的是一系列非平衡态，这样的过程称为非静态过程．但如果过程进行得足够缓慢，而系统建立新的平衡态所需的弛豫时间又很短，则可以认为系统经历的过程是由一系列平衡态组成的，这样的过程称为准静态过程（quasi-static process）．例如，气缸内压缩气体的弛豫时间约 10^{-3} s，而转速为 150 r/min 的四冲程内燃机，整个压缩冲程的时间为0.2 s，比 10^{-3} s高两个量级，故该过程可以当作准静态过程．由于平衡态具有确定的状态量，在状态参量构成的坐标空间中，系统的一个状态对应一个点，一个准静态过程则对应于一条曲线．例如，图12-5所示为一定质量的气体的 p-V 图（图中纵坐标为 p，横坐标为 V），点 a（p_1，V_1）和 b（p_2，V_2）表示气体的初、末两个状态，曲线 ab 表示由状态 a 到状态 b 的某一个准静态过程．

图12-4　吹气球时，气体进入球内使体积和压强都增大

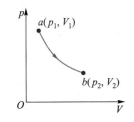

图12-5　p-V图上的准静态过程曲线

| 思考题12.1：一定量的气体的非平衡态和非静态过程能否在 p-V 图上表示出来？

12-1-2　温度

温度是热力学系统所特有的物理量，它表示物体的冷热程度．但这不是指人的主观感受，因为摸同样温度的两物体时，导热快的物体传递给手的热量多，手感觉会更热．下面在宏观上对温度给出严格的科学定义．

让两个物体接触并能进行热交换（这种接触称为热接触），经验告诉我们，如果与外界没有热交换，则冷的物体变热，热的物体变冷，最终二者的冷热程度将达成一致且不再变化．这时，我们说二者处于热平衡．实验表明，如果系统A和系统B分别与系统C处于热平衡，则系统A和系统B也彼此处于热平衡．这个结论称为热平衡定律或热力学第零定律. 它意味着彼此处于热平衡的系统具有一个共同的宏观特征, 我们引入温度这一状态参量来描述它. 即温度 (temperature) 是表征系统热平衡状态的宏观物理量, 彼此处于热平衡的系统具有共同的温度.

> 思考题 12.2: 如果系统 A 和系统 B 先后与系统 C 热接触后达到热平衡, 则系统 A 和系统 B 是否彼此处于热平衡?

温标 (thermometric scale) 是温度的数值表示法. 我们可以利用物质的某种随温度发生显著的、单值的变化特性, 并赋予选定的固定标准点以一定数值来标示温度的数值, 这样的测温装置称为温度计. 例如, 水银温度计、气体温度计、电阻温度计就是分别利用水银柱长度、气体体积或压强、电阻值随温度变化的特性来测定温度的. 常用的摄氏温标是瑞典天文学家摄尔修斯 (A.Celsius) 1742 年建立的, 它所表示的温度记为 t, 单位为摄氏度 (℃). 摄氏温标把水的冰点 (1.013×10^5 Pa 下纯水和纯冰达到平衡时) 的温度规定为 0 ℃, 把水的沸点 (纯水和水蒸气在 1.013×10^5 Pa 蒸气压下达到平衡时) 的温度规定为 100 ℃, 并在 0 ℃ 和 100 ℃ 之间等分为 100 个格, 每格温度差为 1 ℃. 可见, 温标有三个要素, 即测温物质的测温属性、固定点的选取和规定测温特性随温度变化的关系. 这样的温标依赖于测温物质, 称为经验温标. 显然, 不同测温物质所确定的经验温标并不严格一致. 因此需要引入一种与测温物质无关的温标, 该温标称为热力学温标, 它所表示的温度记为 T, 称为热力学温度, 单位为开尔文, 简称开, 符号为 K, 以纪念英国物理学家开尔文 (Lord Kelvin). 开尔文 (K) 是 SI 的基本单位, 它是用玻耳兹曼常量 (Boltzmann constant) 取 $k = 1.380\,649 \times 10^{-23}$ J·K^{-1} 定义的. 摄氏温度 t 与热力学温度 T 之间的关系为

$$T / \text{K} = t / \text{℃} + 273.15 \qquad (12\text{-}1)$$

有了温标就可以给出温度的操作性定义了. 让温度计与待测物体接触, 达到热平衡后通过温度计读出的温度值就是待测物体的温度. 而且, 按照热力学第零定律, 要确定两系统是否处于热平衡状态, 并不需要二者接触, 只需要通过温度计这个第三者来比较它们的温度就行了.

表 12-1 列出来一些典型的温度值.

表 12-1 典型温度值 (单位: K)

实验室产生的最高温度	10^8
太阳中心	10^7
太阳表面	6×10^3
地球中心	4×10^3
地表平均温度	288
液氮正常沸点	77
液氦 (^{4}He) 正常沸点	4.2
实验室产生的最低温度	10^{-11}

12-1-3 理想气体的物态方程

一定量的气体, 它的状态参量为体积 V、压强 p 和温度 T, 三者之间并不独立, 其函数关系可以表示为

$$f(p, V, T) = 0$$

这个关系称为气体的物态方程. 一般而言, 不同气体的物态方程不同, 需要通过实

验确定. 但在温度不太低（与室温相比）、压强不太大（与大气压强相比）的条件下，各种气体近似具有共同的特性. 这些共同特性被概括为三个实验定律[①]，完全服从这三个实验定律的气体模型称为理想气体（ideal gas）.

（1）玻意耳（R. Boyle）定律：一定量的气体，当温度保持不变时，其压强与体积成反比，即 $pV =$ 常量.

（2）查理（J.A.C. Charles）定律：一定量的气体，当体积保持不变时，其温度与压强成正比，即 $T/p =$ 常量.

（3）盖吕萨克（L.J. Gay-Lussac）定律：一定量的气体，当压强保持不变时，其温度与体积成正比，即 $T/V =$ 常量.

理想气体是实际气体在压强趋于零时的极限情况. 为了求出理想气体的物态方程，设一定量的理想气体从初态 (p_0, V_0, T_0) 出发，保持体积不变变化到态 (p', V_0, T)，再保持温度不变到达末态 (p, V, T). 分别应用查理定律和玻意耳定律，有

$$\frac{T}{T_0} = \frac{p'}{p_0}, \quad p'V_0 = pV$$

消去 p'，则得

$$\frac{pV}{T} = \frac{p_0V_0}{T_0}$$

即 pV/T 为一常量. 下面来确定这个常量.

物质的量以 ν 表示，其单位为摩尔，符号为 mol. 摩尔（mol）是 SI 的基本单位，它是用阿伏伽德罗常量（Avogadro constant）取 $N_A = 6.022\ 140\ 76 \times 10^{23}\ \mathrm{mol}^{-1}$ 来定义的，一摩尔（mol）物质严格地包含 $6.022\ 140\ 76 \times 10^{23}$ 个物质单元. 设 1 mol 某种气体的质量（即摩尔质量）为 M，则质量为 m（相应分子数为 N）的该种气体的物质的量 ν（旧称摩尔数）为

$$\nu = \frac{m}{M} = \frac{N}{N_A} \tag{12-2}$$

根据阿伏伽德罗定律：在温度和压强相同的条件下，1 mol 任何气体的体积（即摩尔体积 V_m）都相同. 故 $V_0 = \nu V_m$（这与 $m = \nu M$、$N = \nu N_A$ 类似，这类量具有可加性，称为广延量；而温度和压强等量则不具有可加性，这类量称为强度量），于是

$$\frac{pV}{T} = \frac{p_0V_0}{T_0} = \nu\frac{p_0V_m}{T_0} = \nu R$$

式中 R 称为摩尔气体常量（molar gas constant）. 于是

$$pV = \nu RT = \frac{m}{M}RT \tag{12-3}$$

---

① 玻意耳定律也称为玻意耳–马略特（E.Mariotte）定律；关于查理定律和盖吕萨克定律，国外有些教材的叫法正好相反.

这就是理想气体物态方程. 也可利用式（12-2）将其改写为 $p = \dfrac{N}{V} \cdot \dfrac{R}{N_A} \cdot T$，即

$$p = nkT \tag{12-4}$$

式中 $n = \dfrac{N}{V}$ 为单位体积气体中的分子数，称为分子数密度；$k = \dfrac{R}{N_A}$ 为前面提到过的玻耳兹曼常量，于是 $R = kN_A = 8.31\ \text{J} \cdot \text{mol}^{-1} \cdot \text{K}^{-1}$，还可以得出在标准状态（即 $p_0 = 1.013 \times 10^5\ \text{Pa}$，$T_0 = 273.15\ \text{K}$）下，$V_m = 22.4\ \text{L} \cdot \text{mol}^{-1}$.

由式（12-3）可知，理想气体的准静态等压（即 p 不变）和等容（即 V 不变）过程在 $p-V$ 图上为直线，而等温（即 T 不变）过程则为双曲线，如图 12-6 所示.

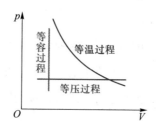

图 12-6　理想气体的三个准静态等值过程

例题 12-1　容积 $V_1 = 32\ \text{L}$ 的氧气瓶储有压强 $p_1 = 1.3 \times 10^7\ \text{Pa}$ 的氧气. 规定瓶内氧气压强减小到 $p_2 = 1.0 \times 10^6\ \text{Pa}$ 时就需要充气，以免开启阀门时混入空气而需洗瓶. 若车间每天需用 $p = 1.0 \times 10^5\ \text{Pa}$、$V = 4.0 \times 10^2\ \text{L}$ 的氧气，问这瓶氧气使用几天后就需充气？

解： 设氧气可视为理想气体，且使用过程中温度不变. 若使用前和需充气时瓶内氧气的质量分别以 m_1 和 m_2 表示，每天用去的氧气以 m 表示，则由理想气体物态方程可得

$$m_1 = \frac{Mp_1V_1}{RT}, \quad m_2 = \frac{Mp_2V_2}{RT}, \quad m = \frac{MpV}{RT}$$

注意 $V_2 = V_1$，所求天数为

$$N = \frac{m_1 - m_2}{m} = \frac{(p_1 - p_2)V_1}{pV} = \frac{(1.3 \times 10^7 - 1.0 \times 10^6) \times 32}{1.0 \times 10^5 \times 4.0 \times 10^2} = 9.6$$

例题 12-2　标准状态下 $1\ \text{cm}^3$ 气体所含的分子数 n_0 称为洛施密特常量（Loschmidt constant），求该常量值并估算分子间的平均距离.

解： 由式（12-4）得标准状态下气体分子数密度为

$$n_0 = \frac{p}{kT} = \frac{1.013 \times 10^5}{1.38 \times 10^{-23} \times 273.15}\ \text{m}^{-3} = 2.69 \times 10^{25}\ \text{m}^{-3} = 2.69 \times 10^{19}\ \text{cm}^{-3}$$

设分子间的平均距离为 $\bar{l}$，则一个分子平均占据的体积 $\bar{l}^3 = V/N = 1/n_0$，即得

$$\bar{l} = \sqrt[3]{\frac{1}{n_0}} \approx 10^{-9}\ \text{m}$$

分子有效直径的数量级为 $10^{-10}\ \text{m}$. 可见，$\bar{l}$ 约为分子直径的 10 倍.

12-2 理想气体的压强和温度的微观解释

12-2-1 理想气体的微观模型和统计假设

从微观上看，热力学系统是由大量分子（或原子）组成的，这些分子都在永不停息地做无规则运动，分子之间存在相互作用力. 描述这些分子的质量、速度、动量和能量等物理量称为微观量，而热力学系统中所有分子的运动状态构成了系统的微观态. 为了进一步理解宏观量的物理本质，需要在热力学系统具体的微观模型基础上，通过统计方法建立微观量和宏观量之间的关系，并与实际得出的宏观规律比较，反过来检验所采用的微观模型是否合理.

思考题12.3：查找有关布朗运动（Brownian motion）的知识，布朗运动实验中，藤黄粉颗粒本身在做热运动吗？为什么说藤黄粉颗粒的运动反映了液体分子的无规则热运动？

理想气体的微观模型是经过实验检验的，它由下列假设构成：

（1）与气体分子间的平均距离相比，气体分子的大小可以忽略不计；

（2）由于气体分子间的平均距离甚大，所以除碰撞的瞬间外，分子间的相互作用力可忽略不计；

（3）分子间的碰撞以及分子与器壁的碰撞可以看作是完全弹性的.

由例题12-2可知，在标准状态下，气体分子间的距离大约是分子有效直径的10倍，可见假设（1）是合理的，可以把分子当成质点看待；至于假设（2），由于分子间的力随距离增加而很快衰减，而气体分子间的距离远大于分子的有效作用距离，因而除碰撞的瞬间外，可以认为分子是"自由"的，即不受力；最后，若分子间的碰撞不是完全弹性的，即有能量损失，那么碰撞的结果将使分子的动能最终耗尽而静止，这显然与实验不符.

热力学系统中，由于分子热运动和不断地相互碰撞，某一时刻某个分子的运动状态是不确定的. 但对组成系统的大量分子而言，当理想气体处于平衡态时，还可作如下统计假设：① 若没有外场，则每个分子在容器中任一点处出现的概率相同，即分子的空间分布是均匀的，平均而言分子数密度 $n = \dfrac{dN}{dV} = \dfrac{N}{V}$ 处处相同（尽管在某个瞬时处于某处的数密度 n 可能是变化的）；② 气体分子沿各个方向运动的概率是相同的，没有任何一个方向气体分子的运动比其他方向更占优势，因此，沿 x、y、z 三个坐标轴的分子速度分量的统计平均值相等，都等于零

$$\overline{v_x} = \overline{v_y} = \overline{v_z} = 0 \qquad (12-5)$$

速度分量平方的平均值也相等，$\overline{v_x^2} = \overline{v_y^2} = \overline{v_z^2}$. 由于 $v^2 = v_x^2 + v_y^2 + v_z^2$，所以

$$\overline{v_x^2} = \overline{v_y^2} = \overline{v_z^2} = \frac{1}{3}\overline{v^2} \tag{12-6}$$

而且，从一个体积元飞向上、下、左、右、前、后的平均分子数也可以认为各占1/6.

12-2-2　理想气体的压强公式

压强是一个宏观量. 处于平衡态的气体，在无外场的情况下其内部各处 n 相同，由 $p = nkT$ 可知各处压强相等. 对容器器壁而言，压强是大量气体分子对器壁不断碰撞的统计结果. 设容器中装有分子质量为 m_0 的某种理想气体，考虑到分子有各种可能速度，我们把分子按其速度分为若干组，并设速度为 $\boldsymbol{v}_i$ 的一组分子数密度为 n_i，显然，$n = \sum n_i$. 下面我们分三步来推导平衡态下理想气体的压强公式.

第一步，求速度为 $\boldsymbol{v}_i$ 的分子对器壁面积元 dS 的冲量. 考虑器壁上某一微小面积元 dS，取直角坐标系 $Oxyz$，使 x 轴垂直于 dS，如图12-7所示. 设速度为 $\boldsymbol{v}_i$ 的某个分子与 dS 碰撞，由于碰撞是完全弹性的，碰撞前、后分子动量的增量为 $\Delta\boldsymbol{p}_i = -2m_0 v_{ix}\boldsymbol{i}$，按动量定理，$\Delta\boldsymbol{p}_i$ 即 dS 作用于该分子的冲量. 根据牛顿第三定律，该分子施于 dS 的冲量则为 $2m_0 v_{ix}\boldsymbol{i}$，方向垂直于面积元指向容器外.

第二步，求 dt 时间内各种速度分子对面积元 dS 的平均冲力. 速度为 $\boldsymbol{v}_i$ 的那组分子中，在 dt 时间内能够与 dS 相碰的，是以 dS 为底、以速度 $\boldsymbol{v}_i$ 为轴线的高为 $v_{ix}dt$ 的斜柱体内的那部分分子，其数目为 $n_i v_{ix} dt dS$. 该组分子 dt 时间内施于 dS 的冲量为 $n_i v_{ix} dt dS \cdot 2m_0 v_{ix}\boldsymbol{i}$. 由于 $v_{ix} > 0$ 的分子才会与 dS 相碰，而平衡态下 $v_{ix} > 0$ 和 $v_{ix} < 0$ 的分子数各占一半，所以，各组分子 dt 时间内施于 dS 的总冲量的大小为

$$\sum_{v_{ix}>0} n_i v_{ix} dt\, dS \cdot 2m_0 v_{ix} = \frac{1}{2}\sum_i 2m_0 n_i v_{ix}^2 dt\, dS = m_0 n \left(\frac{1}{n}\sum_i n_i v_{ix}^2\right) dt\, dS$$

上式除以 dt 即为平均冲力 F. 注意到括号中的值为 v_x^2 的平均值，即 $\overline{v_x^2}$，有

$$F = m_0 n \overline{v_x^2} dS$$

第三步，求压强. 注意 F 的方向垂直于 dS，为正压力，故由压强定义得

$$p = \frac{F}{dS} = m_0 n \overline{v_x^2}$$

再由式（12-6），并以 $\overline{\varepsilon}_t$ 表示气体分子的平均平动动能，即

$$\overline{\varepsilon}_t = \frac{1}{2}m_0 \overline{v^2} \tag{12-7}$$

则有

$$p = n m_0 \overline{v_x^2} = \frac{1}{3}n m_0 \overline{v^2} = \frac{2}{3}n\overline{\varepsilon}_t \tag{12-8}$$

这就是理想气体的压强公式. 它表明，单位体积内的分子数越多，分子的平均平动

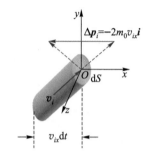

图12-7　气体分子与器壁相碰撞

动能越大，压强就越大．这是可以理解的，因为分子数密度 n 越大，每秒与器壁碰撞的分子数就越多；而 $\overline{\varepsilon}_t$ 越大，则分子无规则热运动越剧烈，这不仅使碰壁次数增多，平均而言也使每次碰壁所施于器壁的力增大．

虽然单个分子对器壁的碰撞具有偶然性，但大量分子对器壁碰撞的平均效果，就像密集的雨点打在伞上一样，表现为一个持续稳定的均匀压力．可见，压强具有统计意义，离开了"大量分子"和"统计平均"，压强也就失去意义了．

压强 p 是描述气体状态的宏观量，可以直接测量，而 $\overline{v^2}$ 和 $\overline{\varepsilon}_t$ 是分子运动的微观量的统计平均值，不能直接测量．压强公式（12-8）反映了宏观量与微观量统计平均值之间的关系．由此可见，统计方法是沟通宏观量与微观量之间的桥梁．

推导压强公式时，没有考虑分子间的相互碰撞．这是由于理想气体分子之间只发生弹性碰撞，没有动能损失，因而考虑分子间的碰撞并不影响分子的平均平动动能 $\overline{\varepsilon}_t$ 和式（12-8）的结果．

顺便指出，对于光子，$v=c$，以 p_c 表示光子动量，则应以 $p_c c$ 代替 $m_0 v^2$．按照狭义相对论，光子能量 $\varepsilon = p_c c$，于是光子气体的压强为 $p = \dfrac{1}{3} n \overline{\varepsilon}$．

12-2-3 温度的微观解释

将理想气体物态方程 $p = nkT$ 与理想气体压强公式（12-8）比较，可得理想气体的温度公式：

$$\overline{\varepsilon}_t = \frac{1}{2} m_0 \overline{v^2} = \frac{3}{2} kT \qquad (12-9)$$

应当强调，$\overline{\varepsilon}_t$ 是分子做热运动的平均平动动能，它不包括分子集体定向运动的动能．上式揭示了温度的统计意义和微观本质，它表明，理想气体分子做热运动的平均平动动能只与温度有关．分子平均平动动能的大小是分子热运动剧烈程度的反映，所以温度是分子热运动剧烈程度的量度．和压强一样，温度是大量分子热运动的集体表现，具有统计意义，对单个或少数分子而言，温度的概念没有意义．

由式（12-9）可知，通过降低分子热运动的平均平动动能就可以降低物质的温度．例如，为了获得低温，人们在三个相互垂直的方向加上激光束来限制分子的热运动，如图 12-8 所示．这种获得低温的方法称为激光制冷，1995 年朱棣文等利用激光制冷获得了 2.4×10^{-11} K 的低温．然而，热力学第三定律指出，绝对零度（$T=0$ K）是不可能达到的．这意味着不可能使分子的热运动完全停止．

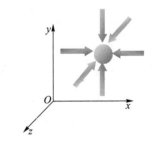

图 12-8 激光制冷示意图

分子速率平方平均值的平方根 $\sqrt{\overline{v^2}}$ 具有速度量纲，称为方均根速率（root-mean-square speed）．由式（12-9）可得

$$\sqrt{\overline{v^2}} = \sqrt{\frac{3kT}{m_0}} = \sqrt{\frac{3RT}{M}} \qquad (12-10)$$

表12-2 几种气体的摩尔质量和0 ℃时的方均根速率

气体	摩尔质量 / $(10^{-3}\ kg \cdot mol^{-1})$	方均根速率 / $(m \cdot s^{-1})$
H_2	2	1 838
He	4	1 305
H_2O	18	615
N_2	28	493
O_2	32	461
CO_2	44	393

$\overline{\varepsilon}_t$仅与温度有关,所以在同一温度下,各种理想气体分子的平均平动动能都相等.但$\sqrt{\overline{v^2}}$还与分子质量有关,所以在同一温度下,不同气体分子的方均根速率不同.表12-2列出了几种气体的摩尔质量和0 ℃时的方均根速率.

思考题12.4:在运输过程中,氧气瓶随车一起匀速运动,在车厢和地面参考系中分子的平均平动动能是否相同?温度和压强是否相同?若气体分子热运动的平均平动动能等于1 eV,则气体温度有多高?

思考题12.5:一定质量的气体,当温度保持恒定时,其压力随体积减小而增大;当体积保持不变时,其压力随温度升高而增大.试用气体分子动理论的压强公式说明这两种过程的区别.

例题12-3 已知标准状态下空气的密度$\rho = 1.29\ kg \cdot m^{-3}$,求标准状态下空气分子的方均根速率.

解: 已知$\rho = nm_0$,由理想气体物态方程$p = nkT$,得

$$m_0 = \frac{\rho}{n} = \frac{\rho kT}{p}$$

代入式(12-10)得

$$\sqrt{\overline{v^2}} = \sqrt{\frac{3kT}{m_0}} = \sqrt{\frac{3p}{\rho}} = \sqrt{\frac{3 \times 1.013 \times 10^5}{1.29}}\ m \cdot s^{-1} = 485\ m \cdot s^{-1}$$

例题12-4 多种气体混合处于平衡态,则混合气体的压强等于各气体在该平衡态的压强之和,即$p = p_1 + p_2 + \cdots$,这称为道尔顿分压定律.试证明之.

证: 混合气体在平衡状态下由于具有同一温度,各种气体分子的平均平动动能都相等,为$\overline{\varepsilon}_t$;而混合气体的分子数密度等于各种气体的分子数密度之和,即

$$n = n_1 + n_2 + \cdots$$

代入气体压强公式,即得

$$p = \frac{2}{3}n\overline{\varepsilon}_t = \frac{2}{3}n_1\overline{\varepsilon}_t + \frac{2}{3}n_2\overline{\varepsilon}_t + \cdots = p_1 + p_2 + \cdots \qquad (12-11)$$

其中$p_i = \frac{2}{3}n_i\overline{\varepsilon}_t\ (i = 1,2,\cdots)$为第$i$种气体在该平衡态的压强.证毕.

12-2-4 能量按自由度均分定理 理想气体的内能

分子是由原子组成的,双原子分子(例如氢、氮、氧等)和多原子分子(例如水、甲烷等)不仅有平动,还有转动,分子内部原子间还存在振动.分子热运动的能量也应包括这些运动的能量.

为了说明气体分子热运动的能量所遵循的统计规律,需引入自由度的概念.一

个物体的自由度（degree of freedom）是确定该物体的空间位置所需的独立坐标数. 例如，确定自由质点的位置需要3个独立坐标，所以有3个自由度；确定一个自由刚体的空间位置需要6个自由度，其中3个坐标确定质心平动，3个坐标确定刚体转动方位（如图12-9所示，其中确定通过质心的轴OC的3个方位角满足关系$\cos^2\alpha+\cos^2\beta+\cos^2\gamma=1$，因此只有两个是独立的，再用1个坐标$\varphi$确定刚体绕$OC$轴转过的角度）. 单原子理想气体分子可视为自由质点，因此有3个自由度. 刚性双原子分子（刚性分子是指分子内各原子间的距离固定不变的分子，可以作为刚体看待）有3个平动自由度和2个转动自由度（因视两个原子为质点，故不存在以其连线为轴的转动角φ），共计5个自由度. 由两个以上原子构成的刚性多原子分子一般有3个平动自由度和3个转动自由度，共计6个自由度（但对于各原子中心都在一条直线上的所谓线型分子，例如CO_2分子，其转动自由度只有2个，因此刚性线型分子与刚性双原子分子的自由度一样，都是5个）. 非刚性分子内的原子间有微小振动，因而还有振动自由度. 例如非刚性双原子分子除了3个平动自由度和2个转动自由度外，还具有1个沿原子连线的振动自由度，共计6个自由度. 分子的平动、转动和振动自由度通常用t、r和s分别表示，而总自由度$i=t+r+s$. 以上分子的自由度列于表12-3中. 对于由3个或3个以上原子组成的多原子分子，其自由度要根据其结构的具体情况才能确定. 一般而言，由N个原子构成的分子最多有$3N$个自由度，其中3个为平动，3个为转动，其余$3N-6$个为振动. 当分子的运动受到某种限制时，其自由度就会减少.

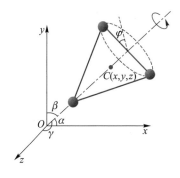

图12-9　刚体的自由度为6

表12-3　分子的自由度$t+r+s=i$

单原子	3+0+0=3
刚性双原子	3+2+0=5
非刚性双原子	3+2+1=6
刚性多原子	3+3+0=6

实际应用时，气体分子的自由度还与温度有关. 例如H_2分子在低温下只有平动自由度，在室温下则兼有平动和转动自由度，只有高温时才需要考虑振动自由度. 在通常温度下，可以把气体分子都看作是刚性的，即不需要考虑振动自由度.

气体分子有3个平动自由度. 分子的平均平动动能可按3个自由度表示为

$$\frac{1}{2}m_0\overline{v^2}=\frac{1}{2}m_0\overline{v_x^2}+\frac{1}{2}m_0\overline{v_y^2}+\frac{1}{2}m_0\overline{v_z^2} \tag{12-12}$$

将理想气体的温度公式$\frac{1}{2}m_0\overline{v^2}=\frac{3}{2}kT$和统计假设$\overline{v_x^2}=\overline{v_y^2}=\overline{v_z^2}$代入上式，可得

$$\frac{1}{2}m_0\overline{v_x^2}=\frac{1}{2}m_0\overline{v_y^2}=\frac{1}{2}m_0\overline{v_z^2}=\frac{1}{2}kT \tag{12-13}$$

即处在平衡态下的理想气体分子，每个平动自由度具有相同的热运动平均动能，且都等于$\frac{1}{2}kT$. 换句话说，分子热运动的平均平动动能$\frac{3}{2}kT$是均匀地分配在每个平动自由度上的.

热运动能量按自由度均匀分配的这一原则不仅适用于分子平动，也适应于分子转动和振动. 按照经典力学，分子平动和转动的动能可以分别表示为$\varepsilon_t=\frac{1}{2}m_0v_x^2+\frac{1}{2}m_0v_y^2+\frac{1}{2}m_0v_z^2$和$\varepsilon_r=\frac{1}{2}J_x\omega_x^2+\frac{1}{2}J_y\omega_y^2+\frac{1}{2}J_z\omega_z^2$. 由经典统计理论可以证

明（参见例题12-6）：在温度为T的平衡状态下，气体分子按自由度写出的能量经典表达式中，每一平方项的平均值都等于$kT/2$. 这一结论称为能量按自由度均分定理，简称为能量均分定理（theorem of energy equipartition）. 能量均分定理也适用于液体和固体.

根据这一定理，每一自由度的平均动能都等于$\frac{1}{2}kT$. 由于分子的总自由度$i = t+r+s$，故分子的平均总动能为

$$\overline{\varepsilon_k} = \frac{1}{2}(t+r+s)kT \qquad (12\text{-}14)$$

若分子内原子的振动可以看作谐振动，谐振动的势能和动能都为平方项，则每一个振动自由度的平均振动动能和势能相等，都为$\frac{1}{2}kT$. 这样，分子的平均总能量为

$$\overline{\varepsilon} = \frac{1}{2}(t+r+2s)kT \qquad (12\text{-}15)$$

利用上式可以求得，单原子（如He）、刚性双原子（如O_2、N_2）和刚性多原子（如NH_3）气体分子的平均动能（或总能量）分别为$\frac{3}{2}kT$、$\frac{5}{2}kT$、$3kT$，而非刚性双原子分子的平均动能和平均总能量则分别为$3kT$和$\frac{7}{2}kT$.

必须指出，平衡态时平均而言各个自由度上分配相等的能量这一结论是对大量分子得出的统计规律. 对于单个分子，由于无规则运动和不断碰撞，分子能量可以传递给另一个分子，也可以从一个自由度转移到另一个自由度，分子能量并不总是按自由度均分的.

在热学中，系统的**内能**（internal energy）是指系统内所有分子热运动能量与分子间相互作用势能的总和. 对于理想气体，由于不考虑分子间的相互作用，理想气体的内能就只是各个分子热运动能量的总和. 因为1 mol理想气体有$1 \text{ mol} \cdot N_A$个分子，故质量为m（摩尔质量为M）的理想气体内能为

$$U = \frac{m}{M}N_A\frac{1}{2}(t+r+2s)kT = \frac{m}{M}\frac{1}{2}(t+r+2s)RT \qquad (12\text{-}16)$$

上式表明，一定量的某种理想气体，其内能仅与温度有关，与体积和压强无关，即理想气体的内能是温度的单值函数.

注意，系统的内能不包括系统整体运动的动能和与外界相互作用的势能，因此气体的内能与气体宏观运动的机械能有着明显区别，切不可混为一谈.

例题12-5 氧气处于温度为27 ℃的平衡态.（1）求氧分子的平均平动动能、平均转动动能和平均动能；（2）如果把系统内所有分子的平动动能之和叫做内平动能，转动动能之和叫做内转动能，求1 mol氧气的内平动能、内转动能和内能.

解： 在此温度下氧气分子可看作刚性双原子分子，平动自由度$t = 3$，转动自由度$r = 2$.

（1）根据能量均分定理，氧分子的平均平动动能、平均转动动能和平均动能分别为

$$\bar{\varepsilon}_t = \frac{3}{2}kT = \frac{3}{2} \times 1.38 \times 10^{-23} \times (273 + 27) \, \text{J} = 6.21 \times 10^{-21} \, \text{J}$$

$$\bar{\varepsilon}_r = \frac{2}{2}kT = \frac{2}{2} \times 1.38 \times 10^{-23} \times 300 \, \text{J} = 4.14 \times 10^{-21} \, \text{J}$$

$$\bar{\varepsilon}_k = \frac{5}{2}kT = \frac{5}{2} \times 1.38 \times 10^{-23} \times 300 \, \text{J} = 1.04 \times 10^{-20} \, \text{J}$$

（2）1 mol氧气的内平动能E_t、内转动能E_r和内能U分别为

$$E_t = \frac{3}{2}RT = \frac{3}{2} \times 8.31 \times 300 \, \text{J} = 3.74 \times 10^3 \, \text{J}$$

$$E_r = \frac{2}{2}RT = 8.31 \times 300 \, \text{J} = 2.49 \times 10^3 \, \text{J}$$

$$U = E_t + E_r = \frac{5}{2}RT = \frac{5}{2} \times 8.31 \times 300 \, \text{J} = 6.23 \times 10^3 \, \text{J}$$

12-3 平衡态的经典统计分布

12-3-1 概率分布函数

统计规律是大量偶然事件在整体上表现出的一种规律. 为了有助于对统计规律性的理解，我们来看伽尔顿板的模拟演示. 伽尔顿板如图12-10所示，竖直放置的平板上部排列有等间距的、相邻两排呈错位排列的钉子，下部隔成等间距的竖直狭槽. 如果将小球一个个从顶部中间的入口处投入，小球经过与许多钉子碰撞，最后落入到哪个狭槽是完全随机的；但随着投入小球数量增多，大量小球在狭槽中的数量分布会呈现中部多两侧少的状态. 这样的实验无论重复多少次，得到的小球分布都大致相同. 这里，单个小球服从力学规律，它落到哪个狭槽中具有偶然性，但大量小球落入各个狭槽形成的分布具有确定的规律，即大量偶然事件整体上表现出的统计规律具有稳定性.

统计规律可以用概率来描述. 当实验的小球总数N足够大时，落入到第i个槽的小球数目N_i与N之比（N_i/N）就是小球落入第i个槽的概率. 如要更细致地了解小球在水平位置的概率分布，应该把狭槽去掉，沿水平位置建立x坐标，记录下每次小球球心的落点x后移走小球再投. 这样实验N次（$N \to \infty$），如果有dN个出现在$x \sim x + \mathrm{d}x$区间，则小球出现在x附近单位区间内的概率（即概率密度）是x的函数，称为概率分布函数，用$f(x)$表示，即

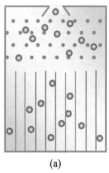

(a)

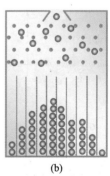

(b)

图12-10 伽尔顿板实验

$$f(x) = \frac{\mathrm{d}N}{N\mathrm{d}x}$$

注意，连续变量的概率是对某个区间而言的，$\mathrm{d}N$也是指小球在该区间内的统计平均值，因而说处于某一确定x的小球数或概率没有意义.

显然，分布函数$f(x)$应该满足

$$\int f(x)\mathrm{d}x = \int \frac{\mathrm{d}N}{N} = \frac{N}{N} = 1$$

上式称为**归一化条件**（normalization condition）. 如果已经知道分布函数$f(x)$，则可以求出x的平均值（即小球水平位置的平均坐标）为

$$\bar{x} = \int \frac{\mathrm{d}N}{N}x = \int x f(x)\mathrm{d}x$$

事实上，还可以求出任意x的函数$A(x)$的平均值

$$\overline{A(x)} = \int A(x) f(x)\mathrm{d}x$$

由大量分子组成的气体，因分子间的频繁碰撞，每个分子的运动状态都是随机的，也就是说，描写分子运动状态的各自由度的坐标和速度（转动时则为角度和角速度）都是随机变量；但在平衡态下，气体的宏观状态不随时间改变，意味着大量气体分子整体具有稳定的统计分布规律. 以$\boldsymbol{\mathcal{X}}$和$\boldsymbol{\mathcal{V}}$代表分子所有自由度的广义坐标和广义速度，则平衡态下分子运动状态的统计分布函数可以表示为$f(\boldsymbol{\mathcal{X}}, \boldsymbol{\mathcal{V}})$. 类比伽尔顿板，设分子坐标位于$\boldsymbol{\mathcal{X}} \sim \boldsymbol{\mathcal{X}} + \mathrm{d}\boldsymbol{\mathcal{X}}$且速度处于$\boldsymbol{\mathcal{V}} \sim \boldsymbol{\mathcal{V}} + \mathrm{d}\boldsymbol{\mathcal{V}}$区间内的分子数为$\mathrm{d}N(\boldsymbol{\mathcal{X}}, \boldsymbol{\mathcal{V}})$，则概率为

$$\frac{\mathrm{d}N(\boldsymbol{\mathcal{X}}, \boldsymbol{\mathcal{V}})}{N} = f(\boldsymbol{\mathcal{X}}, \boldsymbol{\mathcal{V}})\,\mathrm{d}\boldsymbol{\mathcal{X}}\mathrm{d}\boldsymbol{\mathcal{V}} \tag{12-17}$$

例如，对于三个平动自由度，$\boldsymbol{\mathcal{X}} = \boldsymbol{r} = (x, y, z)$，$\boldsymbol{\mathcal{V}} = \boldsymbol{v} = (v_x, v_y, v_z)$，上式即

$$\frac{\mathrm{d}N(\boldsymbol{r}, \boldsymbol{v})}{N} = f(\boldsymbol{r}, \boldsymbol{v})\mathrm{d}\boldsymbol{r}\mathrm{d}\boldsymbol{v}$$

其中$\mathrm{d}\boldsymbol{r} = \mathrm{d}x\mathrm{d}y\mathrm{d}z$，$\mathrm{d}\boldsymbol{v} = \mathrm{d}v_x\mathrm{d}v_y\mathrm{d}v_z$.

12-3-2 玻耳兹曼密度分布和能量分布

我们先来讨论处于平衡态的理想气体的空间分布. 前面曾提到，在无外场时气体密度是均匀的. 如果存在外场，则气体分子的数密度$n(\boldsymbol{r})$应是空间坐标$\boldsymbol{r}$的函数. 为具体，下面来求重力场中气体分子数密度随高度的分布.

如图12-11所示，在气体中高度z处取底面积为ΔS、厚为$\mathrm{d}z$的薄柱体，以m_0表示气体分子质量，则柱体所受重力为$nm_0g\Delta S\mathrm{d}z$，其上、下水平端面所受压力分别为$(p + \mathrm{d}p)\Delta S$、$p\Delta S$. 柱体静止，力平衡要求

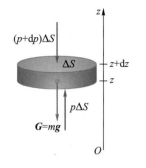

图12-11 静止气体中取薄柱体，它受重力和上、下底面压力而平衡

　　　12　气体动理论

$$p\Delta S-(p+\mathrm{d}p)\Delta S-nm_0g\Delta S\mathrm{d}z=0$$

在温度为T的平衡态下，$p=nkT$，于是

$$\frac{\mathrm{d}p}{p}=-\frac{m_0g}{kT}\mathrm{d}z$$

设T和g不随高度变化，以p_0表示$z=0$处的压强，则积分得

$$p=p_0\mathrm{e}^{-\frac{m_0gz}{kT}}=p_0\mathrm{e}^{-\frac{Mgz}{RT}} \tag{12-18}$$

上式称为**等温气压公式**，它表明，**在重力场中平衡态下，理想气体的压强随高度增大而按指数规律减小**. 利用这一公式我们可以根据气压大小来估算高度z，即

$$z=\frac{kT}{m_0g}\ln\frac{p_0}{p}=\frac{RT}{Mg}\ln\frac{p_0}{p}$$

将理想气体物态方程$p=nkT$代入式（12-18），以n_0表示$z=0$处的分子数密度，则得重力场中分子数密度按高度的分布为

$$n(z)=n_0\mathrm{e}^{-\frac{m_0gz}{kT}} \tag{12-19}$$

即气体分子数密度随高度增大而按指数规律减小，如图12-12所示.

在重力场中的气体分子的势能为m_0gz，如代之以分子在任意保守场中的势能$\varepsilon_\mathrm{p}(\boldsymbol{r})$，则可将式（12-19）推广到任意保守场中的理想气体，即

$$n_\mathrm{B}(\boldsymbol{r})\equiv n(\boldsymbol{r})=n_0\mathrm{e}^{-\frac{\varepsilon_\mathrm{p}(\boldsymbol{r})}{kT}} \tag{12-20}$$

图12-12 气体分子数密度随高度增大而按指数规律减小

$n_\mathrm{B}(\boldsymbol{r})$称为**玻耳兹曼密度分布**. 上式表明，**在温度为T的平衡态下，分子处于外场中势能越大的空间位置的概率越小**.

由于热运动，处于一定空间范围内的气体分子还以各种速度运动，如果以分子平动动能$\frac{1}{2}m_0v^2$代替上式中的分子势能，则可得处于温度为T的平衡态下分子的速度分布，以概率密度表示为

$$f_\mathrm{M}(\boldsymbol{v})=C_\mathrm{M}\mathrm{e}^{-\frac{m_0v^2}{2kT}} \tag{12-21}$$

此式是1859年麦克斯韦首先从理论上导出的，称为**麦克斯韦速度分布**.

如将式（12-20）和式（12-21）结合起来，可得$f(\boldsymbol{r},\boldsymbol{v})=n_\mathrm{B}(\boldsymbol{r})f_\mathrm{M}(\boldsymbol{v})$. 奥地利物理学家玻耳兹曼（L.Boltzmann）则从理论上得出了更一般的分布规律，即分子处于能量为$\varepsilon(\boldsymbol{x},\boldsymbol{v})$状态的概率密度为

$$f_\mathrm{M-B}(\boldsymbol{x},\boldsymbol{v})=C\mathrm{e}^{-\frac{\varepsilon}{kT}} \tag{12-22}$$

式中ε是分子的总能量，既包括分子平动、转动和振动的动能，也包括分子在外场中的势能和分子内原子间的相互作用势能，$\boldsymbol{\chi}$和$\boldsymbol{v}$为广义坐标和广义速度. 上式称为玻耳兹曼能量分布，也称为麦克斯韦–玻耳兹曼分布，简称M–B分布，而$e^{-\varepsilon/kT}$常称为玻耳兹曼因子. M–B分布表明，在温度为T的平衡状态下，分布在能量值大的状态上的粒子数最少，能量值小的状态上的粒子数目多，即在统计意义上，粒子总是先占据较低的能量状态.

***例题12-6**　设粒子能量为$\varepsilon = E(\boldsymbol{\chi},\boldsymbol{v}) + Ax_i^2 + Bv_j^2$，其中$x_i$和$v_j$分别为某个广义坐标和广义速度，其余广义坐标和广义速度用$\boldsymbol{\chi}$、$\boldsymbol{v}$表示. 证明在温度为T的平衡态下，平方项Ax_i^2和Bv_j^2的平均值都为$kT/2$.

证明: 由归一化条件

$$1 = \int C e^{-\frac{\varepsilon}{kT}} d\boldsymbol{\chi} dx_i d\boldsymbol{v} dv_j = C \int e^{-\frac{Ax_i^2}{kT}} dx_i \int e^{-\frac{Bv_j^2}{kT}} dv_j \int e^{-\frac{E}{kT}} d\boldsymbol{\chi} d\boldsymbol{v}$$

可得

$$C = \left(\int e^{-\frac{Ax_i^2}{kT}} dx_i \int e^{-\frac{Bv_j^2}{kT}} dv_j \int e^{-\frac{E}{kT}} d\boldsymbol{\chi} d\boldsymbol{v} \right)^{-1}$$

于是

$$\overline{Ax_i^2} = \int Ax_i^2 C e^{-\frac{\varepsilon}{kT}} d\boldsymbol{\chi} dx_i d\boldsymbol{v} dv_j = C \int Ax_i^2 e^{-\frac{Ax_i^2}{kT}} dx_i \int e^{-\frac{Bv_j^2}{kT}} dv_j \int e^{-\frac{E}{kT}} d\boldsymbol{\chi} d\boldsymbol{v}$$

$$= \frac{\int Ax_i^2 e^{-\frac{Ax_i^2}{kT}} dx_i \int e^{-\frac{Bv_j^2}{kT}} dv_j \int e^{-\frac{E}{kT}} d\boldsymbol{\chi} d\boldsymbol{v}}{\int e^{-\frac{Ax_i^2}{kT}} dx_i \int e^{-\frac{Bv_j^2}{kT}} dv_j \int e^{-\frac{E}{kT}} d\boldsymbol{\chi} d\boldsymbol{v}} = \frac{\int_{-\infty}^{+\infty} Ax_i^2 e^{-\frac{Ax_i^2}{kT}} dx_i}{\int_{-\infty}^{+\infty} e^{-\frac{Ax_i^2}{kT}} dx_i}$$

对分子分部积分，可得

$$\overline{Ax_i^2} = \frac{\frac{1}{2} kT \int_{-\infty}^{+\infty} e^{-\frac{Ax_i^2}{kT}} dx_i}{\int_{-\infty}^{+\infty} e^{-\frac{Ax_i^2}{kT}} dx_i} = \frac{1}{2} kT$$

类似可证

$$\overline{Bv_j^2} = \frac{1}{2} kT$$

12-3-3　麦克斯韦速率分布

在温度为T的平衡态下，理想气体分子的速度分布情况由式（12-21）给出，以N表示总分子数，dN_v表示速度在$v \sim v + dv$区间内的分子数，利用球坐标系中速度空间的微元$d\boldsymbol{v} = v^2 dv \sin\theta d\theta d\varphi$，则有

$$\frac{dN_v}{N} = f_M(v) dv = C_M e^{-\frac{m_0 v^2}{2kT}} v^2 dv \sin\theta d\theta d\varphi$$

其中常量 C_M 可由归一化条件求得

$$1 = C_M \int_0^\infty e^{-\frac{m_0 v^2}{2kT}} v^2 dv \left(\int_0^\pi \sin\theta d\theta \int_0^{2\pi} d\varphi \right) = C_M \left(\sqrt{\frac{2\pi kT}{m_0}} \right)^3$$

式中，对角度部分的积分结果为 4π；对 v 的积分利用了定积分公式

$$\int_0^\infty x^{2n} \cdot e^{-bx^2} dx = \frac{1}{2} \frac{1 \times 3 \times 5 \times \cdots \times (2n-1)}{2^n \cdot b^n} \sqrt{\frac{\pi}{b}}$$

故 $C_M = \left(\dfrac{m_0}{2\pi kT} \right)^{3/2}$．于是得速度分布

$$\frac{dN_v}{N} = f_M(v) dv = \left(\frac{m_0}{2\pi kT} \right)^{3/2} e^{-\frac{m_0 v^2}{2kT}} v^2 dv \sin\theta d\theta d\varphi \tag{12-23}$$

如果只关心速度大小而对方向不加限制，则应对角度部分积分，结果为 4π. 于是得到理想气体在温度为 T 的平衡态下，速率介于 $v \sim v + dv$ 的分子数 dN_v 与总分子数 N 之比，即分子处于速率区间 $v \sim v + dv$ 的概率为

$$\frac{dN_v}{N} = f(v) dv = 4\pi \left(\frac{m_0}{2\pi kT} \right)^{3/2} e^{-\frac{m_0 v^2}{2kT}} v^2 dv \tag{12-24}$$

上式称为麦克斯韦速率分布（Maxwell speed distribution），其中速率分布函数

$$f(v) = \frac{dN_v}{N dv} = 4\pi \left(\frac{m_0}{2\pi kT} \right)^{3/2} e^{-\frac{m_0 v^2}{2kT}} v^2 \tag{12-25}$$

可见，$f(v)$ 是 v 的连续函数，其曲线称为麦克斯韦速率分布曲线，如图 12-13 所示．曲线下速率为 $v \sim v + dv$ 区间的窄条面积为 $f(v) dv = dN/N$，它表示分子速率处于 $v \sim v + dv$ 区间内的分子数占总分子数的百分比，也就是分子速率在该区间内的概率；而曲线下 $v_1 \sim v_2$ 区间的面积为

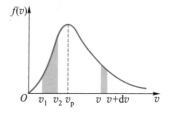

图 12-13　麦克斯韦速率分布曲线

$$\int_{v_1}^{v_2} f(v) dv = \frac{1}{N} \int_{v_1}^{v_2} dN = \frac{\Delta N_{v_1 \sim v_2}}{N}$$

它表示分子处于速率区间 $v_1 \sim v_2$ 范围内的分子数占总分子数的百分比，即分子在该速率范围内的概率．而曲线下的总面积为

$$\int_0^\infty f(v) dv = \frac{1}{N} \int_0^\infty dN = \frac{N}{N} = 1$$

正是概率分布函数 $f(v)$ 的归一化条件．

我们再次提醒，$f(v)$ 是一种统计规律，速率在某一区间内的分子数[例如 $dN_v = Nf(v) dv$ 等]应理解为统计平均值．分布函数 $f(v)$ 是分子出现在 v 附近单位速率区间内的概率，而非分子具有速率 v 的概率．事实上，因为速率区间 $dv = 0$ 时 $\dfrac{dN_v}{N} \equiv 0$，所以谈论某一速率的分子数或概率毫无意义．

麦克斯韦分布律是 1859 年从理论上导出的，最早的实验验证是 1920 年施特恩（Stern）进行的，1934 年我国物理学家葛正权进行了改进，1955 年米勒（Miller）

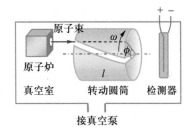

图 12-14 测定分子速率的实验

和库什（P. Kusch）进行了更为精确的实验. 米勒和库什的装置如图 12-14 所示. 原子炉中加热获得的钍原子蒸气从小孔泻流出来形成原子束，经过转动圆筒的螺旋形狭槽射入检测器后，被电离为离子电流，它所反映的原子束强度与原子数成正比. 实验装置中带螺旋槽的转动圆筒起着原子滤速器的作用，如果槽的入口与出口夹角为 ϕ，圆筒长为 l，转动角速度为 ω，则速率 v 满足 $l/v = \phi/\omega$ 的原子才能通过小槽进入检测器. 这样，通过改变 ω 就可以测得不同速率的原子束强度对 v 的分布 $I(v)$. 实验得到的结果证实了麦克斯韦分布律的正确性.

从速率分布曲线图 12-13 可以看出，$f(v)$ 曲线从原点出发先升后降，速率很小和很大的分子数比率都很小，而中等速率的分子数比率较高. 我们把 $f(v)$ 最大值对应的速率 v_p 称为最概然速率（most probable speed）. v_p 的物理意义是，如把整个速率区间分成许多相等的小区间，则 v_p 所在区间的分子数比率最大. 还可以看出，以直线 $v = v_p$ 为界，右部曲线下的面积大于左部，这表明速率大于最概然速率的分子较多，占一半以上. 下面求 v_p 的数值，对式（12-25）表示的函数 $f(v)$，由极值的必要条件 $\mathrm{d}f/\mathrm{d}v = 0$，可求得

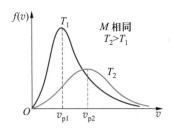

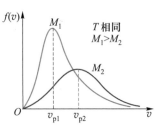

图 12-15 最概然速率与温度和质量的关系

$$v_p = \sqrt{\frac{2kT}{m_0}} = \sqrt{\frac{2RT}{M}} = 1.41\sqrt{\frac{RT}{M}} \qquad (12\text{-}26)$$

由式（12-26）可知，同一种气体（m_0 或 M 相同），温度升高时 v_p 增大；而同一温度下，m_0 或 M 较大的气体 v_p 较小. 但由归一化条件可知，曲线 $f(v)$ 变化时曲线下的总面积应保持等于 1 不变，所以 v_p 增大时 $f(v)$ 的极大值减小，曲线变得较为平坦，如图 12-15 所示.

已知速率分布函数 $f(v)$，容易计算出气体分子的平均速率（mean speed）$\bar{v}$ 和速率平方的平均值 $\overline{v^2}$. 注意到分子速率的区间为 $0 \sim \infty$，有

$$\bar{v} = \int_0^\infty v f(v)\mathrm{d}v = \int_0^\infty 4\pi \left(\frac{m_0}{2\pi kT}\right)^{3/2} \mathrm{e}^{-\frac{m_0 v^2}{2kT}} v^3 \mathrm{d}v$$

$$\overline{v^2} = \int_0^\infty v^2 f(v)\mathrm{d}v = \int_0^\infty 4\pi \left(\frac{m_0}{2\pi kT}\right)^{3/2} \mathrm{e}^{-\frac{m_0 v^2}{2kT}} v^4 \mathrm{d}v$$

利用前面提到的定积分公式，可得

$$\bar{v} = \sqrt{\frac{8kT}{\pi m_0}} = \sqrt{\frac{8RT}{\pi M}} = 1.60\sqrt{\frac{RT}{M}} \qquad (12\text{-}27)$$

$$\overline{v^2} = \frac{3kT}{m_0} = \frac{3RT}{M}$$

后一结果开平方，所得方均根速率与式（12-10）一致，为

$$\sqrt{\overline{v^2}} = \sqrt{\frac{3kT}{m_0}} = \sqrt{\frac{3RT}{M}} = 1.73\sqrt{\frac{RT}{M}} \qquad (12\text{-}28)$$

至此，我们得到了$\bar{v}$、$\sqrt{\overline{v^2}}$和v_p这三个气体分子的统计特征速率，它们都与$\sqrt{T}$

成正比，与$\sqrt{m_0}$（或$\sqrt{M}$）成反比，且$v_p < \bar{v} < \sqrt{\overline{v^2}}$，如图12-16所示. 常温下它

们的数量级为$10^2 \sim 10^3 \, \mathrm{m \cdot s^{-1}}$，与气体中声速的数量级相同. 例如，27 ℃下氮气

（$M = 28 \times 10^{-3} \, \mathrm{kg \cdot mol^{-1}}$）分子的$v_p = 422 \, \mathrm{m \cdot s^{-1}}$，$\bar{v} = 476 \, \mathrm{m \cdot s^{-1}}$，$\sqrt{\overline{v^2}} = 517 \, \mathrm{m \cdot s^{-1}}$.

利用速率分布函数$f(v)$，还可以求出分子的平均平动动能，为

$$\bar{\varepsilon}_t = \int_0^\infty \frac{1}{2} m_0 v^2 f(v) \mathrm{d}v = \frac{1}{2} m_0 \int_0^\infty v^2 f(v) \mathrm{d}v = \frac{1}{2} m_0 \overline{v^2} = \frac{3}{2} kT$$

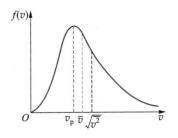

图12-16　三个速率的关系

与式（12-9）结果一致.

思考题12.6：在同一温度下，是否某个氢分子的速率一定比某个氧分子的速率

小或大？气体分子的三个特征速率都小于地球表面的逃逸速率，是否意味着气体

不可能逃逸？氢气和氧气哪种气体更不可能逃逸？

例题12-7　求气体分子速率与最概然速率v_p之差不超过1%的分子数占总分子数的百

分比.

解：根据麦克斯韦速率分布律，当速率间隔Δv较小时近似地有

$$\frac{\Delta N}{N} = 4\pi \left(\frac{m_0}{2\pi kT}\right)^{3/2} \mathrm{e}^{-\frac{m_0 v^2}{2kT}} v^2 \Delta v$$

所求分子速率区间为$v_p - 0.01 v_p$至$v_p + 0.01 v_p$，即$v = v_p = \sqrt{\dfrac{2kT}{m_0}}$，$\Delta v = 0.02 v_p$. 代入上式得

$$\frac{\Delta N}{N} = 4\pi \left(\frac{m_0}{2\pi kT}\right)^{3/2} \mathrm{e}^{-\frac{m_0 v_p^2}{2kT}} v_p^2 \times 0.02 v_p$$

$$= 4\pi \left(\frac{1}{\sqrt{\pi} v_p}\right)^3 \mathrm{e}^{-\frac{v_p^2}{v_p^2}} \times 0.02 v_p^3 = \frac{4}{\sqrt{\pi}} \times 0.02 \mathrm{e}^{-1} = 1.66\%$$

*12-3-4　麦克斯韦速度分布

麦克斯韦速率分布是反映分子速度大小的分布规律，它考虑的是分子处于以

速率v为半径、厚度为$\mathrm{d}v$的球壳体积元$4\pi v^2 \mathrm{d}v$中的概率. 如图12-17所示，显然，

对分子运动更为细致的描述还应该考虑速度的方向，即给出分子处于速度$\boldsymbol{v}$附近速

度微元$\mathrm{d}\boldsymbol{v}$中的概率. 式（12-23）正是球坐标系下的速度分布，若用$\mathrm{d}v_x \mathrm{d}v_y \mathrm{d}v_z$取代

$v^2 \mathrm{d}v \sin\theta \mathrm{d}\theta \mathrm{d}\varphi$，以$\mathrm{d}N_v$表示速度介于$v_x \sim v_x + \mathrm{d}v_x$，$v_y \sim v_y + \mathrm{d}v_y$，$v_z \sim v_z + \mathrm{d}v_z$区间的分

子数，则得直角坐标系下的表达式，为

$$\frac{\mathrm{d}N_v}{N} = \left(\frac{m_0}{2\pi kT}\right)^{3/2} \mathrm{e}^{-\frac{m_0(v_x^2 + v_y^2 + v_z^2)}{2kT}} \mathrm{d}v_x \mathrm{d}v_y \mathrm{d}v_z \qquad (12\text{-}29)$$

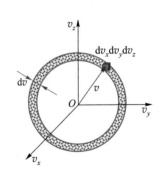

图12-17　速度空间中的速率微元
（球壳）和速度微元

式（12-23）和式（12-29）都是麦克斯韦速度分布（Maxwell velocity distribution）.

如果把上式改写成各自归一化的三项，即

$$\frac{\mathrm{d}N_v}{N} = \left(\sqrt{\frac{m_0}{2\pi kT}} \mathrm{e}^{-\frac{m_0 v_x^2}{2kT}} \mathrm{d}v_x \right)\left(\sqrt{\frac{m_0}{2\pi kT}} \mathrm{e}^{-\frac{m_0 v_y^2}{2kT}} \mathrm{d}v_y \right)\left(\sqrt{\frac{m_0}{2\pi kT}} \mathrm{e}^{-\frac{m_0 v_z^2}{2kT}} \mathrm{d}v_z \right)$$

这种乘积关系表明 x、y、z 三个方向上的速度分布是相互独立的，括号中的表达式就是分子速度分量分别在 $v_x \sim v_x + \mathrm{d}v_x$、$v_y \sim v_y + \mathrm{d}v_y$ 和 $v_z \sim v_z + \mathrm{d}v_z$ 区间内的概率．例如，分子 x 方向的速度分布为

$$\frac{\mathrm{d}N_{v_x}}{N} = \sqrt{\frac{m_0}{2\pi kT}} \mathrm{e}^{-\frac{m_0 v_x^2}{2kT}} \mathrm{d}v_x = f(v_x)\mathrm{d}v_x \qquad (12\text{-}30)$$

由此可以求出

$$\overline{v}_x = \int_{-\infty}^{+\infty} v_x f(v_x)\mathrm{d}v_x = \int_{-\infty}^{+\infty} \sqrt{\frac{m_0}{2\pi kT}} \mathrm{e}^{-\frac{m_0 v_x^2}{2kT}} v_x \mathrm{d}v_x = 0$$

$$\overline{v_x^2} = \int_{-\infty}^{+\infty} v_x^2 f(v_x)\mathrm{d}v_x = \int_{-\infty}^{+\infty} \sqrt{\frac{m_0}{2\pi kT}} \mathrm{e}^{-\frac{m_0 v_x^2}{2kT}} v_x^2 \mathrm{d}v_x = \frac{kT}{m_0}$$

后一式子与能量均分定理的结果 $\frac{1}{2} m_0 \overline{v_x^2} = \frac{kT}{2}$ 一致．类似结论对 y 和 z 分量也成立，例如 $\overline{v}_x = \overline{v}_y = \overline{v}_z = 0$，$\overline{v_x^2} = \overline{v_y^2} = \overline{v_z^2}$．这也证明了在 12-2-1 所作统计假设的合理性．

例题 12-8　如果在容器器壁上开一个小孔，则分子经小孔跑出容器的过程称为泻流（effusion）．求单位时间内从小孔单位面积跑出的分子数．

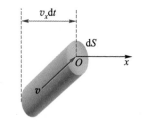

图 12-18　速度在 v 附近能够经 $\mathrm{d}S$ 跑出去的气体分子

解：能够碰到小孔的分子才能跑出来．如图 12-18 所示，在小孔上取面积元 $\mathrm{d}S$，设 x 轴垂直于 $\mathrm{d}S$ 向外，容器中分子数密度为 n，其中速度在 $v_x \sim v_x + \mathrm{d}v_x$ 区间内的分子数密度为 $\mathrm{d}n_{v_x}$，则 $\mathrm{d}t$ 时间内能够碰到容器 $\mathrm{d}S$ 上且速度在 $v_x \sim v_x + \mathrm{d}v_x$ 区间内的分子数为 $\mathrm{d}n_{v_x} v_x \mathrm{d}t \mathrm{d}S$，而

$$\frac{\mathrm{d}n_{v_x}}{n} = \sqrt{\frac{m_0}{2\pi kT}} \mathrm{e}^{-\frac{m_0 v_x^2}{2kT}} \mathrm{d}v_x$$

于是，单位时间内能够碰到容器器壁上的小孔单位面积上的分子数为

$$\Gamma = \int \mathrm{d}\Gamma = \int \mathrm{d}n_{v_x} v_x = n\int_0^{\infty} \sqrt{\frac{m_0}{2\pi kT}} v_x \mathrm{e}^{-\frac{m_0 v_x^2}{2kT}} \mathrm{d}v_x = n\sqrt{\frac{kT}{2\pi m_0}} = \frac{1}{4} n\overline{v}$$

12-4　分子碰撞和气体的输运现象

12-4-1　分子碰撞的统计规律

常温下气体分子热运动平均速率为数百米每秒．但如果打开几米远处的香水瓶盖，人们却并不会立刻嗅到香味，究其原因，在于气体分子由于频繁碰撞，其路

径迂回曲折而非直线,如图12-19所示.

气体由非平衡态过渡到平衡态的过程中,分子碰撞起着决定性作用.因此,研究分子碰撞的统计规律是气体动理论的重要课题之一.

图12-19 分子的运动路径

下面就来引入描述分子碰撞的两个统计平均量.对于大量分子而言,由于热运动,分子间的碰撞完全是随机的,这导致在任意两次相继碰撞之间,一个分子自由飞行的路程(称为自由程)和经历的时间具有随机性,但这并不妨碍它们在平衡态下具有完全确定的统计平均值.我们把一个分子在单位时间内经历的平均碰撞次数称为平均碰撞频率(mean collision frequency),用 $\overline{Z}$ 表示;而把分子自由程的平均值称为平均自由程(mean free path),用 $\overline{\lambda}$ 表示.显然,分子平均速率 $\overline{v} = \overline{\lambda}\,\overline{Z}$.

研究大量分子碰撞时,我们可以跟踪其中某一分子A,而把其余分子假定为不动;而且分子的大小也不能忽略,通常把分子设想成直径为 d 的刚性小球(d 称为有效直径).这样,小球A以相对于其他分子的平均速率 $\overline{u}$ 运动,由于碰撞其轨迹为一折线,如图12-20所示.显然,那些球心落在以该折线为轴、截面积 $\sigma = \pi d^2$ 为底的柱体内的分子都将与A碰撞,所以 σ 称为分子的碰撞截面.在 Δt 时间内A分子平均走过的路程为 $\overline{u}\,\Delta t$,设分子数密度为 n,则该段路程对应的柱体内有 $n\pi d^2\overline{u}\,\Delta t$ 个分子,它们都与A分子碰撞.由此求得单位时间内分子的平均碰撞次数,即分子的平均碰撞频率为 $\overline{Z} = n\pi d^2\overline{u}$.由麦克斯韦速度分布还可以证明,分子平均相对速率 $\overline{u}$ 与分子平均速率 $\overline{v}$ 的关系为 $\overline{u} = \sqrt{2}\,\overline{v}$.于是

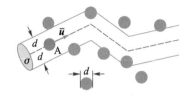

图12-20 分子碰撞及运动轨迹

$$\overline{Z} = \pi d^2\overline{u}n = \sqrt{2}\,\pi d^2\overline{v}n \qquad (12\text{-}31)$$

进一步,可得分子平均自由程为

$$\overline{\lambda} = \frac{\overline{v}}{\overline{Z}} = \frac{1}{\sqrt{2}\,\pi d^2 n} \qquad (12\text{-}32)$$

上式表明,分子平均自由程与分子有效直径的平方和分子数密度成反比,与分子平均速率无关.利用理想气体的物态方程 $p = nkT$,上式又可写作

$$\overline{\lambda} = \frac{kT}{\sqrt{2}\,\pi d^2 p} \qquad (12\text{-}33)$$

平均自由程与气体状态有关.表12-4列出了标准状态下几种气体分子的平均自由程和有效直径.从数量级上看,分子有效直径 d 为 10^{-10} m, $\overline{\lambda}$ 较 d 高2~3个量级,取 $\overline{v}$ 为 10^2 m/s,可推得 $\overline{Z}$ 的数量级为 $10^9\ \mathrm{s^{-1}}$,即分子每秒碰撞达数十亿次之多!

式(12-33)表明,当温度恒定时,平均自由程与压强成反比,压强愈小,气体就愈稀薄,平均自由程就愈长.例如,在0 ℃及 10^{-2} Pa时,空气分子 $\overline{\lambda}$ 约为1 m(见例题12-9),即分子平均要走约1 m才与其他分子碰撞一次,而这已经大于一般容器的线度,这时分子间几乎没有碰撞,而只存在分子与器壁的碰撞.由此可

表12-4 标准状态下几种气体分子的 $\overline{\lambda}$ 和 d

气体	$\overline{\lambda}/10^{-7}$ m	$d/10^{-10}$ m
He	1.798	2.2
H_2	1.123	2.7
N_2	0.599	3.7
O_2	0.647	3.6
CO_2	0.397	4.6

见，在真空（稀薄气体）中，气体的力学和热学性质与一般气体有较大差异.

例题12-9 已知空气的平均摩尔质量$M = 29 \times 10^{-3}$ kg·mol^{-1}，分子有效直径$d = 3.5 \times 10^{-10}$ m. 求：（1）标准状态下空气分子的平均自由程和平均碰撞频率；（2）0 ℃、10^{-2} Pa时的平均自由程.

解：（1）$T = 273$ K，$p = 1.013 \times 10^5$ Pa，$k = 1.38 \times 10^{-23}$ J·K^{-1}，$d = 3.5 \times 10^{-10}$ m. 由此得平均自由程和平均速率分别为

$$\overline{\lambda} = \frac{kT}{\sqrt{2}\pi d^2 p} = \frac{1.38 \times 10^{-23} \times 273}{1.41 \times 3.14 \times (3.5 \times 10^{-10})^2 \times 1.013 \times 10^5}\ \text{m} = 6.9 \times 10^{-8}\ \text{m}$$

$$\overline{v} = \sqrt{\frac{8RT}{\pi M}} = \sqrt{\frac{8 \times 8.31 \times 273}{3.14 \times 29 \times 10^{-3}}}\ \text{m·s}^{-1} = 4.5 \times 10^2\ \text{m·s}^{-1}$$

于是平均碰撞频率为

$$\overline{Z} = \frac{\overline{v}}{\overline{\lambda}} = \frac{4.5 \times 10^2}{6.9 \times 10^{-8}}\ \text{s}^{-1} = 6.5 \times 10^9\ \text{s}^{-1}$$

即一秒内每个分子平均要和其他分子碰撞60多亿次.

（2）将计算（1）中的压强代入$p = 10^{-2}$ Pa，其余数据不变，得

$$\overline{\lambda} = \frac{kT}{\sqrt{2}\pi d^2 p} = \frac{1.38 \times 10^{-23} \times 273}{1.41 \times 3.14 \times (3.5 \times 10^{-10})^2 \times 10^{-2}}\ \text{m} = 0.7\ \text{m}$$

*12-4-2 气体内的输运现象

前面讨论的都是处于平衡态的气体，这时气体内部没有宏观粒子流或能量流. 当气体偏离平衡状态时，就可能因某个宏观参量（如温度、密度或流速）分布不均匀（即存在梯度），而引起相应物理量（如热量、质量或动量）的迁移，即在气体内形成某种"流"（如热流、质量流或动量流）. 这就是气体的**输运现象**.

气体动理论的一个主要任务就是描述气体由非平衡态向平衡态过渡的过程. 虽然前面关于气体的统计理论都是在平衡态下得到的，但在偏离平衡态不太远的条件下，也可以借助这些统计结果进行初步理论分析. 如图12-21所示，设气体内有某个沿z轴的"流"，则经$z = z_0$面上面元ΔS迁移的宏观量，不过是伴随热运动，分子穿过ΔS所输运的微观量（分子的能量、质量或动量）的宏观表现而已. 考虑到气体分子沿$\pm x$、$\pm y$、$\pm z$ 6个方向运动的概率相等，可以粗略地认为单位时间穿过ΔS单位面积的分子数为$\frac{1}{6}n\overline{v}$，这里n和$\overline{v}$分别为分子的数密度和平均速率；由于频繁碰撞的"同化"，可以认为穿越ΔS的分子携带的物理量就是出发点的平均值，而出发点平均而言相距ΔS为$\overline{\lambda}$，即位于$z_0 \mp \overline{\lambda}$处. 可见，输运现象中宏观物理量的迁移，正是分子热运动和碰撞共同作用的结果.

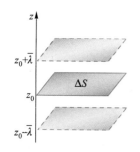

图12-21 气体的输运过程

气体内由于温度、密度和流速的不均匀导致的输运现象分别称为热传导、扩散和黏性现象. 下面分别介绍它们的宏观规律和微观机理.

（1）热传导. 当气体内温度不均匀, 即存在温度梯度时, 就会有热量从温度较高处传递到温度较低处, 这种现象称为**热传导**（heat conduction）. 设温度梯度沿 z 方向, 则单位时间内从温度高的一侧通过 z_0 处的截面 ΔS 向温度低的一侧传递的热量, 正比于温度梯度和面积 ΔS, 即

$$\frac{\mathrm{d}Q}{\mathrm{d}t} = -\kappa \left(\frac{\mathrm{d}T}{\mathrm{d}z} \right)_{z_0} \Delta S \qquad (12\text{-}34)$$

这个实验规律称为**傅里叶定律**（Fourier's law）. 式中比例系数 κ 称为**热导率**（thermal conductivity）, 负号"–"表示热量沿着温度降低的方向传递.

分子热运动的平均能量 $\overline{\varepsilon} = \frac{1}{2}(t+r+2s)kT$, 不同温度处的分子交换就会输运热运动能量, 其宏观量就是热量. 即热传导输运的是能量. 利用上面讨论分子热运动和碰撞得到的结果, 相向穿过 ΔS 的一对分子分别来自 $(z_0 - \overline{\lambda})$ 和 $(z_0 + \overline{\lambda})$, 输运的净能量为 $\overline{\varepsilon}_{z_0 - \overline{\lambda}} - \overline{\varepsilon}_{z_0 + \overline{\lambda}}$, 而单位时间内穿过 ΔS 的分子对数为 $\frac{1}{6} n\overline{v} \Delta S$, 因此, 单位时间经 ΔS 传递的热量为

$$\frac{\mathrm{d}Q}{\mathrm{d}t} = \frac{1}{6} n\overline{v} \Delta S \left(\overline{\varepsilon}_{z_0 - \overline{\lambda}} - \overline{\varepsilon}_{z_0 + \overline{\lambda}} \right) = -\frac{1}{6} n\overline{v} \Delta S \left(\frac{\mathrm{d}\overline{\varepsilon}}{\mathrm{d}z} \right)_{z_0} (2\overline{\lambda})$$

$$= -\frac{1}{3} n\overline{v}\overline{\lambda} \Delta S \frac{\mathrm{d}\overline{\varepsilon}}{\mathrm{d}T} \left(\frac{\mathrm{d}T}{\mathrm{d}z} \right)_{z_0} = -\frac{1}{3} n\overline{v}\overline{\lambda} \frac{k}{2}(t+r+2s) \left(\frac{\mathrm{d}T}{\mathrm{d}z} \right)_{z_0} \Delta S$$

与式（12-34）比较, 可得热导率为

$$\kappa = \frac{1}{3} n\overline{v}\overline{\lambda} \frac{k}{2}(t+r+2s) \qquad (12\text{-}35)$$

应当指出, 由于 $n\overline{v}\overline{\lambda} = \frac{1}{\sqrt{2}\pi d^2} \sqrt{\frac{8kT}{\pi m_0}}$, 故 $\kappa \propto \sqrt{T}$, 即 κ 与压强无关, 而仅与温度有关. 这一结论只在压强不太低时成立. 当压强很低使得 $\overline{\lambda}$ 远大于容器线度时, 分子间几乎无碰撞, 分子只与器壁碰撞, 即 $\overline{\lambda}$ 被器壁间距取代而不再变化, 但 n 仍将随压强改变, 即 κ 与压强成正比. 在这种情况下, 降低压强可以减少热传导. 保温瓶和杜瓦瓶就是根据这一原理, 将容器双层薄壁内抽成气压较低的真空, 如图 12-22 所示, 以减少热传导从而实现保温的.

抽真空

图12-22　杜瓦瓶

思考题12.7：寒冬时你摸室外的木桩和铁柱会觉得后者更冷, 为什么? 夏天时停在太阳下的汽车, 车门和轮胎哪个更"烫"?

（2）黏性. 若不均匀的物理量不是温度而是速度, 即存在速度梯度, 则被输运的不是能量而是动量, 即动量会从速度高处向速度低处迁移, 这种现象称为**黏性**（viscous）或内摩擦. 单位时间内经过截面 ΔS 迁移的动量, 即截面两侧气流层之间的相互作用力, 称为黏性力或内摩擦力. 如图 12-23 所示, 设流速 u 沿 z 轴方向形

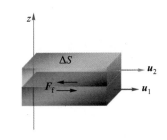

图12-23　流体内的黏性现象

成梯度，黏性力总是使流速较大的气层减速，使流速较小的气层加速，最终使各层流速趋于一致．实验表明，黏性力 F_f 正比于速度梯度和截面的面积 ΔS，即

$$F_\text{f} = \eta \frac{\mathrm{d}u}{\mathrm{d}z} \Delta S \qquad (12\text{-}36)$$

上式称为牛顿黏性定律（Newton's law of viscosity）．式中比例系数 η 称为黏度（viscosity）．类似热导率的推导（将分子能量 $\bar{\varepsilon}$ 换作定向运动的动量 $m_0 u$），可得

$$\eta = \frac{1}{3} m_0 n \bar{v} \bar{\lambda} = \frac{1}{3} \rho \bar{v} \bar{\lambda} \qquad (12\text{-}37)$$

同样有 $\eta \propto \sqrt{T}$，而与压强无关，例如对氮气，$m_0 = 4.6 \times 10^{-26}\,\text{kg}$，$T = 288\,\text{K}$ 时，$\eta \approx 1.1 \times 10^{-5}\,\text{N} \cdot \text{s} \cdot \text{m}^{-2}$，实验测得结果为 $1.73 \times 10^{-5}\,\text{N} \cdot \text{s} \cdot \text{m}^{-2}$．但这一结论也只在压强不太低时成立，当气体压强降到 $\bar{\lambda}$ 等于容器线度时，η 则正比于压强而反比于 $\sqrt{T}$．

（3）扩散．如果气体内密度不均匀，则气体分子将从密度大的地方迁移到密度小的地方，这种现象称为扩散（diffusion）．这里仅讨论单一气体内部的扩散．设气体分子数密度梯度沿 z 轴方向，则单位时间内通过垂直于 z 轴的面元 ΔS 的单位面积的分子数称为分子流密度，用 J_z 表示．实验表明，J_z 与分子数密度梯度成正比，即

$$J_z = \frac{\mathrm{d}N}{\mathrm{d}t \Delta S} = -D \left(\frac{\mathrm{d}n}{\mathrm{d}z} \right)_{z_0} \qquad (12\text{-}38)$$

上式称为菲克定律（Fick's law），比例系数 D 称为扩散系数，"$-$"表示分子扩散流沿着分子数密度降低的方向进行．注意到质量密度 $\rho = m_0 n$，扩散定律又可以表示为

$$\frac{\mathrm{d}m}{\mathrm{d}t} = \frac{\mathrm{d}(m_0 N)}{\mathrm{d}t} = -D \left(\frac{\mathrm{d}\rho}{\mathrm{d}z} \right)_{z_0} \Delta S$$

类似热导率的推导，但注意此时分子数密度不均匀，有

$$J_z = \frac{1}{6} \bar{v} \left(n_{z_0 - \bar{\lambda}} - n_{z_0 + \bar{\lambda}} \right) = -\frac{1}{6} \bar{v} \left(\frac{\mathrm{d}n}{\mathrm{d}z} \right)_{z_0} (2\bar{\lambda}) = -\frac{1}{3} \bar{v} \bar{\lambda} \left(\frac{\mathrm{d}n}{\mathrm{d}z} \right)_{z_0}$$

与式（12-38）比较，可得扩散系数为

$$D = \frac{1}{3} \bar{v} \bar{\lambda} = \frac{2}{3 \pi d^2 p} \sqrt{\frac{(kT)^3}{\pi m_0}} \qquad (12\text{-}39)$$

它与 p、T 都有关．在标准状态下，N_2 的扩散系数 $D = 1.85 \times 10^{-5}\,\text{m}^2 \cdot \text{s}^{-1}$．

顺便指出，所讨论的三种输运现象并不局限于气体，例如，液体和固体内也可以发生扩散和热传导，液体内的黏性现象也是常见的．另外，输运过程本质上是非平衡过程，上面的理论分析仅是初级理论，只在数量级上与实际结果无大的差异．

最后，从非平衡态的输运过程也可以反过来说明平衡态的条件．平衡态的特征是系统内无能量流和粒子流．这要求系统处于：①热平衡，即温度处处相等（以保证系统内无热流）；②力学平衡，即系统内压强差与外力场平衡（如重力场中的

粒子数密度随高度的分布，这时虽然存在粒子数密度梯度，但力学平衡使得系统内粒子团整体静止，无宏观粒子流）；③化学平衡，即不因化学组分的不均匀引起扩散所致的粒子流.

*12-5 范德瓦耳斯方程

12-5-1 分子间的相互作用

热运动要使分子分离散开，而分子能够凝聚在一起成为液体和固体，说明分子之间存在引力；而液体和固体很难压缩，表明分子之间同时还存在斥力. 分子之间引力和斥力的合力简称分子力. 作为初步讨论，可以假设分子力具有球对称性，并用下面的经验公式表示：

$$F = \frac{\lambda}{r^s} - \frac{\mu}{r^t} \quad (s > t)$$

式中，r 表示两分子中心的距离，λ、μ、s、t 都是正数，其值由实验确定，第一项表示斥力，第二项带有负号，表示与斥力方向相反的引力. 分子力 F 随分子间距 r 的变化关系如图 12-24 中实线所示，两条虚线分别表示斥力和引力. 从图中可以看出，当 $r = r_0$ 时，合力 $F = 0$，表示引力和斥力抵消，这个距离 r_0 称为平衡距离，一般在 10^{-10} m 左右；当 $r > r_0$ 时，合力 $F < 0$，表示引力起主要作用，引力大小随距离 r 的加大而迅速减小，当 r 大于有效作用距离（约 10^{-9} m）时，引力可忽略不计，这时分子可视为自由运动；当 $r < r_0$ 时，合力 $F > 0$，表示斥力起主要作用，斥力大小随距离 r 的减少而急剧增大，当 r 增加到某一数值 d 时，巨大的斥力阻止分子进一步靠近，这个两分子中心所能达到的最小距离 d 就是在讨论碰撞时曾经提到的分子的有效直径. 一般 d 略小于平衡距离 r_0. 由此可见，刚球模型只考虑了分子的斥力.

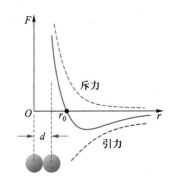

图 12-24 分子作用力

分子间的相互作用也可用势能 E_p 来表示. 对应于 $s = 13$、$t = 7$ 的势能为

$$E_p(r) = -E_p(r_0)\left[\left(\frac{r_0}{r}\right)^{12} - 2\left(\frac{r_0}{r}\right)^6\right] = -4E_p(r_0)\left[\left(\frac{\sigma}{r}\right)^{12} - \left(\frac{\sigma}{r}\right)^6\right]$$

式中 $\sigma = 2^{-1/6}r_0$. 上式称为伦纳德-琼斯势（Lennard-Jones potential），尤其适用于惰性原子之间，相应的势能曲线如图 12-25 所示.

分子热运动和分子间的相互作用这两个相互竞争的因素，决定了一般物质的固、液、气三种状态. 在较低温度时，分子热运动能量很小，分子力的束缚很强，分子处于最低势能附近，只能围绕各自的平衡位置做微小振动，这对应于固态；

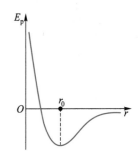

图 12-25 分子势能

随着温度升高，分子热运动能量也随之增大，但如果分子能量仍不足以越出势阱，则仍不能摆脱分子力的束缚，此时分子除振动外还能相对移动，这就是液态；温度升高时，分子热运动能量和分子间距离也将增大，当温度升高到分子热运动能量大于零时，就能在一定程度上摆脱分子力的束缚而较"自由"地运动，这就是气态. 顺便指出，通常把在没有外力作用下，成分相同且物理、化学性质完全相同的均匀物质的聚集态称为相（phase），而把物质在压强、温度等外界条件不变的情况下，从一个相转化为另一个相的过程称为相变（phase transition）. 相变过程必然伴随着物理性质的突然变化，例如，液体变为气体时，其密度突然变小.

12-5-2 真实气体的等温线

理想气体模型中分子只做热运动，除碰撞外分子之间无相互作用，因此理想气体在任何情况下都是气态（恰如其名！），也就不能发生相变. 然而，真实气体却可以发生相变.

将气缸置于温度为 T 的恒温槽中，以气缸内的气体为系统，缓慢移动活塞使系统经历一个准静态等温压缩过程，在 $p\text{-}V$ 图上得到一条等温线. 如果恒温槽的温度足够低，则在气体压缩到一定体积后就会出现气态到液态的相变，这时随着体积压缩，气体逐渐转变为密度较大的液体，压强并不增加，形成等温线上的一段平台. 气液相变过程及对应的等温线示意如图 12-26. 等温线上由 A 到 B，气体体积随着压强的增大而减小，这与理想气体相似；而由 B 到 D 对应气液相变，气体逐渐液化，这时的气体称为饱和蒸气（saturated vapor），气体压强（称为该温度下的饱和蒸气压）不变，气体密度也不变，整个 BD 平台是一个气液两相平衡（温度和压强相同）共存的区域，B 态全部为饱和蒸气，C 态部分气体液化，而 D 态则对应所有饱和蒸气都已压缩为同温、同压下的液态；由 D 到 E 则是液态，由于液体很难压缩，故其体积随着压强的增大变化不大.

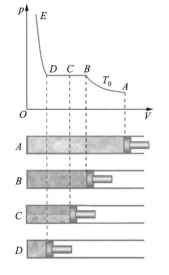

图 12-26　真实气体的等温压缩过程示意图

图 12-27 所示是 CO_2 在不同温度下的等温线，可以看出，当温度较低时，等温线存在一个气液两相平衡共存的平台区，随着温度升高，饱和蒸气压增大，气液两相平衡共存的平台变短；当温度升高到 $T_c = 304\ \text{K}$ 时平台缩为一个点，称为临界点（critical point），它是 CO_2 能够出现液体状态的最高温度，高于该温度时，无论压强多大都不会把气体液化. 这样，在 $p\text{-}V$ 图上形成了气、液和气液两相共存三个区域. 在气态区域，温度越高，等温线越接近于双曲线，说明气体与理想气体差别越小.

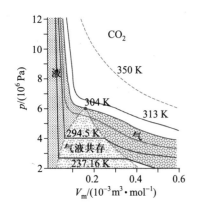

图 12-27　真实气体的等温线

12-5-3 范德瓦耳斯方程

上面 CO_2 的例子说明，在压强不太高和温度不太低的情况下，真实气体与理想气体差别不大. 但在高压和低温条件下, 真实气体与理想气体有显著的偏离.

考虑到真实气体分子间既存在斥力也存在引力, 1873 年荷兰物理学家范德瓦耳斯 (J.D.van de Waals) 把气体分子看作是相互吸引的刚球, 由此对理想气体物态方程 $pV = \nu RT$ 进行修正, 得到了能较好描述真实气体行为的范德瓦耳斯方程.

既然理想气体不考虑分子大小, 物态方程中容器的体积 V 自然就是每个分子自由活动的空间. 刚球模型是对分子间斥力的一种近似. 把分子看作是有一定大小的刚球, 则每个分子能有效活动的空间比 V 小, 应该修正为 $(V - \nu b)$. 这里, ν 为气体的物质的量, b 是 1 mol 气体引起的修正量.

思考题 12.8: 考虑到分子斥力修正, 得到 1 mol 气体的物态方程为 $p(V_m - b) = RT$, 能得出反映气液相变的等温线吗? 为什么?

再来考虑分子引力导致的修正. 如图 12-28 所示, 如果气体分子在容器内部, 则平均而言它受到作用球 (半径为分子有效作用距离画出的图中虚线球) 内其他分子的引力相互抵消, 合力为零, 因此分子引力对它的运动没有影响; 但对于飞向器壁的分子, 在进入离器壁为有效作用距离的范围内, 由于作用球内分子分布对称性破坏, 这个合力不为零, 而是指向容器内部, 从而削弱分子对器壁作用力导致压强减小, 即气体压强比 $\dfrac{\nu RT}{V - \nu b}$ 小. 因此, 考虑分子引力后压强 p 应为

$$p = \frac{\nu RT}{V - \nu b} - p_i$$

p_i 称为内压强. 显然, 分子数密度 n 越大, 单位时间内撞击器壁的分子数就越多, 压强就越大; 同时, 对于撞击器壁的分子而言, 容器中的分子数密度 n 越大, 对它的引力就越强. 因此, 内压强 p_i 应正比于 n^2. 而 $n \propto \nu/V$, 所以, $p_i = a(\nu/V)^2$. 于是, 得到物质的量为 ν 的气体的范德瓦耳斯方程:

$$\left(p + \frac{\nu^2 a}{V^2}\right)(V - \nu b) = \nu RT \tag{12-40}$$

式中常量 a、b 的取值取决于气体性质, 可由实验确定. 表 12-5 给出了几种气体的 a 和 b 实验值.

根据范德瓦耳斯方程式 (12-40) 画出的 CO_2 等温线如图 12-29 所示. 我们看到, 与真实气体的实验曲线 (参见图 12-27) 比较, 范德瓦耳斯等温线也存在临界点, 不同的是与气液共存区的平台对应的是一些起伏的曲线. 以 286 K 那条等温线为例, AA' 处于平台 AB 上方, 表明气体压强超过饱和蒸气压后仍可以不液化, 这样的蒸气称为**过饱和蒸气** (supersaturation steam) 或过冷蒸气; 而 BB' 处于平台 AB 下方, 表明液体压强低于同温度下的饱和蒸气压时仍可以不蒸发, 这样的液体称为**过热液体** (superheated liquid). 过热或过冷的状态都是可以在实验中出现的亚稳态, 当存在扰动时就会回到气液共存的 AB 平台上. 例如, 人工降雨时将装有干

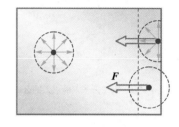

图 12-28 分子引力的修正

表 12-5 几种气体的 a 和 b 实验值

气体	$a/$ ($Pa \cdot m^6 \cdot mol^{-2}$)	$b/$ ($m^3 \cdot mol^{-1}$)
He	0.00345	2.34×10^{-5}
H_2	0.0248	2.66×10^{-5}
O_2	0.138	3.18×10^{-5}
N_2	0.137	3.85×10^{-5}
CO_2	0.369	4.27×10^{-5}
H_2O	0.558	3.04×10^{-5}
Ar	0.132	3.02×10^{-5}

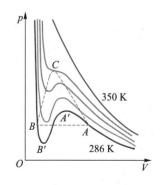

图 12-29 范德瓦耳斯等温线

冰的炮弹发射到云中，利用干冰提供的凝聚核可促使水蒸气液化为雨滴；而将新鲜水注入多次煮沸的锅炉水中，则其中空气提供的汽化核可能造成剧烈汽化而致锅炉爆炸．最后，图中$A'B'$要求压强随体积缩小而降低，这在实际中是不可能实现的．以上可见，范德瓦耳斯方程可以解释实际气体的许多性质．

顺便指出，由于不考虑分子之间的相互作用，所以理想气体的内能只是温度的函数，即$U = U(T)$．由于分子间存在相互作用，而相互作用势能与分子距离有关，因此，实际气体的内能还应该与体积有关，即$U = U(T, V)$．

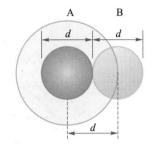

图12-30　刚球分子不能进入的区域

例题12-10　证明b等于1 mol气体分子本身体积的4倍．

证：设分子A、B都是直径为d的刚球，如图12-30所示，相碰时A分子的中心不能进入的区域是半径为d的球体．这部分减少的分子自由运动的空间应由两个分子负担，故

$$b = N_A \frac{1}{2}\left(\frac{4}{3}\pi d^3\right) = 4 N_A \frac{4}{3}\pi\left(\frac{d}{2}\right)^3$$

习题

习题参考答案

12.1　已知容器内有某种理想气体，其温度和压强分别为$T = 273$ K，$p = 1.0 \times 10^3$ Pa，密度为$\rho = 1.24 \times 10^{-2}$ kg·m^{-3}．求该气体的摩尔质量．

12.2　可用下述方法测定气体的摩尔质量：容积为V的容器内装满被试验的气体，测出其压强为p_1，温度为T，并测出容器连同气体的质量为m_1，然后除去一部分气体，使其压强降为p_2，温度不变，容器连同气体的质量为m_2，试求该气体的摩尔质量．

12.3　实验室中能够获得的最佳真空大约相当于1×10^{-9} Pa，试问室温（300 K）下这样的"真空"中每立方厘米内有多少个分子？

12.4　已知一气球的容积$V = 8.7$ m^3，充以温度$t_1 = 15$ ℃的氢气，当温度升高到37 ℃时，维持其气压p及体积不变，气球中部分氢气逸出，而使其质量减少了0.052 kg，由这些数据求氢气在0 ℃、压强p下的密度．

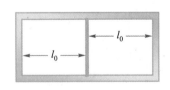

图12-31　习题12.5图

12.5　一个封闭的立方体容器，内部空间被一导热的、不漏气但可移动的隔板分为两部分，开始时其内为真空，隔板位于容器的正中间（即隔板两侧的长度都为l_0），如图12-31所示．当两侧各充以p_1，T_1与p_2，T_2的相同气体后，问平衡时隔板将位于什么位置（即隔板两侧的长度之比是多少）？

12.6　真空容器中有一氢分子束射向面积$S = 2.0$ cm^{2}的平板，与平板做弹性碰撞．设分子束中分子的速度大小$v = 1.0 \times 10^3$ m·s^{-1}，方向与平板成60°夹角，每秒内有

$N = 1.0 \times 10^{23}$ 个氢分子射向平板. 求氢分子束作用于平板的压强.

12.7 容积为 10 L 的容器内有 1 mol 二氧化碳气体, 其方均根速率为 1.44×10^3 km/h, 求此气体的压强. 已知二氧化碳的摩尔质量为 44×10^{-3} kg·mol^{-1}.

12.8 下列系统各有多少个自由度: (1) 在一平面上滑动的粒子; (2) 可以在一平面上滑动并可围绕垂直于该平面的轴转动的硬币; (3) 三角形钢架在空间自由运动.

12.9 容器内贮有氧气, 其压强 $p = 1.0 \times 10^5$ Pa, 温度 $t = 27$ ℃, 求: (1) 单位体积内的分子数; (2) 分子质量 m_0; (3) 密度 ρ; (4) 方均根速率; (5) 分子的平均平动动能; (6) 4 g 氧气的内能.

12.10 1 mol 氢气处于温度为 27 ℃ 的平衡态, 求: (1) 内平动能; (2) 内转动能; (3) 温度升高 1 ℃ 时所增加的内能.

12.11 (1) 求 1 mol 氧气分别处于 0 ℃ 和 500 ℃ 的平衡态时的内能; (2) 求 1 mol 氦气分别处于 0 ℃ 和 500 ℃ 的平衡态时的内能; (3) 分别求 0 ℃ 和 500 ℃ 时氧气与氢气分子的平均平动动能和平均总能量.

12.12 (1) 求在相同的 T、p 条件下, 单位质量的氢气与氦气的内能之比. (2) 求在相同的 T、p 条件下, 单位体积的氢气与氦气的内能之比.

12.13 设山顶与地面的温度均为 273 K, 空气的摩尔质量为 0.029 kg·mol^{-1}. 测得山顶的压强是地面压强的 3/4, 求山顶相对地面的高度.

12.14 求平衡态下速率在 v_p 与 $1.01v_p$ 之间的气体分子数占总分子数的百分比 (v_p 为最概然速率).

12.15 已知分子的速率分布函数 $f(v)$ 和气体总的分子数 N, 求下列量的表达式: (1) 分子速率不小于某一速率 v_0 的分子数; (2) $\dfrac{1}{v}$ 的平均值; (3) 速率在 v_1 到 v_2 间的分子的平均速率.

12.16 如图 12-32 所示, 两条曲线分别表示氧气和氢气在同样温度下的速率分布曲线. 试问哪条曲线对应氧 (氢) 气的分布曲线? 氧气和氢气的最概然速率各是多少? 方均根速率各是多少?

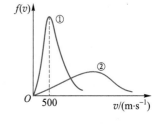

图 12-32 习题 12.16 图

12.17 体积为 V 的容器内盛有原子质量分别为 m_{01} 和 m_{02} 的两种单原子分子气体, 此混合气体处于平衡状态时内能相等, 均为 E_0. 求这两种气体的平均速率 $\overline{v_1}$ 与 $\overline{v_2}$ 之比以及混合气体的压强.

12.18 假设质量为 m_0 的 N 个分子的速率分布曲线如图 12-33 所示, 且 v_0 为已知. 求: (1) a 值和分子的平均平动动能; (2) 速率在 $\dfrac{v_0}{2}$ 到 $\dfrac{3v_0}{2}$ 区间内的分子数和这些分子的平均平动动能.

12.19 假设 N 个粒子系统的速率分布为

$$\mathrm{d}N_v = \begin{cases} K\mathrm{d}v & (v_0 > v > 0) \\ 0 & (v > v_0) \end{cases}$$

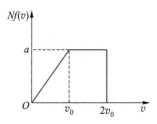

图 12-33 习题 12.18 图

其中 K 为常量. (1) 画出分布函数图; (2) 用 N 和 v_0 定出常量 K; (3) 用 v_0 表示出平均速率和方均根速率.

*12.20 试从麦克斯韦速率分布律出发导出理想气体分子动能 $\varepsilon_k = \frac{1}{2} m_0 v^2$ 的分布律, 并求出最概然动能 ε_{kp}, 它是否等于 $\frac{1}{2} m_0 v_p^2$?

12.21 设电子管内温度为 300 K, 如果要求管内气体分子的平均自由程大于 7 cm, 则应将它抽到多大压强? (设分子有效直径为 3.5×10^{-8} cm.)

12.22 容积为 4 L 的容器贮有标准状态下的氮气. 求: (1) 一个氮气分子在 1 s 内与其他氮气分子的平均碰撞次数和它在两次碰撞之间平均经过的距离; (2) 1 s 内氮气分子间总的碰撞次数. (氮气分子的有效直径为 3.76×10^{-8} cm.)

12.23 在足够大的容器中某理想气体分子可视为直径 $d = 4.0 \times 10^{-10}$ m 的小球, 热运动的平均速率为 $\bar{v} = 500$ m·s^{-1}, 分子数密度为 $n = 3.0 \times 10^{25}$ m^{-3}. 试求: (1) 分子的平均自由程和平均碰撞频率; (2) 气体中某分子在某时刻位于 P 点, 若经过 N 次碰撞后它与 P 点的距离可表示为 $R = \sqrt{N} \bar{\lambda}$, 那么此分子经多少时间与 P 点相距 10 m? (设分子未与容器壁碰撞.)

*12.24 实验测知 0 ℃ 时氧气的黏度 $\eta = 1.92 \times 10^{-4}$ g·cm^{-1}·s^{-1}, 试用它来求标准状态下氧气分子的平均自由程和分子有效直径.

*12.25 今测得氮气在 0 ℃ 时的热导率为 23.7×10^{-3} W·m^{-1}·K^{-1}, 计算氮气分子的有效直径. 已知氮气的相对分子质量为 28.

*12.26 压强为 1.0×10^7 Pa、密度为 100 kg·m^{-3} 的氧气, 分别用范德瓦耳斯方程及理想气体物态方程计算其温度. 已知对氧气 $a = 0.138$ Pa·m^6·mol^{-2}, $b = 3.18 \times 10^{-5}$ m^3·mol^{-1}.

热量是一种与热运动有关的能量形式,它可以自动地从高温向低温物体转移.热电厂是把热能转化为方便使用的电能的设施.在包括热量在内的所有能量形式的转移和转化过程中,都必须遵从能量守恒定律.

13

热力学基础

思考题解答

对热现象的研究最先是在宏观层次上进行的.热力学就是关于热现象的宏观理论,它通过观察和实验的方法,运用严密的逻辑推理,找出宏观状态量之间的关系以及在宏观过程中的变化规律,包括能量转换及过程进行的方向等.而统计物理学对热现象微观本质的认识是否正确,也需要热力学的宏观规律加以验证.可见,热力学与统计物理研究的对象虽然相同,但研究的层次和方法不同,二者相辅相成,互为补充,是研究热现象不可分割的两门学科.

能量守恒定律是自然界的普遍规律,在涉及宏观热现象时具体表述为热力学第一定律.此外,与热现象有关的宏观实际过程是按一定方向进行的,即还要遵从热力学第二定律.这些内容在中学虽有定性了解,但缺乏定量研究.本章将首先介绍热力学第一定律,并将它用于理想气体,在此基础上讨论热机和制冷机的循环和效率,然后介绍热力学第二定律和熵,最后简单介绍热力学第三定律.

13-1-1 内能　热力学第一定律

上一章已经指出，从微观上看，热力学系统的内能指系统内所有粒子的热运动能量和粒子间相互作用势能的总和. 但宏观上，内能是系统的状态量，对于确定的平衡态，它可以表示为一组选定的状态参量的单值函数. 例如，一定质量的气体可用压强 p 和体积 V 两个状态参量来描写，内能 U 可表示为 $U=U(p,V)$. 根据物态方程，p、V、T 三者并不独立，通常把温度 T 选作自变量，而把内能写成 T 和 V 的函数，即 $U=U(T,V)$. 对于理想气体，由于不考虑分子之间的相互作用势能，理想气体内能与体积 V 无关，仅仅是温度 T 的单值函数，即 $U=U(T)$.

系统内能的改变可以通过做功或传热的方式与外界交换能量来实现. 例如，让两块冰互相摩擦，或放在火炉附近都可以使冰块熔化，前者是由于摩擦力做功，后者则是直接吸收热量，结果都使分子的热运动能量增加而导致系统的温度升高和内能增加.

在一般热力学过程中，系统内能的变化是做功和传热的共同结果. 假设在某一热力学过程中，系统从外界吸收的热量为 Q，对外界做的功为 A，同时系统内能由 U_1 变为 U_2，则能量守恒定律可以表示为

$$Q=U_2-U_1+A=\Delta U+A \qquad (13-1)$$

式中 $\Delta U=U_2-U_1$. 上式对任意热力学系统的任意过程都成立，称为热力学第一定律. 它表明，系统从外界吸收的热量，等于系统内能的增加与系统对外界做功之和. 这里规定：系统从外界吸收热时 $Q>0$，向外界放热时 $Q<0$；系统对外界做功时 $A>0$，外界对系统做功时 $A<0$. 功、热量和内能的单位，在 SI 中都为焦耳（J）. 热量曾用卡（卡路里，cal）作单位，$1\ \text{cal}=4.186\ \text{J}$.

对无限小的过程而言，热力学第一定律的数学表达式为

$$dQ=dU+dA \qquad (13-2)$$

注意，内能是态函数，与具体过程无关，所以 dU 是全微分；而热量和功都是与具体过程有关的过程量，不是状态量，所以 dQ 和 dA 不代表全微分，而仅表示沿过程变化的无穷小量.

思考题 13.1：物体的温度越高内能越大，是否热量也越多？

历史上，不断有人试图设计无须消耗能量而不断对外做功的机器，他们的尝试都以失败告终. 这类违反能量守恒定律的机器称为第一类永动机. 因此，热力学第一定律又可表述为：第一类永动机是不可能制成的.

由式（13-1）可以看出，① 如果 $A=0$，则 $Q=\Delta U$，即系统吸收的热量全部用于内能的增加；② 如果 $Q=0$，则 $-\Delta U=A$ 或 $\Delta U=-A$，即系统减少的内能全部用于对外做功，或外界对系统所做的功全部变成系统增加的内能；③ 如果 $\Delta U=0$，则 $Q=A$，即系统吸收的热量全部用于对外做功.

例题13-1 系统由状态 a 经历过程 acb 到状态 b，吸收的热量为300 J，对外做功120 J. 若经另一过程 bda 返回状态 a 时外界做功60 J. 求返回状态 a 的过程（bda）中系统与外界交换的热量.

解： 如图13-1所示（图中虚线表示过程不一定是准静态的过程），由热力学第一定律，在过程 acb 中，系统内能的增量为

$$\Delta U = U_b - U_a = Q_{acb} - A_{acb} = (300-120)\,\text{J} = 180\,\text{J}$$

在过程 bda 中，有

$$Q_{bda} = U_a - U_b + A_{bda} = (-180-60)\,\text{J} = -240\,\text{J}$$

即系统经 bda 返回到状态 a 的过程中向外界放热240 J.

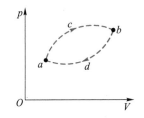

图13-1 例题13-1图

13-1-2 准静态过程的功和热量

准静态过程是由一系列平衡态构成的，可以用状态参量作为变量来描述. 下面来计算气体在准静态过程中的功. 这里不考虑外场，所以气体内各处压强相同.

如图13-2所示，以封闭在气缸中的气体为热力学系统，设气体的压强为 p，活塞面积为 S，则气体作用在活塞上的压力为 pS，当活塞在此压力作用下移动 $\mathrm{d}l$ 距离，从而体积变化 $\mathrm{d}V=S\mathrm{d}l$ 时，气体所做的元功为

$$\mathrm{d}A = pS\mathrm{d}l = p\mathrm{d}V$$

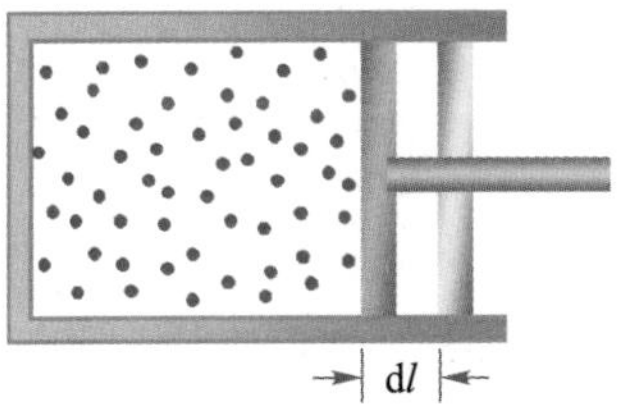

可以看出，当气体膨胀时 $\mathrm{d}V$ 为正，系统对外界做正功；当气体被压缩时 $\mathrm{d}V$ 为负，气体对外界做负功（即外界对系统做正功）. 当气体体积从 V_1 变化到 V_2 时，系统对外界所做的功为

$$A = \int \mathrm{d}A = \int_{V_1}^{V_2} p\mathrm{d}V \tag{13-3}$$

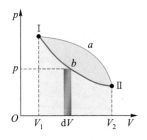

图13-2 准静态过程中气体所做的功

| 思考题13.2：如考虑摩擦力，则外界作用在活塞上的压强是否等于 p？

在 p-V 图上准静态过程对应一条曲线 $p=p(V)$. 根据积分的几何意义可知，由式（13-3）得到的功 A 在数值上等于曲线下从 V_1 到 V_2 的面积，如图13-3所示，而元功 $\mathrm{d}A=p\mathrm{d}V$ 则对应于图中窄条的面积. 功是过程量，功的数值与具体过程有关，显然，从状态 Ⅰ 变化到状态 Ⅱ，系统经历 a 过程所做的功 A_a 大于经历 b 过程所做的功 A_b；功也有正负，如果系统经历 Ⅰ a Ⅱ b 回到 Ⅰ，则 Ⅰ a Ⅱ 过程系统做正功，而

图13-3 功的图示

IIbI过程系统做负功, 整个过程系统所做的功为$A_a - A_b$, 对应IaIIbI闭合曲线包围的面积 (黄色部分).

思考题13.3: 初、末态确定之后功是否就确定了? 在图13-3中, 系统从状态I到状态II是否一定做正功?

传热是系统与外界交换能量的另一种形式. 下面来计算准静态过程中传递的热量. 为此, 先来定义热容. 设在某一微小过程中, 系统吸收热量dQ, 温度升高了dT, 则定义物体升高单位温度所吸收的热量

$$C = \frac{dQ}{dT} \qquad (13-4)$$

为系统在该过程中的**热容** (heat capacity), 其单位为$J \cdot K^{-1}$. 由于dQ是过程量, 故C与具体过程有关. 热容是一个广延量, 与质量有关. 通常把单位质量的热容称为**比热容** (specific heat capacity), 用c表示, 单位为$J \cdot K^{-1} \cdot kg^{-1}$; 而把1 mol物质的热容称为**摩尔热容** (molar heat capacity), 用C_m表示. 比热容和摩尔热容都是强度量. 对于质量为m、摩尔质量为M的系统, 有$C = mc = \frac{m}{M}C_m$.

根据式 (13-4), 若系统从温度T_1变到T_2, 则吸收的热量为

$$Q = \int_{T_1}^{T_2} C dT = m\int_{T_1}^{T_2} c dT = \frac{m}{M}\int_{T_1}^{T_2} C_m dT \qquad (13-5)$$

思考题13.4: 有可能对系统加热而不改变系统的温度吗? 有可能不作任何热交换而改变系统的温度吗?

13-1-3 定容热容和定压热容

对pV系统的任意准静态过程, 热力学第一定律可写成

$$dQ = dU + pdV \qquad (13-6)$$

如果过程中系统体积保持不变, 即$dV = 0$, 则该过程称为**等容过程** (isochoric process), 于是

$$(dQ)_V = dU$$

即在等容过程中系统吸收的热量等于系统内能的增量. 等容过程中的热容称为**定容热容**, 用C_V表示, 则有

$$C_V = \frac{(dQ)_V}{dT} = \left(\frac{\partial U}{\partial T}\right)_V \qquad (13-7)$$

一般情况下, 内能U不仅是温度的函数, 也是体积的函数, 故C_V也是T、V的函数. 事实上

$$dU = \left(\frac{\partial U}{\partial T}\right)_V dT + \left(\frac{\partial U}{\partial V}\right)_T dV = C_V dT + \left(\frac{\partial U}{\partial V}\right)_T dV$$

对于等容过程，$dV = 0$，故

$$dU = C_V dT \qquad (13-8)$$

由于理想气体内能仅仅是温度的函数，故 $\left(\frac{\partial U}{\partial V}\right)_T = 0$，因此上式不仅适用于 pV 系统的等容过程，也适用于理想气体的任意过程．

如果过程中系统压强保持不变，则该过程称为**等压过程**（isobaric process）．等压过程中的热容称为**定压热容**，以 C_p 表示，则 $(dQ)_p = C_p dT$．由于 p 为常量，故对于等压过程，由热力学第一定律可得

$$(dQ)_p = C_p dT = dU + pdV = d(U + pV)$$

因 U、p、V 都是系统的状态量，故 $(U + pV)$ 也是系统的态函数，这个态函数称为**焓**（enthalpy）．上式表明，在等压过程中系统吸收的热量等于系统焓的增量．

对于理想气体，注意到 $dU = C_V dT$，$pV = \nu RT$，故

$$C_p dT = dU + d(pV) = C_V dT + d(pV) = (C_V + \nu R)\,dT$$

于是得

$$C_p = C_V + \nu R$$

对于 1 mol 理想气体，可得摩尔定压热容 $C_{p,\mathrm{m}}$ 和摩尔定容热容 $C_{V,\mathrm{m}}$ 的关系为

$$C_{p,\mathrm{m}} = C_{V,\mathrm{m}} + R \qquad (13-9)$$

式（13-9）称为理想气体的**迈耶（Mayer）公式**．显然，$C_{p,\mathrm{m}} > C_{V,\mathrm{m}}$．这是不难理解的，因为等压膨胀时由外界吸收的热量（$C_p dT$）除用于增加内能（$C_V dT$）外，还有一部分用于对外做功（pdV）．

摩尔定压热容与摩尔定容热容之比称为**摩尔热容比**（ratio of the molar heat capacities），也称**比热容比**，用 γ 表示，即

$$\gamma = \frac{C_{p,\mathrm{m}}}{C_{V,\mathrm{m}}} \qquad (13-10)$$

对于理想气体，因 $C_{p,\mathrm{m}} > C_{V,\mathrm{m}}$，所以 γ 恒大于 1．还可以证明，对于理想气体，有 $C_{V,\mathrm{m}} = R/(\gamma - 1)$，$C_{p,\mathrm{m}} = \gamma R/(\gamma - 1)$．

我们已经知道，理想气体的内能由式（12-16）给出，为

$$U = \frac{m}{M}\frac{1}{2}(t + r + 2s)RT = \nu\frac{1}{2}(t + r + 2s)RT$$

由于理想气体的内能 U 仅仅是 T 的函数，由式（13-7）及摩尔热容定义，可得

$$C_{V,\text{m}} = \frac{C_V}{\nu} = \frac{\mathrm{d}U}{\nu\mathrm{d}T} = \frac{1}{2}(t+r+2s)R$$

由此可知，理想气体的摩尔定容热容和摩尔定压热容都是与气体状态无关的常量. 理想气体的 $C_{p,\text{m}}$、$C_{V,\text{m}}$ 和 γ 的计算结果见表13-1. 表13-2则列出了标准状态下几种气体的 $C_{p,\text{m}}$、$C_{V,\text{m}}$ 和 γ 的实验值.

表13-1　理想气体的 $C_{p,\text{m}}$、$C_{V,\text{m}}$ 和 γ 的理论值

气体分子类型	$C_{V,\text{m}}/(\text{J}\cdot\text{mol}^{-1}\cdot\text{K}^{-1})$	$C_{p,\text{m}}/(\text{J}\cdot\text{mol}^{-1}\cdot\text{K}^{-1})$	γ
单原子	12.5	20.8	1.67
刚性双原子	20.8	29.1	1.40
非刚性双原子	29.1	37.4	1.29
刚性多原子	24.9	33.2	1.33

表13-2　标准状态下几种气体的 $C_{p,\text{m}}$、$C_{V,\text{m}}$ 和 γ 的实验值

气体分子类型	气体	$C_{p,\text{m}}$	$C_{V,\text{m}}$	$C_{p,\text{m}}-C_{V,\text{m}}$	γ
单原子	氦	20.9	12.5	8.4	1.67
	氩	21.2	12.5	8.7	1.65
双原子	氢	28.8	20.4	8.4	1.41
	氮	28.6	20.4	8.2	1.41
	氧	28.9	21.0	7.9	1.40
多原子	水蒸气	36.2	27.8	8.4	1.31
	氯仿	72.0	63.7	8.3	1.13
	乙醇	87.5	79.2	8.2	1.11

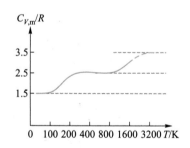

图13-4　氢气的 $C_{V,\text{m}}-T$ 曲线

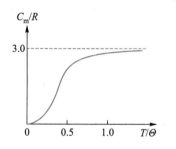

图13-5　固体的摩尔热容随温度变化

对比表13-1和表13-2可以看出，单原子和双原子分子气体的实验值与理论值（把双原子分子看作是刚性的）相近，而结构复杂的多原子分子气体的实验值与理论值有较大的偏差，这说明在标准状态下多原子分子不能看作是刚性的.

应该指出，按照经典理论热容应与温度无关，但实际上却不是这样. 图13-4所示氢气的 $C_{V,\text{m}}-T$ 曲线就是一例，在低温下它的 $C_{V,\text{m}}$ 为 $1.5R$，常温下为 $2.5R$，在非常高温时似乎趋向 $3.5R$（2 200 K 时即离解为氢原子），这说明分子的各个自由度并不平等，分子的转动和振动自由度在低温下会"冻结"，随着温度升高，转动自由度首先逐步"解冻"，高温时振动自由度开始"解冻"；对于固体，热膨胀做的功可以忽略，不必区分定容热容和定压热容，其摩尔热容按经典理论则为 $C_{\text{m}}=3R$，这个结果也只在高温时与实验一致，在低温下固体热容也是随温度变化的，如图13-5所示（图中 Θ 是一个与物质有关的特征温度）. 可见经典理论有其局限性，对热容的解释还需要量子理论才行.

对于气体从状态 I 变化到状态 II 的准静态过程，热力学第一定律可写为

$$Q = U_2 - U_1 + \int_{V_1}^{V_2} p\,\mathrm{d}V$$

质量为 m，摩尔质量为 M，从而物质的量为 $\nu = m/M$ 的理想气体物态方程为

$$pV = \frac{m}{M}RT = \nu RT$$

在温度为 T 的平衡态下，理想气体的内能为

$$U = \frac{m}{M}\frac{1}{2}(t + r + 2s)RT = \nu C_{V,\mathrm{m}}T$$

上面三个公式是本节讨论理想气体准静态过程的基本方程.

13-2-1 理想气体的等值过程

1. 等容过程

在等容过程中，系统体积保持不变，即 V = 常量，或 $\mathrm{d}V = 0$. 将贮有气体的气缸活塞固定，并使气缸通过导热壁与热源接触即可实现气体的等容过程. 准静态等容过程在 p-V 图上对应于一条平行于 p 轴的线段（称为等容线），如图 13-6 所示. 根据理想气体物态方程，可知等容过程方程为 p/T = 常量，即

$$\frac{p}{T} = \frac{m}{M}\frac{R}{V} = \frac{p_1}{T_1} = \frac{p_2}{T_2} = \text{常量}$$

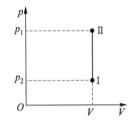

图 13-6　等容过程曲线

等容过程中 $\mathrm{d}V = 0$，故气体不做功，$\mathrm{d}A = 0$. 由热力学第一定律得

$$Q_V = U_2 - U_1 = \frac{m}{M}C_{V,\mathrm{m}}(T_2 - T_1)$$

即等容过程中，系统吸收的热量全部用以增加其内能. 利用 $C_{V,\mathrm{m}} = \dfrac{R}{\gamma - 1}$ 和理想气体物态方程，可将上式变为

$$Q_V = U_2 - U_1 = \frac{(p_2 - p_1)V}{\gamma - 1}$$

图 13-7　等压过程

2. 等压过程

在等压过程中，系统压强保持不变，即 p = 常量，或 $\mathrm{d}p = 0$. 如图 13-7 所示，在贮有气体的气缸活塞上加上恒定压强，并使气缸通过导热壁与热源接触即可实现气体的等压过程. 准静态等压过程在 p-V 图上对应于一条平行于 V 轴的线段（称为等压线），如图 13-8 所示. 根据理想气体物态方程，可知等压过程方程为 V/T = 常量，即

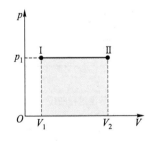

图 13-8　等压过程曲线

$$\frac{V}{T} = \frac{m}{M}\frac{R}{p} = \frac{V_1}{T_1} = \frac{V_2}{T_2} = 常量$$

等压过程中气体所做的功在数值上等于等压线下的面积，为

$$A_p = \int_{V_1}^{V_2} p\, dV = p(V_2 - V_1) = \frac{m}{M}R(T_2 - T_1)$$

注意内能是状态量，其变化与过程无关，为

$$\Delta U = U_2 - U_1 = \frac{m}{M}C_{V,m}(T_2 - T_1) = \frac{C_{V,m}}{R}p(V_2 - V_1)$$

而等压过程吸收的热量为

$$Q_p = \frac{m}{M}C_{p,m}(T_2 - T_1) = \frac{C_{p,m}}{R}p(V_2 - V_1)$$

或由热力学第一定律，得

$$Q_p = \Delta U + A_p = \frac{m}{M}(C_{V,m} + R)(T_2 - T_1)$$

上式表明，气体在等压过程中吸收的热量，一部分用以增加内能，另一部分用来对外做功。比较以上两式还可以得到迈耶公式 $C_{p,m} = C_{V,m} + R$.

3. 等温过程

系统温度保持不变的过程称为等温过程（isothermal process）。等温过程中 $T =$ 常量，或 $dT = 0$. 如图 13-9 所示，将贮有气体的气缸置于恒温热源中，当活塞上的压力缓慢减小（或增加）时，缸内气体体积将膨胀（或压缩）而做功，同时气体与热源不断交换热量而保持温度不变。根据理想气体物态方程，可知等温过程方程为 $pV =$ 常量，即

图13-9　等温过程

$$pV = \frac{m}{M}RT = p_1 V_1 = p_2 V_2 = 常量$$

由上式可知，在 $p\text{-}V$ 图上理想气体准静态等温过程为一条双曲线，而且越往外温度越高，如图 13-10 所示。

理想气体的内能仅由温度决定，因此，等温过程中理想气体的内能保持不变，即 $dU = 0$. 由热力学第一定律有

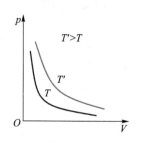

图13-10　等温过程曲线

$$Q_T = A_T = \int_{V_1}^{V_2} p\, dV = \frac{m}{M}RT\int_{V_1}^{V_2}\frac{dV}{V}$$
$$= \frac{m}{M}RT\ln\frac{V_2}{V_1} = \frac{m}{M}RT\ln\frac{p_1}{p_2}$$

上式表明，在等温过程中，理想气体从恒温热源吸收的热量全部用来对外做功。由于无论吸收的热量多大，在等温过程中系统的温度都不改变，所以等温过程的热容 C_T 为无限大。

思考题 13.5：我们用 $dV = 0$、$dp = 0$ 和 $dT = 0$ 分别表示等容、等压和等温过程，为什么不用 $\Delta V = 0$、$\Delta p = 0$ 和 $\Delta T = 0$？

例题 13-2 如图 13-11 所示，质量为 $5.6 \times 10^{-2}\,\text{kg}$、压强为 $1.0 \times 10^5\,\text{Pa}$、温度为 300 K 的氮气，先等容加热使压强升至 $3.0 \times 10^5\,\text{Pa}$，再等温膨胀使压强降回 $1.0 \times 10^5\,\text{Pa}$，然后等压压缩使其体积减半．试求整个过程中氮气的内能增量、所做的功和吸收的热量．

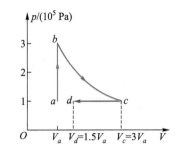

图 13-11　例题 13-2 图

解： 状态 b、c、d 的温度分别为

$$T_b = \frac{p_b}{p_a} T_a = \frac{3}{1} \times 300\,\text{K} = 900\,\text{K}$$

$$T_c = T_b = 900\,\text{K}$$

$$T_d = \frac{V_d}{V_c} T_c = \frac{1}{2} T_c = 450\,\text{K}$$

氮气内能的增量仅由始、末状态 a、d 决定，即

$$\begin{aligned}\Delta U &= \frac{m}{M} C_{V,\text{m}}(T_d - T_a) = \frac{m}{M} \frac{5}{2} R(T_d - T_a)\\ &= \frac{5.6 \times 10^{-2}}{2.8 \times 10^{-2}} \times \frac{5}{2} \times 8.31 \times (450 - 300)\text{J} = 6.23 \times 10^3\,\text{J}\end{aligned}$$

氮气在整个过程中所做的功为

$$\begin{aligned}A &= A_{ab} + A_{bc} + A_{cd}\\ &= 0 + \frac{m}{M} RT_b \ln \frac{V_c}{V_b} + p_c(V_d - V_c) = \frac{m}{M} R\left(T_b \ln \frac{p_b}{p_c} + T_d - T_c\right)\\ &= \frac{5.6 \times 10^{-2}}{2.8 \times 10^{-2}} \times 8.31 \times \left(900 \times \ln \frac{3}{1} + 450 - 900\right)\text{J} = 8.95 \times 10^3\,\text{J}\end{aligned}$$

在整个过程中吸收的热量为

$$\begin{aligned}Q &= Q_{ab} + Q_{bc} + Q_{cd}\\ &= \frac{m}{M} C_{V,\text{m}}(T_b - T_a) + \frac{m}{M} RT_b \ln \frac{p_b}{p_a} + \frac{m}{M} C_{p,\text{m}}(T_d - T_c)\\ &= \frac{5.6 \times 10^{-2}}{2.8 \times 10^{-2}} \times 8.31 \times \left[\frac{5}{2} \times (900 - 300) + 900 \times \ln \frac{3}{1} + \frac{7}{2} \times (450 - 900)\right]\text{J}\\ &= 1.52 \times 10^4\,\text{J}\end{aligned}$$

或者

$$Q = \Delta U + A = 6.23 \times 10^3\,\text{J} + 8.95 \times 10^3\,\text{J} = 1.52 \times 10^4\,\text{J}$$

13-2-2　绝热过程

系统与外界始终没有热量交换的过程称为绝热过程（adiabatic process）．在用绝热材料将系统与外界隔热的条件下进行的过程，或者过程进行得很快以至于系统与外界来不及发生热量交换的过程，都可看作绝热过程．

绝热过程中 $dQ = 0$，故 $dU + dA = 0$，或 $dA = -dU$，它表明功是绝热条件下系

统内能变化的量度, 系统对外做功全靠消耗内能, 而外界对系统做功则全部用于
增加系统内能. 对于理想气体准静态绝热过程, 有

$$\frac{m}{M}C_{V,\mathrm{m}}\mathrm{d}T = -p\mathrm{d}V \tag{13-11}$$

可以看出, 绝热膨胀 ($\mathrm{d}V>0$) 时温度降低 ($\mathrm{d}T<0$); 而绝热压缩 ($\mathrm{d}V<0$) 时温度
升高 ($\mathrm{d}T>0$). 例如, 压缩气体从喷嘴中急速喷出时, 绝热膨胀可使气体变冷甚至
液化, 这是获得低温的一个重要手段; 再如, 气缸使用的润滑油着火温度仅 $300\ ℃$
左右, 需要防止快速压缩气体而使润滑油燃烧.

绝热过程中 $A=-\Delta U$, 只要初、末状态确定, ΔU 就确定了, 无论系统经历的
过程是不是准静态的, 都可由此求出绝热功 A. 对于理想气体, 有

$$A = -\Delta U = -(U_2 - U_1) = -\frac{m}{M}C_{V,\mathrm{m}}(T_2 - T_1) = \frac{p_1 V_1 - p_2 V_2}{\gamma - 1}$$

最后一步利用了 $C_{V,\mathrm{m}}=\dfrac{R}{\gamma-1}$ 和理想气体物态方程.

思考题13.6: $Q=0$ 的过程一定是绝热过程么? 从高压锅喷嘴喷出的水蒸气, 在
距离喷嘴稍远的地方已经不那么烫热, 为什么?

将理想气体物态方程两边微分, 得

$$p\mathrm{d}V + V\mathrm{d}p = \frac{m}{M}R\mathrm{d}T \tag{13-12}$$

与式 (13-11) (注意它对准静态过程成立) 联立消去 $\mathrm{d}T$, 则可得

$$\left(1 + \frac{R}{C_{V,\mathrm{m}}}\right)p\mathrm{d}V + V\mathrm{d}p = 0$$

上式积分, 注意到 $1 + \dfrac{R}{C_{V,\mathrm{m}}} = \dfrac{C_{p,\mathrm{m}}}{C_{V,\mathrm{m}}} = \gamma$, 即得

$$pV^{\gamma} = 常量 \tag{13-13a}$$

这就是理想气体准静态绝热过程方程. 利用理想气体物态方程, 还可以将其改写为

$$TV^{\gamma-1} = 常量 \quad 或 \quad p^{\gamma-1}T^{-\gamma} = 常量 \tag{13-13b}$$

在 p-V 图上理想气体的绝热线和等温线如图 13-12 所示. 分别对等温过程方
程 $pV=$ 常量和绝热过程方程 $pV^{\gamma}=$ 常量微分, 可得到等温线和绝热线的斜率, 分
别为

$$\left(\frac{\mathrm{d}p}{\mathrm{d}V}\right)_T = -\frac{p}{V}, \quad \left(\frac{\mathrm{d}p}{\mathrm{d}V}\right)_Q = -\gamma\frac{p}{V}$$

对于相交于某点 (V, p) 的等温线和绝热线而言, 因 $\gamma>1$, 故可知绝热线较等温线
陡. 这也可由式 (13-12) 来理解: 与等温过程 ($\mathrm{d}T=0$) 中气体压强降低仅因其
体积增大不同, 绝热过程中导致气体压强降低的因素, 除体积增大外还有温度降

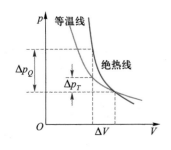

图13-12 绝热线与等温线的比较

低，故在体积变化相同的情况下，绝热过程气体压强降低就比等温过程大，如图 13-12所示，因而绝热线比等温线陡.

最后，无论系统温度如何变化，都有$dQ = 0$，故绝热过程的热容C_Q为零.

*13-2-3　多方过程

上面是理想气体的一些特殊过程，它们的过程方程可以统一表示为

$$pV^n = 常量 \tag{13-14}$$

$n = 0$时$p =$常量，为等压过程；$n = 1$时$pV =$常量，为等温过程；$n = \gamma$时$pV^\gamma =$常量，为绝热过程；$n \to \infty$时上式改写为$p^{1/n}V =$常量，可知$V =$常量，为等容过程.

实际过程往往介于上述特殊过程之间，因此n不限于取上述值. 我们把满足式（13-14）的过程称为理想气体的多方过程（polytropic process），多方指数n可以取任意实数. 例如，由于器壁导热或不完全绝热，气体的过程往往介于等温与绝热之间，故多方指数通常取$\gamma > n > 1$. 当然，n也可取负值，这时多方过程曲线的斜率为正. 利用式（13-14）不难求出多方过程的功、热量和内能增量的表达式. 事实上，类比绝热过程，将γ代换为n即得

$$A = \frac{p_1 V_1 - p_2 V_2}{n-1} = \frac{\nu R}{1-n}(T_2 - T_1)$$

而理想气体的内能与过程无关，即

$$\Delta U = C_V(T_2 - T_1) = \nu C_{V,m}(T_2 - T_1)$$

由热力学第一定律，有

$$Q = \Delta U + A = \nu \frac{n-\gamma}{n-1} C_{V,m}(T_2 - T_1)$$

由此可得理想气体多方过程中的摩尔热容

$$C_{n,m} = \frac{n-\gamma}{n-1} C_{V,m}$$

为便于对照，将理想气体各种准静态过程的主要结果列于表13-3.

表13-3　理想气体的准静态过程（c代表常量）

过程特征	过程方程	系统从外界吸热 Q	系统对外界做功 A	系统内能增量 ΔU	摩尔热容 C_m
等容 $V=c$	$\dfrac{p}{T}=c$	$\dfrac{m}{M}C_{V,m}(T_2-T_1)$	0	$\dfrac{m}{M}C_{V,m}(T_2-T_1)$	$C_{V,\,m}$
等压 $p=c$	$\dfrac{V}{T}=c$	$\dfrac{m}{M}C_{p,m}(T_2-T_1)$	$p(V_2-V_1)$ $=\dfrac{m}{M}R(T_2-T_1)$	$\dfrac{m}{M}C_{V,m}(T_2-T_1)$	$C_{p,m}=C_{V,\,m}+R$

过程特征	过程方程	系统从外界吸热 Q	系统对外界做功 A	系统内能增量 ΔU	摩尔热容 C_m
等温 $T=c$	$pV=c$	$\dfrac{m}{M}RT\ln\dfrac{V_2}{V_1}$ $=\dfrac{m}{M}RT\ln\dfrac{p_1}{p_2}$	$\dfrac{m}{M}RT\ln\dfrac{V_2}{V_1}$ $=\dfrac{m}{M}RT\ln\dfrac{p_1}{p_2}$	0	∞
绝热 $\mathrm{d}Q=0$	$pV^\gamma=c$ $TV^{\gamma-1}=c$ $p^{\gamma-1}T^{-\gamma}=c$	0	$-\dfrac{m}{M}C_{V,m}(T_2-T_1)$ $=\dfrac{p_1V_1-p_2V_2}{\gamma-1}$	$\dfrac{m}{M}C_{V,m}(T_2-T_1)$ $=\dfrac{p_2V_2-p_1V_1}{\gamma-1}$	0
多方 （n任意实数）	$pV^n=c$ $TV^{n-1}=c$ $p^{n-1}T^{-n}=c$	$\dfrac{m}{M}C_{n,m}(T_2-T_1)$	$\dfrac{p_1V_1-p_2V_2}{n-1}$ $=\dfrac{m}{M}\dfrac{R}{1-n}(T_2-T_1)$	$\dfrac{m}{M}C_{V,m}(T_2-T_1)$	$C_{n,m}=\dfrac{n-\gamma}{n-1}C_{V,m}$

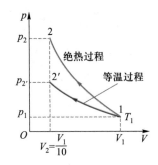

图 13-13　例题 13-3 图

例题 13-3　如图 13-13 所示，设有 5 mol 的氢气，最初的压强为 1.0×10^5 Pa，温度为 20 ℃，求在下列准静态过程中把氢气压缩成原体积的 1/10 时终态的压强和需做的功：

（1）等温过程；（2）绝热过程.

解：（1）等温过程. 终态压强为

$$p_{2'}=p_1\left(\frac{V_1}{V_2}\right)=1.0\times10^5\ \text{Pa}\times10=1.0\times10^6\ \text{Pa}$$

等温压缩过程所做的功为

$$A_{12'}=\frac{m}{M}RT\ln\frac{V_2}{V_1}=5\times8.31\times293\ln\frac{1}{10}\ \text{J}=-2.8\times10^4\ \text{J}$$

（2）绝热过程. 注意氢的 $\gamma=1.4$，由绝热过程方程可得终态压强和温度分别为

$$p_2=p_1\left(\frac{V_1}{V_2}\right)^\gamma=1.0\times10^5\ \text{Pa}\times10^{1.4}=2.5\times10^6\ \text{Pa}$$

$$T_2=T_1\left(\frac{V_1}{V_2}\right)^{\gamma-1}=293\ \text{K}\times10^{1.4-1}=736\ \text{K}$$

绝热压缩过程所做的功为

$$A_{12}=-\frac{m}{M}C_{V,m}(T_2-T_1)=-\frac{m}{M}\frac{5}{2}R(T_2-T_1)$$
$$=-5\times\frac{5}{2}\times8.31\times(736-293)\ \text{J}=-4.6\times10^4\ \text{J}$$

可见，等温和绝热压缩过程中的功都是负值，即外界对系统做功.

例题 13-4　理想气体的绝热自由膨胀（即在绝热条件下向真空的膨胀）　如图 13-14 所示，绝热容器被隔板分成容积相等的 A、B 两部分，A 内盛有压强为 p_0 的理想气体，B 为真空. 求抽去隔板后达到平衡态时的压强.

解：由于气体向真空膨胀，故系统不做功，即 $A=0$；由于容器绝热，故 $Q=0$. 由热力学第一定律可知 $\Delta U=0$，即绝热自由膨胀系统初、末态内能不变. 对于理想气体，因

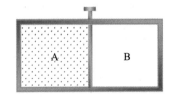

图 13-14　例题 13-4 图

其内能仅与温度有关，有 $T_1 = T_2$，即理想气体经绝热自由膨胀，其初、末状态温度相等. 膨胀后 $V_2 = 2V_1$，由理想气体物态方程，可得

$$p = \frac{1}{V_2}\frac{m}{M}RT_2 = \frac{1}{2}\frac{1}{V_1}\frac{m}{M}RT_1 = \frac{1}{2}p_0$$

注意：因为气体自由膨胀过程极快，它不是准静态过程（过程中甚至系统的温度、压强等都不确定），所以绝热过程方程式（13–13）不适用，更不能因初、末态温度相等就认为是等温过程.

例题 13–5 如图13-15所示，绝热气缸内有一不导热的隔板把气缸分为 A、B 两室，隔板可在气缸内无摩擦地平移，每室中有质量相同的同种单原子分子理想气体. 如图（a）所示，开始时它们都处于压强为 p_0，体积为 V_0 和温度为 T_0 的状态. 今通过电热丝传给 A 室气体热量 Q，平衡时 A 室体积为 B 室的两倍，如图（b）所示，求 A、B 两室气体的温度.

解： 设末态 A、B 两室的体积分别为 V_A、V_B，根据题意有

$$V_A = \frac{4V_0}{3}, \quad V_B = \frac{2V_0}{3}$$

对 A、B 两室气体运用理想气体物态方程，注意平衡时两边压强相等，设为 p，则有

$$T_A = p\frac{4V_0}{3\nu R}, \quad T_B = p\frac{2V_0}{3\nu R}$$

得

$$T_A = 2T_B$$

将 A、B 两室气体作为一个系统，由于气缸的体积不变，系统的功 $A = 0$，于是有

$$Q = \Delta U = \Delta U_A + \Delta U_B = \frac{3}{2}\nu R(T_A - T_0) + \frac{3}{2}\nu R(T_B - T_0) = \frac{3}{2}\nu R(T_A + T_B - 2T_0)$$

注意到 $p_0 V_0 = \nu R T_0$，可解得

$$T_A = \frac{4T_0}{9p_0V_0}(Q + 3p_0V_0), \quad T_B = \frac{2T_0}{9p_0V_0}(Q + 3p_0V_0)$$

例题 13–6 理想气体由初始状态 a 出发，分别经历如图13-16所示的 $a \to b$ 和 $a \to c$ 两个过程，过程曲线位于两条等温线 T_1 和 T_2 之间，并处于绝热线（图中用虚线表示）的左、右两侧，试讨论它们是吸热还是放热过程.

解： 比较这两条过程曲线下和绝热线下的面积，可知

$$A_{ab} < A_{绝热} < A_{ac}$$

过程 $a \to b$ 和 $a \to c$ 中系统温度的总变化（降低）相等，而理想气体内能仅是温度的函数，故内能的增量（$\Delta U < 0$）相同，于是有

$$A_{ab} + \Delta U < A_{绝热} + \Delta U < A_{ac} + \Delta U$$

由热力学第一定律 $Q = \Delta U + A$，注意到绝热过程中 $Q = 0$，故有

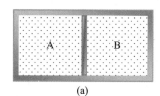
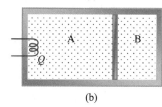

图13-15 例题13-5图

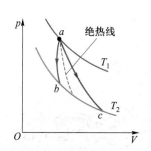

图13-16 例题13-6图

$$Q_{ab} < 0 < Q_{ac}$$

即绝热线左侧的 $a \rightarrow b$ 过程系统放热，而绝热线右侧的 $a \rightarrow c$ 过程系统吸热. 例如，如果 $a \rightarrow b$ 是等容降温过程，则放热；如果 $a \rightarrow c$ 是 $\gamma > n > 1$ 的多方过程，则吸热.

思考题13.7：对例题13-4，有人说，理想气体绝热自由膨胀的任意微小过程，也有 $\mathrm{d}Q = 0$ 和 $\mathrm{d}A = 0$，故 $\mathrm{d}U = 0$，对于理想气体有 $\mathrm{d}T = 0$，即该过程为等温过程，你认为对吗？例题13-6中由于 $\Delta T < 0$，有人由此得出 $a \rightarrow b$ 过程的热容为正，$a \rightarrow c$ 过程的热容为负，你认为对吗？

13-3 循环与效率

13-3-1 热机和热机效率

热机（heat engine）是将热能转化为机械能从而对外做功的装置，例如蒸汽机、内燃机、汽轮机等都是热机. 热机的共同特点是必须进行循环工作. 所谓循环，是指系统经过一系列状态变化后又回到原来的状态. 因此，经历一个循环，系统状态参量不变，故 $\Delta U = 0$，则由热力学第一定律有

$$Q = A$$

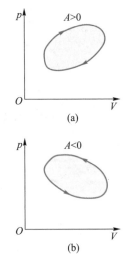

图13-17 正循环与逆循环

即经过一个循环过程，系统吸收的净热量等于系统对外所做的净功.

准静态循环过程在 $p\text{-}V$ 图上为一条闭合曲线. 沿顺时针方向进行的循环称为正循环，如图13-17（a）所示；而沿逆时针方向进行的循环称为逆循环，如图13-17（b）所示. 系统在循环过程中，体积膨胀时对外做正功，体积压缩时对外做负功（即外界对系统做功），系统经过一个准静态循环过程后对外界所做的净功 A，在数值上等于该闭合曲线所包围的面积. 由图可以看出，对于正循环，$A > 0$，故系统净吸收的热量 $Q > 0$，即系统在正循环过程中把吸收的热量转化为机械功；对于逆循环，$A < 0$，故系统净吸收的热量 $Q < 0$，即在逆循环过程中系统把外界所做的功转化为热量放出. 应该指出，在循环中这种功和热之间的转化是通过工作物质（系统）来实现的，而且正循环和逆循环都必须至少涉及两个温度不同的热源.

图13-18 中国铁道博物馆收藏的中国现存最早的蒸汽机车

热机的循环为正循环. 以蒸汽机为例，图13-18是中国现存最"老"的蒸汽机车照片. 蒸汽机的工作物质是水蒸气，它工作在高温和低温两个热源之间. 如

图13-19所示，蒸汽机的循环由四个过程组成：① 一定量的水从锅炉（高温热源）吸收热量Q_1，形成高温高压的水蒸气；② 水蒸气进入气缸推动活塞对外界做功A_1；③ 做功后的水蒸气是温度和压强大为降低的"废气"，进入冷凝器（低温热源）后放出热量Q_2而凝结成水；④ 由泵将冷凝水压回到锅炉，外界做功为A_2. 在一次循环中，工作物质从高温热源吸收热量Q_1，向低温热源放热Q_2（按符号规定，$Q_2 < 0$），对外所做的净功$A = A_1 - A_2$，等于系统吸收的净热量，即$A = Q_1 - |Q_2|$. 图13-20是一次循环的能流关系示意图.

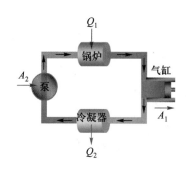

图13-19 蒸汽机的循环示意图

热机是用于对外做功的，对于热机吸收的热量Q_1，自然希望它做的功A越多越好. 因此，热机效率（efficiency of heat engine）定义为循环过程中，工作物质对外界所做的净功A与它从高温热源吸收的热量Q_1的比值，用η表示，即

$$\eta = \frac{A}{Q_1} = \frac{Q_1 - |Q_2|}{Q_1} = 1 - \frac{|Q_2|}{Q_1} \qquad (13\text{-}15)$$

如果热机在循环过程中与多个热源交换热量，则式中Q_1是指循环中吸热的总和，Q_2是放热的总和.

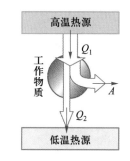

图13-20 热机能流关系示意图

例题13-7 内燃机是利用燃料（汽油或柴油）在气缸内直接燃烧来推动活塞做功的. 以汽油机为例，其工作物质是汽油和空气的混合物. 图13-21所示的四冲程工作循环称为奥托循环（Otto cycle），$p\text{-}V$图中ab和cd为绝热过程，bc和da为等容过程，$p\text{-}V$图下方分别为四个冲程示意图. 吸气冲程时，进气阀打开让混气体进入气缸，活塞右移到体积V_1；然后关闭进气阀，进入绝热压缩冲程ab；当体积变为V_2时电火花点燃混合气体，气体等容吸热（对应bc过程），压强、温度突然升高，此后推动活塞右移对外做功，进入绝热膨胀冲程cd；到体积为V_1时等容放热（对应da过程），压强和温度降低，打开排气阀，活塞左移进入排气冲程，使气体体积变为V_2，完成一次循环. 假设工作物质为理想气体，试求奥托循环的效率.

解： 因为ab和cd为绝热过程，工作物质仅在等容升压过程（bc）从高温热源吸收热量Q_1，在等容降压过程（da）向低温热源放出热量（$-Q_2$）. 由等容过程的热量公式分别得

$$Q_1 = \frac{m}{M} C_{V,\text{m}}(T_c - T_b), \quad -Q_2 = \frac{m}{M} C_{V,\text{m}}(T_d - T_a)$$

代入效率公式，得

$$\eta = 1 - \frac{|Q_2|}{Q_1} = 1 - \frac{T_d - T_a}{T_c - T_b}$$

ab和cd为绝热过程，根据绝热过程方程

$$T_b V_2^{\gamma-1} = T_a V_1^{\gamma-1}, \quad T_c V_2^{\gamma-1} = T_d V_1^{\gamma-1}$$

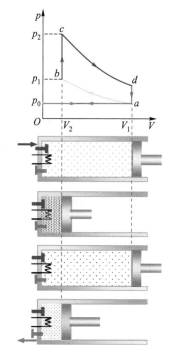

图13-21 奥托循环示意图

可得

$$\frac{T_d - T_a}{T_c - T_b} = \left(\frac{V_2}{V_1}\right)^{\gamma-1}$$

于是

$$\eta = 1 - \left(\frac{V_2}{V_1}\right)^{\gamma-1} = 1 - \left(\frac{V_1}{V_2}\right)^{1-\gamma}$$

式中 V_1/V_2 称为压缩比，由汽油机的结构决定. 一般汽油机的压缩比为 $4.5 \sim 7$. 若压缩比过大，则混合气体可能在体积未压缩到 V_2 时温度已升高到燃点而自燃，反而降低汽油机效率并产生振动. 空气的 $\gamma = 1.4$，若压缩比为7，则

$$\eta = 1 - 7^{-0.4} = 54\%$$

实际汽油机的效率没有这么高，为 25% 左右.

例题 13-8 一定量双原子分子理想气体进行如图 13-22 所示的循环过程. 已知 ab 为等容过程，bc 的过程方程为 $pV^2 =$ 常量，ca 为等压过程. 求：（1）各分过程的内能增量、功和热量；（2）气体循环一次对外做的净功；（3）热机效率.

解：（1）在等容过程 ab 中，内能增量、功和热量分别为

$$U_b - U_a = \frac{m}{M}C_{V,m}(T_b - T_a) = \frac{m}{M}\frac{5}{2}R(T_b - T_a) = \frac{5}{2}(p_b V_b - p_a V_a)$$

$$= \frac{5}{2} \times (4 \times 20 - 1 \times 20) \times 10^5 \times 10^{-3}\,\text{J} = 1.5 \times 10^4\,\text{J}$$

$$A_{ab} = 0,\quad Q_{ab} = U_b - U_a = 1.5 \times 10^4\,\text{J}$$

在过程 bc 中

$$U_c - U_b = \frac{5}{2}(p_c V_c - p_b V_b)$$

$$= \frac{5}{2} \times (1 \times 40 - 4 \times 20) \times 10^5 \times 10^{-3}\,\text{J} = -1.0 \times 10^4\,\text{J}$$

$$A_{bc} = \int_{V_b}^{V_c} p\,\mathrm{d}V = \int_{V_b}^{V_c} p_b V_b^2 \frac{\mathrm{d}V}{V^2} = p_b V_b^2 \left(\frac{1}{V_b} - \frac{1}{V_c}\right)$$

$$= p_b V_b - p_c V_c = (4 \times 20 - 1 \times 40) \times 10^5 \times 10^{-3}\,\text{J} = 0.4 \times 10^4\,\text{J}$$

$$Q_{bc} = (U_c - U_b) + A_{bc} = -0.6 \times 10^4\,\text{J}$$

在等压过程 ca 中

$$U_a - U_c = \frac{5}{2}(p_a V_a - p_c V_c) = \frac{5}{2} \times (1 \times 20 - 1 \times 40) \times 10^5 \times 10^{-3}\,\text{J} = -0.5 \times 10^4\,\text{J}$$

$$A_{ca} = \int_{V_c}^{V_a} p\,\mathrm{d}V = p_a(V_a - V_c) = 1 \times 10^5 \times (20 - 40) \times 10^{-3}\,\text{J} = -0.2 \times 10^4\,\text{J}$$

$$Q_{ca} = \frac{m}{M}C_{p,m}(T_a - T_c) = \frac{m}{M}\frac{7}{2}R(T_a - T_c)$$

$$= \frac{7}{2}(p_a V_a - p_c V_c) = \frac{7}{2} \times (1 \times 20 - 1 \times 40) \times 10^5 \times 10^{-3}\,\text{J} = -0.7 \times 10^4\,\text{J}$$

或

$$Q_{ca} = (U_a - U_c) + A_{ca} = -0.7 \times 10^4\,\text{J}$$

（2）气体循环一次对外做的净功 A 等于各分过程的热量或功的代数和，即

$$A = A_{ab} + A_{bc} + A_{ca} = 0.2 \times 10^4\,\text{J}$$

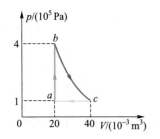

图 13-22　例题 13-8 图

或 $$A = Q = Q_{ab} + Q_{bc} + Q_{ca} = 0.2 \times 10^4 \text{ J}$$

（3）由计算结果可以看出，循环过程中气体仅在 ab 过程中吸热，在另外两个过程中放热，故

$$\eta = \frac{A}{Q_1} = \frac{A}{Q_{ab}} = \frac{0.2 \times 10^4}{1.5 \times 10^4} = 13.3\%$$

13-3-2 卡诺循环

热机研究的关键在于提高热机的效率. 法国青年工程师卡诺（S.Carnot）在1824年提出的循环模型对热力学研究十分重要. 这种理想循环为无摩擦准静态过程，循环过程中系统只与两个恒温热源交换热量，即循环由两条等温线和两条绝热线构成称为卡诺循环（Carnot cycle）.

下面来求以理想气体为工作物质的卡诺循环的效率. 如图 13-23 所示，AB 和 CD 为等温线，BC 和 DA 为绝热线. 设图中 A、B、C、D 点对应的体积分别为 V_1、V_2、V_3、V_4. 在等温膨胀过程 $A \rightarrow B$ 中，系统从高温热源 T_1 吸收的热量为

$$Q_1 = \frac{m}{M} R T_1 \ln \frac{V_2}{V_1}$$

在等温压缩过程 $C \rightarrow D$ 中，系统向低温热源 T_2 放出的热量为

$$|Q_2| = (-Q_2) = \frac{m}{M} R T_2 \ln \frac{V_3}{V_4}$$

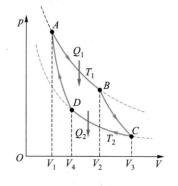

图 13-23 卡诺循环

$B \rightarrow C$ 为绝热膨胀过程，$D \rightarrow A$ 为绝热压缩过程中，设气体的比热容比为 γ，根据理想气体的绝热过程方程，分别有

$$T_1 V_2^{\gamma-1} = T_2 V_3^{\gamma-1}, \quad T_1 V_1^{\gamma-1} = T_2 V_4^{\gamma-1}$$

两式相除，得

$$\frac{V_2}{V_1} = \frac{V_3}{V_4}$$

于是，上面所得 Q_1 和 $|Q_2|$ 满足下列关系：

$$\frac{Q_1}{T_1} + \frac{Q_2}{T_2} = 0 \qquad (13-16)$$

利用该式，即得理想气体卡诺循环的热机效率为

$$\eta_C = 1 - \frac{T_2}{T_1} \qquad (13-17)$$

式（13-17）表明：理想气体卡诺循环的效率只与两个恒温热源的温度有关，而与工作物质是何种气体无关.

可以证明（见 13-4-3），工作在两个给定热源之间的热机中，卡诺循环的热

机效率是最高的，且等于 η_{C}；式（13-16）对一切卡诺循环都成立.

13-3-3　制冷机和制冷系数

制冷机（refrigerator）是通过外界对系统做功，使其从低温热源吸热，在高温热源放热，从而降低低温热源温度的装置. 制冷机的循环与热机相反，是逆循环. 电冰箱、空调机等是常见的制冷机. 蒸气压缩式制冷机的工作物质是沸点较低的制冷剂，工作过程如图13-24所示：压缩机做功将气态工作物质压缩为高温高压的蒸气；进入冷凝器后向高温热源放热凝结为常温高压液体；液体经节流阀（或毛细管）绝热膨胀后降温降压并部分汽化；然后进入蒸发器从冷库吸热蒸发，从而使冷库降温；最后蒸气回到压缩机中并开始第二次循环. 设在一次循环过程中外界做功为（$-A$），从低温热源（冷库）吸热 Q_2，向高温热源（冷凝器）放热 $|Q_1|$，则由热力学第一定律有 $|Q_1| - Q_2 = -A > 0$.

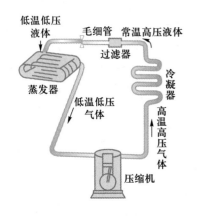

图13-24　制冷机的循环示意图

对于制冷机而言，自然希望它消耗的功 $|A|$ 尽可能少，而从低温热源汲取的热量 Q_2（制冷量）尽可能多. 因此表征制冷机效能的制冷系数（coefficient of refrigeration）w，定义为在一次循环中的制冷量 Q_2 与外界做功（$-A = |A|$）之比，即

$$w = \frac{Q_2}{|A|} = \frac{Q_2}{|Q_1| - Q_2} \qquad （13-18）$$

卡诺循环逆向进行，就是卡诺制冷机的循环. 图13-25是卡诺制冷机一次循环的能流示意图，图中 T_1 和 T_2 分别为高温热源和低温热源的温度. 式（13-16）对于卡诺逆循环也是成立的，代入上式可知卡诺制冷机的制冷系数 w_{C} 也只与两恒温热源的温度有关，为

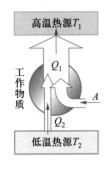

图13-25　卡诺制冷机能流关系示意图

$$w_{\mathrm{C}} = \frac{T_2}{T_1 - T_2} \qquad （13-19）$$

上式表明，在 T_1 一定时，T_2 越小，制冷系数就越小，制冷越困难；T_2 趋近于绝对零度，制冷系数也趋于零.

从图13-25也可以看出，制冷机既可用来对低温热源制冷，也可用来向高温热源供暖. 专门用来供暖时就称为热泵（heat pump）. 例如，空调机作制冷机用时，蒸发器在室内冷凝器在室外，热量由室内传向室外使室温降低；作热泵用时，转换机构使室内蒸发器作冷凝器用，室外冷凝器作蒸发器用，热量则由室外传向室内给室内供暖.

例题13-9　（1）在夏季，为使室内保持凉爽，需用制冷机以 2 000 J/s 的散热率吸走室内的热量. 设室温为27 ℃，室外为37 ℃，求制冷机所需的最小功率.

（2）冬天将该制冷机作热泵使用，使它从室外取热传入室内. 设室外温度为 −3 ℃，室温需保持 27 ℃，则在制冷机功率不变的情况下每秒传入室内的热量为多少？

解：（1）卡诺循环的效率是最高的，卡诺制冷机的功率即为制冷机所需的最小功率. 由

$$w = \frac{Q_2}{|A|} = \frac{T_2}{T_1 - T_2}$$

可得每秒做的功为

$$|A| = Q_2 \cdot \frac{T_1 - T_2}{T_2} = 2\,000 \times \frac{310 - 300}{300}\ \mathrm{J} = 66.7\ \mathrm{J}$$

即所需最小功率为 66.7 W.

（2）由题意，冬天使用该制冷机时，是把室外作为低温热源，吸取室外的热量向室内（高温热源）供热. 已知 $A = 66.7\ \mathrm{J}$，$T_1 = 300\ \mathrm{K}$，$T_2 = 270\ \mathrm{K}$，可求得每秒从室外吸热量 Q_2 为

$$Q_2 = |A| \cdot \frac{T_2}{T_1 - T_2} = 66.7 \times \frac{270}{300 - 270}\ \mathrm{J} = 600.3\ \mathrm{J}$$

而每秒传入室内的热量 Q_1 为

$$Q_1 = |A| + Q_2 = 66.7\ \mathrm{J} + 600.3\ \mathrm{J} = 667\ \mathrm{J}$$

注意，切不可把 Q_2 当作传入室内的热量.

13-4 热力学第二定律

13-4-1 热力学过程的方向性

图 13-26 是钻木取火的照片，这是一个通过摩擦力做功产生热的过程，它说明功变热是可以自发发生的；但反过来，如果停止钻木，则钻和木会逐渐冷却下来而钻却不会自动转起来，即热变功的过程并不会自发发生. 可见，功热转化过程具有方向性.

热传导过程也具有方向性. 热量可以自动地由高温热源传向低温热源而不是相反，所以，一杯烫水向室温环境放热变凉而不是吸热变成沸水.

类似的例子还可以举出很多. 例如，大气是由多种气体混合而成的，而从未发现大气自动地分离成多种纯化学成分的气体；建筑物被爆破后成为一堆瓦砾，如图 13-27 所示，而反过来一堆瓦砾不可能自动恢复成建筑物和炸药；等等. 为了明确宏观自发过程的方向性，物理学中引入可逆过程和不可逆过程的概念. 对于系统经历的某一过程，如果存在另一过程，它不仅能逆向重复原过程的每一个状态，

图 13-26　钻木取火

图 13-27　建筑物被爆破后不可能自动恢复

而且同时也使外界完全复原，则原来的过程称为可逆过程（reversible process）；反之，如果找不到这样的过程，它既能使系统重复原过程的每一状态又能同时使外界完全复原，则原过程称为不可逆过程（irreversible process）.

上面所举的自发过程都具有方向性，都是不可逆过程. 不可逆过程并不是说系统不能回复到原态，当不可逆过程反方向进行时是可以使系统复原的，但必须施加额外的外界影响，因而外界和系统不可能同时复原. 例如，功变热可以自发进行，而逆向过程不能自发进行，要逆向让热变为功可以通过热机所施加的外界影响来实现；利用制冷机从室温环境吸取热量，当然可以传给杯中的水使之加热，但这是利用制冷机施加了外界影响的结果；付出额外的劳动我们也可以重建倒塌的楼宇. 可见，不可逆过程正向和逆向进行时并不对称.

力学中一个保守系统内部进行的过程是可逆的. 例如真空中绕光滑轴摆动的单摆，其过程沿正向和沿逆向进行是完全对称的. 再如小球竖直下落和地板之间做完全弹性碰撞，小球碰后会上升到原来高度，下落和上升过程也是对称的. 这样的过程可以往复一直进行下去，且外界并无如何变化. 然而，光滑和完全弹性都是理想情况，在实际中总存在摩擦力或非弹性力做功而将机械能转化为热量，因此摆和小球的运动实际上是不可逆的，它们最终都会因为耗散而停下来. 所以，自然界中一切与热现象有关的宏观实际过程都是不可逆过程，可逆过程只是一种理想过程.

如果耗散力（如摩擦力、黏性力）做的功可以忽略，并且过程进行得足够缓慢，则实际过程可以近似看作可逆过程. 由可逆过程构成的循环称为可逆循环；若循环中存在有不可逆过程，则称为不可逆循环. 作为一种理想过程，可逆过程这个概念在理论和计算上都具有重要意义.

13-4-2 热力学第二定律的两种表述

图13-28 大亚湾核电厂

图13-28为我国大亚湾核电厂的照片. 与一般热机一样，核能中只有少部分转化为有效的电能，而一半以上都排到冷却水中去了. 也许你要问，可以不向低温热源排热而把热量全部用来做功吗？根据热机效率的定义式 $\eta = A/Q_1$，这样不就可以获得 $\eta = 100\%$ 的最高热机效率了吗？这种只需从单一热源吸收热量对外做功的单源热机并不违背热力学第一定律，可是，所有制造单源热机以获得100%效率的努力都没能成功. 这背后的原因就涉及热力学过程的方向性. 也就是说，在热力学第一定律外，热力学过程还遵循着另外一条自然法则，这就是热力学第二定律.

德国物理学家克劳修斯（R.Clausius）1850年根据热传导现象的方向性，提出了热力学第二定律的克劳修斯表述，即不可能把热量从低温物体传到高温物体而不引起其他变化. 这里，"其他变化"是指除了把热量从低温物体传到高温物体以外的任何变化.比如制冷机可以把热量从低温物体传到高温物体,它需要外界做功所以引起了"其他变化".习惯上也可以把这一表述说成:热量不能自动地从低温物体传到高温物体.这里"自动"二字包含了不引起其他变化的含义.

1851年,英国物理学家开尔文勋爵(Lord Kelvin,即 W.Thomson)根据功热转化的方向性,提出了热力学第二定律的开尔文表述,即不可能从单一热源吸取热量使之全部变为有用功而不产生其他影响.这里,"单一热源"是指温度均匀并且恒定不变的物体,"其他影响"是指除了把从单一热源所吸的热量全部变为有用功以外的任何其他变化.

> 思考题13.8:有人把热力学第二定律说成是:① 功可以全部转化为热,但热不能全部转化为功;② 热量能够从高温物体传到低温物体但不能从低温物体传到高温物体.这些说法对吗?

热力学第一定律的建立宣判了第一类永动机的"死刑".热力学第二定律的开尔文表述,则直接否定了单一热源热机的可能性.显然,如果单源热机是可能的话,利用空气或海洋作为热源,就能不断吸取热量而做功,这种热量实际上是取之不尽的,而且由于不向其他热源放出热量,它所吸收的热量将全部转化为对外做功,其效率将为100%!这又是一类永动机,它并不违背热力学第一定律,称为第二类永动机.因此,开尔文表述也可以说成:第二类永动机是不可能造成的.这就告诉我们,任何热机都必须工作在至少两个热源之间,在高温热源吸收的热量只有一部分转化为有用功,剩下的则会在低温热源释放掉,热机效率也就不可能达到100%.

热力学第二定律的两种表述虽然形式不同,但都反映了宏观实际过程的方向性.下面我们用反证法来证明二者是等价的,即假如其中一种表述不成立则可以推出另外一种表述也不成立.

设克劳修斯表述不成立,如图13-29(a)所示,即热量Q可以由低温热源T_2传递到高温热源T_1处而不产生其他影响,那么设想一个热机工作在这两个热源之间,如图13-29(b)所示,它从高温热源吸取热量$Q_1 = Q$,其中一部分用来对外做功A,另一部分Q_2在低温热源处放出.这样,联合(a)和(b)的总效果,是高温热源没有发生任何变化,而只是从单一的低温热源吸热$Q-Q_2$,全部用来对外做功A,如图13-29(c)所示.这是违反热力学第二定律的开尔文表述的.这就说明,如果克劳修斯表述不成立,那么开尔文表述也不成立.

反过来,设开尔文表述不成立,如图13-30(a)所示,即从高温热源T_1吸热Q可以全部变为有用功$A=Q$而不产生其他影响,那么利用这个功驱动一个工作在高温热源T_1和另外的低温热源T_2之间的制冷机,从T_2处吸热Q_2向T_1处放热$Q_2 + A = Q_2 + Q$,如图13-30(b)所示,这样联合(a)和(b)的总效果是,热

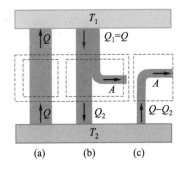

图13-29 如果违反克劳修斯表述则必违反开尔文表述

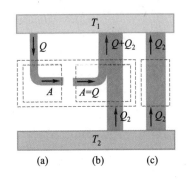

图13-30 如果违反开尔文表述则必违反克劳修斯表述

量 Q_2 从低温热源全部传到高温热源,此外没有任何其他变化,如图13-30(c)所示. 这是违反热力学第二定律的克劳修斯表述的. 这表明,如果开尔文表述不成立,那么克劳修斯表述也就不成立.

克劳修斯和开尔文分别选取热传导和功变热这两种与热有关的不可逆过程作为热力学第二定律的表述,从上面的证明过程可以看出,不可逆过程是相互关联的,为了消除某一个不可逆过程的影响,必须以另一个不可逆过程的发生为代价,从而由一种过程的不可逆性可推证另一种过程的不可逆性. 因此,每一种与热有关的不可逆过程都可以作为热力学第二定律的表述. 但无论具体表述方式如何,热力学第二定律的实质在于,与热现象有关的一切实际宏观过程都是不可逆的.

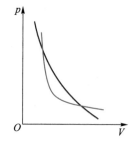

图13-31　例题13-10图

例题13-10　证明一条等温线和一条绝热线不能有两个交点.

证: 用反证法. 假如等温线和绝热线相交于两点,如图13-31所示,则由等温线和绝热线构成的闭合曲线形成一个循环,它的面积不为零,故要对外做功,但只在等温线(单一热源)吸热. 这意味着单源热机是可能的,违背了热力学第二定律的开尔文表述. 因此,一条等温线和一条绝热线不能有两个交点.

注意,题意没有说是理想气体,故不能用理想气体的等温过程和绝热过程方程来证明.

| 思考题13.9: 两条等温线能不能相交? 两条绝热线能不能相交?

13-4-3　卡诺定理

热力学第二定律否定了单源热机的可能性,而且指出热机的效率不可能为100%. 那么热机效率的理论极限是多少?怎样才能提高效率?

热机至少需要两个热源. 如果其循环是可逆的则为可逆热机. 卡诺早在热力学第二定律建立之前的1824年,就对工作在两个恒温热源间的热机的效率进行了研究,他不仅设想了卡诺循环,还提出了卡诺定理. 卡诺定理有以下两个主要结论:

定理1: 工作在两个给定热源之间的所有可逆热机具有相同的效率,与工作物质无关.

式(13-17)给出了理想气体卡诺循环的效率 η_C. 卡诺循环是由无摩擦的准静态过程组成的,是可逆的. 故可以推论: 工作在温度分别为 T_1 和 T_2 的高低温热源之间的一切可逆热机的效率 η_r 为

$$\eta_r = \eta_C = 1 - \frac{T_2}{T_1} \qquad (13-20)$$

定理2: 工作在两个给定热源之间的所有热机,其效率 η 不可能超过可逆热机的效率 η_r,即可逆热机的效率是最高的,可表示为

$$\eta \leqslant \eta_r = 1 - \frac{T_2}{T_1} \text{（等号对应可逆热机）} \qquad (13\text{-}21)$$

卡诺定理为提高热机效率指明了方向：一是尽量减少摩擦、漏气、漏热等耗散因素，使热机尽量接近可逆机；二是尽量增大高、低温热源的温度差. 因为一般热机总是以周围环境作为低温热源，所以实际上只能提高高温热源的温度. 蒸汽机的效率通常不到5%，用200~300 ℃的过热蒸汽代替100 ℃左右的蒸汽，可使其效率提高到12%~15%. 内燃机将燃料的燃烧过程移到气缸内部，比蒸汽机明显提高了高温热源温度，其效率更高，为25%~40%（图13-32为我国生产的东风11G型内燃机车的照片）.

图13-32　国产东风11G型内燃机车

卡诺推证他的定理时采用的是当时流行的"热质说"的观点. 热质说把热看作一种物质，这在今天看来显然是不对的. 对卡诺定理的证明应该建立在热力学第二定律的基础上（见例题13-11）.

按照卡诺定理，在两个给定热源间工作的一切可逆热机的效率都相同，与工作物质无关，说明比值$|Q_2|/|Q_1|$只取决于两个热源的温度. 因此，可以用比值$|Q_2|/|Q_1|$来量度或定义两个热源的温度，这样建立的温标就是12-1-2中提到的不依赖于测温物质的热力学温标.

由卡诺定理可知，工作在温度分别为T_1和T_2的高、低温热源间的热机，有$1 - \frac{|Q_2|}{Q_1} \leqslant 1 - \frac{T_2}{T_1}$. 注意到符号规定，$|Q_2| = -Q_2$，故$\frac{Q_2}{Q_1} + \frac{T_2}{T_1} \leqslant 0$，或

$$\frac{Q_1}{T_1} + \frac{Q_2}{T_2} = \sum_{i=1,2} \frac{Q_i}{T_i} \leqslant 0$$

等号对应于可逆循环. 因而对一切（不限于理想气体）卡诺循环也取等号.

上式可以推广到任意循环过程. 例如，一个任意可逆循环可以看作许多（n个）微小卡诺循环之和. 如图13-33所示，由于任意两个相邻的卡诺循环在同一条绝热线（图中虚线）上反向进行，从而效果相互抵消，当$n \to \infty$时，净效果就是原来的循环. 对每个小卡诺循环，有$\frac{dQ_{i2}}{T_{i2}} + \frac{dQ_{i1}}{T_{i1}} = 0$，故对整个可逆循环有

$$\lim_{n \to \infty} \sum_{i=1}^{n} \left(\frac{dQ_{i2}}{T_{i2}} + \frac{dQ_{i1}}{T_{i1}} \right) = \oint \frac{dQ}{T} = 0$$

考虑到包含不可逆循环在内的任意循环，则应将"="换为"≤"，即

$$\oint \frac{dQ}{T} \leqslant 0 \qquad (13\text{-}22)$$

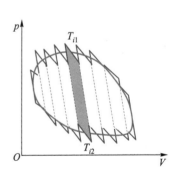

图13-33　任意可逆循环可以等效为无限多的小卡诺循环的总和

"="适用于可逆循环，"<"适用于不可逆循环. 式（13-22）称为克劳修斯不等式，它提供了过程是否可逆的一种判断，可看作热力学第二定律的一种数学表述.

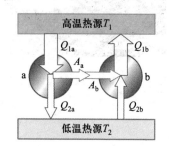

图13-34　卡诺定理证明

*例题13-11　证明卡诺定理.

证：设在温度分别为T_1和T_2的高、低温热源之间，同时有两部可逆机a和b. 在一次循环中，它们分别从高温热源吸热Q_{1a}和Q_{1b}，向低温热源放热$|Q_{2a}|$和$|Q_{2b}|$，对外做功A_a和A_b. 则其效率分别为

$$\eta_a = \frac{A_a}{Q_{1a}} = 1 - \frac{|Q_{2a}|}{Q_{1a}}, \quad \eta_b = \frac{A_b}{Q_{1b}} = 1 - \frac{|Q_{2b}|}{Q_{1b}}$$

先证定理1. 用反证法. 假设$\eta_a > \eta_b$，让可逆机b逆向作为制冷机工作，如图13-34所示，调节两机使$Q_{2a} = Q_{2b}$，按假定$\eta_a > \eta_b$，则可得$Q_{1a} > Q_{1b}$，让两机联合工作，则

$$A_a - A_b = Q_{1a} - Q_{1b} > 0$$

即复合机的净效果，是把从高温热源吸的热（$Q_{1a} - Q_{1b}$）全部转化为功（$A_a - A_b$）而不产生其他影响. 这违背热力学第二定律的开尔文表述，因此假设不成立. 于是得出结论$\eta_a \leqslant \eta_b$. 同理可证，也不可能有$\eta_a < \eta_b$. 因此结果只能是$\eta_a = \eta_b$.

再证定理2. 若设b为可逆机，重复上面的证明过程可得$\eta_a \leqslant \eta_b$. 而可逆机b的效率也等于理想气体卡诺循环的效率，于是

$$\eta_a \leqslant \eta_b = 1 - \frac{T_2}{T_1}$$

证毕.

13-5 熵

13-5-1　克劳修斯熵

态函数仅由系统的状态唯一地确定，与系统如何达到此状态无关. 热力学第一定律的表达式（13-2）中，内能是态函数，而功和热量则是与过程有关的量. 下面根据热力学第二定律的克劳修斯不等式（13-22）引入一个新的态函数.

由克劳修斯不等式（13-22），对于任意可逆循环都有

$$\oint \frac{\mathrm{d}Q_r}{T} = 0 \tag{13-23}$$

这里$\mathrm{d}Q_r$特意加了下标r以强调过程为可逆过程. 上式表明，对任何热力学系统，热温比（即$\frac{\mathrm{d}Q}{T}$）沿任何可逆循环的积分为0；或者说，在两个平衡态a和b之间热温比的积分与可逆过程的路径无关，而仅由状态a和b决定，可以表示为a和b的某个状态函数S之差，即

$$\Delta S = S_b - S_a = \int_a^b \frac{\mathrm{d}Q_r}{T} \qquad (13-24)$$

式中积分沿a和b间任意可逆过程的路径. 热力学态函数S称为熵（entropy），它是1850年由克劳修斯引入的（"熵"这个汉字是物理学家胡刚复先生1923年首创的）. 式（13-24）称为克劳修斯熵公式. 在SI中，熵的单位为$\mathrm{J \cdot K^{-1}}$. 对无限小的可逆过程，则有

$$\mathrm{d}S = \frac{\mathrm{d}Q_r}{T} \qquad (13-25)$$

请注意：① 虽然$\mathrm{d}Q_r$是过程量，但"商"$\mathrm{d}Q_r/T$与具体的可逆过程无关；熵S是态函数，因此$\mathrm{d}S$是全微分，熵变ΔS只取决于初、末状态；② 熵具有可加性，是广延量，即系统的熵等于系统各部分的熵之和；③ 如选取态a为参考态，则系统给定态b的熵S_b由式（13-24）给出；也可以规定所选取的参考态的熵值（S_a）为零，例如在热力工程中制定水蒸气性质表时，取$0\ ℃$时的饱和水的熵值为零.

由于熵是态函数，故只要初、末态为平衡态，其熵变ΔS就是确定的，而与系统经历的具体过程无关. 但计算ΔS时应注意，式（13-24）中积分是对可逆过程进行的：① 如果系统进行的过程本身是不可逆的或者未知，则可以在初、末态之间任意选定一个方便的可逆过程积分；② 如果过程本身是可逆的，则既可以对该过程积分，也可以另选其他可逆过程积分；③ 如果S的具体表达式已知，则可以直接代入初、末状态量来计算.

下面就来导出理想气体的熵的具体表达式. 对于理想气体的可逆过程，由热力学第一定律$\mathrm{d}Q_r = \nu C_{V,\mathrm{m}}\mathrm{d}T + p\mathrm{d}V$，可得

$$\mathrm{d}S = \frac{\mathrm{d}Q_r}{T} = \frac{1}{T}(\nu C_{V,\mathrm{m}}\mathrm{d}T + p\mathrm{d}V) = \nu C_{V,\mathrm{m}}\frac{\mathrm{d}T}{T} + \nu R\frac{\mathrm{d}V}{V}$$

积分得[S_0为参考态（T_0, V_0）的熵值]

$$S(T,V) - S_0 = \nu C_{V,\mathrm{m}}\int_{T_0}^{T}\frac{\mathrm{d}T}{T} + \nu R\int_{V_0}^{V}\frac{\mathrm{d}V}{V} = \nu C_{V,\mathrm{m}}\ln\frac{T}{T_0} + \nu R\ln\frac{V}{V_0} \qquad (13-26)$$

思考题13.10：若以（T, p）或（p, V）为自变量，则理想气体熵S的表达式是什么？

最后，由式（13-25），在微小的可逆过程中系统吸收的热量$\mathrm{d}Q_r = T\mathrm{d}S$，因此，用温熵图（即$T$-$S$图）计算热量是十分方便的，系统经历的任一可逆过程都可用T-S图中的一条曲线表示，过程曲线下的面积为$Q_r = \int T\mathrm{d}S$，即该过程中系统吸收的热量，与p-V图中的体积功具有类似的几何意义. 图13-35所示为理想气体的几个可逆的等值过程. 在卡诺循环中只涉及等温和绝热过程，所以在T-S图中卡诺循环为一矩形，如图13-36所示.

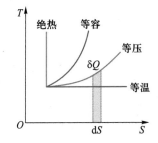

图13-35　等值过程

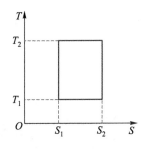

图13-36　卡诺循环

例题13-12　已知标准条件下（$p = 1.013\ 5 \times 10^5$ Pa，$T = 273.15$ K），单位质量的冰熔化为水时需吸收的热量（即熔化热）为 $l = 80$ cal·g^{-1}. 求 1 kg 的冰熔化为水时熵的变化.

解： 熔化过程可看作等温可逆过程，质量为 m 的冰熔化时吸收热量 ml. 由式（13-24），得

$$S_水 - S_冰 = \int_冰^水 \frac{\mathrm{d}Q_r}{T} = \frac{1}{T}\int_冰^水 \mathrm{d}Q_r = \frac{ml}{T} = \frac{1\ 000\ \text{g} \times 80\ \text{cal·g}^{-1}}{273.15\ \text{K}} = 293\ \text{cal·K}^{-1}$$

例题13-13　理想气体在某一自发过程中经历了两个状态 $a(p_a, V_a)$ 和 $b(p_b, V_b)$. 求 a、b 两状态间的熵变.

解： 本题中虽然没给出具体过程，但熵是态函数，只要初、末两态是平衡态，那么，初、末两态的熵差就唯一确定. 因此，我们可以设计一个连接 a、b 两态的任一可逆过程来计算. 为计算方便，设可逆过程由一个等压过程和一个等容过程组成，如图 13-37 所示.

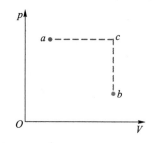

图 13-37　例题 13-13 图

$$\Delta S_{a-c} = \int_a^c \frac{\mathrm{d}Q_r}{T} = \int_{T_a}^{T_c} \frac{C_p \mathrm{d}T}{T} = C_p \ln \frac{T_c}{T_a}$$

$$\Delta S_{c-b} = \int_c^b \frac{\mathrm{d}Q_r}{T} = \int_{T_c}^{T_b} \frac{C_V \mathrm{d}T}{T} = C_V \ln \frac{T_b}{T_c}$$

当系统由 a 向 b 进行时，熵的增加为

$$\Delta S_{a-b} = \Delta S_{a-c} + \Delta S_{c-b} = C_p \ln \frac{T_c}{T_a} + C_V \ln \frac{T_b}{T_c}$$

式中 T_c 是未知的，需要消去. 根据理想气体物态方程知

$$\frac{V_a}{T_a} = \frac{V_c}{T_c}, \qquad \frac{p_b}{T_b} = \frac{p_c}{T_c}$$

所以，当系统由 a 向 b 进行时，熵的增加为

$$\Delta S_{a-b} = C_p \ln \frac{V_c}{V_a} + C_V \ln \frac{p_b}{p_c} = C_p \ln \frac{V_b}{V_a} + C_V \ln \frac{p_b}{p_a}$$

例题13-14　热传导过程. 一个绝热容器，中间用导热隔板分成体积均为 V 的 A、B 两部分，每部分各盛有 1 mol 的理想气体. 设在开始时 A 部气体有较高的温度 T_a，B 部气体有较低温度 T_b，经过一段时间后两部分达到共同的热平衡温度 $T = (T_a + T_b)/2$. 求这一热传导过程中系统初、末两态熵的变化.

解： A、B 两部分气体相互传递热量的过程，可以看作等容放热和等容吸热的准静态可逆过程，由式（13-26）可以分别计算 A、B 两部分气体的熵变，其分别为

$$\Delta S_a = \int_{T_a}^{T} C_V \frac{\mathrm{d}T}{T} = C_V \ln \frac{T}{T_a}$$

$$\Delta S_b = \int_{T_b}^{T} C_V \frac{\mathrm{d}T}{T} = C_V \ln \frac{T}{T_b}$$

根据熵的可加性，整个系统的熵变为

$$\Delta S = \Delta S_a + \Delta S_b = C_V \ln \frac{T^2}{T_a T_b} = C_V \ln \frac{(T_a + T_b)^2}{4 T_a T_b}$$

当 $T_a \neq T_b$ 时，存在不等式 $T_a^2 + T_b^2 > 2T_a T_b$，由此容易证明，$(T_a + T_b)^2 > 4 T_a T_b$，于是

$$\Delta S = \Delta S_a + \Delta S_b > 0$$

在这个热传导例子中，我们看到，在不可逆绝热过程中熵增加.

13-5-2 熵增加原理

如图13-38所示，a 和 b 是系统的两个平衡态，由于状态确定，它们之间的熵变 $\Delta S = S_b - S_a$ 是确定的. 如果系统从状态 a 到 b 经历的过程是可逆的（图中 $a1b$），则热温比的积分等于熵变，即 $\int_a^b \frac{\mathrm{d}Q_r}{T} = S_b - S_a = \Delta S$；对于任意过程（包括不可逆，图中 $a2b$），与熵变 ΔS 又是什么关系呢？

在图13-38中，由于 $a1b$ 是可逆的，可以反方向沿 $b1a$ 进行而不产生其他影响，从而构成循环 $a2b1a$. 利用克劳修斯不等式（13-22），有

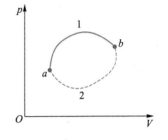

图13-38 可逆和不可逆过程的判断

$$\oint \frac{\mathrm{d}Q}{T} = \int_a^b \frac{\mathrm{d}Q}{T} + \int_b^a \frac{\mathrm{d}Q_r}{T} \leqslant 0 \quad \text{或} \quad -\int_b^a \frac{\mathrm{d}Q_r}{T} \geqslant \int_a^b \frac{\mathrm{d}Q}{T}$$

后一式中"$\geqslant$"右边是对任意过程（$a2b$）的积分，左边是对可逆过程（$b1a$）的积分（用 $\mathrm{d}Q_r$ 标识），它可以表示为熵变，即 $-\int_b^a \frac{\mathrm{d}Q_r}{T} = -(S_a - S_b) = S_b - S_a$，于是

$$S_b - S_a \geqslant \int_a^b \frac{\mathrm{d}Q}{T} \tag{13-27a}$$

式中"$>$"适用于不可逆过程，"$=$"适用于可逆过程. 上式表明，$\frac{\mathrm{d}Q}{T}$ 对任意过程的积分值，不会超过其初、末态的熵变. 如果积分值等于熵变，则可以判断该过程为可逆的；否则就是不可逆的. 对微小的任意过程，则有

$$\mathrm{d}S \geqslant \frac{\mathrm{d}Q}{T} \tag{13-27b}$$

式（13-27）是不可逆过程性质的反映，可视为热力学第二定律的定量表述.

对于绝热过程，$\mathrm{d}Q = 0$，式（13-27b）可以表示为

$$\mathrm{d}S \geqslant 0 \tag{13-28}$$

它表明，经绝热过程从一个平衡态到另一个平衡态，热力学系统的熵永不减少；过程若是可逆的则熵不变，若是不可逆的则熵增加. 这称为熵增加原理. 例题13-14就是一例. $\mathrm{d}S \geqslant 0$ 表明，绝热系统若处于非平衡态，则熵要增加，熵达到最大时系统也就达到了平衡态.

孤立系统是与外界不发生任何相互作用的系统，孤立系统内发生的过程一定是绝热的．因而熵增加原理又可表述为，一个孤立系统的熵永不减少．孤立系统内部自发进行的不可逆过程，使系统朝着熵具有极大值的平衡态演化．

| 思考题 13.12：非绝热过程是否一定有 $\Delta S \geq 0$?

利用热力学第一定律 $\mathrm{d}Q = \mathrm{d}U + \mathrm{d}A$，式（13-27b）也可以表示为

$$T\mathrm{d}S \geq \mathrm{d}U + \mathrm{d}A \tag{13-29}$$

这是热力学第二定律的另一种表示．

例题 13-15 功变热的过程．包有绝热壳的 25 Ω 的电阻器，其初温为 27 ℃，今通以 10 A 的电流 1 s．电阻器的定容热容为 $C_V = 0.2\ \mathrm{cal \cdot K^{-1}}$，求电阻器的熵变．

解： 该例是将绝热系统中电功转化为热的不可逆过程．由于电阻器体积不变，可以通过一个等容升温的可逆过程来求出熵增，即

$$\Delta S = \int_{T_0}^{T} \frac{C_V \mathrm{d}T}{T} = C_V \ln \frac{T}{T_0}$$

式中 $T_0 = (273 + 27)\ \mathrm{K} = 300\ \mathrm{K}$，$T$ 为电阻器通电 1 s 后的温度．根据能量守恒，有

$$C_V(T - T_0) = I^2 Rt$$

式中 I 是电流，R 是电阻，t 是时间．因此

$$T = T_0 + \frac{I^2 Rt}{C_V} = 300\ \mathrm{K} + \frac{10^2 \times 25 \times 1}{4.18 \times 0.20}\ \mathrm{K} = 3\,290\ \mathrm{K}$$

系统在该过程中熵的增量为

$$\Delta S = C_V \ln \frac{T}{T_0} = (4.18 \times 0.20) \times \ln \frac{3\,290}{300}\ \mathrm{J \cdot K^{-1}} = 2.00\ \mathrm{J \cdot K^{-1}}$$

我们再一次看到，在不可逆绝热过程中熵增加．

例题 13-16 扩散过程．在两个容积相等的容器中分别贮有两种不同的理想气体，温度和压强均相同．今将两容器连通，因相互扩散气体最后达到均匀．求系统的熵变．

解： 系统的熵变等于两种气体的熵变之和，即 $\Delta S = \Delta S_1 + \Delta S_2$．连通前两容器的容积为 V，气体的温度和压强均为 T 和 p，则由理想气体物态方程 $pV = \nu RT$，知两容器中气体的物质的量相同，设为 ν．连通后两种气体都由初态（V，T）到末态（$2V$，T）．根据式（13-26），有

$$\Delta S = \Delta S_1 + \Delta S_2 = \nu R \ln \frac{2V}{V} + \nu R \ln \frac{2V}{V} = 2\nu R \ln 2$$

该系统整体与外界绝热，$\Delta S > 0$ 表明，气体扩散过程是不可逆的．

13-5-3 玻耳兹曼熵 热力学第二定律的统计意义

不可逆绝热过程的熵会增加. 那么熵这个宏观量对应的微观量又是什么呢? 这就需要讨论宏观态和微观态之间的关系.

系统的宏观态可以是平衡态, 也可以是非平衡态, 而微观态则由系统内所有粒子的运动状态 (经典力学中就是粒子的位置和速度) 构成. 以气体自由膨胀为例. 设容器用隔板分成体积相等的A、B两部分, A室装有N个相同的气体分子, 而B室为真空, 抽去隔板后, A、B中的分子数随着气体由A室向B室膨胀而变化. 系统的宏观态是指A、B中各有多少个分子; 如果A中有n个分子, 则其余$N-n$个分子在B中, 宏观态可用A、B中的分子数目表示为$(n, N-n)$. 列出所有的宏观态为, $(0, N)$, $(1, N-1)$, $\cdots$, $(N, 0)$, 共有$(N+1)$个. 由于分子是可以区分的, 从微观上看处于A中的是a分子还是b分子显然不同, 即系统的微观态是指出现在A、B中的到底是哪些分子; 由于每一个气体分子出现在A室或B室的可能性各占1/2, 可能的微观态数目对每一个分子而言为2种, 对N个分子则有2^N种, 即微观态总数为2^N. 显然, 宏观态$(n, N-n)$所对应的微观态数目Ω, 是把N个分子分作两个部分, 一部分为n, 另一部分为$N-n$的排列组合数C_N^n, 即

$$\Omega = C_N^n = \frac{N!}{n!(N-n)!}, \quad 且\sum_{n=0}^{N} C_N^n = 2^N$$

表13-4中列出了$N=4$时全部5种宏观态对应的微观态, 其中4个分子分别标记为a, b, c, d. 读者不妨对照验证上述结论.

表13-4 微观态与宏观态

A	a b c d	a b c	a b d	a c d	b c d	a b	a c	a d	b c	b d	c d	a	b	c	d	
B		d	c	b	a	c d	b d	b c	a d	a c	a b	b c d	a c d	a b d	a b c	a b c d
宏观态对应的微观态数$\Omega(n)$	1		4					6						4		1
宏观态出现的概率	$\frac{1}{16}$		$\frac{4}{16}$					$\frac{6}{16}$						$\frac{4}{16}$		$\frac{1}{16}$

显然, 在系统可实现的微观态中, 没有理由认为其中的一些会比另一些更容易 (或更不容易) 发生, 合乎逻辑的结论只能是: **孤立系统的各个可实现微观态有相等的出现概率.** 这是统计物理的一条基本假设, 称为**等概率原理**. 既然系统等概率地处于每一个微观态中, 则每个宏观态出现的概率与该宏观态对应的微观态数目成

正比，Ω越大的宏观态，出现的概率越大. 因此，我们把Ω称为宏观态的热力学概率，而把其中热力学概率最大的宏观状态称为**最概然状态**（most probable state）.

1877年，玻耳兹曼对熵概念作了统计解释，他利用统计物理得出，系统某一宏观态的熵S与该宏观态的热力学概率Ω的对数成正比，即

$$S = k\ln \Omega \tag{13-30}$$

上式称为**玻耳兹曼关系**，k为玻耳兹曼常量. 式（13-30）表示的玻耳兹曼熵与式（13-24）表示的克劳修斯熵是一致的（例题13-17给出了一个例证），但克劳修斯熵只适用于平衡态，而玻耳兹曼熵则可以描述非平衡态.

系统某一宏观态包含的微观态数目Ω越多，意味着该宏观态到底处于哪一个微观态越不确定，系统中每个粒子的运动也越杂乱，或者说系统的无序程度越高；反之，如果某一宏观态只包含一个微观态，例如，表13-4中4个气体分子都处于A侧的宏观态，它所对应的微观态唯一，每个分子的运动状态也完全确定，我们说系统的有序程度最高，即无序程度最低. 可见，系统在某一宏观态的无序程度，可以用系统在该宏观态所包含的微观态数目，即热力学概率Ω来表示. 根据玻耳兹曼熵表达式（13-30），$S = k\ln \Omega$，因此，熵是系统宏观状态无序程度的量度. 熵概念的这一微观本质具有特别的意义，它使得熵的概念和理论不仅应用于物理学，也广泛应用于化学、气象学、生命科学、工程技术乃至社会学的复杂系统研究中. 因此，爱因斯坦说"熵理论对整个科学来说是第一法则".

尽管分子的微观动力学是完全可逆的，但热力学第二定律表明，与热现象有关的宏观过程是不可逆的. 回到气体自由膨胀的例子，如图13-39所示，如果$N = 4$，由表13-4可见（根据等概率原理，表13-4中求出了宏观态出现的概率，它等于该宏观态对应的微观态数目/微观态总数），分子均匀分布的宏观态（2, 2）出现的概率最大（6/16），分子全部收缩回A室的宏观概率最小，只有$1/16 = 1/2^4$. 推广到气体分子总数为N的情况，气体N个分子全部处于A室的概率为$1/2^N$，对于1 mol气体，$N = 6.02 \times 10^{23}$，这一概率实在太小了！它必然会向着均匀分布即平衡态演化. 而相反的过程，即全部分子自动收缩回A室，虽然并非原则上不可能，但概率实在微乎其微，在有限的时间内几乎观察不到. 这个例子说明，由于系统处于其他宏观态的概率远小于最概然状态的概率，在孤立系统内发生的一切实际过程，必然是由热力学概率小的宏观态向最概然状态过渡，或者说是向着熵增加的方向进行的，宏观上对应于系统由非平衡态向平衡态的演化，表现为不可逆过程. 由于熵是宏观态无序程度的量度，也可以说，一切自发过程都是从有序状态向无序状态的方向进行的. 这就是热力学第二定律的统计意义. 这个最概然状态宏观上对应于系统的平衡态. 显然，在外界条件不变的情况下，系统不可能自发地偏离平衡态而

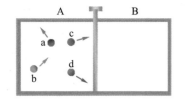

图13-39　气体自由膨胀

　　　13　热力学基础

达到另一宏观态.

应该注意,作为统计规律,热力学第二定律自然只适用于大量微观粒子组成的宏观系统.

思考题13.13: 孤立系统可逆过程中 $\Delta S = 0$,在统计意义上如何理解?

例题13-17 试用1 mol理想气体的绝热自由膨胀过程说明玻耳兹曼熵和克劳修斯熵的一致性.

解: 1 mol理想气体经绝热自由膨胀过程,体积由 V_1 增大到 V_2. 因初、末态温度相等,分子速度分布相同,所以在确定初、末态包含的微观态数时只需考虑分子的位置分布.
设每个分子的微观态占有的空间体积为 dV,则1 mol的 N_A 个分子在体积为 V_1 和 V_2 的初、末宏观态中对应的可能微观态数分别为 $\Omega_1 = \left(\dfrac{V_1}{dV}\right)^{N_A}$ 和 $\Omega_2 = \left(\dfrac{V_2}{dV}\right)^{N_A}$,用玻耳兹曼熵表示,熵变为

$$\Delta S = k \ln \frac{\Omega_2}{\Omega_1} = k N_A \ln \frac{V_2}{V_1} = R \ln \frac{V_2}{V_1}$$

由于初、末态温度相同,可以通过由状态 (T, V_1) 经可逆等温过程膨胀至状态 (T, V_2) 来求熵变. 对于1 mol理想气体,由式(13-26)直接得克劳修斯熵变

$$\Delta S = R \ln \frac{V_2}{V_1}$$

可见两种表示一致.

*13-5-4 熵概念的应用举例

1. 熵与能量

我们来看热功转化过程. 假设温度为 T 的热源可输出热量 Q,周围介质的温度为 T_0,则由卡诺定理,热源可对周围介质做功的最大值 A_m 等于在 T 与 T_0 间工作的卡诺热机的功,即

$$A_m = Q\eta = Q(1 - T_0/T) < Q$$

因而至少有 $Q - A_m = Q(T_0/T)$ 的部分是不可用的废能. 这说明,热功转化的不可逆过程中,必然伴随不可用的废能产生. 而且同样的低温环境(T_0 相同)下,热源的温度 T 越低,热量 Q 中的废能就越多.

再看热传导过程. 若热量 Q 从高温(T_1)热源传到低温(T_2)热源,在此过程中用来做功的最大能量值由 $A_m = Q(1 - T_0/T_1)$ 变到 $A'_m = Q(1 - T_0/T_2)$,由于 $T_1 > T_2$,故 $A_m > A'_m$. 也就是说,经热传导后可以做功的能量减少了,不可用的能量共增加了

$$A_m - A'_m = Q\left(\frac{T_0}{T_2} - \frac{T_0}{T_1}\right) = T_0\left(\frac{Q}{T_2} - \frac{Q}{T_1}\right) = T_0\Delta S$$

这说明，在热传导过程中，能量"退化"了，即不可用的废能增加了. 这样，退化的能量（即热量中不可用的部分的增加值）就等于 $T_0\Delta S$. 因此，熵可以作为能量的不可用程度的量度. 熵与系统的无序度有关. 这说明能量可以有有序和无序的品质差别. 熵越大，能利用来做功的有效能（或称资用能）越少，能量的品质越低. 而熵增加的一个直接后果是，在能量利用上不可逆过程的后果，总是使一定的能量从能做功的形式变为不能做功的形式，产生"退化"的能量.

从微观来看，做功与粒子的定向运动相联系，传递的是一种有序的能量；而热量对应于粒子无规则热运动的能量，传递的是相对无序的能量. 因此，热力学第二定律实质上反映出：有序能量可以全部无条件地转化为无序能量，而无序能量全部转化为有序能量是不可能的. 这正是功热转化不可逆性的统计原因. 这也说明，功与热在能量品质上有有序和无序的区别.

热力学第一定律指明能量是守恒的，似乎不应当存在能源危机. 但是，对能量的利用必然导致能量品质的降低，或者说导致熵增加，因此，能源危机实质上是熵增加造成的危机.

2. 熵与时间

将力学基本方程，例如 $F = \mathrm{d}p/\mathrm{d}t$ 作代换 $t \to (-t)$，则 $p = m\mathrm{d}r/\mathrm{d}(-t) \to -p$，故方程形式并不改变，这就是时间反演对称性. 类似于把汽车行驶的录像正向和倒向播放，画面的前进和倒退都是实际中可以真实发生的. 此外，电磁学中的麦克斯韦方程组也具有时间反演对称性. 这说明力学和电学过程都是可逆的，不能标示出时间的方向. 或者说时间本质上只是描述可逆运动的一个参量，我们既可以用它确定未来，也可以用它说明过去.

热力学第二定律则揭示了自然界的基本不对称性，即对孤立系统而言，一切实际过程都不可逆转地向着熵增大的方向进行，即热力学过程具有方向性，未来就是熵增加的方向.

英国物理学家霍金（S.W.Hawking）曾指出："至少存在三个时间箭头将过去和未来区分开来. 它们是：热力学箭头，在这个方向上无序度在增加而不是减少；心理学箭头，在这个方向上，我们能记住过去而不是将来；还有宇宙学箭头，在这个方向上宇宙在膨胀，而不是在收缩." 他认为这三个时间箭头所指方向一致.

思考题13.14：若把熵增加原理应用于整个宇宙，则似乎宇宙最终将达到一个熵值极大的状态，"那就任何进一步的变化都不会发生了，这时宇宙就会进入死寂的永恒状态"（克劳修斯语）. 这就是所谓宇宙"热寂说". 通过互联网查阅有关资料，你会有何解释？

3. 熵与信息

信息与物质和能量一样，是人类赖以生存发展的基本要素. 一般而言，信息是指由信息源发出的各种信号，它可以被使用者接收和理解，是人类共享的一切知识和消息的总和. 在人类社会中，信息往往以文字、图形、图像、声音以及人们能够通过知觉感知的各种方式出现. 一切物质都在无时无刻地发出信息，所以我们生活在信息社会之中.

香农把各种信息抽象化和定量化，认为信息是事物确定程度大小的量度，从而建立了信息的统计理论，即信息论.

可以引入信息熵来表示对系统的无知度的量度. 显然，对系统的信息量越少，无知度越大，其熵越大. 设系统可能出现的结局数为 n，显然 n 值越大，则系统出现某个明确结局的信息量越小，熵也越大. 采用类似玻耳兹曼的公式来描述系统所处的信息状态，信息熵可以表示为

$$S = k\ln n \qquad (13-31)$$

由于对每一个信息量的可能选择都有"是"或"否"（0 或 1）2 种，故常采用以 2 为底的对数（$\log_2$ 也可简写为 lb）来表示上式，并引入信息计量单位"比特"（bit），定义为

$$1\ \text{bit} = k\ln 2 = 10^{-23}\ \text{J/K}$$

于是，$S = k\ln n = k\ln 2 \cdot \log_2 n = k\ln 2 \cdot \text{lb}\, n$，即

$$S = \text{lb}\, n\ \text{bit} \qquad (13-32)$$

显然，系统从外界获得一条信息，相当于获得负熵，必然使系统出现的可能结局数减少，即信息起着减少或消除不确定性的作用，使有序或确定程度（可以用负熵 $-S$ 来表示）增加，即

$$\text{信息} = \text{熵}\, S\, \text{的减少} = \text{负熵}（-S）\text{的增加}$$

计算机技术中常用字节（Byte）作为信息量的单位，1 Byte = 8 bit，它容得下一个 8 位的二进制数，或说它可记住 256（$= 2^8$）个可能状态中究竟是哪一个. 顺便指出，进行信息处理也需要消耗能量，处理信息而不消耗能量的机器也是一种第二类永动机，是不可能的. 按照热力学第二定律我们可以推算，处理 1 bit 的信息量等于 $\ln 2$，对应的熵为 $k\ln 2$，所给出的热量变化为 $kT\ln 2$，即处理 1 bit 信息所需的最少能量为 $kT\ln 2$.

思考题 13.15：目前计算机处理 1 bit 的信息约需 10^{-14} J 的能量，依此估计处理一张 10 MB 的照片需要消耗的能量.

13-6-1 热力学第三定律

1895年，林德（C.von Linde）利用气体节流膨胀降温，成功地将空气液化. 1898年，杜瓦（Sir J.Dewar）用此方法得到液态氢，并得到20.4 K的低温. 这为研究低温下的物理性质提供了可能.

1906年，能斯特（W.H.Nernst）在总结大量低温化学反应的实验后发现，当温度趋于绝对零度时，凝聚系统在一切等温过程中的熵值不变，即

$$\lim_{(T \to 0)} (\Delta S)_T = 0 \qquad (13-33)$$

这称为能斯特定理. 它表明当$T \to 0$时，系统的熵与状态参量无关. 1911年普朗克进一步假设$\lim_{(T \to 0)} S = S_0 = 0$. 从量子统计理论知，在$T = 0$时，系统的能量并不消失，而是处于一个能量$U_0$（称为系统的零点能）为最小的完全有序的状态，这种状态占有的热力学概率$\Omega_0 = 1$，因而$S_0 = k \ln \Omega_0 = 0$. $S_0 = 0$也反过来定义了热力学温度的绝对零度：完全有序状态对应$S_0 = 0$，它的温度为绝对零度.

能斯特定理所指出的物质在趋近于绝对零度的过程中熵不再变化的性质，称为热力学第三定律. 当热力学温度趋于绝对零度时熵也趋于零，表明温度越低，进一步降低温度就越困难，而过渡到$S_0 = 0$（即绝对零度）的状态是不可能的. 因此，热力学第三定律又可等价地表述为福勒（R.H.Fowler）形式：不能用有限次过程使系统的温度达到绝对零度，或者说，绝对零度只能逐渐逼近而不能达到，这又称为绝对零度不能达到原理.

热力学第三定律是在大量低温实验的基础上总结出来的具有普遍意义的规律，它实际上是低温下量子特性的宏观表现. 由热力学第三定律，我们可以推论：在温度趋近绝对零度时，C_V、C_p必然趋于零. 这与实验结果和量子统计理论的结果一致.

13-6-2 热力学负温度

按照玻耳兹曼分布律，处于能量ε状态的粒子数密度n正比于玻耳兹曼因子$e^{-\varepsilon/kT}$. 因此，玻耳兹曼分布可以写为

$$n_2 = n_1 e^{-(\varepsilon_2 - \varepsilon_1)/kT}$$

其中n_1和n_2分别是在温度为T的系统中，处于能量为ε_1和ε_2状态的粒子数密度. 由此，可以得到温度的另一个表达式

$$T = \frac{\varepsilon_1 - \varepsilon_2}{k \ln(n_2 / n_1)} \qquad (13-34)$$

若整个系统处于平衡态，则将任意两个能量状态上的粒子数密度代入式（13-34）所得的温度都应相等，这就是该系统平衡态的温度．注意到式（13-34）是对系统中的两个能量状态而言的，因此，即便整个系统并未处于平衡态，但如果能量 ε_1 和 ε_2 的子系统处于局域热平衡，则仍可以用式（13-34）定义该子系统的温度．例如，处于非平衡态的系统的某些自由度（转动、振动、电子自旋、核自旋等）可以处于热平衡，我们就可以定义该自由度的子系统的温度（转动自由度温度、振动自由度温度、电子自旋温度、核自旋温度等）．

按照式（13-34），由数个能级构成的子系统的热力学温度可以为负值，即出现热力学负温度．为简单，我们来看一个由两个能级构成的子系统的情形．设子系统中粒子的两个能级为 ε_1 和 ε_2（$\varepsilon_1 < \varepsilon_2$），两个能级上的粒子数密度分别为 n_1 和 n_2．子系统周围的环境仍然处于正温度的状态．通常情况下，子系统和环境处于平衡态，这时，按照玻耳兹曼分布，处于高能级上的粒子数密度必然小于处于低能级上的粒子数密度，即 $n_2 < n_1$，因此 $T > 0$．随着温度升高，粒子从低能级被激发到高能级上去，n_2 增大而 n_1 减小，但这个过程最多只能到 $n_1 = n_2$ 止，因为此时环境和子系统构成的平衡态的温度已达 $T \to \infty$ 了．可见，子系统与环境热平衡时不能实现负温度．要实现负温度，需要借助于外界作用把粒子从低能级上不断地抽运到高能级上去，使 $n_2 > n_1$，即实现粒子数反转（population inversion）．假如子系统这样的状态能够相对稳定地维持一定时间而处于局域平衡，则按照式（13-34）子系统的热平衡温度一定是负的，所以有时把热力学负温度称为粒子数反转温度．显然，负温度的存在破坏了子系统与环境的热平衡，二者之间的相互作用必然使子系统上的粒子从高能级向低能级跃迁，从而把能量传递给环境，即热量从负温度系统向正温度系统转移，最后子系统和环境一起达到热平衡．

应当注意，负温度只存在于子系统中，子系统从负温度变为正温度的过程中，热量从负温度系统向正温度的环境转移，由于热量只能自发地从高温传到低温，所以，负温度比任何正温度都高．即负温度区不处于 $T = 0$ 以下，而处于 $T = +\infty$ 之上，即"比无限高温度更高"．这里从 $T > 0$ 到 $T < 0$ 是从 $T = +\infty$ 过渡的．

热力学负温度已在1950年利用核磁共振技术观察 LiF 晶体中 ^{7}Li 核和 ^{19}Fe 的核磁化实验中被证实．实验中先对晶体加外磁场，这里核自旋磁矩顺磁场方向的粒子能量低，而逆磁场方向的粒子能量高，热平衡时服从玻耳兹曼分布，顺磁场方向的粒子数比逆磁场方向的粒子数多，$n_1 > n_2$．此后，突然倒转磁场方向，于是在瞬间出现 $n_2 > n_1$ 的情况，亦即观测到对应于粒子数反转的负温度现象，这种现象一直持续到自旋与晶格相互作用导致热平衡态的重新建立（$n_1 > n_2$，服从 M-B 分布）为止．这里是利用外磁场突然反向来实现粒子数反转的．

和负温度相对应的粒子数反转，在受激发射中得到了重要的实际应用，激光（见19-3小节）就是一例．

习题参考答案

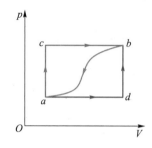

图 13-40 习题 13.2 图

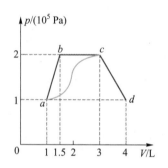

图 13-41 习题 13.3 图

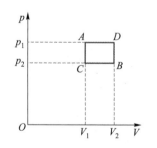

图 13-42 习题 13.4 图

13.1 气体分别经过三种不同的准静态过程由初态 I ($2p_0$, V_0) 变到终态 II (p_0, $2V_0$):（a）先从 V_0 到 $2V_0$ 等压膨胀然后等容降压；（b）等温膨胀；（c）先以 V_0 等容降压到 p_0 后再等压膨胀.（1）若气体是理想气体，求每一过程中气体对外界所做的功；*（2）若气体是 1 mol 的范德瓦耳斯气体，求每一过程中气体对外界所做的功.

13.2 如图 13-40 所示，一系统由状态 a 沿 acb 到达状态 b，吸热量 80 cal，而系统做功 126 J.（1）经 adb 过程系统做功 42 J，问有多少热量传入系统？（2）当系统由状态 b 沿曲线 ba 返回状态 a 时，外界对系统做功 84 J，试问该过程中系统吸热还是放热？热量是多少？

13.3 如图 13-41 所示. 单原子分子理想气体从状态 a 经过程 $abcd$ 到状态 d，已知 $p_a = p_d = 1.0 \times 10^5$ Pa，$p_b = p_c = 2.0 \times 10^5$ Pa，$V_a = 1.0$ L，$V_b = 1.5$ L，$V_c = 3.0$ L，$V_d = 4.0$ L.（1）试计算气体在 $abcd$ 过程中内能的变化、功和热量；（2）如果气体从状态 d 保持压强不变到状态 a（图中虚线），求以上三项的结果；（3）若过程沿曲线从 a 到 c 状态，已知该过程吸热 1.07×10^3 J，求该过程中气体所做的功.

13.4 如图 13-42 所示，一定质量的氧气在状态 A 时，$V_1 = 3$ L，$p_1 = 8.2 \times 10^5$ Pa，在状态 B 时，$V_2 = 4.5$ L，$p_2 = 6 \times 10^5$ Pa. 分别计算气体在下列过程中吸收的热量、完成的功和内能的改变：（1）经 ACB 过程，（2）经 ADB 过程.

13.5 压强为 $p = 1.01 \times 10^5$ Pa，体积为 0.008 2 m³ 的氮气，从初始温度 300 K 加热到 400 K.（1）如加热时保持体积不变，需要多少热量？（2）如加热时保持压强不变，又需要多少热量？

13.6 将 500 J 的热量传给标准状态下 2 mol 的氢气.（1）若体积不变，问此热量变为什么？氢气的温度变为多少？（2）若温度不变，问此热量变为什么？氢气的压强及体积各变为多少？（3）若压强不变，问此热量变为什么？氢气的温度及体积各变为多少？

13.7 一定量的理想气体在某一过程中压强按 $p = \dfrac{c}{V^2}$ 的规律变化，c 是常量. 求气体从 V_1 增加到 V_2 所做的功. 该理想气体的温度是升高还是降低？

13.8 1 mol 氢气在压强为 1.0×10^5 Pa，温度为 20 ℃时体积为 V_0. 今使它分别经如下两个过程达到同一终态：（1）先保持体积不变，加热使其温度升高到 80 ℃，然后令它等温膨胀使体积变为原来的 2 倍；（2）先等温膨胀至原体积的 2 倍，然后保持体积不变加热至 80 ℃. 试分别计算以上两种过程中吸收的热量、气体做的功和内能的增量，并作出 p-V 图.

13.9 测定气体的 $\gamma = (C_{p,\mathrm{m}} / C_{V,\mathrm{m}})$ 可用下列方法：一定量的气体初始温度、压强和体

积分别为 T_0、p_0 和 V_0，用通有电流的铂丝对它加热，第一次保持气体体积 V_0 不变，温度和压强各变为 T_1 和 p_1，第二次保持压强 p_0 不变，温度和体积各变为 T_2 和 V_1. 设两次加热的电流和时间都相同，试证明

$$\gamma = \frac{(p_1 - p_0)V_0}{(V_1 - V_0)p_0}$$

13.10 理想气体由初态 (p_0, V_0) 经准静态过程绝热膨胀至末态 (p, V)，求此过程中气体做的功.

13.11 气缸内有单原子分子理想气体，若绝热压缩使其容积减半，问气体分子的平均速率变为原来速率的几倍？若为双原子分子理想气体，又为几倍？

13.12 某单原子分子理想气体经历一准静态过程，压强 $p = \dfrac{c}{T}$，其中 c 为常量. 试求此过程中该气体的摩尔热容 C_{m}.

13.13 设某单原子分子理想气体经历的多方过程可以表示为 $PV^3 =$ 常量，求该过程中气体的摩尔热容.

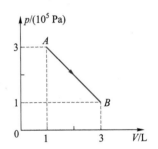

图 13-43　习题 13.14 图

*13.14 0.1 mol 单原子分子理想气体，由状态 A 经直线 AB 所表示的过程到状态 B，如图 13-43 所示，已知 $V_A = 1$ L，$V_B = 3$ L，$p_A = 3 \times 10^5$ Pa. （1）试证 A、B 两状态的温度相等；（2）求 AB 过程中气体吸收的热量；（3）求在 AB 过程中温度最高点 C 的体积和压强[提示：写出过程方程 $T = T(V)$]；（4）由（3）的结果，分析从 A 到 B 的过程中温度变化的情况，从 A 到 C 系统吸热还是放热？（5）证明 $Q_{CB} = 0$. 能否由此得出 CB 是绝热过程的结论？

13.15 1 mol 单原子分子理想气体经历如图 13-44 所示的循环过程，图中 a 点的温度为 T_0，ac 曲线的方程为 $p = p_0 V^2 / V_0^2$. 求：（1）图中 1、2、3 三个过程气体吸收的热量（用 T_0、R 表示）；（2）此循环的效率.

13.16 有一以理想气体为工作物质的热机，其循环如图 13-45 所示，试证明其效率为 $\eta = 1 - \gamma \dfrac{(V_2 / V_1) - 1}{(p_1 / p_2) - 1}$.

13.17 图 13-46 所示为 1 mol 单原子分子理想气体经历的循环过程的 T–V 图，图中 c 点的温度 $T_c = 600$ K. 求：（1）各过程中系统吸收的热量；（2）这一循环系统所做净功；（3）循环的效率.

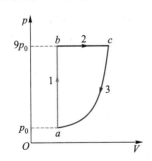

图 13-44　习题 13.15 图

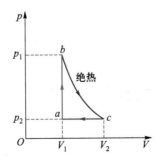

图 13-45　习题 13.16 图

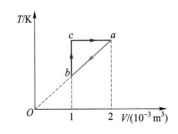

图 13-46　习题 13.17 图

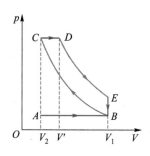

图13-47 习题13.18图

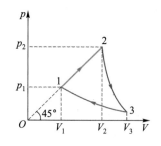

图13-48 习题13.19图

13.18 有一种柴油机的循环叫做狄塞尔循环,其过程如图13-47所示.图中BC为绝热压缩过程,DE为绝热膨胀过程,CD为等压膨胀过程,EB为等容冷却过程.证明该循环的效率为

$$\eta = 1 - \frac{(V'/V_2)^\gamma - 1}{\gamma \left(\dfrac{V_1}{V_2}\right)^{\gamma-1}\left(\dfrac{V'}{V_2} - 1\right)}$$

13.19 1 mol刚性双原子分子理想气体作如图13-48所示的循环,其中1—2为直线,2—3为绝热线,3—1为等温线.已知$\theta = 45°$,$T_1 = 300$ K,$T_2 = 2T_1$,$V_3 = 8V_1$,试求:(1)各分过程中气体所做的功、吸收的热量及内能增量;(2)此循环的效率.

13.20 1 mol理想气体在400~300 K之间完成一卡诺正循环,已知在400 K的等温线上起始体积为0.001 m³,最后体积为0.005 m³.试计算气体在此循环过程中所做的功、从高温热源吸收的热量和传给低温热源的热量.

13.21 一卡诺热机工作于温度为1 000 K与300 K的两个热源之间,如果(1)将高温热源的温度提高100 K;(2)将低温热源的温度降低100 K,试问理论上热机的效率各增加多少?

13.22 一台家用冰箱放在温度为300 K的房间内,做一盒-13 ℃的冰块需从冷冻室吸取2.09×10^5 J的热量.设冰箱为卡诺制冷机,求:(1)做一盒冰块所需的外功;(2)若此冰箱能以2.09×10^2 J·s^{-1}的速率取出热量,所要求的电功率;(3)做一盒冰块所需的时间.

13.23 以可逆卡诺循环方式工作的一台制冷机,设某种环境下它的制冷系数$w = 30$,那么在同样的环境下把它用作热机时,其效率为多少?

13.24 刚性密闭容器内装有1 mol单原子分子理想气体,开始时气体温度与环境温度相同,都为T_0,现用理想卡诺制冷机从气体吸热使其温度逐渐降低到T_1,而环境温度T_0始终不变.求这一过程中外界所需做的功.

13.25 一杯质量为180 g、温度为100 ℃的水,置于室温(27 ℃)的空气中并最终冷却到室温.求该过程中水的熵变、空气的熵变和总的熵变.已知水的比热容$c = 4.18 \times 10^3$ J·kg^{-1}·K^{-1}.

13.26 1 mol理想气体经一等压过程后温度变为原来的2倍.该气体的摩尔定压热容为$C_{p,\mathrm{m}}$,求此过程中熵的增量.

13.27 1 mol理想气体在气缸中进行无限缓慢的等温压缩(视为可逆过程),其体积变为原来的一半.计算气体熵的增量.

*13.28 容器里有N个气体分子,某一宏观态时其中半个容器里的分子数为n.(1)写出这种宏观态的熵的表达式$S = k\ln\Omega$;(2)如果$N = 6 \times 10^{23}$,计算$n = N/2$状态与$n = 0$状态之间的熵差.[提示:m很大时,有斯特林公式$\ln m! = m(\ln m - 1)$.]

14

振动

思考题解答

物体在一定位置附近的往复运动称为机械振动（mechanical vibration）．例如摆的运动、气缸中活塞的运动、树在微风中的摇曳、心脏的跳动、琴弦发出声音，等等．音乐就是乐器激发的空气振动，它传播到耳朵里引起耳膜振动则能被听到；地震则是一种可能造成灾害的振动．振动在建筑、机械等工程设计，以及医疗保健（如心脏起搏器）、体育运动（如跳板）等方面都有重要应用．

随时间往复变化的现象并不仅限于力学范围．例如大气温度的四季变化、天线中的电磁振荡、交流电乃至经济学中市场价格的波动，等等．广义而言，任何物理量围绕一定值的往复变化都可以称为振动（vibration）．振动的共同特征是都具有某种重复性或周期性，因此描述它们的数学形式是相同的．可见，振动是跨越物理不同领域的一种非常普遍而重要的运动形式．

简谐振动是最简单的振动，一切复杂的振动都可以分解成简谐振动的叠加．中学对谐振子的简谐振动已有简单了解．本章首先介绍简谐振动的特征，接着讨论谐振子的动力学方程和能量关系，进而研究阻尼振动、受迫振动与共振以及电磁振荡，然后介绍振动的合成和分解，最后对交流电及其简单电路作简单介绍．

14-1 简谐振动

14-1-1 简谐振动的特征量及旋转矢量表示法

谐函数（$\cos \omega t$，$\sin \omega t$，$e^{i\omega t}$）是周期函数. 如果某个振动的物理量 x 可以用时间 t 的谐函数表示为下列三种形式之一:

$$x = a\sin \omega t + b\cos \omega t$$

$$x = A\cos(\omega t + \varphi)$$

$$x = \alpha e^{i\omega t} + \beta e^{-i\omega t}$$

则称该物理量做简谐振动（simple harmonic vibration），简称谐振动. 这三种表达式是完全等价的. 下面主要采用第二种形式，即

$$x = A\cos(\omega t + \varphi) \tag{14-1}$$

由式（14-1）可知，x 在 $x = 0$ 附近周期性变化，t 时刻 x 的值由 A、ω 和 φ 这三个特征量完全确定下来. 式中 A 恒取正值，因为 $|\cos(\omega t + \varphi)| \leq 1$，所以 A 反映了振动的幅度，称为振幅（amplitude），它决定了振动量 x 变化的范围为 $-A \leq x \leq A$. $\Phi \equiv \omega t + \varphi$ 称为振动的相位（phase），当振幅 A 一定时，相位 Φ 决定了简谐振动任何瞬时 t 的运动状态. 而 $t = 0$ 时刻的相位 φ 称为初相位. 相位的单位是弧度（rad）. 以 T 表示余弦函数的周期，则 $\Phi(t+T) - \Phi(t) = 2\pi$，即 $\omega T = 2\pi$，于是有

$$x = A\cos(\omega t + \varphi) = A\cos[\omega(t + T) + \varphi]$$

可见，T 也就是一次完整谐振动经历的时间，称为周期（period）. 周期的倒数 $1/T$ 则表示单位时间内振动的次数，它反映振动的快慢，称为频率（frequency），用 ν 表示；而 $\omega = 2\pi\nu$ 则称为角频率或圆频率. 它们之间有如下关系:

$$\nu = \frac{1}{T}, \quad \omega = 2\pi\nu = \frac{2\pi}{T} \tag{14-2}$$

在 SI 中，周期 T 的单位为秒（s），频率 ν 的单位为 s^{-1}，称为赫兹（Hz）. 利用式（14-2），简谐振动还可以表示为

$$x = A\cos(\omega t + \varphi) = A\cos(2\pi\nu t + \varphi) = A\cos\left(\frac{2\pi}{T}t + \varphi\right)$$

将式（14-1）两边对时间 t 求一阶和二阶导数，分别有

$$\frac{dx}{dt} = -A\omega\sin(\omega t + \varphi) = A\omega\cos\left(\omega t + \varphi + \frac{\pi}{2}\right) \tag{14-3}$$

$$\frac{d^2x}{dt^2} = -A\omega^2\cos(\omega t + \varphi) = -\omega^2 x = A\omega^2\cos(\omega t + \varphi + \pi) \tag{14-4}$$

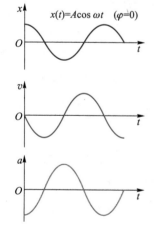

图 14-1　简谐振动的 x-t 图线、v-t 图线与 a-t 图线

可见它们也做简谐振动.

如果振动量 x 是位移，则式（14-3）和式（14-4）分别为速度 v 和加速度 a 的表达式. x、v 和 a 的振动曲线如图14-1所示. 利用式（14-1）和式（14-3）消去 t，则有 $\dfrac{x^2}{A^2} + \dfrac{v^2}{\omega^2 A^2} = 1$，所以在相图上简谐振动是一个椭圆，如图14-2所示.

旋转矢量表示法是研究简谐振动常用的一种比较直观的几何方法. 如图14-3所示，以 Ox 轴的原点 O 为始点作长度等于 A 的矢量 $\boldsymbol{A}$，令它在平面内绕 O 以匀角速度 ω 逆时针旋转，$t=0$ 时刻 $\boldsymbol{A}$ 与 Ox 轴之间的夹角等于 φ. 这样，t 时刻 $\boldsymbol{A}$ 与 Ox 轴之间的夹角为（$\omega t + \varphi$），它在 Ox 轴上的投影

$$x = A\cos(\omega t + \varphi)$$

正是振幅为 A、角频率为 ω 和初相位为 φ 的简谐振动.

| 思考题14.1：振幅 A 是代数量吗？振幅有单位吗？

用旋转矢量表示法可以方便地比较简谐振动的相位. 例如，两个同频率简谐振动 $x_1 = A_1\cos(\omega t + \varphi_1)$ 和 $x_2 = A_2\cos(\omega t + \varphi_2)$，旋转矢量分别如图14-4中的 $\boldsymbol{A}_1$ 和 $\boldsymbol{A}_2$ 所示，$\boldsymbol{A}_2$ 与 $\boldsymbol{A}_1$ 间的夹角就是 x_2 与 x_1 的相位差，即

$$(\omega t + \varphi_2) - (\omega t + \varphi_1) = \varphi_2 - \varphi_1 = \Delta\varphi$$

可见，两个同频率简谐振动任意时刻的相位差与时间无关，都等于初相位差 $\Delta\varphi$. 当 $\varphi_2 > \varphi_1$ 时，我们说振动 x_2 比 x_1 超前 $\Delta\varphi = \varphi_2 - \varphi_1$，或者说 x_1 比 x_2 落后 $|\Delta\varphi|$. 为了在旋转矢量图中明确这种"前""后"，通常把相位差 $|\Delta\varphi|$ 限制在 π 内，如 $\Delta\varphi = 1.5\pi$，我们不说 x_2 比 x_1 超前 1.5π，而说 x_2 比 x_1 落后 0.5π，或说 x_1 比 x_2 超前 0.5π. 按此规定，图14-4中 $0 < \Delta\varphi < \pi$，$\boldsymbol{A}_2$ 在前 $\boldsymbol{A}_1$ 在后，即振动 x_2 比 x_1 超前 $\Delta\varphi$，或者说 x_1 比 x_2 落后 $\Delta\varphi$. 当 $\Delta\varphi = 0$ 时，两个振动步调一致，称为同相；当 $\Delta\varphi = \pi$ 时，两个振动步调相反，称为反相. 例如图14-5所示的三个振动，其中 x_2 与 x_1 同相，x_3 与 x_1 反相.

前面指出，简谐振动 x 的速度 v 和加速度 a 也做同频率的简谐振动，振幅分别为 $A\omega$ 和 $A\omega^2$. 如果用旋转矢量 $\boldsymbol{A}$ 作为位矢，来描述一个绕 O 点做半径为 A 的匀速率圆周运动的质点 M，则 M 的速度 $\boldsymbol{v}$ 和加速度 $\boldsymbol{a}$ 的方向如图14-6所示，大小分别为 $A\omega$ 和 $A\omega^2$，它们在 x 轴上的投影 v 和 a，正是简谐振动 x 的速度和加速度表达式（14-3）和式（14-4）. 这说明，速度矢量 $\boldsymbol{v}$ 和加速度矢量 $\boldsymbol{a}$ 就是简谐振动 v 和 a 的旋转矢量. 由图14-6容易看出：v 的相位比 x 超前 $\dfrac{\pi}{2}$，a 比 v 超前 $\dfrac{\pi}{2}$，即对时间求导一次相位超前 $\dfrac{\pi}{2}$，a 是 x 对时间求导两次的结果，所以 a 与 x 反相.

例题14-1 两质点沿 x 轴做振幅同为 A、周期同为 5 s 的简谐振动. 当 $t=0$ 时，质点1在 $\dfrac{\sqrt{2}}{2}A$ 处并向 x 负方向运动，而质点2在 $-A$ 处. 试用旋转矢量法求它们的相位差以及两个质点第一次通过平衡位置（即 $x=0$）的时刻.

解： 根据 $t=0$ 时质点的运动状态，可得该时刻两个简谐振动的旋转矢量 $\boldsymbol{A}_1$ 和 $\boldsymbol{A}_2$，如

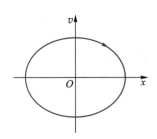

图14-2　简谐振动的相图

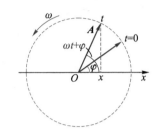

图14-3　旋转矢量表示法

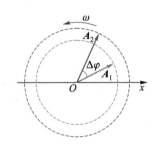

图14-4　x_2 比 x_1 超前 $\Delta\varphi$

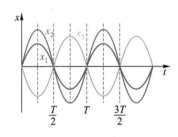

图14-5　x_2 与 x_1 同相，x_3 与 x_1 反相

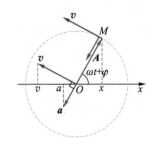

图14-6　简谐振动的位移、速度和加速度间的相位关系

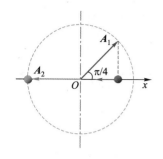

图 14-7 例题 14-1 图

图 14-7 所示. 由此可确定质点 1 和 2 的初相位分别为 $\varphi_1 = \pi/4$ 和 $\varphi_2 = \pi$, 于是相位差为

$$\Delta\varphi = \varphi_2 - \varphi_1 = 3\pi/4$$

当矢量 A_1 和 A_2 沿逆时针方向旋转到竖直位时 $x = 0$, 质点到达平衡位置. 对质点 1 和 2, 分别有

$$\omega t_1 + \varphi_1 = \pi/2 \quad \text{和} \quad \omega t_2 + \varphi_2 = 3\pi/2$$

注意 $\omega = 2\pi/T$, 解得

$$t_1 = T/8 = 0.625 \text{ s}$$

$$t_2 = T/4 = 1.25 \text{ s}$$

例题 14-2 一简谐振动的 x-t 曲线如图 14-8 (a) 所示, 试写出此振动的运动方程.

解: 由图 (a) 可以看出

$$A = 0.1 \text{ m}, \quad T = \frac{7}{3} \text{ s} - \frac{1}{3} \text{ s} = 2 \text{ s}$$

而且容易确定 $t = 0$ 时的旋转矢量如图 (b) 所示, 由此得初相位

$$\varphi = \frac{2}{3}\pi$$

于是得振动方程

$$x = A\cos\left(\frac{2\pi}{T}t + \varphi\right) = 0.1\cos\left(\frac{2\pi}{2}t + \frac{2}{3}\pi\right) = 0.1\cos\left(\pi t + \frac{2}{3}\pi\right) \quad \text{(SI 单位)}$$

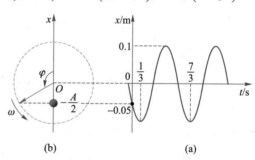

图 14-8 例题 14-2 图

14-1-2 简谐振动的系统

上面我们讨论了简谐振动的特征, 接下来的问题是, 什么样的动力学系统做简谐振动呢?

就机械运动而言, 弹簧振子是研究简谐振动的一种理想模型. 如图 14-9 所示, 将光滑水平面上的物体 (视为质点) 与一端固定的轻弹簧相连, 就构成了一个弹簧振子. 当物体处于平衡位置 O 时, 弹簧没有形变, 物体受力为零; 一旦偏离平衡位置物体就会受到弹性力作用, 且弹性力总是指向平衡位置. 这种总是指向平衡位置的力称为回复力. 将物体拉离平衡位置不远处释放, 则回复力使物体向平衡位置加速运动, 到达平衡位置时回复力为零而速度最大, 由于惯性物体将越过平

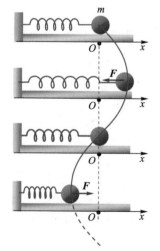

图 14-9 弹簧振子的运动

衡位置继续运动，这时回复力使其减速，到达最大位移后回复力又使其加速返回，如此往复形成在平衡位置附近的振动.

设物体质量为m，以平衡位置O为原点建立Ox坐标轴，当m在平衡位置附近发生不大的位移x时，作用在m上的弹性力可以表示为

$$F = -kx \tag{14-5}$$

式中k是弹簧的弹性系数，负号反映力的方向始终与位移方向相反，即指向平衡位置. 这种与x成正比的回复力称为线性回复力（linear restoring force）. 根据牛顿第二定律，可列出动力学方程为

$$m\frac{\mathrm{d}^2 x}{\mathrm{d}t^2} = -kx$$

令$\omega^2 = k/m$，则上面的方程可以改写为

$$\frac{\mathrm{d}^2 x}{\mathrm{d}t^2} + \omega^2 x = 0 \tag{14-6}$$

这是一个二阶线性齐次微分方程，其解可以表示为

$$x = A\cos(\omega t + \varphi) \tag{14-7}$$

式中A和φ为两个积分常量，ω则由系统自身特性决定. 可见弹簧振子做谐振动，所以也常把弹簧振子称为谐振子（harmonic oscillator）.

从上面的分析可以看出，一个只受线性回复力作用的系统，或者其动力学方程为式（14-7）的形式，则必然做简谐振动. 因此式（14-5）、（14-6）和（14-7）的任何一个，都可以作为物体做简谐振动的判据.

更一般地，将简谐振动的定义式（14-1）对时间求二阶导数，即可得到式（14-6）. 因此，不管x代表什么物理量，只要它的变化规律遵循式（14-7），其中ω为实常量，它就做简谐振动.

思考题14.2：如果作用在质点上的力$F = kx$（$k>0$），质点是否做简谐振动？如果$F = -kx^2$，质点是否做简谐振动？如果$F = -kx + F_0$，F_0为常力，质点是否做简谐振动？

思考题14.3：小球在地面上做完全弹性的上下跳动，小滑块在光滑球面内的底部做往复运动. 以上两种运动是否是简谐振动？

下面来说明A、ω（或ν、T）和φ这三个特征量与哪些因素有关以及如何确定. 对于弹簧振子，$\omega^2 = k/m$，故

$$\omega = \sqrt{\frac{k}{m}}, \quad \nu = \frac{\omega}{2\pi} = \frac{1}{2\pi}\sqrt{\frac{k}{m}}, \quad T = \frac{1}{\nu} = 2\pi\sqrt{\frac{m}{k}} \tag{14-8}$$

可见，角频率（频率）和周期都仅仅由系统的固有属性（k和m）决定，而与运动状态无关，因此也常称为固有频率（natural frequency）和固有周期（natural period）．而A和φ在数学上是积分常量，由初始条件决定．设$t=0$时振子的位移和初速度分别为x_0和v_0，注意到x的表达式（14-7），及对其求时间导数所得速度$v=-A\omega\sin(\omega t+\varphi)$，有

$$x_0 = A\cos\varphi, \quad v_0 = -A\omega\sin\varphi$$

两式联立，解得

$$A=\sqrt{x_0^2+\frac{v_0^2}{\omega^2}}, \quad \tan\varphi=-\frac{v_0}{\omega x_0} \qquad (14-9)$$

上式中φ所在的象限可由x_0和v_0的符号判定．可见，角频率ω（或频率ν、周期T）取决于系统，A和φ取决于初始条件．这一结论一般情况下也成立，而不仅仅限于谐振子．

思考题14.4：周期为T的弹簧振子，如果把弹簧剪去一半后振子的周期为多少？将两半弹簧并联构成的振子的周期又为多少？（参考习题3.15）如果弹簧的质量不能忽略，则弹簧振子的周期将如何变化？

例题14-3 老式机械钟的核心部件为一个摆，如图14-10（a）所示．绕不通过质心的光滑水平轴O摆动的刚体称为复摆或物理摆．设刚体质量为m，对O轴的转动惯量为J，质心C到O点距离为l，如图14-10（b）所示．试证明在摆角很小时摆做简谐振动，并求其固有周期．

解： 以刚体和地球作为系统，只有重力做功，故机械能守恒．以O点为重力势能零点，摆处于离开平衡位置的某一个小角度θ时，系统的机械能为

$$E=\frac{1}{2}J\left(\frac{\mathrm{d}\theta}{\mathrm{d}t}\right)^2-mgl\cos\theta$$

由于机械能守恒，上式对时间的导数为零，即

$$J\left(\frac{\mathrm{d}\theta}{\mathrm{d}t}\right)\frac{\mathrm{d}^2\theta}{\mathrm{d}t^2}+mgl\sin\theta\frac{\mathrm{d}\theta}{\mathrm{d}t}=0$$

当θ很小时有$\sin\theta\approx\theta$，整理得

$$\frac{\mathrm{d}^2\theta}{\mathrm{d}t^2}+\frac{mgl}{J}\theta=0$$

与式（14-6）比较，可知θ做简谐振动，固有角频率和周期分别为

$$\omega=\sqrt{\frac{mgl}{J}}, \quad T=2\pi\sqrt{\frac{J}{mgl}}$$

本例所用的是能量法．读者也可以对O轴应用定轴转动定理来做．

(a)

(b)

图14-10 例题14-3图

例题14-4 如图14-11（a）所示，一根不可伸长的轻绳，上端固定，下端系一个可看作质点的重物，这就是单摆. 试讨论单摆的运动. 设 $t=0$ 时，$\theta=0$，$|\mathrm{d}\theta/\mathrm{d}t| \equiv |\dot\theta| = b$ 且方向顺时针.

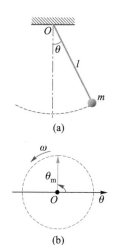

解： 设质点质量为 m，绳长为 l. 以固定点 O 为轴，垂直纸面向外为轴的正方向. 则对 O 轴的重力矩为 $M = -mgl\sin\theta$，运用定轴转动定理，得单摆的运动方程为

$$ml^2\frac{\mathrm{d}^2\theta}{\mathrm{d}t^2} = -mgl\sin\theta$$

当 θ 很小时，$\sin\theta \approx \theta$，$M \approx -mgl\theta$，可见 M 与角位移成正比且方向相反，是一种准弹性力（quasi-elastic force）. 于是上式可简化为动力学方程

$$\frac{\mathrm{d}^2\theta}{\mathrm{d}t^2} + \frac{g}{l}\theta = 0$$

可知在 θ 很小的情况下单摆是一个谐振动，固有角频率和周期分别为

$$\omega = \sqrt{\frac{g}{l}}, \quad T = \frac{2\pi}{\omega} = 2\pi\sqrt{\frac{l}{g}}$$

动力学方程的解，即运动学方程为

$$\theta = \theta_m\cos(\omega t + \varphi)$$

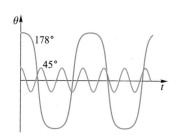

图14-11 单摆

角振幅 θ_m 与初相位 φ 可由初始条件 $\theta_0 = 0$，$\dot\theta_0 = -b < 0$ 确定，即

$$\theta_m = \sqrt{\theta_0^2 + \frac{\dot\theta_0^2}{\omega^2}} = \frac{|\dot\theta_0|}{\omega} = b\sqrt{\frac{l}{g}}, \quad \varphi = \arctan\left(-\frac{\dot\theta_0}{\omega\theta_0}\right) = \frac{\pi}{2}$$

利用矢量图示法确定初相位 φ 最为方便，如图14-2（b）所示，由 $\theta_0 = 0$ 及 $\dot\theta_0 = -b < 0$ 即可确定 $\varphi = \pi/2$.

单摆做大角度振动时就不是简谐振动了，这时 $\dfrac{\mathrm{d}^2\theta}{\mathrm{d}t^2} + \dfrac{g}{l}\sin\theta = 0$，系统仍做周期运动，周期 T 随最大摆角（摆幅）θ_m 增大而增大，为

$$T = T_0\left(1 + \frac{1}{2^2}\sin^2\frac{\theta_m}{2} + \frac{1}{2^2}\frac{3^2}{4^2}\sin^4\frac{\theta_m}{2} + \cdots\right)$$

θ_m 分别为 $45°$ 和 $178°$ 的振动曲线如图14-12所示. 可以看出，后者的周期比前者大，而且振动曲线与简谐振动也相差更远.

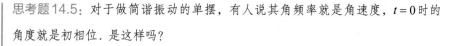

图14-12 单摆大角度振动的周期随摆幅增大而增大

思考题14.5：对于做简谐振动的单摆，有人说其角频率就是角速度，$t = 0$ 时的角度就是初相位. 是这样吗？

思考题14.6：挂在电梯里的单摆和竖直弹簧振子，当电梯以加速度 a 上升时，周期分别为多少？

14-1-3 谐振子的能量

谐振子运动时，t时刻系统的动能E_k和势能E_p分别为

$$E_k = \frac{1}{2}mv^2 = \frac{1}{2}kA^2\sin^2(\omega t + \varphi) = \frac{1}{4}kA^2[1 - \cos 2(\omega t + \varphi)] \qquad (14\text{-}10)$$

$$E_p = \frac{1}{2}kx^2 = \frac{1}{2}kA^2\cos^2(\omega t + \varphi) = \frac{1}{4}kA^2[1 + \cos 2(\omega t + \varphi)] \qquad (14\text{-}11)$$

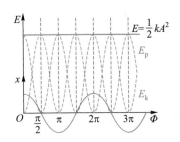

图 14-13 谐振动的动能势能转化

可见，动能和势能都随时间呈周期性变化，其频率相同，是其固有频率的2倍，但动能和势能反相，如图14-13所示. 与x曲线对照易见，在平衡位置，$\Phi \equiv (\omega t + \varphi) = \pi/2$，振子的动能最大而势能为零；离开平衡位置时，势能增大动能减小；到最大位移处，$\Phi \equiv (\omega t + \varphi) = 0$或$\pi$，势能最大动能为零；返回平衡位置时，动能增大势能减小. 动能和势能之和，即总的机械能为

$$E = E_k + E_p = \frac{1}{2}m\omega^2 A^2 = \frac{1}{2}kA^2 \qquad (14\text{-}12)$$

可见，E与振幅A的平方及弹簧的弹性系数k成正比，它不随时间变化. 这是因为在振动过程中只有保守力做功，弹簧振子总的机械能守恒.

注意到

$$\frac{1}{T}\int_0^T \sin^2(\omega t + \varphi)\,dt = \frac{1}{T}\int_0^T \cos^2(\omega t + \varphi)\,dt = \frac{1}{2}$$

可以求出一个周期内动能和势能的平均值相等，都等于总能量的一半，即

$$\overline{E}_k = \overline{E}_p = \frac{1}{2}E \qquad (14\text{-}13)$$

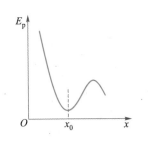

图 14-14 保守系统稳定平衡点附近系统受力为线性回复力

对于任何一个保守系统，如果系统存在稳定的平衡点，即势能曲线有极小值，如图14-14所示，则在极小值x_0附近，势能可以作泰勒展开，即

$$E_p(x) = E_p(x_0) + E_p'(x_0)(x - x_0) + \frac{1}{2}E_p''(x_0)(x - x_0)^2 + \cdots$$

忽略二阶以上小量，注意到极值点x_0的$E_p'(x_0) = 0$，则系统受力

$$F_x = -\frac{dE_p}{dx} = -E_p''(x_0)(x - x_0) = -E_p''(x_0)\Delta x$$

为线性回复力，故系统做简谐振动. 令$E_p''(x_0) = k$，并将坐标原点平移到平衡位置，则结果与前面讨论的弹簧振子完全一样. 因此，任何一个在稳定平衡状态附近很小范围内运动的保守系统都可看成谐振子.

思考题14.7：弹簧振子在水平方向做简谐振动，弹性力在一个周期、半个周期内所做的功为多少？是否在任意1/4周期内所做的功都相同？

例题14-5 一轻弹簧下挂一质量为m的砝码. 砝码静止时，弹簧伸长Δl_1. 如果再把砝码竖直拉下Δl_2，求放手后砝码的振动方程和能量.

解： 取ox轴竖直向下，原点在弹簧原长的下端点. 根据牛顿第二定律，砝码的运动方程为

$$m\frac{\mathrm{d}^2 x}{\mathrm{d}t^2} = mg - kx$$

注意到平衡时$mg = k\Delta l_1$，则有$m\dfrac{\mathrm{d}^2 x}{\mathrm{d}t^2} = -k(x - \Delta l_1)$，令$X = x - \Delta l_1$，即将原点移至平衡位置$O$建立$OX$坐标轴，如图14-15所示，则运动方程可写为

$$\frac{\mathrm{d}^2 X}{\mathrm{d}t^2} + \omega^2 X = 0$$

可见砝码做简谐振动，式中$\omega^2 = \dfrac{k}{m} = \dfrac{mg/\Delta l_1}{m} = \dfrac{g}{\Delta l_1}$. 与水平弹簧振子比较，这里多了恒力$mg$，但它仅影响振子的平衡位置，不改变固有频率. 其解为

$$X(t) = A\cos(\omega t + \varphi)$$

由初始条件：$X_0 = A\cos\varphi = \Delta l_2$，$v_0 = -A\omega\sin\varphi = 0$，可得

$$A = \Delta l_2, \quad \varphi = 0$$

所以振动方程为

$$X(t) = \Delta l_2 \cos\omega t$$

动能为

$$E_k = \frac{1}{2}mv^2 = \frac{1}{2}m\omega^2 A^2 \sin^2\omega t = \frac{1}{2}\frac{mg}{\Delta l_1}\cdot(\Delta l_2)^2 \sin^2\sqrt{\frac{g}{\Delta l_1}}t$$

势能为重力势能与弹性势能之和，取平衡位置为势能零点，则势能为

$$E_p = -mgX + \frac{1}{2}k(\Delta l_1 + X)^2 - \frac{1}{2}k\Delta l_1^2 = \frac{1}{2}kX^2 = \frac{1}{2}\frac{mg}{\Delta l_1}(\Delta l_2)^2 \cos^2\sqrt{\frac{g}{\Delta l_1}}t$$

总机械能守恒为

$$E = E_k + E_p = \frac{1}{2}\left(\frac{mg}{\Delta l_1}\right)(\Delta l_2)^2$$

本例也可以用能量法，对写出的总机械能

$$E = \frac{1}{2}mv^2 - mgX + \frac{1}{2}k(\Delta l_1 + X)^2 - \frac{1}{2}k(\Delta l_1)^2$$

直接微分，注意到机械能守恒且$mg = k\Delta l_1$，即可得$\dfrac{\mathrm{d}^2 X}{\mathrm{d}t^2} + \dfrac{g}{\Delta l_1}X = 0$.

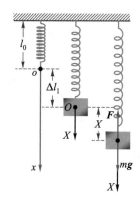

图14-15　竖直弹簧的振动

14-2 阻尼振动　受迫振动与共振

14-2-1 阻尼振动

前面讨论的弹簧振子、单摆等的运动，是既无外界输入能量、也无阻力存在从而没有能量耗散的理想振动，因此系统的能量守恒，振幅不会随时间发生变化．这样的振动称为无阻尼自由振动．然而，实际中阻力（空气阻力、摩擦力等）难以避免，振动能量会因阻力作用转化为系统的内能（热能）；此外，振动还会以波的形式向外辐射能量．因此，如无其他能量补充，则系统的振幅和能量都会逐渐衰减，直至最后停止．这种使系统能量耗散的因素称为阻尼，系统在阻尼作用下振幅随时间衰减的振动称为阻尼振动（damped vibration）．

下面以阻尼弹簧振子为例，讨论阻尼振动的规律．由于存在阻尼，物体除线性回复力之外还受到阻力 $\boldsymbol{F}_f$ 作用．$\boldsymbol{F}_f$ 的方向总与速度相反，其大小也与速度有关．为简单，设 F_f 与速率成正比，即 $F_f = -\gamma v$[例如在运动速率不大时，小球在流体中所受黏性阻力参见式（7-20）]．于是，阻尼弹簧振子的运动方程变为

$$m\frac{\mathrm{d}^2 x}{\mathrm{d}t^2} = -kx - \gamma\frac{\mathrm{d}x}{\mathrm{d}t}$$

或

$$\frac{\mathrm{d}^2 x}{\mathrm{d}t^2} + 2\beta\frac{\mathrm{d}x}{\mathrm{d}t} + \omega_0^2 x = 0 \tag{14-14}$$

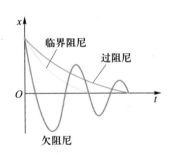

图 14-16　阻尼振动的三种运动方式

式中 $\omega_0 = \sqrt{\dfrac{k}{m}}$ 是振动系统无阻尼时的固有角频率，$\beta = \dfrac{\gamma}{2m}$ 是表征系统阻尼大小的常量，称为阻尼系数（damping coefficient）．写出常系数线性齐次微分方程（14-14）的特征方程，可知其特征根有两个，为

$$\lambda = -\beta \pm \sqrt{\beta^2 - \omega_0^2}$$

按 β 大小不同，方程（14-14）的三种不同形式的解对应阻尼振动的三种可能的运动方式，如图 14-16 所示．下面分别讨论之．

1. 欠阻尼振动

当阻尼较小，即 $\beta < \omega_0$ 时，方程（14-14）的解为

$$x = A_0 \mathrm{e}^{-\beta t}\cos(\omega t + \varphi)$$

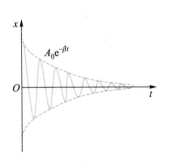

图 14-17　欠阻尼振动

A_0 是 $t = 0$ 时的振幅，可见系统的振幅 $A_0 \mathrm{e}^{-\beta t}$ 随时间按指数规律衰减，因此不是简谐振动，但仍然在平衡位置附近做往复运动，可以看作一种准周期运动，常称为欠阻尼振动．振动曲线如图 14-17 所示．上式中

$$\omega = \sqrt{\omega_0^2 - \beta^2} < \omega_0$$

可见，与无阻尼自由振动相比，由于阻尼存在，其"频率"变小，而"周期"则变长，为

$$T = \frac{2\pi}{\omega} = \frac{2\pi}{\sqrt{\omega_0^2 - \beta^2}} > \frac{2\pi}{\omega_0}$$

2. 过阻尼运动

当阻尼较大，即 $\beta > \omega_0$ 时，方程（14-14）的解为

$$x = c_1 e^{-\left(\beta - \sqrt{\beta^2 - \omega_0^2}\right)t} + c_2 e^{-\left(\beta + \sqrt{\beta^2 - \omega_0^2}\right)t}$$

这不是一种周期振动，物体将缓慢地逼近平衡位置，但不会越过平衡位置. 这种情况称为过阻尼（over damping）.

3. 临界阻尼运动

当 $\beta = \omega_0$ 时，方程（14-14）的解为

$$x = (c_1 + c_2 t)e^{-\beta t}$$

这是一种刚好临界于准周期运动的非周期运动状态，称为临界阻尼（critical damping）. 和前两种情况相比，这种非周期运动能够在最短时间回到平衡位置并停止下来. 利用这一性质，通常让指针式仪表工作在临界阻尼状态，这样指针不会来回摆动，且可以快速地稳定下来.

阻尼振动可用置于液体中的弹簧振子来演示，如图14-18所示. 振子满足一定条件，若在阻尼较小的水中拉离平衡位置释放，振子在平衡位置附近振动时振幅递减，则是阻尼振动；若改在阻尼很大的黏稠甘油中实验，振子缓慢地回到平衡位置就不动了，就是过阻尼；若在水中掺入甘油，则阻尼增大，振幅递减更快，当振子恰好回到平衡位置而不越过，就可以看作是临界阻尼状态.

图14-18　阻尼振动的演示

14-2-2　受迫振动　共振

在有阻尼的情况下，由于能量损耗，系统最终会停止在平衡位置. 要使系统的振动状态持久而不衰减，可以对系统施加一个周期性的外界驱动力，通过做功不断向系统提供能量来实现. 这种在周期性外界驱动力作用下的振动，称为受迫振动（forced vibration）. 例如机械钟摆的运动就是在发条提供的周期性外界驱动力下的受迫振动.

受迫振动可以用如图14-19所示的装置来演示，在置于水中的弹簧振子上端安装一个摇柄，匀速转动摇柄时阻尼振子受到周期性外力作用而做受迫振动. 设系统受到简谐驱动力 $F_0 \cos \omega_f t$ 的作用，F_0 是力幅，ω_f 是驱动力变化的角频率，则受

图14-19　受迫振动的演示

迫振动的微分方程为

$$m\frac{\mathrm{d}^2 x}{\mathrm{d}t^2} + \gamma\frac{\mathrm{d}x}{\mathrm{d}t} + kx = F_0 \cos\omega_f t \qquad (14\text{-}15)$$

或者

$$\frac{\mathrm{d}^2 x}{\mathrm{d}t^2} + 2\beta\frac{\mathrm{d}x}{\mathrm{d}t} + \omega_0^2 x = f_0 \cos\omega_f t \qquad (14\text{-}16)$$

式中ω_0和β与前面一致，$f_0 = F_0/m$．式（14-16）比常系数线性齐次微分方程式（14-14）多了右边的非齐次项，按照常微分方程的理论，其通解应为式（14-14）的通解（即上小节所得阻尼振动的三种解，统一记为x_d）加上非齐次特解x_f．设$x_f = A\cos(\omega_f + \varphi)$，则有

$$x = x_d + x_f = x_d + A\cos(\omega_f t + \varphi)$$

例如欠阻尼情况$x_d = A_0\mathrm{e}^{-\beta t}\cos(\omega t + \varphi_1)$，由于阻尼振动解$x_d$都随时间呈指数衰减而很快消失，因而称为暂态解；而第二项$A\cos(\omega_f + \varphi)$则是一种稳定的等幅振动，它表示阻尼振动衰减后系统在简谐外力作用下受迫振动的稳定状态，故该项称为稳态解．将受迫振动的稳态解

$$x_f = A\cos(\omega_f t + \varphi) \qquad (14\text{-}17)$$

代入式（14-16），容易确定

$$A = \frac{f_0}{\sqrt{\left(\omega_0^2 - \omega_f^2\right)^2 + 4\beta^2\omega_f^2}}, \quad \tan\varphi = -\frac{2\beta\omega_f}{\omega_0^2 - \omega_f^2} \qquad (14\text{-}18)$$

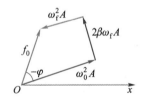

图14-20　稳定受迫振动的旋转矢量表示

也可以用旋转矢量法得出上面的关系．将式（14-17）代入式（14-16），则式（14-16）中左边第一、第二和第三项分别对应加速度、速度和位移，振幅分别为$\omega_f^2 A$、$2\beta\omega_f A$和$\omega_0^2 A$，注意加速度和速度分别比位移超前π和$\pi/2$的相位，则画出式（14-16）的旋转矢量关系如图14-20所示．由图可以看出，稳定受迫振动的频率虽与外力相同，但相位上落后了φ，这是由于阻尼的存在（比较图中$\beta = 0$的情况）使得振动对外力的响应滞后的结果．由于外力初相为0，故$\varphi < 0$；由图中几何关系则有

$$f_0\sin(-\varphi) = 2\beta\omega_f A, \quad f_0\cos(-\varphi) = \omega_0^2 A - \omega_f^2 A$$

两式联立求解，即得到式（14-18）．

式（14-17）表明，受迫振动达到稳态时也做简谐振动，x_f形式上虽与无阻尼自由振动（例如谐振子的运动）一样，但应注意：x_f中频率为外力频率ω_f，而与系统的固有频率ω_0无关；x_f中振幅A和初相φ与系统、阻尼和外界驱动力的特征有关，而并非取决于初始条件．

由式（14-18）可知，在其他条件不变时，稳定受迫振动的振幅A随驱动力的频率ω_f而改变，不同阻尼情况下的A-ω_f曲线如图14-21所示. 可以看出，当$\omega_f \ll \omega_0$和$\omega_f \gg \omega_0$时，分别有$A \approx \dfrac{f_0}{\omega_0^2}$和$A \approx \dfrac{F_0}{k}$和$A \approx 0$，与$\beta$无关；而在$\omega_0$附近振幅$A$将达到极大值. 由极值条件$\dfrac{\mathrm{d}A}{\mathrm{d}\omega_f} = 0$，可以求得当$\omega_f = \omega_r$时振幅的极大值为$A_r$，$\omega_r$和$A_r$分别为

$$\omega_r = \sqrt{\omega_0^2 - 2\beta^2}, \quad A_r = \frac{f_0}{2\beta\sqrt{\omega_0^2 - 2\beta^2}} \qquad (14-19)$$

这种外界驱动力频率为特定值时使受迫振动振幅最大的现象称为位移共振，简称共振（resonance）. 共振时ω_f的取值ω_r称为共振频率. 可见，共振频率ω_r一般不等于系统的固有频率ω_0，但阻尼β越小，ω_r越接近ω_0，共振的振幅A_r也越大；当$\beta \ll \omega_0$时，$\omega_r \approx \omega_0$，$A_r$趋于无限大.

对式（14-17）求时间导数可以得到稳定受迫振动的速度为

$$v = \frac{\mathrm{d}x_f}{\mathrm{d}t} = v_m \cos\left(\omega_f t + \varphi + \frac{\pi}{2}\right), \quad v_m = \omega_f A = \frac{\omega_f f_0}{\sqrt{\left(\omega_0^2 - \omega_f^2\right)^2 + 4\beta^2\omega_f^2}}$$

可知当$\omega_f = \omega_0$时速度振幅最大，为$v_{mr} = f_0/2\beta$，这称为速度共振. 这时图14-20中$\omega_f^2 A = \omega_0^2 A$，故$-\varphi = \pi/2$，即速度共振时振动位移的相位比驱动力的相位落后$\varphi = \pi/2$，即振动速度与驱动力同相位，故驱动力总是做正功，从而把外界能量转化为系统能量. 因此速度共振也称为能量共振. 一般情况下，由于位移共振与速度共振频率不同，位移共振时驱动力并非总是做正功. 但在阻尼β趋近于零的情况下，当$\omega_f = \omega_0$时位移共振和速度共振同时发生，使位移振幅和速度振幅急剧增大，系统则发生强烈共振.

共振现象普遍而重要. 例如，利用声波共振可提高乐器的音响效果，核磁共振可用于医学诊断等. 人耳的柯蒂氏器官包含一系列本征频率各不相同的纤维，声音的各个频谱成分正是通过使不同的纤维共振而被听到的，所以听觉器官就是一个声振动的频谱分析器. 表14-1列出了人体各部分共振的大致频率范围，这些频率范围的振动会引起人体共振而造成损害. 而利用小号的音频产生共振甚至可使酒杯破裂，如图14-22所示；1940年美国华盛顿州的塔科马大桥，就因在大风中产生共振而坍塌，如图14-23所示. 1999年我国重庆綦江彩虹桥坍塌，武警在桥上（齐步）跑步引起的共振应该也是原因之一.

| 思考题14.8：如何在机械、桥梁、建筑等设计中避免共振的危害？

*14-2-3 电磁振荡

振动现象并非仅出现在机械运动中. 下面简单讨论电路中的电磁振荡现象. 如图14-24所示，考虑一个由电容C、自感L、电阻R和交变电动势$\mathcal{E} = \mathcal{E}_0\cos\omega_f t$

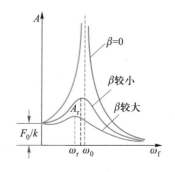

图14-21 稳定受迫振动的频率响应曲线

表14-1 人体各部分的共振频率

下腭—头盖骨	100~200 Hz
眼球	60~90 Hz
头—颈—肩	20~30 Hz
胸—腹	3~6 Hz

图14-22 小号的声振动足以使酒杯破碎

图14-23 塔科马大桥在大风中因共振而坍塌

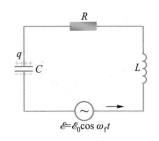

图14-24 受迫振荡电路

组成的振荡电路. 设 t 时刻电容 C 带电荷量为 q，则电势差为 q/C，电阻上电势差为 $RI = R\mathrm{d}q/\mathrm{d}t$，$L$ 上的自感电动势为 $\mathscr{E}_i = -L\mathrm{d}I/\mathrm{d}t = -L\mathrm{d}^2q/\mathrm{d}t^2$，于是由电压方程得，$q/C + R\mathrm{d}q/\mathrm{d}t = \mathscr{E}_0\cos\omega_f t + \mathscr{E}_i$，即

$$L\frac{\mathrm{d}^2q}{\mathrm{d}t^2} + R\frac{\mathrm{d}q}{\mathrm{d}t} + \frac{q}{C} = \mathscr{E}_0\cos\omega_f t \qquad (14\text{-}20)$$

与式（14-15）作"力电对比"：$x \leftrightarrow q$，$m \leftrightarrow L$，$\gamma \leftrightarrow R$，$k \leftrightarrow 1/C$，$F_0 \leftrightarrow \mathscr{E}_0$，可知两式形式完全相同，电荷量 q 做受迫振动，阻尼系数为 $\beta = \dfrac{R}{2L}$，固有频率为 $\omega_0 = \sqrt{\dfrac{1}{LC}}$，$f_0 = \dfrac{\mathscr{E}_0}{L}$. 电流振幅 I_0 对应速度振幅 v_m，为

$$I_0 = \omega_f q_0 = \frac{\mathscr{E}_0}{\sqrt{\left(\dfrac{1}{\omega_f C} - \omega_f L\right)^2 + R^2}}$$

式中 $L\omega_f$ 称为**感抗**（inductive reactance），$\dfrac{1}{C\omega_f}$ 称为**容抗**（capacitive reactance），$Z = \sqrt{\left(\dfrac{1}{\omega_f C} - \omega_f L\right)^2 + R^2}$ 称为**阻抗**（impedance），各量的单位和量纲都与电阻 R 相同. 显然，电流 $I = -I_0\sin(\omega_f t + \varphi)$ 就是交流电，它与电动势 $\mathscr{E}$ 虽然角频率相同，但相位并不相同，这是与直流电的一个主要差别. 电路中通常更关心的是电流共振. 共振频率 ω_r 满足

$$L\omega_r = \frac{1}{C\omega_r} \quad \text{或} \quad \omega_r = \sqrt{\frac{1}{LC}} = \omega_0$$

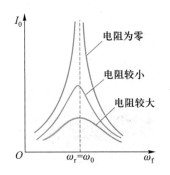

图14-25 受迫振荡的电流幅值与电动势频率的关系

即外电动势振荡频率与振荡电路固有频率 ω_0 相同时，电流振幅取最大值，等于 $\mathscr{E}_0/R$，此时电流与电动势之间无相位差. 这种在周期性电动势作用下，电流振幅达到最大值的现象，称为**电谐振**，如图14-25所示.

在无线电技术中，调节电路中电容或自感值，使 $\sqrt{\dfrac{1}{LC}}$ 恰好与外界信号的某角频率相等，便会使这种频率的电流发生电谐振. 这种方法称为**调谐**. 收音机之所以能接收电台的信号，就是利用了电谐振的原理.

如果把图14-24中的交流电动势去掉，如图14-26所示，则为 RLC 电路. 若把开关 S 拨到1给电容充电后再拨到2，则由于电路中的能量会通过电阻转化为热量而耗散掉，电阻就是反映电路的耗散和辐射的阻尼，所以 RLC 电路是一个阻尼振荡系统. 其方程为

$$L\frac{\mathrm{d}^2q}{\mathrm{d}t^2} + R\frac{\mathrm{d}q}{\mathrm{d}t} + \frac{q}{C} = 0$$

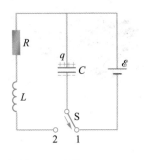

图14-26 RLC 电路

$R < 2\sqrt{\dfrac{L}{C}}$、$R = 2\sqrt{\dfrac{L}{C}}$ 及 $R > 2\sqrt{\dfrac{L}{C}}$，分别对应欠阻尼、临界阻尼和过阻尼的情况.

如果进一步把电阻 R 去掉且忽略回路中的电阻，则为 LC 电路. 它是能产生电

磁振荡的最简单的电路. 把开关由1拨到2后, 充电的电容器C开始放电, 由于自感线圈L的作用, 电流是由零逐渐增大的; 电容器放电结束时电流并不中止, 因为线圈中的自感电动势又会反过来给电容器充电; 当充电结束时放电又重新开始. 这样, 电荷在两极板间来回流动, 产生电磁振荡. 容易列出方程:

$$L\frac{\mathrm{d}^2q}{\mathrm{d}t^2} + \frac{q}{C} = 0$$

此时, 电容器上的电荷量q做简谐振动, 固有角频率$\omega_0 = \sqrt{\dfrac{1}{LC}}$, 电流$I=\mathrm{d}q/\mathrm{d}t$也做简谐振动, 但电流超前电荷量$\pi/2$的相位, 这与谐振子速度$v$与位移$x$的相位关系一样.

14-3 振动的合成和分解

实际中往往会遇到多种振动合成的情况. 例如, 桥梁的振动是桥上各运动物体振动的合成, 琴弦能发出悠扬悦耳的声音则是弦上多种频率振动合成的结果. 简谐振动是最简单、最基本的振动, 任何振动都可以看成是若干简谐振动合成的结果. 下面就分几种情况来讨论简谐振动的合成.

14-3-1 同方向同频率简谐振动的合成

设一质点同时参与了两个同方向、同频率的简谐振动, 它们的振动方向均沿x方向, 频率均为ω, 振幅分别为A_1和A_2, 初相位分别为φ_1和φ_2, 即

$$x_1 = A_1\cos(\omega t + \varphi_1)$$

$$x_2 = A_2\cos(\omega t + \varphi_2)$$

根据运动叠加原理, 合振动为$x = x_1 + x_2$. 利用三角函数的性质, 可得

$$
\begin{aligned}
x = x_1 + x_2 &= A_1\cos(\omega t + \varphi_1) + A_2\cos(\omega t + \varphi_2) \\
&= A\cos(\omega t + \varphi)
\end{aligned}
\tag{14-21}
$$

式中

$$A = \sqrt{A_1^2 + A_2^2 + 2A_1A_2\cos(\varphi_1 - \varphi_2)} \tag{14-22}$$

$$\tan\varphi = \frac{A_1\sin\varphi_1 + A_2\sin\varphi_2}{A_1\cos\varphi_1 + A_2\cos\varphi_2} \tag{14-23}$$

可见, 两个同方向同频率简谐振动的合成, 仍是一个该方向同频率的简谐振动, 但合振动的振幅和初相位与分振动的振幅和初相位都有关, 分别由式（14-22）和

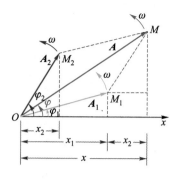

图 14-27　两个同方向同频率简谐振动的合成

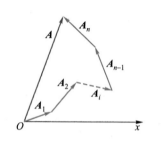

图 14-28　n 个同方向同频率简谐振动的叠加

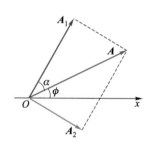

图 14-29　例题 14-6 图

式（14-23）确定.

以上结论也可用旋转矢量法直观地得出. 如图 14-27 所示，$t=0$ 时刻振动 x_1 和 x_2 的旋转矢量分别为 A_1 和 A_2，它们的合矢量 A 在 x 轴上的投影 $x=x_1+x_2$. 由于 A_1 和 A_2 均以角速度 ω 匀速旋转，因此平行四边形 OM_1MM_2 的形状不因转动而改变，即合矢量 A 长度保持不变，且以相同的角速度 ω 匀速转动，这表明 A 表示的合振动是一个频率为 ω 的简谐振动. 由图中 $t=0$ 时刻旋转矢量的位置关系，根据余弦定理及几何关系直接写出 A 和 φ，就是式（14-22）和式（14-23）.

由（14-22）式可知，合振动的振幅 A 不仅与分振动的振幅有关，还取决于两个分振动间的相位差. 讨论如下：

（1）当相位差 $\Delta\varphi=\varphi_2-\varphi_1=2k\pi$（$k=0,\pm 1,\pm 2,\cdots$），即两分振动同相时，振动相互加强，合振动的振幅最大，为 $A=A_1+A_2$；

（2）当相位差 $\Delta\varphi=\varphi_2-\varphi_1=(2k+1)\pi$（$k=0,\pm 1,\pm 2,\cdots$），即两分振动反相时，振动相互削弱，合振动的振幅最小，为 $A=|A_1-A_2|$；

（3）在一般情况下，$|A_1-A_2|<A<A_1+A_2$.

对于多个同方向、同频率简谐振动的合成，也可用类似方法处理. 即按照矢量叠加法则，把各个分振动的旋转矢量首尾连接起来，得到合振动的旋转矢量 A，如图 14-28 所示，再把 A 投影到 x 轴上得到合振动 x.

思考题 14.9：三个同方向、同频率、同振幅的振动，相位差依次相差 $\Delta\varphi$，则 $\Delta\varphi$ 各取什么值时能使合振动的振幅分别为最大和最小？最大和最小振幅值各为多少？

例题 14-6　某质点同时参与 x 方向的两个同频率简谐振动，振动规律为

$$x_1=0.4\cos\left(3t+\frac{\pi}{3}\right),\quad x_2=0.3\cos\left(3t-\frac{\pi}{6}\right)\quad（\text{SI 单位}）$$

求：（1）合振动的表达式；（2）若该质点又参与了 $x_3=0.5\cos(3t+\varphi)$（SI 单位），则 φ 为何值时合振动的振幅最大？φ 为何值时合振动的振幅最小？

解：（1）画出 $t=0$ 时刻的 x_1 和 x_2 的旋转矢量 A_1 和 A_2 如图 14-29 所示，可见二者夹角为 $\pi/2$，由几何关系容易得到

$$A=\sqrt{A_1^2+A_2^2}=0.5\,\text{m},\quad \alpha=\arctan\frac{A_2}{A_1}=\arctan\frac{3}{4}\approx 0.20\pi$$

所以，$\phi=\dfrac{\pi}{3}-\alpha\approx 0.13\pi$，于是合振动的表达式为

$$x=0.5\cos(3t+0.13\pi)\quad（\text{SI 单位}）$$

（2）由旋转矢量图可以看出，当 A_3 与 A 同方向，即

$$\varphi=2k\pi+0.13\pi\quad(k=0,\pm 1,\pm 2,\cdots)$$

时，合振幅最大，为 $A+A_3=0.5\,\text{m}+0.5\,\text{m}=1.0\,\text{m}$；当 A_3 与 A 反向，即

$$\varphi = 2k\pi + \pi + 0.13\pi = 2k\pi + 1.13\pi \quad (k = 0, \pm 1, \pm 2, \cdots)$$

时，合振幅最小，为 $A - A_3 = 0.5 \text{ m} - 0.5 \text{ m} = 0$.

14-3-2 同方向不同频率简谐振动的合成 拍

两个同方向不同频率简谐振动合成的一般情况是比较复杂的. 从如图 14-30 所示旋转矢量图可以看出，由于两个分振动的频率不同，它们之间的相位差为 $(\omega_2 - \omega_1)t + \Delta\varphi$，也就是 A_1 和 A_2 的夹角随时间变化，所以合矢量 A 的大小和旋转角速度都将随时间变化，即合运动不是简谐振动.

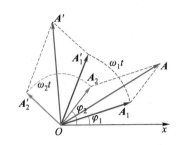

图 14-30　两个同方向不同频率简谐振动的合成

为了突出频率不同的影响，现设两个分振动的振幅相等，初相位相同（这可以通过选取适当的时间起点来做到），即

$$x_1 = A\cos(\omega_1 t + \varphi), \quad x_2 = A\cos(\omega_2 t + \varphi)$$

利用三角函数公式 $\cos\alpha + \cos\beta = 2\cos\dfrac{\alpha - \beta}{2}\cos\dfrac{\alpha + \beta}{2}$，有

$$x = x_1 + x_2 = 2A\cos\left(\frac{\omega_2 - \omega_1}{2}t\right)\cos\left(\frac{\omega_2 + \omega_1}{2}t + \varphi\right) \tag{14-24}$$

显然这不是简谐振动. 不过，由式（14-24）可以看出，当 ω_1 和 ω_2 都很大而两者相差却很小，即 $|\omega_2 - \omega_1| \ll \omega_2 + \omega_1$ 时，由于 $2A\cos\left(\dfrac{\omega_2 - \omega_1}{2}\right)$ 随时间的变化比 $\cos\left(\dfrac{\omega_2 + \omega_1}{2}t + \varphi\right)$ 缓慢得多，可以近似地将合振动看作角频率为 $\dfrac{\omega_2 + \omega_1}{2}$、但振幅按 $\left|2A\cos\left(\dfrac{\omega_2 - \omega_1}{2}t\right)\right|$ 缓慢变化的"准简谐振动". 如图 14-31 所示，我们看到，x_1（红色）和 x_2（蓝色）叠加得到的合振动 x（黑色），其振幅在 $0 \sim 2A$ 之间呈时强时弱的周期性变化，这种现象称为拍（beat）. 合振幅在单位时间内加强或减弱的次数称为拍频，相继两次加强（或减弱）的时间即为拍的周期. 注意到振幅 $\left|2A\cos\left(\dfrac{\omega_2 - \omega_1}{2}t\right)\right|$ 的周期为 π，即可求得拍的周期 T_b 和拍频 ν_b 分别为

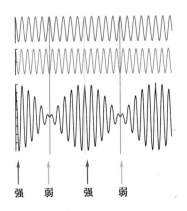

图 14-31　拍的形成

$$T_b = \frac{\pi}{|\omega_2 - \omega_1|/2} = \frac{2\pi}{|\omega_2 - \omega_1|} \tag{14-25}$$

$$\nu_b = \frac{1}{T_b} = \frac{|\omega_2 - \omega_1|}{2\pi} = |\nu_2 - \nu_1| \tag{14-26}$$

声振动的拍现象可以用两个频率相近的音叉来演示，同时敲击两个音叉时我们听到的时强时弱的"嗡""嗡"声，就是两个声振动叠加的"拍音". 拍是一种重要的物理现象，在钢琴校准中，如果敲击琴弦与标准音叉时听到拍音，则说明音不准，需要调节直到拍音消失；利用式（14-26），则可用拍频法测量信号频率；电路中还利用拍原理制作振荡器、混频器和检波器等.

| 思考题14.10：两个分振动的振幅 $A_1 \neq A_2$ 时，合振动拍的振幅在什么范围内变化？

14-3-3　两个垂直方向简谐振动的合成

如图14-32所示单摆，它在 x 方向的摆长为 L_1 ，在 y 方向由于受到悬线结点的约束，摆长为 L_2 . 摆在 x 和 y 方向的固有频率可以通过调节长度 L_1 和 L_2 来改变，在摆角不大的一般情况下，摆的运动就是 x 和 y 两个垂直方向简谐振动的合成.

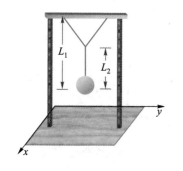

图14-32　两个相互垂直简谐振动的合成

下面先来讨论质点同时参与两个相互垂直振动方向的同频率简谐振动的情况. 设质点在 x 和 y 方向的简谐振动分别为

$$x = A_1 \cos(\omega t + \varphi_1)$$

$$y = A_2 \cos(\omega t + \varphi_2)$$

由质点运动学可知， $\boldsymbol{r} = x\boldsymbol{i} + y\boldsymbol{j}$ ，即它们合成为一个 xy 平面内的运动. 两式消去参量 t ，可得轨迹方程为

$$\frac{x^2}{A_1^2} + \frac{y^2}{A_2^2} - 2\frac{xy}{A_1 A_2}\cos(\varphi_2 - \varphi_1) = \sin^2(\varphi_2 - \varphi_1) \tag{14-27}$$

上式一般而言是一个椭圆，其轨迹限制在以 $2A_1$ 和 $2A_2$ 为边的矩形范围内. 当振幅 A_1 、 A_2 给定时，椭圆的形状和质点沿椭圆运动的方向由相位差（ $\varphi_2 - \varphi_1$ ）决定. 当 $0 < (\varphi_2 - \varphi_1) < \pi$ 时沿顺时针方向运动；当 $-\pi < (\varphi_2 - \varphi_1) < 0$ 或 $\pi < (\varphi_2 - \varphi_1) < 2\pi$ 时沿逆时针方向运动. 图14-33给出了几种不同（ $\varphi_2 - \varphi_1$ ）值情况下质点的运动轨迹. 其中直线和正椭圆情况讨论如下.

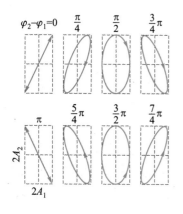

图14-33　两个相互垂直的同频率简谐振动的合成

当（ $\varphi_2 - \varphi_1$ ）为 π 的整数倍时，式（14-27）给出直线 $y = \pm\dfrac{A_2}{A_1}x$ ，其中"+"和"−"分别对应（ $\varphi_2 - \varphi_1$ ） $= 2k\pi$ 和（ $\varphi_2 - \varphi_1$ ） $= (2k+1)\pi$ ， $k = 0, \pm1, \pm2, \cdots$ ，这时

$$\boldsymbol{r} = A_1 \cos(\omega t + \varphi_1)\boldsymbol{i} + A_2 \cos(\omega t + \varphi_2)\boldsymbol{j}$$
$$= (A_1 \boldsymbol{i} \pm A_2 \boldsymbol{j})\cos(\omega t + \varphi_1)$$

合振动为一个沿直线方向的简谐振动，振幅为 $r = \sqrt{A_1^2 + A_2^2}$.

当（ $\varphi_2 - \varphi_1$ ） $= (2k+1)\dfrac{\pi}{2}$ 时，式（14-27）给出一个以坐标轴为主轴的正椭圆，即

$$\frac{x^2}{A_1^2} + \frac{y^2}{A_2^2} = 1$$

显然， $A_1 = A_2$ 时正椭圆退化为圆.

反过来，从以上讨论也可以看出，任何一个直线简谐振动、椭圆运动或圆运动都可以分解为两个相互垂直的简谐振动. 这种运动的分解方法在后面研究光的偏振时将会用到.

最后来看两个垂直方向不同频率简谐振动的合成. 一般而言这是比较复杂的，

而且其合成的轨迹往往是不稳定的．但如果两个简谐振动的频率比 $\omega_y:\omega_x$（或周期比 $T_x:T_y$）为简单整数比时，可以得到稳定的合成轨迹，这些轨迹称为李萨如图形（Lissajous figures）（其具体形状与两个分振动的相位差甚至初相位都有关）．图14-34给出了 $T_x:T_y$ 分别为 $1:2$、$1:3$ 和 $2:3$ 的几组李萨如图形．

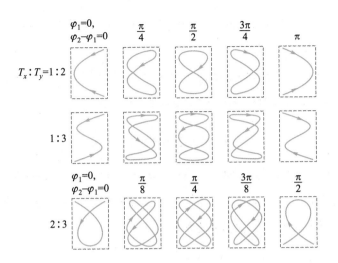

图14-34　李萨如图形

简单而言，由于在一个振动周期内质点往复经过平衡位置2次，所以在李萨如图形中，轨迹与垂直于振动方向的直线也相交2次．以 $T_x:T_y=1:2$（即 $\omega_y:\omega_x=1:2$）为例，在 $T_y=2T_x$ 时间内，y 方向振动经历1个周期，轨迹与平行于 x 轴的直线相交2次；而 x 方向振动则经历2个周期，轨迹与平行于 y 轴的直线相交4次（轨迹交叉点应算2次），有 $2:4=1:2=\omega_y:\omega_x$．这也说明，可以把画面内轨迹与 x 方向直线相交的频次当作 ω_y，与 y 方向直线相交的频次当作 ω_x，来求出 $\omega_y:\omega_x$．或者

$$\frac{T_x}{T_y}=\frac{\text{轨迹与} x \text{方向直线相交次数}}{\text{轨迹与} y \text{方向直线相交次数}}=\frac{\omega_y}{\omega_x}$$

读者不妨对照图14-34自行验证．由此，根据所得李萨如图形，可以反过来找到 x、y 方向两振动的 $T_x:T_y$ 或 $\omega_y:\omega_x$．

思考题14.11：如何利用李萨如图形测量频率或周期？

*14-3-4　傅里叶分解　频谱分析

从上面的讨论可见，简谐振动可以叠加得到一些更复杂的运动形式，因此简谐振动是最简单也是最基本的振动，同时，也意味着复杂的运动可以用简谐振动来分解．由于任何空间运动总可以看作三个正交方向的直线运动的叠加，所以只需讨论一维运动如何分解为简谐振动的叠加．

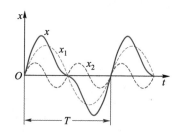

图14-35 两个振动叠加的结果

简谐振动是单一频率的周期运动. 根据周期函数的性质, 角频率为 ω 及其整数倍 ω、2ω、$\cdots$、$n\omega$ 的多个简谐振动叠加, 其结果虽然不是简谐振动, 但仍是周期运动, 其角频率与频率最低的那个简谐振动的角频率 ω 相同 (周期为 $T = 2\pi/\omega$). 例如

$$x = x_1 + x_2 + \cdots + x_n = A_1\sin\omega t + A_2\sin 2\omega t + \cdots + A_n\sin n\omega t$$

图14-35只画出前两个简谐振动的结果. 反过来, 这意味着任意周期振动 $x(t)$ 可以分解成多个简谐振动的叠加.

在数学上, 周期为 T 的任意函数 $x(t) = x(t + T)$ 都可以表示为若干角频率为 $\omega = 2\pi/T$ 整数倍的谐函数的叠加, 这称为傅里叶级数展开, 即

$$x(t) = A_0 + \sum_{n=1}^{\infty} A_n\cos(n\omega t + \varphi_n) \tag{14-28}$$

式中, ω 称为基频 (fundamental frequency), $n\omega$ 称为 n 次谐频 (harmonic frequency), A_0、A_n 称为傅里叶系数. 以图14-36 (a) 所示方波形振动 (振幅为 A) 为例, 作傅里叶级数展开 (这里略去具体计算过程), 有

$$x = x_0 + x_1 + x_2 + x_3 + \cdots$$
$$= \frac{A}{2} + \frac{2A}{\pi}\sin\omega t + \frac{2A}{3\pi}\sin 3\omega t + \frac{2A}{5\pi}\sin 5\omega t + \cdots$$

即除常数项外, 仅有奇次谐频项. 1次、3次和5次谐频项 x_1、x_2 和 x_3 分别对应图14-36 (b)、(c) 和 (d), 可以看出加到5次谐频项时 [图14-36 (e)] 已很接近 "方波" 了.

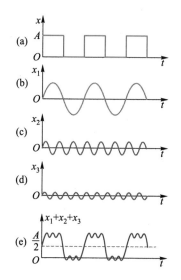

图14-36 方波的分解

一般周期函数的分解式中, 既有奇次谐频项也有偶次谐频项, 振幅 A_n 则反映出 n 次谐频成分在振动 $x(t)$ 中的相对强弱. 不仅周期振动可以分解为一系列频率为基频整数倍的简谐振动, 而且非周期运动也可以作类似分解. 这种将任一振动分解为许多简谐振动的方法称为频谱分析, 所有谐频项的频率和对应的振幅称为频谱 (frequency spectrum), 在频率和振幅构成的 ω-A 坐标系中表示频谱的图线称为频谱图.

图14-37是几种振动的频谱示意图. (a)、(b) 和 (c) 分别对应矩形、三角形和锯齿形的周期振动, 而 (d) 是非周期性的振动. 我们看到, 周期振动的频谱图是由一些分立的谱线构成的离散谱, 而非周期性运动的频谱图则呈现连续谱. 实际振动的频谱中总有一根谱线所代表的振幅最大, 说明该成分的谐振动对 $x(t)$ 的贡献最大, 此成分的频率称为 $x(t)$ 的主频 (basic frequency). 显然主频并不一定就是基频, 例如, 图14-38所示的周期振动中, 主频就是由第4谐频担当的.

物体的振动有其自身的频谱特征. 例如中央C调 "do" 的基频约为 262 Hz, 然而钢琴和小提琴都发这个音时却不难辨别, 这是因为不同乐器的特征频谱或音色不同; 电子琴则通过模拟特征频谱来模仿多种乐器的声音.

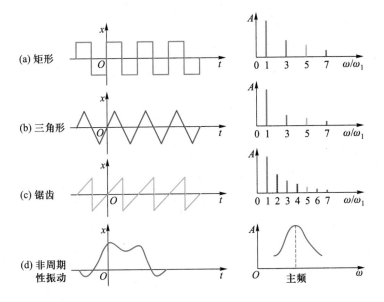

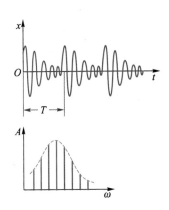

图 14-37 振动频谱：离散谱和连续谱

图 14-38 主频不是基频的例子

*14-4 交流电及其简单电路

14-4-1 交流电及元件特征

　　大小和流向随时间作周期性变化的电流，称为交变电流，简称交流电（alternating current，AC）. 电路中电源驱使电荷运动形成电流，如果电源的电动势 $\mathscr{E}(t)$ 随时间作周期性变化，则电荷做受迫振动，各段电路中的电压 $u(t)$ 和电流 $i(t)$ 都将随时间周期性变化，这种电路称为交流电路.

　　日常生活中使用的市电，是一种频率为 **50 Hz** 的简谐交流电. 由于电荷做受迫振动，它的频率与电动势相同，但相位还与电路的性质有关，因此，简谐交流电的电动势 $\mathscr{E}(t)$、电压 $u(t)$ 和电流 $i(t)$ 的频率相同，但相位因具体电路而不同，写成时间 t 的余弦函数，分别为

$$\mathscr{E}(t) = \mathscr{E}_0 \cos(\omega t + \varphi_\mathscr{E})$$
$$u(t) = U_0 \cos(\omega t + \varphi_u) \qquad (14-29)$$
$$i(t) = I_0 \cos(\omega t + \varphi_i)$$

　　简谐交流电最简单也最基本，因为任何交流电都可以分解为一系列频率不同的简谐成分，而且不同频率的简谐成分在线性电路中彼此独立，互不干扰，所以我们只研究简谐交流电就可以了.

交流电的大小通常用有效值来表示，其意义是，若交流电的有效值与直流电相等，则它们在相同的时间内在同一电阻上产生的焦耳热也相等。可以证明（见14-4-3），简谐交流电的有效值在数值上等于峰值的 $1/\sqrt{2}$，即

$$I = \frac{I_0}{\sqrt{2}}, \ U = \frac{U_0}{\sqrt{2}} \tag{14-30}$$

日常所说的交流电的电压或电流的数值，除非特别申明都指的是有效值。例如，220 V 的市电，峰值电压为 $U_0 = \sqrt{2} \times 220\,\text{V} \approx 311\,\text{V}$。

交流电路中电压和电流的频率与电源相同，但相位不一定相同，与直流电相比，交流电的复杂性和多样性往往与相位有关。因此，在交流电路中，描述元件上电压 $u(t)$ 和电流 $i(t)$ 的关系，需要有相位差 $\Delta\varphi$ 和交流阻抗两个量，它们一起表征元件的特征。元件的交流阻抗 Z，定义为其上电压和电流有效值（或峰值）之比，即

$$Z = \frac{U}{I} = \frac{U_0}{I_0} \tag{14-31}$$

而 $\Delta\varphi$ 规定为电压相位减去电流相位，即

$$\Delta\varphi = \varphi_u - \varphi_i \tag{14-32}$$

（1）电阻

设经过电阻 R 的电流为 $i(t) = I_0\cos\omega t$，根据欧姆定律，电阻上的瞬时电压为 $u(t) = i(t)R = I_0R\cos\omega t = U_0\cos\omega t$。可见，电阻元件的交流阻抗 Z_R 等于 R，电压与电流的相位一致，即

$$Z_R = R, \ \Delta\varphi = 0$$

（2）电感

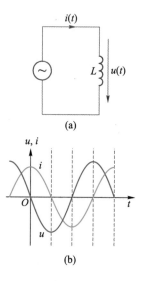

(a)

(b)

图 14-39　电感上电压相位超前电流 π/2

如图 14-39（a）所示，当有交流电通过电感元件时，将产生自感电动势 $\mathscr{E}_L = -L\dfrac{\mathrm{d}i}{\mathrm{d}t}$。如果电感的内阻可以略去，设电流 $i(t) = I_0\cos\omega t$，则有

$$u(t) = -\mathscr{E}_L = L\frac{\mathrm{d}i}{\mathrm{d}t} = I_0\omega L\cos\left(\omega t + \frac{\pi}{2}\right) = U_0\cos\left(\omega t + \frac{\pi}{2}\right)$$

式中，$U_0 = I_0\omega L$。可见，纯电感元件上的电压相位超前电流 $\dfrac{\pi}{2}$，如图 14-39（b）所示。电感元件的交流阻抗用 Z_L 表示，称为感抗。于是

$$Z_L = \omega L, \ \Delta\varphi = \frac{\pi}{2}$$

感抗和频率成正比，表明频率越高，感抗越大，即电感具有"阻高频，通低频"的作用。

（3）电容

直流电不能通过电容器。当交变电压加在电容器两端时，电容器不断地充放

电，电容器上的电荷量也随时间作周期性变化，可以形象地说交流电通过电容器. 如图14-40（a）所示，设电容器两端电压 $u(t) = U_0 \cos \omega t$，则电容器上电荷量 $q(t) = Cu(t) = CU_0 \cos \omega t$，电流为

$$i(t) = \frac{\mathrm{d}q}{\mathrm{d}t} = U_0 \omega C \cos\left(\omega t + \frac{\pi}{2}\right) = I_0 \cos\left(\omega t + \frac{\pi}{2}\right)$$

式中，$I_0 = U_0 \omega C$. 可见，电容元件上的电压相位落后电流 $\frac{\pi}{2}$，如图14-40（b）所示. 电容元件的交流阻抗用 Z_C 表示，称为**容抗**. 于是

$$Z_C = \frac{1}{\omega C}, \quad \Delta\varphi = -\frac{\pi}{2}$$

容抗和频率成反比，表明频率越高，容抗越小，即电容具有"阻低频，通高频"的作用.

表14-2列出了三种基本元件的 Z 和 $\Delta\varphi$. 按阻抗定义，元件上电压和电流的峰值或有效值间有着与直流电路中欧姆定律一样的关系，即 $U = IZ$ 或 $I = \frac{U}{Z}$；但由于有相位差，电压和电流的瞬时值之间一般不具有上述关系.

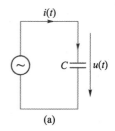

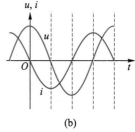

图14-40 电容上电压相位落后电流 $\pi/2$

表14-2 交流电路元件特征

元件种类	$Z = \dfrac{U_0}{I_0} = \dfrac{U}{I}$	$\Delta\varphi = \varphi_u - \varphi_i$
电容 C	$Z_C = \dfrac{1}{\omega C}$	$-\dfrac{\pi}{2}$
电阻 R	$Z_R = R$	0
电感 L	$Z_L = \omega L$	$\dfrac{\pi}{2}$

例题14-7（1）在一个0.1 H的电感元件上加50 Hz、20 V的电源，电路中电流为多少？如果电压不变而电源的频率为500 Hz，电路中电流又为多少？（2）把电感换作一个25 μF的电容元件，重求以上两问.

解：（1）$\nu = 50$ Hz，即 $\omega = 2\pi\nu = 100\pi$ s^{-1}，于是

$$Z_L = \omega L = 100\pi \times 0.1 \ \Omega = 31.4 \ \Omega$$

$$I = \frac{U}{Z_L} = \frac{20}{100\pi \times 0.1} \ \mathrm{A} = 637 \ \mathrm{mA}$$

$\nu = 500$ Hz，即 $\omega = 2\pi\nu = 1000\pi$ s^{-1}，则

$$Z_L = \omega L = 1000\pi \times 0.1 \ \Omega = 314 \ \Omega$$

$$I = \frac{U}{Z_L} = \frac{20}{1000\pi \times 0.1} \ \mathrm{A} = 63.7 \ \mathrm{mA}$$

这表明，同一电感元件，频率高了其感抗也大.

（2）$\nu = 50$ Hz，即 $\omega = 2\pi\nu = 100\pi$ s^{-1}，有

$$Z_C = \frac{1}{\omega C} = \frac{1}{100\pi \times 25 \times 10^{-6}} \ \Omega = 127 \ \Omega$$

$$I = \frac{U}{Z_C} = U \cdot \omega C = 20 \times 100\pi \times 25 \times 10^{-6} \ \mathrm{A} = 157 \ \mathrm{mA}$$

$\nu = 500$ Hz，即 $\omega = 2\pi\nu = 1000\pi$ s^{-1}，则

$$Z_C = \frac{1}{\omega C} = \frac{1}{1000\pi \times 25 \times 10^{-6}} \ \Omega = 12.7 \ \Omega$$

$$I = \frac{U}{Z_C} = U \cdot \omega C = 20 \times 1000\pi \times 25 \times 10^{-6} \text{ A} = 1.57 \text{ A}$$

这说明，同一电容元件，频率高了其容抗减小.

14-4-2　交流电路的矢量图解法

交流电路中也有串、并联电路. 串联电路中，通过各元件的电流 $i(t)$ 是一样的，总电压是各串联元件上的分电压之和，即

$$u(t) = u_1(t) + u_2(t) + \cdots \tag{14-33}$$

而并联电路中各元件两端电压 $u(t)$ 是一样的，总电流是各支路电流之和，即

$$i(t) = i_1(t) + i_2(t) + \cdots \tag{14-34}$$

简谐交流电的电压或电流之和，与同频率简谐振动的合成类似，可用旋转矢量来求，旋转矢量的长度可以统一用交流电的有效值（或峰值）来表示.

（1）串联电路

对于如图14-41（a）所示的 *RL* 串联电路，由于 *R* 和 *L* 上的电流 $i(t)$ 相同，以一个水平矢量 **I** 表示，但电压不同，$u_R(t)$ 和 $u_L(t)$ 的相位分别与 $i(t)$ 一致和超前 $\frac{\pi}{2}$，它们的旋转矢量 $\boldsymbol{U_R}$ 和 $\boldsymbol{U_L}$ 如图14-41（b）所示. 因为旋转矢量的大小分别为 $U_R = IR$，$U_L = \omega LI$，从图14-41（b）的几何关系可知，总电压的有效值、相位差和 *RL* 串联电路的总阻抗分别为

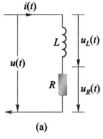

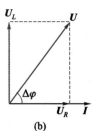

图14-41　*RL* 串联交流电路

$$U = \sqrt{U_R^2 + U_L^2} = I\sqrt{R^2 + (\omega L)^2}$$

$$\Delta\varphi = \varphi_u - \varphi_i = \arctan\frac{U_L}{U_R} = \arctan\frac{\omega L}{R}$$

$$Z = \frac{U}{I} = \sqrt{R^2 + (\omega L)^2}$$

可见，总电压 $u(t)$ 的相位超前总电流 $i(t)$，故整个 *RL* 电路是电感性的.

RC 串联电路则如图14-42（a）所示，注意 $u_C(t)$ 的相位比 $i(t)$ 落后 $\frac{\pi}{2}$，其大小 $U_C = \frac{I}{\omega C}$，由图14-42（b）所示的矢量图可知，总电压的有效值、相位差和电路总阻抗分别为

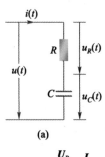

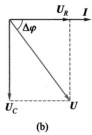

图14-42　*RC* 串联交流电路

$$U = \sqrt{U_R^2 + U_C^2} = I\sqrt{R^2 + \left(\frac{1}{\omega C}\right)^2}$$

$$\Delta\varphi = \varphi_u - \varphi_i = -\arctan\frac{U_C}{U_R} = -\arctan\frac{1}{\omega CR}$$

$$Z = \frac{U}{I} = \sqrt{R^2 + \left(\frac{1}{\omega C}\right)^2}$$

可见，总电压$u(t)$的相位落后于电流$i(t)$，故整个电路呈电容性.

用类似的方法还可以讨论LC和RLC等串联电路.

（2）并联电路

RL并联电路如图14-43（a）所示.并联电路中各元件上的电压$u(t)$是相同的，以一个水平矢量U表示；但电流不同，$i_R(t)$和$i_L(t)$的相位分别与$u(t)$一致和落后$\dfrac{\pi}{2}$，它们的旋转矢量I_R和I_L如图14-43（b）所示.注意到$I_R=\dfrac{U}{R}$，$I_L=\dfrac{U}{\omega L}$，由矢量图可得总电流有效值、相位差及并联电路的总阻抗分别为

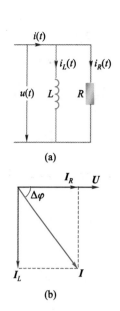

$$I=\sqrt{I_R^2+I_L^2}=U\sqrt{\left(\dfrac{1}{R}\right)^2+\left(\dfrac{1}{\omega L}\right)^2}$$

$$\Delta\varphi=\varphi_u-\varphi_i=\arctan\dfrac{I_L}{I_R}=\arctan\dfrac{R}{\omega L}$$

$$Z=\dfrac{U}{I}=\dfrac{1}{\sqrt{\left(\dfrac{1}{R}\right)^2+\left(\dfrac{1}{\omega L}\right)^2}}$$

图14-43　RL并联交流电路

可见电压$u(t)$的相位超前总电流$i(t)$，故电路呈电感性.

RC并联电路如图14-44（a）所示，注意$i_C(t)$的相位比$u(t)$超前$\dfrac{\pi}{2}$，其大小$I_C=U\omega C$，由图14-44（b）所示的矢量图，可得RC并联电路的总电流有效值、相位差以及总电路的阻抗分别为

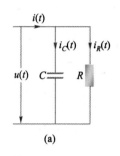

$$I=\sqrt{I_R^2+I_C^2}=U\sqrt{\left(\dfrac{1}{R}\right)^2+(\omega C)^2}$$

$$\Delta\varphi=\varphi_u-\varphi_i=-\arctan\dfrac{I_C}{I_R}=-\arctan(\omega CR)$$

$$Z=\dfrac{U}{I}=\dfrac{1}{\sqrt{\left(\dfrac{1}{R}\right)^2+(\omega C)^2}}$$

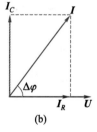

图14-44　RC并联交流电路

可见，电压$u(t)$的相位比总电流$i(t)$落后，故电路呈电容性.

用类似的方法还可以讨论LC和RLC等并联电路.

以上交流电路的计算结果表明，在串联电路中电压有效值的分配与各元件的阻抗成正比，在并联电路中电流有效值的分配与各元件的阻抗成反比，这与直流电路的分压分流规律一致；但一般来说，串联交流电路总电压的有效值并不等于分电压有效值之和，并联交流电路总电流的有效值也不等于分电流有效值之和.

例题14-8　如图14-45所示，一交流电源频率为500 Hz，能供3 mA的电流，电阻$R=500\ \Omega$.（1）未接电容器时电阻R两端的交流电压为多少？（2）电阻R上并联

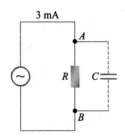

图14-45 例题14-8图

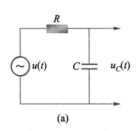

(a)

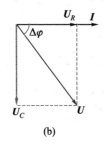

(b)

图14-46 例题14-9图

$C = 30\ \mu F$ 的电容器后，R 两端的交流电压为多少？

解：（1）$U_R = IR = 3 \times 10^{-3} \times 500\ \text{V} = 1.5\ \text{V}$

（2）加上电容器后可以算得容抗

$$Z_C = \frac{1}{2\pi\nu C} = \frac{1}{2\pi \times 500 \times 30 \times 10^{-6}}\ \Omega = 10.6\ \Omega$$

两支路的交流电流之比

$$\frac{I_C}{I_R} = \frac{Z_R}{Z_C} = \frac{500}{10.6} = 47$$

可见绝大部分电流从电容流过．作为近似计算，取 $I_C \approx I = 3\ \text{mA}$，从而电阻 R 两端电压为

$$U = I_C Z_C = 31.8\ \text{mV}\ (\text{即约}\ 30\ \text{mV})$$

本例的计算说明，RC 并联电路中，电流的交流成分主要通过电容支路，而直流成分则全部通过电阻支路．并联在电阻 R 旁的电容 C 起到"交流旁路"或者"高频通路"的作用，所以 C 常称为旁路电容．

例题14-9 如图14-46（a）所示，电路中输入 $u(t)$ 为300 Hz的交流信号．RC 串联电路中 $R = 100\ \Omega$．要求电容器 C 上的输出信号与输入信号间有 $\pi/4$ 的相位差（相移 $\pi/4$），问电容应取多大？

解：旋转矢量如图14-46（b）所示，$\boldsymbol{U}$ 为输入信号，$\boldsymbol{U}_C$ 为 C 上的输出信号．由图可得相移

$$\Delta\varphi = \arctan\frac{U_R}{U_C} = \arctan\frac{R}{Z_C} = \arctan(2\pi\nu CR)$$

按题意 $\Delta\varphi = \dfrac{\pi}{4}$，可得 $2\pi\nu CR = 1$，解得

$$C = \frac{1}{2\pi\nu R} = \frac{1}{2\pi \times 300 \times 100}\ \text{F} = 5.3\ \mu F$$

本电路称为 RC 相移电路．

14-4-3　交流电的功率

交流电路中某一元件或组合电路瞬间消耗的功率称为瞬时功率，它等于该元件或组合电路两端的瞬时电压 $u(t)$ 与通过电流 $i(t)$ 的乘积，用 $p(t)$ 表示．由于电流 $i(t)$ 与电压 $u(t)$ 一般来说存在相位差，设

$$i(t) = I_0\cos\omega t, \quad u(t) = U_0\cos(\omega t + \Delta\varphi)$$

则

$$\begin{aligned} p(t) = u(t)i(t) &= U_0 I_0 \cos\omega t\cos(\omega t + \Delta\varphi) \\ &= \frac{1}{2}U_0 I_0 \cos\Delta\varphi + \frac{1}{2}U_0 I_0 \cos(2\omega t + \Delta\varphi) \end{aligned} \quad (14\text{-}35)$$

$p(t)$在一个周期T时间内的平均值称为交流电的**平均功率**，用$\bar{P}$表示. 由于式（14-35）第二项中因子$\cos(2\omega t + \Delta\varphi)$在一个周期内的积分为零，故有

$$\bar{P} = \frac{1}{T}\int_0^T p(t)\mathrm{d}t = \frac{1}{2}U_0 I_0 \cos\Delta\varphi \qquad （14-36）$$

式中$\cos\Delta\varphi$称为功率因子.

对于纯电感或纯电容元件，电压与电流的相位差$\Delta\varphi = \pm\dfrac{\pi}{2}$，故平均功率为$\bar{P} = 0$，这表明纯电感和纯电容元件都不消耗电源能量；对于纯电阻元件，$\Delta\varphi = 0$，$\bar{P} = \dfrac{1}{2}U_0 I_0 = \dfrac{1}{2}I_0^2 R$，欲使$\bar{P}$与直流电的功率$P = UI = IR^2$相等（即焦耳热相当），则$U = \dfrac{U_0}{\sqrt{2}}$和$I = \dfrac{I_0}{\sqrt{2}}$，这正是简谐交流电的有效值与峰值的关系式（14-30）. 显然，用有效值表示简谐交流电在电阻上的平均功率，即$\bar{P} = UI$，与直流电的功率在形式上相同.

习 题

习题参考答案

14.1 做简谐振动的质点，速度最大值为$3\ \mathrm{cm\cdot s^{-1}}$，振幅为$A = 2\ \mathrm{cm}$. 若在速度为正最大值时开始计时，（1）求振动的周期；（2）求加速度的最大值；（3）写出振动的表达式.

14.2 设一物体沿x轴做简谐振动，振幅为$12\ \mathrm{cm}$，周期为$2.0\ \mathrm{s}$，在$t = 0$时位移为$6.0\ \mathrm{cm}$且向x轴正方向运动. 试求：（1）初相位；（2）$t = 0.5\ \mathrm{s}$时该物体的位置、速度和加速度；（3）在$x = -6.0\ \mathrm{cm}$且向x轴负方向运动时，物体的速度、加速度以及它从这个位置到达平衡位置所需的最短时间.

14.3 两个谐振子做同频率、同振幅的简谐振动. 第一个振子的振动表达式为$x_1 = A\cos(\omega t + \varphi)$，当第一个振子从振动的正方向回到平衡位置时，第二个振子恰在正方向位移的端点.（1）求第二个振子的振动表达式和二者的相位差；（2）若$t = 0$时，$x_1 = -\dfrac{A}{2}$并向x负方向运动，画出二者的$x{-}t$曲线及旋转矢量图.

14.4 两质点沿同一直线做频率和振幅均相同的简谐振动，当它们每次沿相反方向互相通过时，它们的位移均为它们振幅的一半，求这两个质点振动的相位差.

14.5 一简谐振动如图14-47所示，已知速度振幅为$10\ \mathrm{cm\cdot s^{-1}}$，求振动方程.

14.6 单摆长$l = 1\ \mathrm{m}$，摆球质量$m = 0.02\ \mathrm{kg}$，开始时它静止在平衡位置.（1）若$t = 0$时给摆球一个向右的水平冲量$I = 0.005\ \mathrm{kg\cdot m\cdot s^{-1}}$，设摆角向右为正，求振动的初相位及振幅；（2）若冲量向左则初相位为多少？

14.7 弹性系数为k，质量为m_0的水平弹簧振子，做振幅为A的简谐振动时，一块质量

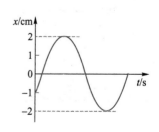

图14-47　习题14.5图

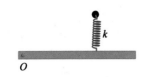

图14-48 习题14-8图

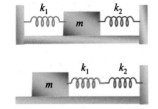

图14-49 习题14.9图

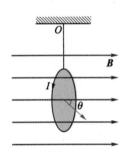

图14-50 习题14.10图

为 m 的黏土从振动物体上方 h 高度自由下落到振动物体上并与之一起运动. 如果黏土落到振动物体上时,振子刚好处于(1)最远处,(2)平衡位置,分别求上面两种情况下,黏土与振子一起振动的周期和振幅.

14.8 一质量为 m、长为 L 的均匀细棒,可绕通过其一端的光滑水平轴 O 在竖直平面内转动,在距轴 O 为 $2L/3$ 处连接一弹性系数为 k 的固定弹簧,棒在水平位置时处于平衡且弹簧与棒垂直,如图14-48所示. 试证明它做小角度摆动时为简谐振动,并求振动周期.

14.9 用弹性系数分别为 k_1 和 k_2 的两个弹簧以及质量为 m 的物体,在光滑的桌面上分别构成如图14-49所示的两种振子,求这两个系统的固有角频率.

*14.10 在磁感应强度为 $\boldsymbol{B}$ 的水平均匀磁场中,用细棉线悬挂有一半径为 R、质量为 m 的均匀导体细圆环,当导体内流过恒定电流 I 时,导体环绕竖直轴做小幅扭转振动,如图14-50所示. 忽略环中自感,求其振动周期.

14.11 如图14-51所示,弹性系数为 k 的轻弹簧一端固定,一端用轻绳跨过定滑轮与质量为 m 的托盘相连,定滑轮半径为 R、质量为 $2m$. 开始时静止,当质量同为 m 的物块自 $h=2mg/k$ 高度落到盘中后即一起运动,忽略空气阻力及轴处摩擦,求运动方程.

14.12 单摆质量为 0.1 kg,悬线长为 1.5 m,在固定点正下方 0.3 m 处有一钉子,如图14-52所示,摆做小角度摆动.(1)求摆的周期;(2)求左、右两侧角振幅之比;(3)摆动是否为简谐振动?

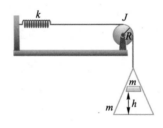

图14-51 习题14.11图

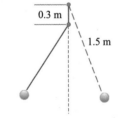

图14-52 习题14.12图

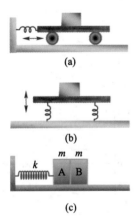

(a)

(b)

(c)

图14-53 习题14.13图

14.13 一物体放在水平木板上.(1)设物体与木板间的最大静摩擦因数为0.50,当木板沿水平方向做频率为2 Hz的简谐振动时,如图14-53(a)所示,要使物体在板上不致滑动,则振幅的最大值应是多少? (2)若令木板在竖直方向做振幅为5.0 cm的简谐振动,如图14-53(b)所示,要使物体一直保持与板面接触,则振动的最大频率是多少? (3)如图14-53(c)所示,弹性系数为 k 的轻弹簧与质量为 m 的物体A相连置于光滑水平面,A旁有质量相同的滑块B,用外力将A、B一起使弹簧压缩 d 距离后由静止释放,问B离开A时速度多大?

*14.14 如图14-54所示，体积为V的密闭容器内盛有压强为p，比热容比为γ的理想气体，容器上端插有截面积为S的小管，质量为m的光滑小球置于管中作气密接触（即不漏气）形成小活塞，扰动后小球的上下运动可以看作绝热过程。证明小球做简谐振动，圆频率为$\omega = \sqrt{\dfrac{\gamma p S^2}{mV}}$.

图14-54 习题14.14图

14.15 质量$m = 4.99\ \text{kg}$的木块和弹性系数$k = 8 \times 10^3\ \text{N} \cdot \text{m}^{-1}$的弹簧构成弹簧振子，开始时木块静止在光滑水平面上。当质量为$10\ \text{g}$的子弹以$1\ 000\ \text{m} \cdot \text{s}^{-1}$的速度沿弹簧长度方向水平射入木块后开始振动，求振动的周期、振幅和振动能量。

14.16 振子做简谐振动。（1）当位移为振幅的一半时，求动能和势能与总能量的比各为多少？（2）在多大位移处动能为总能量的一半？振子从平衡位置运动到此位置最短需要多长时间？

14.17 火车在铁轨上行驶，每经过铁轨接轨处即受到一次震动，从而使装在弹簧上面的车厢上下振动。设每段铁轨长$12.6\ \text{m}$，弹簧平均负重$55\ \text{t}$，而弹簧每受$9.8 \times 10^3\ \text{N}$（即$1\ \text{t}$质量的重力）的载荷将压缩$0.8\ \text{mm}$。试问火车速度多大时，振动特别强（这个速率称为火车的危险速率）？

14.18 一单摆在空气中摆动，摆长为$1.00\ \text{m}$，初始振幅为$\theta_0 = 5°$，经过$100\ \text{s}$振幅减为$\theta_1 = 4°$。问此单摆的阻尼系数多大？再经过多长时间它的振幅减为$\theta_2 = 2°$？

*14.19 如图14-55所示LC电路，将开关S先拨到1，由电池给电容器充满电再拨到2。若$L = 0.010\ \text{H}$，$C = 1.0\ \mu\text{F}$，$\mathscr{E} = 1.4\ \text{V}$，求$L$中最大电流及电流随时间变化的规律（忽略电阻）。

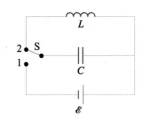

图14-55 习题14.19图

14.20 一质点同时参与同一直线上的两个简谐振动$\sqrt{3}\cos\left(\omega t + \dfrac{\pi}{2}\right)$（SI单位）和$\cos\omega t$。试求该质点的合振动的振幅$A$及初相位$\varphi_0$。

14.21 一质点同时参与x方向的两个简谐振动：

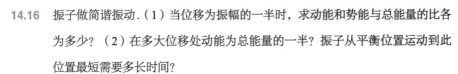

$$x_1 = 0.04\cos\left(2t + \dfrac{\pi}{6}\right) \quad （\text{SI单位}）$$

$$x_2 = 0.03\cos\left(2t - \dfrac{\pi}{6}\right) \quad （\text{SI单位}）$$

试写出合振动的表达式。

14.22 三个同方向、同频率的简谐振动为

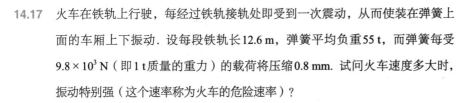

$$x_1 = 0.1\cos\left(10t + \dfrac{\pi}{6}\right) \quad （\text{SI单位}）$$

$$x_2 = 0.1\cos\left(10t + \dfrac{\pi}{2}\right) \quad （\text{SI单位}）$$

$$x_3 = 0.1\cos\left(10t + \dfrac{5\pi}{6}\right) \quad （\text{SI单位}）$$

试用旋转矢量法求出合振动的表达式。

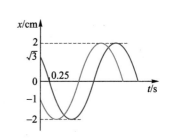

14.23 图14-56所示为两个同振幅、同频率简谐振动，写出它们的合振动的表达式。

图14-56 习题14.23图

14.24 N个同方向、同频率的简谐振动，振幅都为A_0，相位依次都相差$\Delta\varphi$. 证明它们叠加而成的合振动的振幅为 $A = A_0 \dfrac{\sin(N\Delta\varphi/2)}{\sin(\Delta\varphi/2)}$.

14.25 两支A调音叉，一支是标准的440 Hz，另一支是待校准的. 同时轻敲这两支音叉，在25 s内听到10拍. 如果给待校音叉滴上一滴石蜡后拍频增加，试问待校音叉的频率是多少？

*14.26 设有下列两对相互垂直的振动：（1）$x = a\sin\omega t$，$y = b\cos\omega t$；（2）$x = a\cos\omega t$，$y = b\sin\omega t$. 试问它们各自合成什么样的运动？两者有何区别？

*14.27 日光灯电路中灯管相当于一个电阻R，镇流器则是一个电感L，二者串联，若灯管两端电压和镇流器两端电压分别为

$$u_1 = 90\sqrt{2}\cos 100\pi t \quad \text{（SI单位）}$$
$$u_2 = 200\sqrt{2}\cos\left(100\pi t + \frac{\pi}{2}\right) \quad \text{（SI单位）}$$

试求总电压u的表达式.

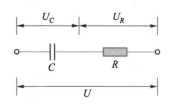

图14-57　习题14.29图

*14.28 在220 V、50 Hz的交流电源上，（1）若接有$C = 79.6\ \mu\text{F}$的电容，求它的阻抗和通过它的电流；（2）若接有$L = 31.8\ \text{mH}$的线圈（其电阻略去不计），求它的阻抗和通过它的电流.

*14.29 在如图14-57所示的电路中，某频率下电容、电阻的阻抗之比为$Z_C : Z_R = 3 : 4$. 如果总电压$U = 100\ \text{V}$，求：（1）电容和电阻元件上的电压U_C、U_R；（2）电流与总电压之间的相位差.

*14.30 如图14-58所示并联电路，某频率下电感和电容元件的阻抗之比为$Z_C : Z_L = 1 : 2$. 已知总电流$I = 1\ \text{mA}$，求通过L和C的电流I_L、I_C.

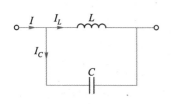

图14-58　习题14.30图

*14.31 工作在220 V电路中的感应电动机消耗的功率为0.5 kW，其功率因子$\cos\Delta\varphi = 0.8$，问所需的电流为多少？

把石子投入寂静的湖面，我们会听到石子入水的"扑通"声，这是声波；石子引起水的振动在水面上传播开来就形成水面波；而我们能够看见水面波，则是光波从水面反射进入我们眼睛的结果.

波动

思考题解答

波（wave）是振动的传播，它是自然界中常见的物质运动形式.弹奏吉他会在琴弦上形成波，它在空气中以声波形式传播到耳膜上，再以电波形式传到大脑而被听见；将石子投入湖面会形成水面波，从水面反射的光波进入我们的眼睛，在视网膜上转化为电波传到大脑而被看见.波不仅传播信息，也传播能量.医学上用超声波成像诊断肾结石，并用超声波碎石来治疗就是例证.

水面波、声波等都是机械波，光波则是电磁波.机械波只能在介质中传播，而电磁波则可以在介质或真空中传播.波沿一定的方向传播时表现为行波，如水面波；而琴弦上和耳膜上的波则动而不"行"，表现为驻波.琴弦上的波是一维的，水面波是二维的，而空气中向各个方向传播的声波和电磁波则是三维的.

机械波和电磁波虽然物理本质不同，但波动的基本规律是一样的.

波的传播和干涉、衍射现象在中学已经有初步了解.本章将介绍机械波和电磁波的产生，并讨论波的基本概念、传播规律、波速和能流、衍射和干涉现象以及多普勒效应.

15-1-1 机械波的形成

将石子投入寂静的湖面，水面会激起同心圆形波纹并向四周传播开去，这是大家熟悉的波动现象．水面上的叶片在波纹经过时摇晃但并不"随波逐流"，说明水面质元仅做振动而不随波做定向迁移，而波纹正是不同振动状态（或相位）的质元的空间分布．可见，波动是振动状态的传播，以及伴随振动的能量的传播．

机械波（mechanical wave）是质元的机械振动状态在介质中的传播．上面水面波的例子说明，产生机械波需要两个条件：引起振动的波源和能够传播机械振动的介质．介质可以看作是许多相互作用着的质元，当某处质元在外界扰动下离开平衡位置时，由于邻近质元施加的作用力是指向平衡位置的回复力，该质元就会在平衡位置附近振动起来（振动的物理量是它离开平衡位置的位移）；而这一回复力的反作用力又会迫使邻近质元离开平衡位置振动，这样，振动状态就会由近及远地在介质中传播开来，形成机械波．

注意，波的传播方向与质元的振动方向是两回事．振动方向与波的传播方向垂直的波称为横波（transverse wave），振动方向与波的传播方向平行的波称为纵波（longitudinal wave）．例如，弹性绳一端固定，另一端用手拉直向上或下抖动，如图15-1（a）所示（图中圆点代表质元），就会看到振动沿绳传播的波峰或波谷，这就是横波．如用手握住水平放置的弹簧一端前后推拉，如图15-1（b）所示（图中 y 为质元相对于平衡位置的位移），就会看到振动沿弹簧传播形成行进的疏密相间的区域，这就是纵波．横波和纵波是波动的两种最基本的形式．对于横波，由

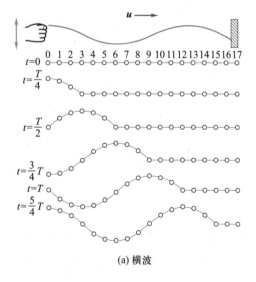

(a) 横波

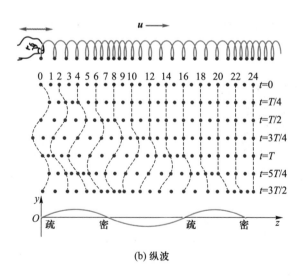

(b) 纵波

图15-1 机械波的形成

于垂直于波传播的方向并不唯一, 所以还需要特别明确横波的振动方向及其变化, 这称为偏振性 (polarization). 而纵波的振动方向唯一, 无偏振性可言.

机械波的传播有赖于质元之间的相互作用力. 传播横波需要使质元垂直于波传播方向振动的横向力, 纵波则需要使质元沿波传播方向振动的纵向力. 图15-1中横向力和纵向力分别由绳中张力和弹簧弹力提供. 由于固体质元间既存在横向力也存在纵向力, 所以固体内可以传播横波和纵波; 而液体和气体质元间主要是纵向力, 所以液体和气体内能够传播纵波, 一般不能传播横波.

实际中存在振动方向与波的传播方向既不平行也不垂直的现象. 例如, 仔细观察水面波, 可以发现浮在水面的小叶片上下振动时伴随前后运动, 实际轨迹近似为椭圆, 如图15-2所示. 这样的波可以分解成横波和纵波来研究. 水面波中质元间的相互作用力则由重力和表面张力共同承担.

介质质元间的力使振动得以传播, 而质元具有质量, 质元振动状态传播的快慢还受到惯性的制约, 这两个因素决定了机械波以有限速度传播. 可见, 机械波的波速是由介质的性质决定的.

通常把波传播到的空间称为**波场** (wave field). 为了形象地描述波, 可在波场中用一些带箭头的线表示波的传播方向, 称为**波线** (wave ray), 如图15-3所示. 而从波源出发, 沿着各条波线同时到达的各点振动状态或相位相同, 这些相位相同的点构成的空间曲面称为同相面或**波面** (wave surface), 波传播方向上最前面的波面称为**波前** (wave front). 按照波面的形状, 可以将波分为平面波 [图15-4 (a)]、球面波 [图15-4 (b)] 和柱面波 [图15-4 (c)], 等等. 在各向同性均匀介质中, 点波源激发球面波, 线波源激发柱面波. 而无论什么波源, 在离波源较远处波面的局部区域都近似为一个平面, 可作平面波看待. 另外, 在各向同性介质中, 波线总垂直于波面. 由于波面上各点的振动状态相同, 故在各向同性介质中, 可以通过任意选取的一条波线上各点的振动状态来了解整个波动情况.

思考题15.1: 如何理解波的概念? 机械振动是否一定产生机械波? 机械波中质元如何运动?

15-1-2 简谐波的特征量

由于任何复杂的振动都可以看作是简谐振动的叠加, 因此, 简谐振动在空间的传播是最简单、最基本的波动形式, 称为**简谐波**. 显然, 任何复杂的波也都可以看作是简谐波的叠加. 下面讨论简谐波.

简谐振动具有周期性. 如果波源做简谐振动, 则波场中各点都做与波源同频率的简谐振动, 即振动频率 ν (角频率 ω) 和周期 T 都与波源相同. 这个频率和周期就分别称为波的频率和波的周期. 在一般波动问题中, T、ν 和 ω 都只与波源有关,

图15-2 水面波可以分解为横波和纵波

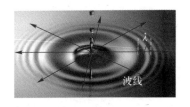

图15-3 波场与波线

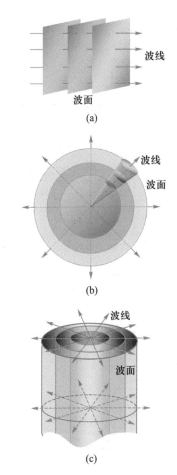

(a)

(b)

(c)

图15-4 波面与波线

而与波通过了何种介质无关. T、ν 和 ω 的关系显然与振动一样，即

$$T = \frac{1}{\nu} = \frac{2\pi}{\omega} \tag{15-1}$$

如图 15-1 所示，由图中不同时刻各质元的振动状态可以看出，经过一个周期 T，质元 0（波源）完成一次全振动，振动传播到的各质元在空间刚好构成一个完整的波形，以后每经过一个周期，便沿波线传出一个完整的波形. 这说明简谐波除时间周期性外，还具有空间周期性. 描述空间周期性的物理量为波长，用 λ 表示. 波长（wavelength）定义为在一个周期 T 内波传播的距离，也就是在同一时刻，波线上振动相位相差 2π 的两点间的距离，如图 15-3 所示. 反过来也可以说，波的周期是波传播一个波长所经历的时间.

有时也用 2π 长度所包含的波的数目 k 来描述波的空间周期性，称为角波数，简称波数（wave number）. 以 $\boldsymbol{e}_k$ 表示波的传播方向，则 $\boldsymbol{k} = k\boldsymbol{e}_k$ 称为波矢（wave vector），于是

$$\boldsymbol{k} = k\boldsymbol{e}_k, \quad k = \frac{2\pi}{\lambda} \tag{15-2}$$

波速（wave speed）是单位时间内振动状态传播的距离，用 u 表示（它与质元振动速度 v 是完全不同的概念）. 简谐波场中质元的振动状态是用相位来描述的，所以波的传播也就是相位的传播，波速就是相位在空间传播的速度，即相速（phase velocity）. 由于在一个周期的时间内振动状态传播的距离为一个波长，故

$$u = \frac{\lambda}{T} = \lambda \nu \tag{15-3}$$

表 15-1　几种介质中机械波的波速（单位：$m \cdot s^{-1}$）

介质	棒中纵波	无限大介质中纵波	无限大介质中横波
硬玻璃	5 170	5 640	3 280
铝	5 000	6 420	3 040
铜	3 750	5 010	2 270
低碳钢	5 200	5 960	3 235
海水 (25 ℃)	—	1 531	—
酒精 (25 ℃)	—	1 207	—
干空气 (0 ℃)	—	331	—
干空气 (25 ℃)	—	344	—
氢气 (0 ℃)	—	1 284	—

这一关系把波的时间周期 T 和空间周期 λ 联系起来了. 由于波的频率取决于波源，而波速则取决于介质的性质，因此，同一频率的波，在不同介质中波长不同.

关于机械波波速与介质（包括受温度的影响）的关系将在 15-1-4 中介绍，可以指出的是，即使在同一固体中，横波和纵波的波速也不同（一般前者较小）. 表 15-1 列出了几种介质中机械波的波速. 地表附近的地震波中既有纵波也有横波，且横波波速小于纵波波速，所以纵波被称为 P 波（primary wave），横波被称为 S 波（secondary wave），利用多地监测到的 P 波和 S 波的时间差则可以确定震源的方位. 沙漠中的大沙蝎也是利用类似原理来捕捉甲虫的. 大沙蝎有八条腿，大致分布在直径 5 cm 的圆上不同方位，当甲虫移动时，大沙蝎就可以根据腿接收到的纵波和横波来确定甲虫的方位.

思考题 15.2：简谐波从一种介质进入另一种介质后，波长、频率和波速是否改变？图 15-1 中是否可以通过加快手的抖动来提高波传播的速度？地震时房屋会怎样晃动？

15-1-3 平面简谐波的表达式

既然波是振动状态的传播，波的定量描述就应该反映出波场中各点的振动状态．设振动的物理量为 Ψ，则在任意位置 r 和任意时刻 t 的振动状态可以用函数

$$\Psi = \Psi(r,t) = \Psi(x,y,z,t) \qquad (15\text{-}4)$$

来表示，通常称其为波函数（wave function）．

由于同一波面上各点振动状态相同，在各向同性介质中，可以通过任意选取的一条波线上各点的振动状态来了解整个波动情况．平面波沿一个方向传播，可以用一维波函数来描述．显然，平面简谐波是最简单也是最基本的波．下面就来写出平面简谐波的波函数．

设一平面简谐波以速度 u 传播，沿波线建立 Oz 坐标轴，已知坐标原点 O 处的振动为

$$\Psi_O = A\cos(\omega t + \varphi)$$

现在的任务是要写出波线上任意点 P 的振动方程．设 P 点的坐标为 z，由于波场中各点的振动频率相同，在均匀且无吸收或耗散的介质中，平面波场中各点的振幅相同，但振动从 O 点传到 P 点所需的时间为 $\Delta t = z/u$，故 P 点振动的相位比 O 点落后 $\omega \Delta t$．因此，P 点的振动方程为

$$\Psi = A\cos\left[\omega\left(t - \frac{z}{u}\right) + \varphi\right]$$

这就是平面简谐波的表达式，或称波函数．如果波沿 z 负方向传播，则 P 点的振动比 O 点超前 $\omega z/u$，上式中的"$-$"号应改为"$+$"号．注意到 $\lambda = uT = u/\nu$，可以把沿 z 正、负方向传播的平面简谐波的表达式统一写成下列不同形式：

$$
\begin{aligned}
\Psi(z,t) &= A\cos\left[\omega\left(t \mp \frac{z}{u}\right) + \varphi\right] = A\cos\left[2\pi\left(\frac{t}{T} \mp \frac{z}{\lambda}\right) + \varphi\right] \\
&= A\cos\left[2\pi\left(\nu t \mp \frac{z}{\lambda}\right) + \varphi\right] = A\cos\left[\frac{2\pi}{\lambda}(ut \mp z) + \varphi\right] \\
&= A\cos\left[\omega t \mp kz + \varphi\right] \qquad (15\text{-}5)
\end{aligned}
$$

式中"$\mp$"中的"$-$"和"$+$"分别对应波向 z 正和负方向传播．我们以向 z 正方向传播的波为例，对式（15-5）讨论如下：

（1）若给定坐标 $z = z_0$，则式（15-5）为 $\Psi(z_0,t)$，即为 $z = z_0$ 点的振动方程．该点与 O 点振动的振幅和频率相同，但初相位不是 φ，而是

$$\left(-\frac{z_0}{u}\omega + \varphi\right) = \left(-\frac{z_0}{\lambda}2\pi + \varphi\right)$$

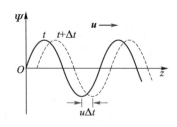

图 15-5　一维波形曲线

即沿着波的传播方向上，各点振动相位依次落后，z_0 点比 O 点相位落后 $\frac{z_0}{\lambda}2\pi$；$z_0 = \lambda$ 即波传播一个波长 λ 的距离，对应相位落后 2π. 由此还可得出，t 时刻波线上 $z = z_1$ 和 z_2 的两点的相位差 $\varPhi_{z_2} - \varPhi_{z_1} = -\frac{z_2 - z_1}{\lambda}2\pi$.

（2）若给定时刻 $t = t_0$，则式（15-5）给出该时刻波线上各点振动状态的分布 $\varPsi(z, t_0)$. 相应的波形曲线 $\varPsi$-z 相当于该时刻的"留影"，如图 15-5 所示. 对于横波而言，波形曲线直观地反映了横波的波形；而对于纵波，$\varPsi$ 沿 z 方向分布形成疏密不同的区间，其疏密程度可以用相距 $\mathrm{d}z$ 的两点的相对形变 $\frac{\partial \varPsi}{\partial z}$ 来描述，即波形曲线上斜率 $\left|\frac{\partial \varPsi}{\partial z}\right|$ 大处（平衡位置附近）形变也大，且 $\frac{\partial \varPsi}{\partial z} > 0$ 和 $\frac{\partial \varPsi}{\partial z} < 0$ 分别对应拉伸和压缩形变. 因此，纵波的疏部中心对应 $\frac{\partial \varPsi}{\partial z} > 0$ 的平衡位置处，密部中心对应 $\frac{\partial \varPsi}{\partial z} < 0$ 的平衡位置处，如图 15-6 所示.

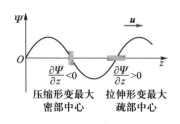

图 15-6　平衡位置也是简谐纵波的疏部和密部中心

（3）若 z、t 均为变量，则 $\varPsi = \varPsi(z, t)$ 反映不同时刻、不同空间点的振动情况. 在图 15-5 中我们看到，经 Δt 时间波形沿波速方向整体移动 $\Delta z = u\Delta t$，即波函数表达式（15-5）描述一个行进的波，这样的波称为行波（travelling wave）. 注意到相位 $\varPhi = \omega t - kz + \varphi$，可得波速（即相位传播速度）为

$$u = \frac{\mathrm{d}z}{\mathrm{d}t}\bigg|_{\varPhi} = \frac{\omega}{k} = \lambda \nu$$

（4）更一般地，只要知道波线上某点（不一定为坐标原点 O）的振动，就可以写出波函数. 例如，已知坐标 z_0 点的振动为 $\varPsi_{z_0} = A\cos(\omega t + \varphi)$，则振动从该点传播到坐标为 z 的 P 点所需时间为 $\Delta t = (z - z_0)/u$，于是，P 点的振动方程（即波函数）为

$$\varPsi(z, t) = A\cos\left[\omega\left(t - \frac{z - z_0}{u}\right) + \varphi\right]$$

思考题 15.3：$t = 0$ 时刻一个在弦上向 z 正方向传播的波脉冲波形如图 15-7 所示，则 P 点的振动曲线是什么样的？与波形曲线一样吗？

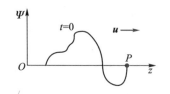

图 15-7　某脉冲的波形曲线

简谐波除了频率和振幅之外不携带任何信息，而且在时间和空间上必须无限延伸，因此实际上并不存在. 不过，现实中的波总可以由不同频率的简谐波叠加而成. 下面来讨论这样的一般的平面波的波函数及波动方程.

设某个时刻（例如 $t = 0$）的波形由函数 $f(z)$ 描写，即 $\varPsi(z, 0) = f(z)$，假设介质无色散，即介质中各种频率成分的波的波速都相同，为 u，且介质均匀无耗散，则传播过程中波形不会变化，如图 15-8 所示. 设想一个随波运动的参考系 S'，注意到 $z' = z - ut$，故有

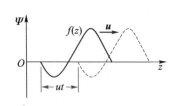

图 15-8　一维行波

$$\varPsi(z, t) = f(z') = f(z - ut)$$

上式就是沿 z 方向传播的平面波的波函数. 接着来导出 $\varPsi(z, t)$ 满足的动力学方

15　波动

程.为此,分别对上式的 z 和 t 求导,得

$$\frac{\partial^2 \Psi}{\partial z^2} = f''(z-ut), \quad \frac{\partial^2 \Psi}{\partial t^2} = u^2 f''(z-ut)$$

于是,有

$$\frac{\partial^2 \Psi}{\partial z^2} = \frac{1}{u^2} \frac{\partial^2 \Psi}{\partial t^2} \tag{15-6}$$

式(15-6)就是沿 z 方向传播的平面波的微分方程,称为波动方程.显然,它对平面简谐波及其叠加而成的一般平面波都成立.波动方程是物理学中最重要的方程之一.在各向同性介质中,三维波动方程为

$$\nabla^2 \Psi = \frac{\partial^2 \Psi}{\partial x^2} + \frac{\partial^2 \Psi}{\partial y^2} + \frac{\partial^2 \Psi}{\partial z^2} = \frac{1}{u^2} \frac{\partial^2 \Psi}{\partial t^2} \tag{15-7}$$

这是一个线性方程,适用于线性、无色散、无耗散介质中的经典波动.

| 思考题15.4:验证平面简谐波是否满足式(15-6)?

例题15-1 空气中音叉以 $\nu = 400\ \text{Hz}$ 频率振动,声速 $u = 320\ \text{m}\cdot\text{s}^{-1}$.(1)求音叉完成30次振动声波传播的距离;(2)假设声波传播过程中振幅不变,若声源的振幅 $A = 1\ \text{mm}$,则空气质元振动的最大速度是多少?(3)声波从 a 点沿波线传到 b 点的距离为 20 cm,则 b 点的振动状态比 a 点落后多少时间?同一时刻 a、b 两点振动的相位差是多少?

解:(1)$\lambda = \dfrac{u}{\nu} = \dfrac{320}{400}\ \text{m} = 0.8\ \text{m}$, $s = 30\lambda = 24\ \text{m}$

或者

$$s = 30Tu = 30\frac{1}{\nu}u = 30 \times \frac{1}{400} \times 320\ \text{m} = 24\ \text{m}$$

(2)$v = -\omega A \sin(\omega t + \varphi)$, $v_m = \omega A = 2\pi\nu A = 2\pi \times 400 \times 1 \times 10^{-3}\ \text{m}\cdot\text{s}^{-1} \approx 2.5\ \text{m}\cdot\text{s}^{-1}$

可见振动速度与波速是两个不同的概念.

(3)$\Delta t = \dfrac{\Delta z}{u} = \dfrac{0.2}{320}\ \text{s} = \dfrac{1}{1600}\ \text{s}$, $\Delta\varphi = -2\pi\nu\dfrac{\Delta z}{u} = -2\pi \times 400 \times \dfrac{0.2}{320} = -\dfrac{\pi}{2}$

或者

$$\Delta\varphi = -2\pi\frac{\Delta z}{\lambda} = -2\pi \times \frac{0.2}{0.8} = -\frac{\pi}{2}$$

"–"号表示 $\Delta\varphi = \varphi_b - \varphi_a < 0$,即 b 点振动相位落后.

例题15-2 一平面余弦横波 $t = 0$ 时的波形如图15-9所示,波以 $4.0\ \text{m}\cdot\text{s}^{-1}$ 的速度沿 z 正方向传播,振幅 $A = 0.01\ \text{m}$,波源振动周期 $T = 0.01\ \text{s}$.(1)求 O、b 振动的方向,两点的相位差和距离;(2)求 O、b 两点的振动方程;(3)写出波函数;(4)当波沿 z 负方向传播时,写出波函数.

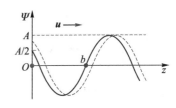

图15-9 例题15-2图

解:（1）波沿z正向传播，画出经Δt时间后的波形曲线（如图15-9中虚线所示），即可看出O点振动方向向上，b点振动方向向下. 由旋转矢量法，容易确定$t=0$时刻的相位，即O、b两点的初相位分别为

$$\varphi_O = -\frac{\pi}{3}, \quad \varphi_b = \frac{\pi}{2} - 2\pi = -\frac{3\pi}{2}$$

注意，波从O传播到b，故b点相位落后于O点，因此φ_b不取$\frac{\pi}{2}$而取$-\frac{3\pi}{2}$. 相位差为

$$\varphi_b - \varphi_O = -\frac{3\pi}{2} - \left(-\frac{\pi}{3}\right) = -\frac{7\pi}{6}$$

而$\varphi_b - \varphi_O = -\frac{z_b}{\lambda}2\pi$，故$O$、$b$的距离即$z_b$为

$$z_b = -\frac{\varphi_b - \varphi_O}{2\pi}\lambda = -\frac{\varphi_b - \varphi_O}{2\pi}uT = \frac{7}{12} \times 4.0 \times 0.01 \text{ m} = 2.3 \times 10^{-2} \text{ m}$$

（2）O、b两点的振动方程分别为

$$\Psi(0,t) = A\cos\left(2\pi\frac{t}{T} + \varphi_O\right) = 0.01\cos\left(2\pi\frac{t}{0.01} - \frac{\pi}{3}\right) = 0.01\cos\left(200\pi t - \frac{\pi}{3}\right) \text{（SI 单位）}$$

$$\Psi(z_b,t) = A\cos\left(2\pi\frac{t}{T} + \varphi_b\right) = 0.01\cos\left(2\pi\frac{t}{0.01} - \frac{3\pi}{2}\right) = 0.01\cos\left(200\pi t - \frac{3\pi}{2}\right) \text{（SI 单位）}$$

（3）注意到$\lambda = uT = 4.0 \times 0.01 \text{ m} = 0.04 \text{ m}$，故波函数为

$$\Psi(z,t) = A\cos\left[2\pi\left(\frac{t}{T} - \frac{z}{\lambda}\right) + \varphi_O\right] = 0.01\cos\left[2\pi\left(\frac{t}{0.01} - \frac{z}{0.04}\right) - \frac{\pi}{3}\right]$$

$$= 0.01\cos\left[200\pi\left(t - \frac{z}{4}\right) - \frac{\pi}{3}\right] = 0.01\cos\left(200\pi t - 50\pi z - \frac{\pi}{3}\right) \text{（SI 单位）}$$

（4）画出波沿z负方向传播时的波形曲线，可知$v_0 < 0$，故$\varphi_O = \frac{\pi}{3}$，于是

$$\Psi(z,t) = A\cos\left[2\pi\left(\frac{t}{T} + \frac{z}{\lambda}\right) + \varphi_O\right] = 0.01\cos\left[2\pi\left(\frac{t}{0.01} + \frac{z}{0.04}\right) + \frac{\pi}{3}\right]$$

$$= 0.01\cos\left(200\pi t + 50\pi z + \frac{\pi}{3}\right) \text{（SI 单位）}$$

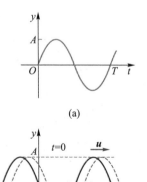

(a)

(b)

图15-10　例题15-3图

思考题15.5： 针对图15-9的波形图，如果波沿z负方向传播，如何根据b点的振动写出波函数？

例题15-3　角频率为ω、波长为λ的波沿z正方向传播，$z=0$点的振动曲线如图15-10（a）所示.（1）试画出$t=0$时刻的波形曲线；（2）若在$z=l$处遇到反射壁后波以振幅不变的形式返回（称为全反射），但反射波在反射点处相位改变π，求反射波的表达式（y为振动物理量）.

解:（1）根据图15-10（a）可由旋转矢量得出$z=0$处的初相位为$\varphi_0 = -\pi/2$，它下一时刻应该向上振动，波沿z正方向传播，可画出$t=0$时的波形曲线如图15-10（b）中实

线所示.

（2）波经壁反射后沿 z 负方向传播，由 O 点经壁到达 z 点所走距离为 $l+(l-z)=2l-z$，相位落后 $2\pi(2l-z)/\lambda$，再加上在反射点处相位改变 π，故得

$$y(z,t)=A\cos\left(\omega t+\varphi_0-\frac{2l-z}{\lambda}2\pi\pm\pi\right)$$
$$=A\cos\left(\omega t+\frac{2\pi z}{\lambda}-\frac{4\pi l}{\lambda}+\frac{\pi}{2}\right)$$

注意，反射点处相位改变可取 $\pm\pi$，一般按惯例使 $|\varphi_0\pm\pi|\leqslant\pi$，故式中最后一项取 $\pi/2$.

思考题 15.6：如果波向 z 负方向传播，$z=0$ 点的振动曲线如图 15-10（a）所示，则 $t=0$ 时刻的波形曲线又是怎样的？

*15-1-4　介质与波速

机械波的传播离不开介质，而波速 u 则由介质的性质决定．为了具体讨论机械波的波速与介质的关系，需要从动力学角度来建立波动方程．

以弦上横波为例．如图 15-11 所示，沿 z 轴放置的弦上有横波传播，考虑 z 处原长为 $\mathrm{d}z$ 的一小段弦（质元），t 时刻它离开平衡位置的位移为 $\varPsi$，两端张力分别为 $\boldsymbol{F}(z)$ 和 $\boldsymbol{F}(z+\mathrm{d}z)$，与 z 轴的夹角分别为 α_1 和 α_2．设弦的质量线密度为 ρ_l，则该段弦的质量为 $\rho_l\mathrm{d}z$．注意质元仅垂直 z 轴运动，由牛顿运动定律得

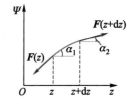

图 15-11　弦上横波波动方程的导出

$$F(z+\mathrm{d}z)\cos\alpha_2-F(z)\cos\alpha_1=0$$

$$F(z+\mathrm{d}z)\sin\alpha_2-F(z)\sin\alpha_1=\rho_l\mathrm{d}z\frac{\partial^2\varPsi}{\partial t^2}$$

对于微小振动，有 $\cos\alpha_2\approx\cos\alpha_1\approx1$，$\sin\alpha_2\approx\sin\alpha_1\approx\tan\alpha_1\approx\dfrac{\partial\varPsi}{\partial z}$．于是第一式可表示为 $F(z+\mathrm{d}z)=F(z)=F_{\mathrm{T}}$（弦中各处张力相等，以 F_{T} 表之）；注意到第二式左边为

$$F_{\mathrm{T}}\frac{\partial\varPsi}{\partial z}\bigg|_{(z+\mathrm{d}z)}-F_{\mathrm{T}}\frac{\partial\varPsi}{\partial z}\bigg|_{(z)}=F_{\mathrm{T}}\frac{\partial^2\varPsi}{\partial z^2}\mathrm{d}z$$

即得波动方程

$$\frac{\partial^2\varPsi}{\partial z^2}=\frac{\rho_l}{F_{\mathrm{T}}}\frac{\partial^2\varPsi}{\partial t^2}$$

对比式（15-6），可知此弦上的横波波速为

$$u=\sqrt{F_{\mathrm{T}}/\rho_l} \tag{15-8}$$

可见，波速仅与弦的性质有关．更一般地，在弹性介质中，机械波的波速与介质密度及弹性模量（modulus of elasticity）密切相关．所谓弹性介质，是指形状和体积在外力作用下发生变化，而外力撤销后变化随之消失的介质．在外力作用下发

生形变时，介质内因形变而产生内力，单位面积上的内力称为应力（stress），而相对形变量称为应变（strain），应力与应变之比定义为弹性模量。下面简单介绍几种形变的弹性模量。

（1）切变模量。如图15-12（a）所示，设一个底面积为 S、高为 D 的弹性长方体的上、下底面受到切向力 F 作用而发生剪切形变，应力为 F/S，施力面滑移引起左右两侧面形变的角度 $\varphi = \Delta d/D$ 即为应变，用 G 表示切变模量，即

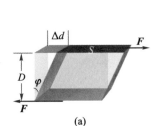

(a)

$$G = \frac{F/S}{\varphi} = \frac{FD}{S\Delta d}$$

（2）杨氏模量。如图15-12（b）所示，设一截面积为 S 的细棒两端受沿轴线的拉力 F 作用，长度 L 变化了 ΔL，应力为 F/S，应变为 $\Delta L/L$，相应弹性模量称为杨氏模量，用 E 表示，为

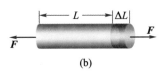

(b)

$$E = \frac{F/S}{\Delta L/L} = \frac{FL}{S\Delta L}$$

（3）体积模量。当物质（气体、液体或固体）周围的压强改变时，物体的体积也将改变，如图15-12（c）所示。应力即压强的改变量 Δp，应变为体积的相对变化量 $\Delta V/V$，用 K 表示体积模量，即

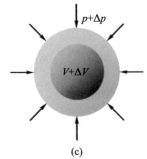

(c)

图15-12 三种弹性模量

$$K = -\frac{\Delta p}{\Delta V/V} = -\frac{V\Delta p}{\Delta V}$$

表15-2列出了几种材料的弹性模量。

表15-2 几种材料的弹性模量（单位：10^{11} N·m^{-2}）

材料	杨氏模量 E	切变模量 G	体积模量 K
玻璃	0.55	0.23	0.37
铝	0.70	0.30	0.70
铜	1.1	0.42	1.4
钢	2.0	0.84	1.6
水	—	—	0.02
酒精	—	—	0.009 1

机械横波在介质中传播时，介质要发生切变。由于除固体之外，液体和气体都没有切变弹性，所以只有固体能传播机械横波。类似于弦上横波的推导，可以证明固体内机械横波的波速与固体质量密度 ρ 和切变模量 G 有如下关系：

$$u = \sqrt{G/\rho} \quad \text{（对固体中的横波适用）} \tag{15-9}$$

同理，沿细棒传播的机械纵波会引起棒的伸缩，波速与杨氏模量有关，为

$$u = \sqrt{E/\rho} \quad \text{（对棒状介质中的纵波适用）} \tag{15-10}$$

在体介质中，机械纵波传播时介质将发生体积改变，由于固体、液体和气体都具有体变弹性，所以都能够传播纵波。在液体或气体内纵波的传播速度 u 与体积模量 K 有关，为

$$u = \sqrt{K/\rho} \quad \text{（对气体或液体中的纵波适用）} \tag{15-11}$$

对于理想气体，由上式可导出纵波波速为

$$u = \sqrt{\frac{\gamma p}{\rho}} = \sqrt{\frac{\gamma RT}{M}} \tag{15-12}$$

15 波动

M为气体摩尔质量，γ为比热容比，T为气体的热力学温度，R为摩尔气体常量.

一般固体材料中，切变模量比体积模量或杨氏模量小，所以其中横波的波速比纵波小.

思考题15.7：绷紧的弦由质量密度不同（$\rho_{l1} < \rho_{l2}$）的两段弦连接而成，则连接处波源激发的简谐横波在两段弦上的波长是否相同？

15-2 机械波的能量

15-2-1 简谐波的能量

机械波在弹性介质中传播时，质元由于振动而具有动能，同时介质因形变而具有弹性势能. 随着波的传播能量也向前传播.

考虑平面简谐波波线上位于z到$z+dz$的一段质元，t时刻z和$z+dz$两点的位移分别表示为Ψ和$\Psi + d\Psi$. 显然，该质元的相对形变为$\dfrac{\partial \Psi}{\partial z}$，而质元的位移可以用$\Psi$表示. 设

$$\Psi = A\cos\left[\omega\left(t - \frac{z}{u}\right) + \varphi\right]$$

则质元的振动速度为

$$v = \frac{\partial \Psi}{\partial t} = -\omega A\sin\left[\omega\left(t - \frac{z}{u}\right) + \varphi\right]$$

设介质的质量密度为ρ，则该质元的质量为$dm = \rho dV$. 于是，质元的动能为

$$dE_k = \frac{1}{2}(dm)v^2 = \frac{1}{2}(\rho dV)\omega^2 A^2\sin^2\left[\omega\left(t - \frac{z}{u}\right) + \varphi\right]$$

可以证明（见后面例题15-4），该质元的势能与质元单位长度的形变量（即相对形变）$\dfrac{\partial \Psi}{\partial z}$的平方成正比，且与该时刻的动能相等. 即

$$dE_p = dE_k = \frac{1}{2}(\rho dV)\omega^2 A^2\sin^2\left[\omega\left(t - \frac{z}{u}\right) + \varphi\right] \qquad (15-13)$$

总的机械能为

$$dE = dE_k + dE_p = \rho dV\omega^2 A^2\sin^2\left[\omega\left(t - \frac{z}{u}\right) + \varphi\right] \qquad (15-14)$$

由式（15-13）和（15-14）可见，波场中质元的动能、势能和总机械能随时间作周期性变化，三者相位相同，且任意时刻动能和势能相等. 当质元经过平衡

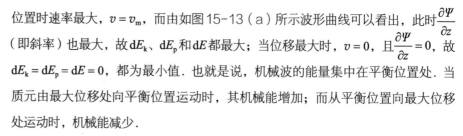

位置时速率最大，$v = v_m$，而由如图15-13（a）所示波形曲线可以看出，此时 $\frac{\partial \Psi}{\partial z}$（即斜率）也最大，故 dE_k、dE_p 和 dE 都最大；当位移最大时，$v = 0$，且 $\frac{\partial \Psi}{\partial z} = 0$，故 $dE_k = dE_p = dE = 0$，都为最小值。也就是说，机械波的能量集中在平衡位置处。当质元由最大位移处向平衡位置运动时，其机械能增加；而从平衡位置向最大位移处运动时，机械能减少。

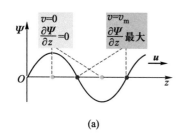

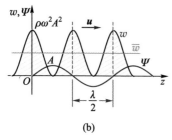

图15-13 简谐波的能量集中在平衡位置处

单位体积内波的能量称为波的能量密度，以 w 表示，即

$$w = \frac{dE}{dV} = \rho \omega^2 A^2 \sin^2 \left[\omega \left(t - \frac{z}{u} \right) + \varphi \right] \tag{15-15}$$

图15-13（b）给出了波的各个位置对应的能量密度分布。可见，在 $\Psi = 0$ 即平衡位置处，w 最大；在波峰和波谷位置处，$w = 0$；随着波的前移，能量也向前传播，而且是以波速 u 成"团"地随波传播的。

波的能量密度在一个周期内的平均值

$$\overline{w} = \frac{1}{T} \int_0^T \rho \omega^2 A^2 \sin^2 \left[\omega \left(t - \frac{z}{u} \right) + \varphi \right] dt = \frac{1}{2} \rho \omega^2 A^2 \tag{15-16}$$

称为波的平均能量密度。这一关系虽然是由平面简谐波导出的，但对各种机械简谐波都适用。它表明，对于机械波而言，简谐波的平均能量密度与振幅的平方、频率的平方以及介质质量体密度成正比。

思考题15.8：振动能量和波动能量随时间的变化规律一样吗？

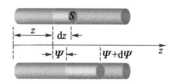

图15-14 机械波中能量的传播

*例题15-4 证明式（15-13）。

证明： 为简单，以弹性细棒中的平面简谐纵波为例来证明。如图15-14所示，质元原长 $L = dz$，当质元伸长 $\Delta L = d\Psi$ 时，由杨氏模量 $E = \frac{FL}{S\Delta L}$ 得弹性力 $F' = -F = -\frac{ES}{L} \Delta L = -k d\Psi$，与弹簧类比，注意到 $Sdz = dV$，可得 $k = \frac{ES}{L} = \frac{ESdz}{(dz)^2} = \frac{EdV}{(dz)^2}$，于是得质元的弹性势能

$$dE_p = \frac{1}{2} k (d\Psi)^2 = \frac{1}{2} \frac{EdV}{(dz)^2} (d\Psi)^2 = \frac{1}{2} E \left(\frac{\partial \Psi}{\partial z} \right)^2 dV$$

而 $\frac{\partial \Psi}{\partial z} = \frac{\omega A}{u} \sin \left[\omega \left(t - \frac{z}{u} \right) + \varphi \right]$，代入上式，并利用 $u = \sqrt{E/\rho}$，即得

$$dE_p = \frac{1}{2} \frac{E\omega^2 A^2}{u^2} \sin^2 \left[\omega \left(t - \frac{z}{u} \right) + \varphi \right] dV = \frac{1}{2} (\rho dV) \omega^2 A^2 \sin^2 \left[\omega \left(t - \frac{z}{u} \right) + \varphi \right]$$

正是式（15-13）。

15-2-2 简谐波的能流

波动过程伴随着能量的传播。随着波的传播，机械波场中任一质元都在不断地

从前一质元获得能量，又向后一质元传递能量，如此形成的能量以波速沿波线方向传播. 我们把单位时间内流经某一面积的能量，称为通过该面积的能流（energy flux）. 如图 15-15 所示，波在单位时间内通过面积元 $\mathrm{d}S$ 的能量，是以 $\mathrm{d}S$ 为底、沿波速 $\boldsymbol{u}$ 方向长为 u 的斜柱体内的能量，故波的能流为 $\mathrm{d}P = wu\mathrm{d}S\cos\theta = wu\mathrm{d}S_\perp$. 这里，$\mathrm{d}S_\perp = \mathrm{d}S\cos\theta$ 是 $\mathrm{d}S$ 在垂直于 $\boldsymbol{u}$ 的平面上的投影. 写成矢量式，则为

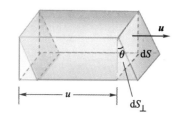

图 15-15　波的能流

$$\mathrm{d}P = w\boldsymbol{u} \cdot \mathrm{d}\boldsymbol{S}$$

显然，上式对任意以速度 $\boldsymbol{u}$ 运动的能流都是成立的，其中 $w\boldsymbol{u}$ 称为能流密度矢量. 可见，能流等于能流密度矢量的通量.

对于简谐波而言，由于 w 随时间变化，波的能流和能流密度都是随时间变化的. 通常取一个周期内的平均值来表示波的能流，称为平均能流，即

$$\mathrm{d}\overline{P} = \overline{w}\boldsymbol{u} \cdot \mathrm{d}\boldsymbol{S}$$

而波的平均能流密度矢量常用 $\boldsymbol{I}$ 表示，即 $\boldsymbol{I} = \overline{w}\boldsymbol{u}$. $\boldsymbol{I}$ 是反映波面上各点能流分布的物理量，其方向为波速 $\boldsymbol{u}$ 的方向，大小为垂直于波速 $\boldsymbol{u}$ 方向单位面积上的平均能流. 波的平均能流密度的大小 I 也称为波的强度（intensity of wave）. 对于简谐波，有

$$I = \overline{w}u = \frac{1}{2}\rho\omega^2 A^2 u \tag{15-17}$$

在 SI 中，能流密度的单位为瓦每平方米（$\mathrm{W} \cdot \mathrm{m}^{-2}$），而能流的单位则与功率的单位一样，为瓦（W）.

引入平均能流密度矢量后，波通过任意有限曲面 S 的平均能流，可以用平均能流密度的通量表示为

$$\overline{P} = \int_S \overline{w}\boldsymbol{u} \cdot \mathrm{d}\boldsymbol{S} = \int_S \boldsymbol{I} \cdot \mathrm{d}\boldsymbol{S}$$

思考题 15.9：波和粒子传播能量的方式有什么不同？一束以速度 v 运动的电子（电子数密度为 n，质量为 m_e）的能流密度为多少？

例题 15-5　试证明，如果没有能量损失，在均匀介质中传播的平面波的振幅保持不变，球面波的振幅与离波源的距离成反比.

证明： 设波相继经过的两个波面的面积为 S_1 和 S_2，两波面上振幅分别为 A_1 和 A_2. 根据能量守恒，通过 S_1、S_2 的平均能流应相等，即

$$\frac{1}{2}\rho\omega^2 A_1^2 u S_1 = \frac{1}{2}\rho\omega^2 A_2^2 u S_2$$

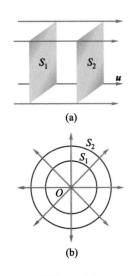

图 15-16　例题 15-5 图

对于平面波，如图 15-16（a）所示，$S_1 = S_2$，于是

$$A_1 = A_2$$

即如果没有能量损失，均匀介质中传播的平面波的振幅保持不变.

对于球面波，如图 15-16（b）所示，波面 S_1、S_2 是以波源 O 为圆心半径分别为 r_1、r_2 的球面. 故

$$\frac{1}{2}\rho\omega^2 A_1^2 u \cdot 4\pi r_1^2 = \frac{1}{2}\rho\omega^2 A_2^2 u \cdot 4\pi r_2^2$$

于是

$$A_1 r_1 = A_2 r_2$$

这表明，Ar 等于某个常量（记为 B_0），即在均匀介质中，如果没有能量损失，传播的球面波的振幅与离波源的距离成反比，$A = B_0/r$. 因此球面简谐波的波函数可写为

$$\Psi = \frac{B_0}{r}\cos\left[\omega\left(t - \frac{r}{u}\right) + \varphi\right]$$

思考题 15.10：平面简谐波从一种介质进入另一种介质，平均能量和平均能流是否改变？

*15-2-3　声波与声强

声波是一种在介质中传播的弹性纵波. 频率在 20 Hz 至 20 kHz 之间的声波能引起人的听觉，称可闻声波，简称声波（sound wave）. 频率低于 20 Hz 的声波称为次声波（infrasonic wave），频率高于 20 kHz 的声波称为超声波（supersonic wave）.

声波既可以看作位移波，也可以看作声压波. 所谓声压，即有声波传播时的压强 p' 与没有声波时的静压强 p_0 的差值，以 p 表示，即声压 $p = p' - p_0$. 由于声波是纵波，稀疏区声压为负值，稠密区声压为正值. 简谐声波用声压表示，为

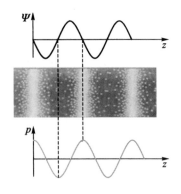

图 15-17　简谐声波的位移和声压关系，声压在密（疏）部中心为正（负）最大，对应位移为零

$$p = -\rho u\omega A\sin\left[\omega\left(t - \frac{z}{u}\right) + \varphi\right] = -p_{\mathrm{m}}\sin\left[\omega\left(t - \frac{z}{u}\right) + \varphi\right]$$

式中 $p_{\mathrm{m}} = \rho u\omega A$ 称为声压振幅. 可见，声压 $p = \rho u v$，其中 v 为质元速度. 将 p 和 v 类比电压和电流，则 ρu 相当于电阻，故把 $Z = \rho u$ 称为波阻（wave resistance）. 由于 p 与速度 v 同相，而 v 比位移 Ψ 超前 $\pi/2$，所以，在位移为零处声压最大，而在最大位移处声压为零，如图 15-17 所示.

声波平均能流密度的大小称为声波的强度，简称声强（sound intensity），由式（15-17）知，声强为

$$I = \frac{1}{2}\rho u \omega^2 A^2 = \frac{1}{2}Z\omega^2 A^2$$

对一定的均匀介质 Z 是定值，声强取决于声波的频率和振幅．爆炸声、炮声等声波的振幅大，声强也大；超声波频率很高，即便振幅不大其声强也会较大．

引起人听觉的声波，不仅有一定频率范围，还有一定声强范围．声强太小不能引起听觉，声强太大将导致痛觉甚至耳聋．在 1 000 Hz 时，正常人听觉的声强范围大约是 10^{-12} W·m^{-2} 至 1 W·m^{-2}．这个范围相差 12 个量级，为了方便，常以能引起人听觉的最小声强 $I_0 = 10^{-12}$ W·m^{-2} 为标准，用 I/I_0 的对数来标度声强 I，称为声强级（sound intensity level），以 L_I 表示，单位为贝尔，符号为 B. 实际中常用贝尔的 1/10 为单位，称为分贝，符号为 dB，1 B = 10 dB，即

$$L_I = \lg\frac{I}{I_0}(\text{B}) = 10\lg\frac{I}{I_0}(\text{dB}) \tag{15-18}$$

人耳对声音强弱的主观感觉常称为响度（loudness），响度大体与声强级成正比，此外响度还和频率有关．例如频率 40 Hz 声强级 70 dB 的纯音和频率 1 000 Hz 声强级 40 dB 的纯音响度差不多．表 15-3 列出了一些声音的声强和声强级．

对于人的听觉来说，如果声波的波形是周期性的，或由少数几个周期成简单整数比的波合成（这时合成的波形比较简单而有规则），且强度适中时，则听起来比较悦耳，如弦乐器的弦线、管乐器的空气柱等振动产生的音乐就是这样；如果声波波形不是周期性的，或声波是由很多个周期各不相同的波合成的，则听到的就可能是刺耳的噪声．噪声的测试、分析与防治有重要的实际意义，是环境保护与治理的重要方面．超声波可以利用具有磁致伸缩或压电效应的晶体在交变磁场或交变电场作用下引起的振动来产生（称为电声型），也可以利用高压流体来产生（机械型）．超声波的特征是频率高、波长短、声强大，从而具有良好的定向传播特性和穿透本领，因此在科学技术上具有广泛的应用．例如，利用超声波可对工件内部的气泡、裂缝等缺陷进行无损检测，探测水中物体［如鱼群、潜艇等，这种水中的超声探测器常称为声呐（sonar）］，医学中利用超声波检查人体内部病变（图 15-18 是胎儿的超声波成像图片）．利用超声波能量大而集中的特点，可以切削、焊接、清洗机件，处理种子，促进化学反应，利用超声波还可以测量温度、压力、流速等．随着激光全息技术的发展，已研究出超声波全息技术，它在地质、医学等方面有着重要应用．超声波还具有空化作用：当超声波通过液体时，使液体不断受到拉伸和压缩，拉伸时液体中会因断裂而形成一些几乎是真空的小空穴，在被压缩时，小空穴被绝热压缩而消失，这个过程中液体内将产生几千个大气压的压强和几千摄氏度的高温，并产生放电发光现象，这被称为超声波的空化作用．利用超声波的空化作用可粉碎坚硬的物体．

表 15-3　几种声音的声强、声强级

声源	声强 / (W·m^{-2})	声强级 /dB
I_0	10^{-12}	0
正常呼吸	10^{-11}	10
正常说话	10^{-6}	60
闹市区	10^{-5}	70
火车机车	10^{-2}	100
摇滚乐、响雷	10^{-1}	110
人耳痛觉阈值	1	120
可致聋的响声	10^{9}	210

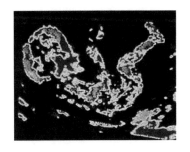

图 15-18　超声波成像

次声波的特点是频率低、波长长、衰减极小，能远距离传播. 次声波的产生与地球、海洋、大气的大规模运动有密切关系，因此次声波成为研究火山爆发、地震、大气湍流、雷暴、磁暴等的有力工具. 次声波的波长与人体器官的尺寸在同一数量级，因此次声波对人体有害.

> 思考题15.11：一般人喊声的声强级为100 dB，某人喊声的声强级能达140 dB，这相当于多少人齐声呐喊？声音能否在太空中传播？

*15-2-4　波的吸收

波在介质中传播时，波的能量总有一部分被介质吸收掉，从而使波的强度（或振幅）减弱. 这种现象称为**波的吸收**（absorption of wave）.

考虑强度为I的波，穿过介质dz厚度后，强度减小为（$I-dI$）. 一般情况下，强度的相对变化量（$-dI/I$）与波穿过介质的厚度dz成正比，即

$$-\frac{dI}{I}=\alpha dz$$

比例系数α称为**吸收系数**（absorption coefficient）. 实验表明，α与波的频率及介质的性质有关，即均匀介质对简谐波的吸收系数α为常量. 因此，入射强度为I_0的某一频率的简谐波，经过厚度为z的介质后的出射强度I可由上式积分得出，为

$$I = I_0 e^{-\alpha z} \tag{15-19}$$

上式称为**朗伯吸收定律**（Lambert's law of absorption）. 因$I \propto A^2$，又可写成

$$A = A_0 e^{-\alpha z/2}$$

可见，即使是平面波，由于吸收，波的振幅也会随着波的传播而减小.

例题15-6　频率为ν的超声波在空气中的吸收系数为$\alpha_1 = 4.0 \times 10^{-13} \nu^2$ cm^{-1}·Hz^{-2}，在钢中的吸收系数为$\alpha_2 = 8.0 \times 10^{-9} \nu$ cm^{-1}·Hz^{-1}. 欲使频率为5.0×10^6 Hz的超声波分别透过空气和钢板后强度减为原来的1%，则空气和钢板的厚度应分别为多少？

解：
$$\alpha_1 = 4.0 \times 10^{-13} \times (5.0 \times 10^6)^2 \text{ cm}^{-1} = 10 \text{ cm}^{-1}$$
$$\alpha_2 = 8.0 \times 10^{-9} \times 5.0 \times 10^6 \text{ cm}^{-1} = 4.0 \times 10^{-2} \text{ cm}^{-1}$$

由式（15-19），注意$I_0/I=100$，可求得

$$z_1 = \frac{1}{\alpha_1}\ln 100 = 0.46 \text{ cm}, \quad z_2 = \frac{1}{\alpha_2}\ln 100 = 115 \text{ cm}$$

即空气厚度为0.46 cm，钢板厚度为115 cm. 可见，超声波通过固体比通过空气容易.

15-3-1 电磁波的理论预言

电磁场的基本方程是麦克斯韦方程组，即

$$
\left.
\begin{aligned}
&\oint_S \boldsymbol{D} \cdot \mathrm{d}\boldsymbol{S} = \int_V \rho \mathrm{d}V \\
&\oint_L \boldsymbol{E} \cdot \mathrm{d}\boldsymbol{l} = -\int_S \frac{\partial \boldsymbol{B}}{\partial t} \cdot \mathrm{d}\boldsymbol{S} \\
&\oint_S \boldsymbol{B} \cdot \mathrm{d}\boldsymbol{S} = 0 \\
&\oint_L \boldsymbol{H} \cdot \mathrm{d}\boldsymbol{l} = \int_S \boldsymbol{J}_{\mathrm{c}} \cdot \mathrm{d}\boldsymbol{S} + \int_S \frac{\partial \boldsymbol{D}}{\partial t} \cdot \mathrm{d}\boldsymbol{S}
\end{aligned}
\right\}
\qquad (15-20)
$$

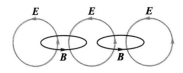

麦克斯韦方程组预言了电磁波的存在，并得出电磁波的速度与光速相等，从而揭示了光的电磁本性，即光是一种电磁波. 由式（15-20）可以看出，变化的磁场激发电场，而变化的电场也会激发磁场. 这意味着如果空间某处有变化的磁场，它就会在周围激发电场，而且这个被激发的电场也是变化的，又会在周围激发磁场，如图15-19所示. 这样，变化的电场和磁场相互激发，形成由近及远在空间以一定速度传播的电磁场，这就是**电磁波**（electromagnetic wave）.

图15-19 变化的电场和磁场互相激发，形成电磁波

显然，静止电荷和恒定电流都不能产生电磁波. 要产生电磁波，可以让电荷做加速运动，即让电流变化. 为简单，下面我们以无限大平板上的变化电流为例，来导出电磁波方程. 如图15-20所示，设 xy 平面内有沿 x 方向的均匀面电流 I，当电流随时间变化时，它产生的沿 y 方向的磁场 $\boldsymbol{B}$ 也随时间变化，而变化磁场激发的涡旋电场 $\boldsymbol{E}$ 则沿 x 方向. 对于图中 xz 平面内宽为 $\mathrm{d}z$、高为 h 的回路 L_1，注意 $\mathrm{d}z$ 很小，$\boldsymbol{B}$ 在 L_1 包围的面积 S 上可以看作常量，有

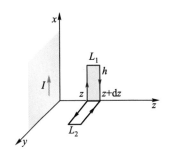

图15-20 平板变化电流的电场和磁场微分关系推导

$$
\oint_L \boldsymbol{E} \cdot \mathrm{d}\boldsymbol{l} = [E_x(z+\mathrm{d}z, t) - E_x(z,t)]h = \frac{\partial E_x}{\partial z} h \mathrm{d}z
$$

$$
-\int_S \frac{\partial \boldsymbol{B}}{\partial t} \cdot \mathrm{d}\boldsymbol{S} = -\frac{\partial}{\partial t} \int_S B_y \mathrm{d}S = -\frac{\partial B_y}{\partial t} \int_S \mathrm{d}S = -\frac{\partial B_y}{\partial t} h \mathrm{d}z
$$

根据式（15-20）中第二式，上面两式相等，有

$$
\frac{\partial E_x}{\partial z} = -\frac{\partial B_y}{\partial t} \qquad (15-21)
$$

再来看图中 yz 平面内的回路 L_2，注意到真空中 $B = \mu_0 H$，$D = \varepsilon_0 E$，与上面的推导类似并利用式（15-20）中第四式，可得

$$
\frac{\partial B_y}{\partial z} = -\varepsilon_0 \mu_0 \frac{\partial E_x}{\partial t} \qquad (15-22)
$$

式（15-21）对 z 求偏导，式（15-22）对 t 求偏导，分别得

$$\frac{\partial^2 E_x}{\partial z^2} = -\frac{\partial^2 B_y}{\partial z \partial t}, \quad \frac{\partial^2 B_y}{\partial z \partial t} = -\varepsilon_0 \mu_0 \frac{\partial^2 E_x}{\partial t^2}$$

于是

$$\frac{\partial^2 E_x}{\partial z^2} = \varepsilon_0 \mu_0 \frac{\partial^2 E_x}{\partial t^2} \qquad (15-23)$$

同样地，式（15-21）对 t 求偏导，式（15-22）对 z 求偏导，则分别得

$$\frac{\partial^2 B_y}{\partial z^2} = -\frac{\partial^2 E_x}{\partial z \partial t}, \quad \frac{\partial^2 E_x}{\partial z \partial t} = -\varepsilon_0 \mu_0 \frac{\partial^2 B_y}{\partial t^2}$$

于是

$$\frac{\partial^2 B_y}{\partial z^2} = \varepsilon_0 \mu_0 \frac{\partial^2 B_y}{\partial t^2} \qquad (15-24)$$

与式（15-6）对比，可知式（15-23）和（15-24）正是平面波的波动方程. 注意，电磁波一旦发射出去，即使激发它的波源消失它也将继续存在并向前传播，即电磁波可以脱离电荷和电流而独立存在. 事实上，在没有电荷和电流的介质中，由麦克斯韦方程组的微分形式，就可以直接得到三维空间的电磁波方程，为

$$\nabla^2 \boldsymbol{E} = \varepsilon \mu \frac{\partial^2 \boldsymbol{E}}{\partial t^2}, \quad \nabla^2 \boldsymbol{B} = \varepsilon \mu \frac{\partial^2 \boldsymbol{B}}{\partial t^2}$$

与式（15-7）对比，可知波速为

$$u = \frac{1}{\sqrt{\varepsilon \mu}}$$

真空中电磁波的波速为

$$c = \frac{1}{\sqrt{\mu_0 \varepsilon_0}}$$

即真空中的光速，它是基本物理常量.

15-3-2 平面电磁波的性质

电磁波可以在真空中传播，这是与机械波完全不同的. 式（15-23）和式（15-24）是真空中沿 z 方向传播的平面电磁波的波动方程，可以验证如下形式的平面简谐波是其特解：

$$E_x = E_0 \cos\left[\omega\left(t - \frac{z}{u}\right) + \varphi\right]$$

$$B_y = B_0 \cos\left[\omega\left(t - \frac{z}{u}\right) + \varphi\right]$$

如果把 u 看作介质中的波速，即 $u = 1/\sqrt{\mu\varepsilon}$，则它们也是介质中平面简谐电磁波的

表达式. 将以上两式代入式（15-21），可得

$$\frac{E_x}{B_y} = \frac{E_0}{B_0} = u = \frac{1}{\sqrt{\varepsilon\mu}}$$

或者

$$\sqrt{\varepsilon}E = \sqrt{\mu}H \qquad (15\text{-}25)$$

这一关系对平面电磁波是普遍成立的. 平面电磁波具有如下基本性质：

（1）电磁波是横波. 平面电磁波沿 z 方向传播，即 $\boldsymbol{u} = u\boldsymbol{k}$，而 $\boldsymbol{E} = E_x\boldsymbol{i}$，$\boldsymbol{B} = B_y\boldsymbol{j}$，即振动物理量电场和磁场都与传播方向垂直.

（2）电磁波具有偏振性. $\boldsymbol{E} = E_x\boldsymbol{i}$，$\boldsymbol{B} = B_y\boldsymbol{j}$，即 $\boldsymbol{E}$ 和 $\boldsymbol{B}$ 分别在各自的平面上振动，$\boldsymbol{u}$、$\boldsymbol{E}$、$\boldsymbol{B}$ 三者相互垂直，$\boldsymbol{E} \times \boldsymbol{B}$ 沿传播速度 $\boldsymbol{u}$ 的方向，如图 15-21 所示.

（3）电场强度和磁场强度的量值同步变化，即电场强度和磁场强度始终保持正比关系，为 $\sqrt{\varepsilon}E = \sqrt{\mu}H$.

（4）电场和磁场以相同的波速 $u = \dfrac{1}{\sqrt{\mu\varepsilon}}$ 传播，真空中的波速为 c.

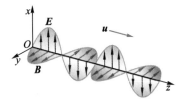

图 15-21　电磁波是横波，且 $\boldsymbol{E}$、$\boldsymbol{B}$、$\boldsymbol{u}$ 三者相互垂直

注意，以上结论只适用于在自由空间传播的电磁波，对于局限在有限空间或导电介质中的电磁波并不一定成立. 例如，矩形波导管中，电场为横波时磁场就不能再为横波，而磁场为横波时电场就不能再为横波，即不能像前面讨论的无界空间那样传播横电磁波.

电磁波携带的能量就是其中电场和磁场的能量，其能量密度为

$$w = w_e + w_m = \frac{1}{2}\boldsymbol{D} \cdot \boldsymbol{E} + \frac{1}{2}\boldsymbol{B} \cdot \boldsymbol{H} = \frac{1}{2}\varepsilon E^2 + \frac{1}{2}\mu H^2$$

利用式（15-25），可得

$$w = \varepsilon E^2 = \mu H^2$$

可见，任一时刻在空间任一单位体积内，磁场能量和电场能量相等，各占电磁波能量的一半.

电磁波的能流密度矢量以 $\boldsymbol{S}$ 表示. 其大小为

$$S = wu = \frac{\varepsilon E^2}{\sqrt{\varepsilon\mu}} = EH$$

方向沿波速 $\boldsymbol{u}$ 的方向，即沿 $\boldsymbol{E} \times \boldsymbol{H}$ 方向，于是能流密度矢量可表示为

$$\boldsymbol{S} = \boldsymbol{E} \times \boldsymbol{H} = \frac{1}{\mu}\boldsymbol{E} \times \boldsymbol{B} \qquad (15\text{-}26)$$

$\boldsymbol{S}$ 也称为坡印廷矢量（Poynting vector）. 上式不仅适用于电磁波，对电磁场也普遍适用（见例题 15-7）. 对于平面简谐电磁波，容易求得 S 在一个周期内的平均值，即平均能流密度或波的强度，为

$$I = \overline{S} = \frac{1}{2\mu} E_0 B_0$$

电磁波以光速传播，具有动量，其方向沿波速方向. 由相对论知，真空中电磁波单位体积的动量 $\boldsymbol{p}$（亦即动量密度）的大小为 w/c，故有

$$\boldsymbol{p} = \frac{w}{c} \cdot \left(\frac{\boldsymbol{c}}{c}\right) = \frac{w\boldsymbol{c}}{c^2} = \frac{\boldsymbol{S}}{c^2} \tag{15-27}$$

式中 w 为电磁波的能量密度. 显然，这个动量入射到一个物体表面时，会对表面产生波压. 例如一束能流密度为 $10\ \mathrm{W \cdot cm^{-2}}$ 的激光，垂直照到全反射镜上，光斑范围内产生的光压为

$$p_{压} = |pc - (-\boldsymbol{p})c| = 2pc = \frac{2S}{c} = 6.7 \times 10^{-4}\ \mathrm{N/m^2}$$

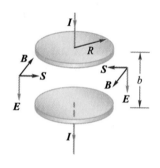

图15-22 例题15-7图

例题15-7 图15-22所示为一个正在充电的圆形平板电容器，半径为 R，板间距为 b，充电电流方向如图所示，忽略边缘效应. 求：（1）两极板间边缘处的坡印廷矢量 $\boldsymbol{S}$ 的指向；（2）按坡印廷矢量计算单位时间内进入电容器内部的总能量.

解：（1）由全电流连续性知位移电流方向向下，即电场 $\boldsymbol{E}$ 向下，位移电流产生的磁场 $\boldsymbol{B}$ 与 $\boldsymbol{E}$ 成右手螺旋关系，故 $\boldsymbol{S} = \boldsymbol{E} \times \boldsymbol{H}$ 指向电容器内部的轴线，如图所示.

（2）在电容器外缘，由例11-15可知

$$H = \frac{\varepsilon_0 R}{2} \frac{\mathrm{d}E}{\mathrm{d}t}$$

故

$$S = \frac{\varepsilon_0 R}{2} E \frac{\mathrm{d}E}{\mathrm{d}t}$$

电容器极板间侧面积为 $2\pi Rb$，故单位时间进入电容器内的总能量，即功率为

$$P = S2\pi Rb = \pi R^2 b \varepsilon_0 E \frac{\mathrm{d}E}{\mathrm{d}t} = \frac{\mathrm{d}}{\mathrm{d}t}\left(\pi R^2 b \frac{\varepsilon_0 E^2}{2}\right) = \frac{\mathrm{d}W}{\mathrm{d}t}$$

$w_e = \frac{\varepsilon_0}{2} E^2$，$V = \pi R^2 b$，故 $W = w_e V$ 为极板间的总静电能. 可见，单位时间内进入电容器极板间的总能量等于电容器中静电能量的增加率. 由 $\boldsymbol{S}$ 的方向可知，电容器充电时增加的静电能量不是电流流入的，而是由电磁场从周围空间输入的.

例题15-8 照射到地球上的太阳光的平均能流密度是 $\overline{S} = 1.4 \times 10^3\ \mathrm{W \cdot m^{-2}}$，求太阳光对地球的辐射压力（设太阳光完全被地球吸收）.

解： 地球正对太阳的横截面积为 πR^2，而辐射压强为 $\overline{S}/c$，所以太阳光对地球的辐射压力为

$$F = \frac{\overline{S}}{c} \cdot \pi R^2 = \frac{1.4 \times 10^3 \times \pi \times (6.4 \times 10^6)^2}{3.0 \times 10^8}\ \mathrm{N} = 6.0 \times 10^8\ \mathrm{N}$$

阳光的光压 $\overline{S}/c$ 约为 $10^{-5}\ \mathrm{N/m^2}$，与大气压（$10^5\ \mathrm{N/m^2}$）相比，地面光压可以忽略.

*15-3-3 电磁波的辐射与波谱

1864年麦克斯韦从理论上预言了电磁波的存在，20多年后，1888年德国物理学家赫兹（H.R.Hertz）才在实验上证实了电磁波.

在上一章14-2-3节讨论电磁振荡时，我们已经知道LC电路［如图15-23（a）所示］中电流做简谐振动，因而可以作为电磁波的波源. 但LC电路中电场和磁场分别局限在电容和自感线圈内，若要在空间激发电磁波，电路就应该开放［如图15-23（b）所示］；此外，波的能流密度或波的强度还与频率有关，频率越大越有利于波的辐射，而LC电路中$\omega = 1/\sqrt{LC}$，因此，要用振荡电路有效辐射电磁波，还必须减小电路的电容C和电感L，这可以通过拉开电容极板间距并减小极板面积和减少电感线圈的匝数来实现，如图15-23（c）所示. 当电路变为一根直线时，C和L最小，频率ω最大，同时电路最开放，电场和磁场完全分散在空间，如图15-23（d）所示. 这样的直线形振荡电路称为振荡偶极子.

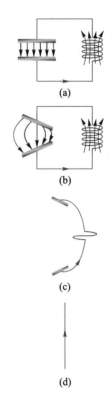

图15-23 开放电磁场和增大频率的方法

振荡偶极子可以看作一对等量异号的点电荷，它们之间的距离以角频率ω按$l = l_0\cos\omega t$做简谐振动时，电偶极矩$p = p_0\cos\omega t$，其中$p_0 = ql_0$为振幅. 在偶极子中心附近的近场区，即在离振子中心的距离r远小于电磁波波长λ的范围内，电磁场几乎立刻就能到达，因此电场的瞬时分布与静态电偶极子的电场相近. 设某时刻正、负电荷在中心重合，$l = 0$，则振子附近没有电场；此后，正、负电荷分开，电场出现了，而且电场随着l变化而变化. 图15-24定性地画出了振荡偶极子附近，一条电场线从出现到形成闭合圈，然后脱离振子并向外扩张的过程. 可以看出，一条电场线从出现到形成闭合圈经历了半个周期，即$T/2 = \pi/\omega$，而一个周期内将形成这样的一对方向相反的闭合电场线. 考虑到正、负电荷间的电场线不止一条，故闭合电场线是一簇一簇发出的. 显然，在电场变化的同时必然出现磁场，磁场线是围绕偶极子轴线的疏密相间的同心圆. 电场线与磁场线相互套合，以波速u由近及远向外传播.

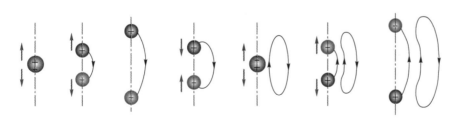

图15-24 不同时刻振荡偶极子附近的电场线

在$r \gg \lambda$的区域，电磁场是脱离偶极子而独立地向四周辐射的，称为辐射场. 辐射场为球面波，电磁场的分布如图15-25所示. 若以偶极子中心和轴线作为球坐标系的原点和极轴（z轴），如图15-26所示，则电场$\boldsymbol{E}$沿$\boldsymbol{e}_\theta$（即经线）方向，磁场$\boldsymbol{B}$沿$\boldsymbol{e}_\varphi$（即纬线）方向. 设ε和μ分别为偶极子周围介质的电容率和磁导率，则由理论计算可以求得$P(r, \theta, \varphi)$点的电场和磁场大小分别为

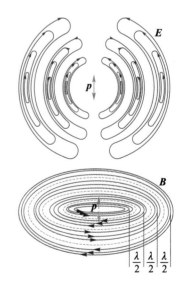

图15-25 波场区的电磁场

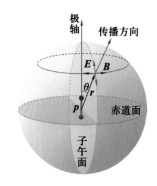

图 15-26　振荡偶极子辐射

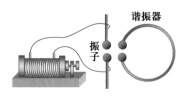

图 15-27　赫兹实验装置

$$E = E_\theta = \frac{p_0 \omega^2 \sin\theta}{4\pi\varepsilon u^2 r}\cos\omega\left(t - \frac{r}{u}\right)$$

$$B = B_\varphi = \frac{\mu p_0 \omega^2 \sin\theta}{4\pi u r}\cos\omega\left(t - \frac{r}{u}\right)$$

可见，$\boldsymbol{E}$ 和 $\boldsymbol{B}$ 同相位且相互垂直，$\boldsymbol{E}\times\boldsymbol{B}$ 的方向指向波的传播方向 $\boldsymbol{e}_r$. 而且，在垂直于偶极子极轴方向上（$\theta = \pi/2$）辐射最强，而在极轴方向上（$\theta = 0$）没有辐射，即辐射场是有方向性的. 振荡偶极子的能流密度的大小为 $S = EH$，故辐射功率与频率的四次方（ω^4）成正比. 事实上，只有频率达几十万赫兹的高频振荡才能产生比较明显的辐射.

1888 年德国物理学家赫兹首先用赫兹振子在实验上产生了电磁波. 赫兹振子是能够产生高频振荡的电偶极子，它由与高压感应圈两极上相连的两个金属杆上的黄铜球构成，其装置如图 15-27 所示. 感应线圈上的周期性电压升高到两铜球间空气介质的击穿电压时，就会产生火花放电. 由于有辐射和热产生，赫兹电偶极子做高频阻尼振荡，发射出间断性减幅振荡的电磁波. 赫兹将一个留有间隙的圆形铜环作为谐振器接收电磁波，在一定距离并适当选择方位使之与辐射振子共振. 赫兹发现，当辐射振子有火花跳过的几乎同时，谐振器的间隙也有火花跳过. 赫兹利用振荡偶极子还进行了许多实验，都证实了电磁波的存在.

电磁波包括的范围很广，从无线电波、光波、X 射线到 γ 射线都属于电磁波，它们在真空中都以速率 c 传播. 由于 $\nu\lambda = c$，所以不同频率的电磁波在真空中的波长不同. 若将电磁波按照频率或真空中的波长顺序排列起来，就构成了电磁波谱（electromagnetic spectrum），如图 15-28 所示. 通常的无线电波是通过电磁振荡电路产生并通过天线发射的，波长大约处于 3 km~1 mm 之间，常用于广播、电视、通信和雷达等；光波是物体受热后从物体的原子或分子中发射出来的，称为热辐射，波长范围处于 760~10^5 nm 的为红外线，400~760 nm 的为可见光，10~400 nm 的为紫外线；X 射线是用高速电子轰击金属靶产生的，波长范围处于 10~0.01 nm 之间；γ 射线则是放射性原子核放射出来的，波长在 0.01 nm 及以下.

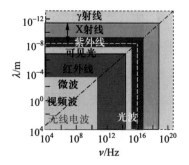

图 15-28　电磁波谱

15　波动

15-4-1 惠更斯原理

机械波和电磁波虽然物理本质不同，但波动的基本规律是一样的，都是振动状态的传播，只不过描写振动的物理量（如位移、电磁场等）及相应的波的能量形式不同而已．因此，前面所讲的波的描述方法及特征量、波函数及波动方程等，以及后面将要介绍的波的传播、干涉和衍射等规律，对所有的波都是普遍适用的．

由机械波的产生过程可知，波源的振动是通过介质质元的相继振动传播出去的，因此波传播到的各点可以看作是新的波源，它发出的波称为子波．电磁波也是这样，电磁振荡激发的变化电磁场传播到空间某点，该点的变化电磁场又会在周围空间激发新的变化电磁场，即发出子波．

荷兰物理学家惠更斯（C.Huygens）分析和总结了波传播的现象，于1690年提出了如下原理：波到达的各点都可以看作发射子波的波源，任一时刻的波前是各子波波前的包络面，这就是惠更斯原理（Huygens' principle）．根据惠更斯原理，可以用几何方法从某一时刻的波面作出下一时刻的波面，由此解决了波在许多情况下的传播问题．

球面波在各向同性的均匀介质中的传播如图 15-29（a）所示．设从点波源 O 发出一列球面波，波速为 u，则 t 时刻的波前是以 O 为球心半径 $R = ut$ 的球面 S_1；而 $t + \Delta t$ 时刻的波前应是 S_1 波面上各点的子波源发出的子波的包络面，子波是以 S_1 面各点为球心、$r = u\Delta t$ 为半径的许多球面，其包络面是以 O 为球心，$R + r = u(t + \Delta t)$ 为半径的球面 S_2．而从子波源到子波与包络面的切点，则是波面上该点的波线方向，显然，波线垂直于波面，即波的传播方向沿径向．类似地可以讨论平面波在均匀介质中传播的情况，如图 15-29（b）所示．设 t 时刻的波前为平面 S_1，则 $t + \Delta t$ 时刻的波前是 S_1 波面上各点的子波源发出的子波的包络面，为平面 S_2，波线也垂直于波面，即波保持原来的传播方向不变．

应当指出，在不均匀介质或各向异性介质中，由于波的传播速度在各个方向上并不完全相同，波面的几何形状及波的传播方向都可能发生变化，波线也就不一定垂直于波面．例如在某些晶体中传播的光波就是这样．

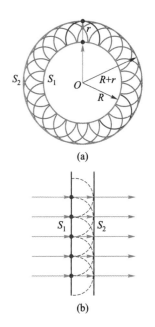

(a)

(b)

图 15-29 惠更斯原理确定新的波前

15-4-2 波的反射和折射

当波传到两种介质的分界面时，一部分返回到原来的介质，此现象称为波的反射（reflection）；一部分进入第二种介质，并且改变传播方向，此现象称为波的折射（refraction）．下面从惠更斯原理出发导出波的反射定律和折射定律．

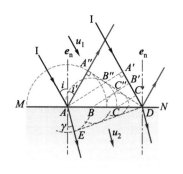

图15-30 波的反射和折射定律

如图15-30所示,设平面波(波线为I)向两种介质的界面MN传播,随着波前依次到达AA′、BB′、CC′、…,界面上A、B、C、…各点相继发出的子波在两种介质中传播,分别形成反射波和折射波.当入射波前到达界面上D点时,反射和折射子波的包络线DA″和DE就分别是此刻反射波和折射波的波前.由于在各向同性均匀介质中子波向各个方向传播的速率相同,由子波源到子波面与波前的切点画出的各条子波线平行,反射波的波线都沿AA″方向,折射波的波线都沿AE方向,且波线与波前相互垂直.

对于反射波而言,由于同一介质子波的波速相同,所以$A'D = AA''$,于是直角三角形$AA'D$与直角三角形$DA''A$全等,故$\angle A''AD = \angle A'DA$.由此得出结论:入射角i(入射线I与界面法线$e_n$间的夹角)等于反射角i′(反射线AA″与界面法线$e_n$间的夹角),而且入射线I、反射线与界面法线$e_n$均在同一平面内.这正是反射定律(law of reflection).

再来看折射波.由于波在两种介质中的传播速度不同,分别以u_1和u_2表示入射和折射介质中的波速,则由图可见,从A发出的子波,同一时间内在入射介质中通过的距离AA″与在折射介质中通过的距离AE之比,等于两种介质中的波速之比,即

$$\frac{AA''}{AE} = \frac{u_1}{u_2}$$

由于$AA'' = AD\sin i$,$AE = AD\sin\gamma$,故得

$$\frac{\sin i}{\sin \gamma} = \frac{u_1}{u_2} = n_{21} \tag{15-28}$$

式中,比值$n_{21} \equiv \dfrac{u_1}{u_2}$定义为第二介质(折射介质)对第一介质(入射介质)的相对折射率,i为入射角,γ为折射角,而且入射线、折射线以及介质分界面法线三者在同一平面内.这正是折射定律(law of refraction).

由于在两种介质中波的频率一样,而$u = \lambda\nu$,还可以得出

$$n_{21} = \frac{u_1}{u_2} = \frac{\lambda_1}{\lambda_2}, \quad u_1\lambda_2 = u_2\lambda_1 \tag{15-29}$$

λ_1和λ_2分别为波在这两种介质中的波长.

电磁波可以在真空中传播.一般把介质相对于真空的折射率称为该介质的绝对折射率,简称折射率(refractive index).即对电磁波而言,介质的折射率等于真空中的波速c与介质中的波速u之比,为$n = c/u$.以λ_0和λ分别表示电磁波在真空和介质中的波长,则有$c\lambda = u\lambda_0$.显然,两种介质的相对折射率等于它们的折射率之比,即$n_{21} = n_2/n_1$.于是

$$n_{21} = \frac{n_2}{n_1} = \frac{u_1}{u_2} = \frac{\lambda_1}{\lambda_2}, \quad n_1\lambda_1 = n_2\lambda_2 = \lambda_0 \qquad (15-30)$$

即同一频率的电磁波, 虽然在不同介质中波长不同, 但 $n\lambda$ 相同, 都等于真空中的波长.

思考题15.12: 波入射到两种介质的界面后全部反射而不存在折射的现象称为全反射 (total reflection). 在什么条件下会发生全反射?

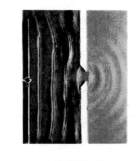

图15-31　小孔衍射

15-4-3　波的衍射初步

图15-31是水面波经过小孔传播的照片, 可以看到平面波经过小孔后改变原来的方向而向四周传播. 这是一种衍射 (diffraction) 现象, 它表明波遇到障碍物体时可以偏离原来方向继续传播. 下面用惠更斯原理来解释.

如图15-32 (a) 所示, 平面波传到缝上的波前为 AB, 按照惠更斯原理, AB 上各点都可看作子波源, 作出这些子波的波前, 其包络面就是新的衍射波的波前. 由图可见, 衍射波的波前中部为平面, 边缘则为弯曲面, 因而两侧的波线方向发生改变, 使波绕过障碍物传播. 可以想见, 减小缝宽时, 衍射波波前中部的平面随之缩短; 当缝宽小于波长时, 可以看作只露出 "一个" 子波源, 衍射波就变成为圆形波, 如图15-32 (b) 所示. 图15-31所示的小孔衍射就是这样. 事实上, 缝宽与波长之比值越小, 波的传播方向偏离的现象就越严重, 即衍射现象越显著; 反之, 如果缝宽比波长大得多, 则波基本沿原来的方向传播, 衍射效应不明显. 超声波和雷达用的微波之所以有定向传播的特性, 就是因为波源的尺寸比波长大得多, 衍射效应较小因而波沿直线传播.

衍射现象是波动的共同特征. 我们能够隔墙听到声音, 也能隔着山或建筑物收听到无线电广播, 这些都是声波或电磁波的衍射实例.

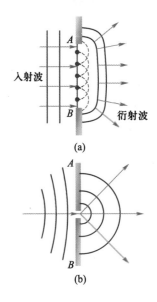

图15-32　平面波经过缝的衍射

15-5　波的叠加原理　干涉现象

15-5-1　波的叠加原理

如图15-33所示, 两列在水面上传播的圆形水面波, 相遇后并不改变各自原来的传播特性, 仍然保持圆形波纹向前传播. 这种现象说明, 波的传播是互相独立的, 一列波的特性不会因其他波的存在而改变. 类似的现象在日常生活中还有许多, 如管弦乐队合奏或几个人同时讲话时, 空气中同时传播着许多种声波, 但我

图15-33　波的独立传播

们仍能够辨别出各种乐器或每个人的声音；两只手电筒发出的两束光波相遇后仍按原来的方向射出；等等. 这些都表明：几列波在空间相遇后，各列波仍将保持各自的频率、波长、振动方向等特征沿原来的方向继续传播下去，这称为波的独立传播原理.

正因为波的传播具有独立性，当几列波在空间某点相遇时，每列波在该点引起的振动并不因其他波的存在而改变，因此，该点的振动就是各列波单独存在时在该点引起的振动的叠加，这称为波的叠加原理（superposition principle）. 图15-34是两个相向而行的横波独立传播和叠加的情形. 可见，波的独立传播必然导致波的叠加，而波的叠加则依赖于波传播的独立性.

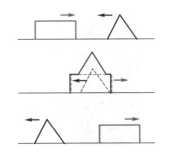

图15-34 波保持独立传播，在相遇处相互叠加

波的叠加是波不同于粒子的一个显著特点. 两个实物粒子不能同时处于同一空间，它们相遇时将发生碰撞而改变彼此的运动状态. 而两列波可以同时处于同一空间，各自的运动状态则不因相遇而改变，因此波相遇时相互叠加.

应当指出，叠加原理并不是普遍成立的. 一般地，对于一个物理系统，描写其运动的物理量的微分方程若是线性的，则相应的物理量就满足叠加原理. 前面讨论的波动方程是线性微分方程，所以叠加原理成立；而做大位移振动的弹簧振子、爆炸等产生的冲击波、强光在介质中的传播等，则是非线性物理系统，叠加原理就不再适用了.

在波的叠加原理适用的条件下，波在相遇空间各点的合振动，由各波在该点的振动叠加而成，其结果一般而言是比较复杂的. 下面仅限于讨论两列波叠加的一种简单但很重要的现象.

15-5-2 波的干涉

如图15-35所示，两个振子以同一周期同步地触动水面，激发的两列水面波在相遇的区域叠加，形成有的地方合振动始终较强（振幅大），有的地方合振动始终较弱（水质元几乎不振动）. 这种波在一定条件下叠加形成的振幅在空间的分布不随时间变化的现象，称为波的干涉（interference）.

图15-35 水面波的干涉现象

两列波要能干涉，需要满足如下相干条件：两列波的振动方向相同、频率相同，而且在相遇的空间各点的相位差不随时间变化. 这种能够发生干涉的波称为相干波（coherent wave），相应的波源称为相干波源. 下面具体讨论两列相干波的叠加.

图15-36 两列波的干涉

如图15-36所示，设两列平面波在同一介质中传播，它们的振动方向相同，频率都为ω，波源S_1和S_2处的初相位分别为φ_1和φ_2，从S_1和S_2分别传播r_1和r_2的距离后在P点相遇，振幅分别为A_1和A_2，振动表达式分别为

$$\Psi_1 = A_1 \cos\left(\omega t + \varphi_1 - \frac{2\pi}{\lambda} r_1\right)$$

$$\Psi_2 = A_2 \cos\left(\omega t + \varphi_2 - \frac{2\pi}{\lambda}r_2\right)$$

利用14-3-1节中讨论过的两个同方向、同频率振动的叠加，在P点的合振动为

$$\Psi = \Psi_1 + \Psi_2 = A\cos(\omega t + \varphi)$$

其中振幅A由下式确定：

$$A^2 = A_1^2 + A_2^2 + 2A_1A_2\cos\Delta\varphi \qquad (15-31)$$

由于波的强度I正比于振幅平方，上式也可用波的强度表示成

$$I = I_1 + I_2 + 2\sqrt{I_1I_2}\cos\Delta\varphi \qquad (15-32)$$

两式中

$$\Delta\varphi = \varphi_2 - \varphi_1 - \frac{2\pi}{\lambda}(r_2 - r_1) \qquad (15-33)$$

是两列波在P点的相位差.

思考题15.13：如何理解波的干涉现象？Ψ、A和I都与时间无关吗？图15-35 中各点是否都静止不动？

由于初相位差$\varphi_2-\varphi_1$为常量，空间各点的$\Delta\varphi$各有其确定值，因而叠加得到的波的振幅A（或强度I）呈现稳定的空间分布，这正是我们观察到的干涉现象.

振幅A（或强度I）的变化取决于与$\Delta\varphi$有关的项$2\sqrt{I_1I_2}\cos\Delta\varphi$（或$2A_1A_2\cos\Delta\varphi$），它们称为**干涉项**. 若在空间某点

$$\Delta\varphi = \varphi_2 - \varphi_1 - \frac{2\pi}{\lambda}(r_2 - r_1) = \pm 2k\pi \quad (k = 0, 1, 2, \cdots) \qquad (15-34)$$

则$\cos\Delta\varphi=1$，该点的振幅或强度有最大值，分别为

$$A = A_1 + A_2, \quad I_{\max} = I_1 + I_2 + 2\sqrt{I_1I_2} = \left(\sqrt{I_1} + \sqrt{I_2}\right)^2$$

这些点的振动始终加强，称为**相长干涉**（constructive interference）. 若在空间某点

$$\Delta\varphi = \varphi_2 - \varphi_1 - \frac{2\pi}{\lambda}(r_2 - r_1) = \pm(2k-1)\pi \quad (k = 1, 2, \cdots) \qquad (15-35)$$

则$\cos\Delta\varphi=-1$，该点的振幅或强度有最小值，分别为

$$A = |A_1 - A_2|, \quad I_{\min} = I_1 + I_2 - 2\sqrt{I_1I_2} = \left(\sqrt{I_1} - \sqrt{I_2}\right)^2$$

这些点的振动始终减弱，称为**相消干涉**（destructive interference）. 在$A_1=A_2$的条件下，A^2或I随相位差$\Delta\varphi$的分布曲线如**图15-37**所示.

如果两相干波源同步振动，即初相位$\varphi_1 = \varphi_2$，则$\Delta\varphi = -\frac{2\pi}{\lambda}(r_2 - r_1) = -\frac{2\pi}{\lambda}\delta$. 这时，相位差$\Delta\varphi$决定于两波之间的路程差$\delta = (r_2 - r_1)$. 干涉相长的条件简化为

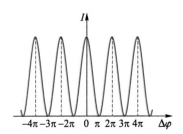

图15-37 干涉强度随相位差的分布

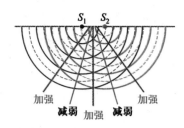

图 15-38 干涉加强和减弱点的分布

$\delta = (r_2 - r_1) = \pm k\lambda$，干涉相消的条件为 $\delta = (r_2 - r_1) = \pm(2k-1)\dfrac{\lambda}{2}$，这里 $k = 0, 1, 2, \cdots$，而 λ 是波在该介质中的波长.

图 15-38 画出了两个同步振动波源的波面，实线和虚线分别代表距离波源偶数倍和奇数倍半波长的波面，由于虚线与实线相交处两振动反相位，干涉相消，所以振幅最小；而两实线或两虚线相交处两振动同相位，干涉相长，所以振幅最大；空间其他各点的振幅则处于最大和最小值之间.

对于非相干波，例如相遇的两列波频率不同或相位差不恒定，则波叠加的结果振幅或强度的空间分布随时间而变化，即不会出现干涉现象.

思考题 15.14：两列波相遇时，若是非相干波则相互穿过且互不影响，而相干波则互相影响. 这句话对吗？

例题 15-9 同一介质中两个波源位于 a、b 两点，相距 9 m，设两波源振动的振幅均为 2 cm，振动频率均为 $\nu = 100$ Hz，且振动方向相同，波速为 $u = 400$ m·s^{-1}，波源 b 的相位比波源 a 超前 $\pi/2$，试求 a、b 连线上振幅最大和最小的位置.

解： 如图 15-39 所示，以 a 为坐标原点建立 z 坐标轴. 从波源 a、b 向 z 轴正、负方向传播的波函数可以分别表示为

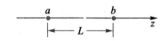

图 15-39　例题 15-9 图

a 波：
$$\Psi_1 = A_1 \cos 2\pi\nu\left(t \mp \frac{z}{u}\right)$$

b 波：
$$\Psi_2 = A_2 \cos\left[2\pi\nu\left(t \mp \frac{z-L}{u}\right) + \frac{\pi}{2}\right]$$

"$\mp$" 中，"$-$" 对应沿 z 轴正方向传播的波，"$+$" 对应沿 z 轴负方向传播的波. 设波传播过程中振幅不变，则有 $A_1 = A_2 = A_0$，于是，z 点的合振幅为

$$A = \sqrt{A_1^2 + A_2^2 + 2A_1 A_2 \cos\Delta\varphi} = A_0\sqrt{2(1+\cos\Delta\varphi)}$$

$\Delta\varphi$ 为 b 波与 a 波在 z 点的相位差.

$z \leqslant 0$ 时，a、b 波均沿 z 负向传播，代入 $u = 400$ m·s^{-1}，$L = 9$ m，$\nu = 100$ Hz，可得

$$\Delta\varphi = 2\pi\nu\left(\frac{z-L}{u} - \frac{z}{u}\right) + \frac{\pi}{2} = -\frac{2\pi\nu L}{u} + \frac{\pi}{2} = -4\pi$$

为 π 的偶数倍，故 a 点左侧各点干涉加强，$A = A_1 + A_2 = 2A_0 = 4$ cm.

$z \geqslant L$ 时，a、b 波均沿 z 正向传播，相位差为

$$\Delta\varphi = -2\pi\nu\left(\frac{z-L}{u} - \frac{z}{u}\right) + \frac{\pi}{2} = \frac{2\pi\nu L}{u} + \frac{\pi}{2} = 5\pi$$

为 π 的奇数倍，故 b 点右侧各点干涉减弱，$A = |A_1 - A_2| = A_0 - A_0 = 0$，即都静止.

$0 < z < L$ 时，a 波沿正方向传播，b 波沿负方向传播，z 点的相位差为

$$\Delta\varphi = 2\pi\nu\left[\frac{z-L}{u} - \left(-\frac{z}{u}\right)\right] + \frac{\pi}{2} = \pi(z-4)$$

当

$$\Delta\varphi = \pi(z-4) = \pm 2k\pi \ (k = 0, 1, 2, \cdots)$$

即 $z = \pm 2k + 4 = 2$ m, 4 m, 6 m, 8 m 处，振幅最大，$A = 4$ cm；当

$$\Delta\varphi = \pi(z-4) = \pm(2k-1)\pi \ (k = 1, 2, \cdots)$$

即 $z = \pm(2k-1) + 4 = 1$ m, 3 m, 5 m, 7 m 处，振幅最小，$A = 0$.

15-5-3 驻波

让我们来看图 15-40 的演示. 绷紧的弹性绳的一端有一波源，波源振动时激发绳波，改变波源频率或绳中张力，直到出现图示稳定振动图像为止. 这时绳上 a、b 间各点以一定的振幅振动，波形也随时间变化，但不存在像行波那样振动沿一定方向的传播，故称为驻波（standing wave）. 图中可见，绳中一些点几乎始终不动，这些振幅最小的点称为**波节**（wave node）；而相邻波节中间的点振幅最大，这些点称为**波腹**（wave loop）.

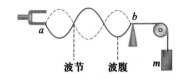

图 15-40 绳上驻波的演示

驻波是一种特殊的干涉现象. 上面的演示中，波源激发的行波在绳的另一端反射后反向传播，绳上驻波就是这两个相向运动的相干波叠加的结果. 其实，在例题 15-9 中 $0 < x < L$ 之间两个相向运动的波的干涉结果就是驻波.

为简单，考虑两个振幅相同的相干平面波（ω 相同），它们沿 z 轴相向传播，以它们的波形刚好重合时作为时间起点，适当选取坐标原点后可以分别表示为

$$\Psi_1 = A\cos\left(\omega t - \frac{2\pi z}{\lambda}\right)$$

$$\Psi_2 = A\cos\left(\omega t + \frac{2\pi z}{\lambda}\right)$$

叠加并利用公式 $\cos\alpha + \cos\beta = 2\cos\dfrac{\alpha+\beta}{2}\cos\dfrac{\alpha-\beta}{2}$，有

$$\Psi = \Psi_1 + \Psi_2 = \left(2A\cos\frac{2\pi z}{\lambda}\right)\cos\omega t \qquad (15-36)$$

这就是驻波的表达式，它由两项因子构成：第二项只与时间有关，表明各点均做频率为 ω 的简谐振动；而第一项表明各点振幅不同（该项也称振幅因子），z 点的振幅为 $\left|2A\cos\dfrac{2\pi z}{\lambda}\right|$. 波节振幅最小（为零），令 $\left|2A\cos\dfrac{2\pi z}{\lambda}\right| = 0$，可得波节的位置坐标

$$z = \pm(2k-1)\frac{\lambda}{4} \qquad (k = 1, 2, \cdots) \qquad (15-37)$$

波腹振幅最大（为 $2A$），令 $\left|\cos\dfrac{2\pi z}{\lambda}\right| = 1$，可得波腹的位置坐标

$$z = \pm k\frac{\lambda}{2} \qquad (k = 0, 1, 2, \cdots) \qquad (15-38)$$

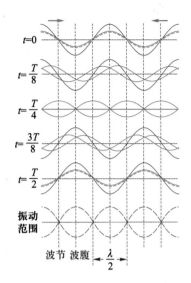

$t=0$

$t=\dfrac{T}{8}$

$t=\dfrac{T}{4}$

$t=\dfrac{3T}{8}$

$t=\dfrac{T}{2}$

振动
范围

波节 波腹 $\dfrac{\lambda}{2}$

图15-41 绿色和蓝色分别表示沿相反方向传播的两列等振幅相干行波,红色表示它们合成形成的驻波.波节位置振幅始终为零,波腹位置振幅最大;振动步调在两相邻波节之间相同,波节两边相反;两波间距离为半个波长.

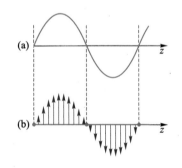

(a)

(b)

图15-42 驻波的能量分布

可见,波腹和波节位置固定,相间分布,相邻波腹或波节间距离均为$\lambda/2$,而相邻波腹与波节间距离均为$\lambda/4$.

图15-41画出了不同时刻行波Ψ_1和Ψ_2以及它们叠加得到的驻波Ψ的波形图.图中$t=0$时Ψ_1和Ψ_2的波形重合,各点位移$|\Psi|$最大;此后由于相向运动而分开,各点位移$|\Psi|$减小;$t=T/4$时Ψ_1和Ψ_2正好反相,各点都回到平衡位置,$|\Psi|=0$;此后各点位移反向增大,$t=T/2$时Ψ_1和Ψ_2各移动$\lambda/2$而再次重合,各点位移反向达到最大.在这个过程中,波节点始终不动,两相邻节间各点做振幅不等的同相振动,正中间的波腹振幅最大.即波节($\left|2A\cos\dfrac{2\pi z}{\lambda}\right|=0$)把波线分作一些“段”,相邻波节间为一段,按式(15-36),其振动分为相位相反的两种:$\cos\dfrac{2\pi z}{\lambda}>0$时$\Psi=\left|2A\cos\dfrac{2\pi z}{\lambda}\right|\cos\omega t$,$\cos\dfrac{2\pi z}{\lambda}<0$时$\Psi=\left|2A\cos\dfrac{2\pi z}{\lambda}\right|\cos(\omega t+\pi)$.也就是说,相邻波节间的一段上各点虽然振幅不同,但振动相位始终相同,即“同起同落”;而波节两侧相邻两段振动反相,即驻波的振动以节点为分界分段“此起彼落”.这与行波中各点的“相继起落”不同,因此驻波不存在相位或振动状态的传播.

驻波既不传播振动状态,也不传播能量.实际上,由于两行波的平均能流密度大小相等,方向相反,所以合成波的平均能流密度为零,故驻波不存在能量传播.以机械驻波为例,当波线上各质元达到最大位移处时(对应图15-41中$t=0$或$T/2$的情况),各质元速度为零,动能为零,此时波节处[图15-42(a)中竖线位置]形变最大,驻波的能量以弹性势能形式主要集中在波节附近;当各质元回到平衡位置时(对应图15-41中$T/4$的情况),弹性形变消失,势能为零,而此时波腹处质元速率最大[图15-42(b)中箭头表示速度分布],驻波的能量以动能形式主要集中在波腹附近.因此,驻波中波腹附近的动能与波节附近的势能呈周期性交替转化.这表明,虽然每个质元的机械能并非不变,但每“段”的机械能保持不变,即能量是“驻立”在波节之间的,并不向前传播.因此,驻波具有稳定的能量状态,也称为能量定态.

驻波的形成与边界条件有关.对于长为L的弦,要能在其上形成稳定的驻波,端点应该恰为波节或波腹位置.例如,两端固定时端点就都是波节,要形成稳定驻波就要求$L=n\dfrac{\lambda}{2}$(n为正整数).换言之,只有当波长λ或频率ν满足

$$\lambda_n=\dfrac{2L}{n},\ \nu_n=n\dfrac{u}{2L}\qquad(n=1,2,\cdots)\qquad(15-39)$$

的波,才能在两端固定的长为L的弦上产生驻波,式中u为波速.可见,波长或频率只能取某些离散(分立)值.每一个n值决定一个频率值(或波长值),对应于

一种可能的振动方式，称为简正模式（normal mode）．相应的频率称为驻波系统的简正频率或本征频率（eigen frequency）．其中最低频率 ν_1 称为基频，其他较高频率 $\nu_n = n\nu_1$ 称为 n 次谐频．图15-43为弦振动的 $n = 1, 2, 3$ 的三种模式．可见，驻波系统与谐振子不同，可以有不止一个固有频率或振动模式，究竟按哪种模式振动，取决于系统特性和边界条件．一般而言，它的振动是各种简正模式叠加而成的复杂振动．若外界驱动力以系统的某个简正频率（或接近的频率）振动，则会因共振而产生频率等于该简正频率的强驻波．

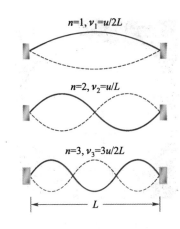

图15-43　弦振动的几个简正模式

思考题15.15：绳中横波波速 $u = \sqrt{F/\rho_l}$（ρ_l 和 F 分别为绳的质量线密度和张力）．在图15-40的演示中，为什么需要调节波源频率或绳的张力来获得稳定驻波？如果得到了如图15-43中 $n = 1$ 的驻波模式，欲调出 $n = 3$ 的模式应如何改变波源频率？保持频率不变，欲从 $n = 3$ 的模式回到 $n = 1$，应该拉紧还是放松弹性绳？

在图15-40的演示实验中，反射点 b 为驻波的波节，说明反射波和入射波在 b 点振动的位移始终相反．对于简谐波而言，这相当于发生了 π 的相位突变．但这种情况只发生在波从波阻（即 $Z = \rho u$）较小的介质（称为波疏介质）入射到波阻较大的介质（称为波密介质）时，当波从波密介质入射到波疏介质时并不发生．以波阻不同的两段绳上传播的波脉冲为例，如果波从 Z 较小的绳入射到 Z 较大的绳，则界面处反射波与入射波位移相反，反射波形如图15-44（a）所示；而从 Z 较大的绳入射到 Z 较小的绳，则界面处反射波与入射波位移相同，反射波形如图15-44（b）所示；注意图中两种情况的透射波与入射波位移始终同向．在一条一端固定的弹性钢尺上形成驻波时，由于钢尺相对于空气是波密介质，在自由端反射波与入射波同步振动，故自由端为波腹；而钢尺相对于固定端则是波疏介质，在固定端反射波与入射波始终反向振动，故固定端为波节，如图15-45所示．

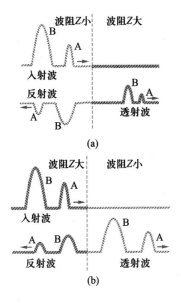

图15-44　波阻不同的两段绳上的反射波和透射波形

思考题15.16：图15-45中设弹性钢尺长为 L，形成驻波时简正频率和波长与式（15-39）有何不同？

应当指出，如果相向传播的两个相干波的振幅不相等（写成 A 和 $A + \Delta A$），则合成波除了驻波项外，还要加上行波项（振幅为 ΔA）．

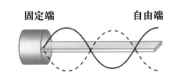

图15-45　一端固定的弹性钢尺上的驻波

驻波在理论和实际应用中都很重要．例如，激光谐振腔就是根据驻波原理设计的．弦乐器演奏时，手指在弦上移动改变 L 以改变简正频率，用弓激发振动则使所有基频（基音）和谐频（泛音）产生共振．每种乐器都是驻波系统，管乐器管内的空气柱、弦乐器的弦的振动是一维驻波，锣面、鼓皮等的振动则是二维驻波．图15-46所示为鼓面的一种简正模式，黑色粉末显示波节的位置．当然，不同乐器的各简正频率的相对振幅比不同，波节和波腹的分布也不同；即使同一乐器，由于扰动不同出现的模式也可能不同．例如，两端固定的弦，当距一端 l/n 的点受

图 15-46 二维驻波——鼓面的一种
简正模式

击而振动时, 该点为波节的那些模式就不会出现; 同一面鼓, 敲击的位置不同其音色也会有所不同.

例题 15-10 绳上沿 z 轴负方向传播的横波 $y_1 = A\cos\left(\omega t + 2\pi\dfrac{z}{\lambda} + \dfrac{\pi}{2}\right)$ 在 $z = -3\lambda$ 处反射, 反射点为一固定端, 且反射时无能量损失. 求:(1)反射波的表达式;(2)合成波的表达式;(3)t 时刻合成波中 $z_a = 0.8\lambda$ 与 $z_b = 1.2\lambda$ 两点的相位差.

解:(1)反射波在 O 点的振动相位比入射波在 O 点的振动相位落后

$$\frac{2\pi}{\lambda}(2 \times 3\lambda) + \pi = 12\pi + \pi$$

式中 $+\pi$ 是考虑到反射面有 π 的相位突变(也可以用 $-\pi$). 于是得反射波表达式

$$y_2 = A\cos\left(\omega t - \frac{2\pi z}{\lambda} + \frac{\pi}{2} - 13\pi\right) = A\cos\left(\omega t - \frac{2\pi z}{\lambda} - \frac{\pi}{2}\right)$$

(2)合成波表达式为

$$y = y_1 + y_2 = A\cos\left[\omega t + 2\pi\frac{z}{\lambda} + \frac{\pi}{2}\right] + A\cos\left[\omega t - 2\pi\frac{z}{\lambda} - \frac{\pi}{2}\right]$$

$$= 2A\cos\left(2\pi\frac{z}{\lambda} + \frac{\pi}{2}\right)\cos\omega t$$

为驻波. 令 $A\cos\left(2\pi\dfrac{z}{\lambda} + \dfrac{\pi}{2}\right) = 0$, 可得波节位置坐标

$$z = k\frac{\lambda}{2} \quad (k = -6,\ -5,\ \cdots,\ 0,\ 1,\ 2,\ \cdots)$$

(3)$z = \lambda$ 为波节点, $z_a = 0.8\lambda$ 与 $z_b = 1.2$ 位于波节点两侧, 振动相位相反, 故

$$\Delta\varphi_{ab} = \pi$$

例题 15-11 一只二胡的"千斤"(弦的上方固定点)和"码子"(弦的下方固定点)之间的距离 $L = 0.3$ m. 其上一根弦的质量线密度 $\rho = 3.8 \times 10^{-4}$ kg·m^{-1}, 拉紧它的张力 $F = 9.4$ N. 求此弦所发的声音的基频. 此弦的三次谐频振动的节点在何处?

解: 此弦中产生的驻波的基频为

$$\nu_1 = \frac{u}{2L} = \frac{1}{2L}\sqrt{\frac{F}{\rho_l}} = \frac{1}{2 \times 0.3}\sqrt{\frac{9.4}{3.8 \times 10^{-4}}}\ \text{Hz} = 262\ \text{Hz}$$

即基频为 "C" 调. 三次谐频振动时, 整个弦长为 $L = 3 \cdot \dfrac{\lambda_3}{2}$, 故 $\dfrac{\lambda_3}{2} = \dfrac{L}{3} = 0.10$ m. 因此振动节点应在 0 m, 0.10 m, 0.20 m, 0.30 m 处.

*15-5-4 波的色散

1666 年牛顿用三棱镜把太阳光分成彩色谱带, 这是因为不同颜色(频率)的光在介质中传播的速度不同的结果. 这种波速与频率有关的现象称为**色散**(dispersion).

我们知道, 平面简谐波是一个无限长的波列, 其振幅和频率都不变, 因此并不传

递信息.实际中包含信息的波,都是不同频率和振幅的简谐波合成的复杂的波(称为复波).例如,图15-47所示的波脉冲(pulse)就可看作是由许多平面简谐波叠加而成的波包(wave packet).显然,只有当波速u与波的频率无关,即不存在色散的条件下,波包才能在传播过程中保持形状不变.例如空气中的声波、真空中的光波,以及完全柔韧的弦上的波等就是这样.如果波速与波的频率有关,即存在色散时,由于各种简谐波成分传播的波速(即相速度u)不同,波包在传播过程中将发生变形,例如金属弦上的波、玻璃中传播的光波等.但如果波包在色散介质中传播时各种简谐波成分的频率差别较小,则波包仍可保持形状基本不变而传播很长距离.下面,我们以两个频率相近而振幅和初相位相同的简谐波Ψ_1和Ψ_2合成的复波$\Psi=\Psi_1+\Psi_2$为例来说明.

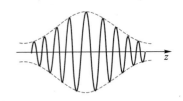

图 15-47　波脉冲或波包

$$\Psi=\Psi_1+\Psi_2=A\cos(\omega_1 t-k_1 z+\varphi)+A\cos(\omega_2 t-k_2 z+\varphi)$$
$$=2A\cos\left(\frac{\omega_1-\omega_2}{2}t-\frac{k_1-k_2}{2}z\right)\cos\left(\frac{\omega_1+\omega_2}{2}t-\frac{k_1+k_2}{2}z+\varphi\right)$$

上面利用了关系$k=\omega/u$.把上式改写为

$$\Psi=2A\cos\left(\frac{\Delta\omega}{2}t-\frac{\Delta k}{2}z\right)\cos\left(\overline{\omega}t-\overline{k}z+\varphi\right) \tag{15-40}$$

式中$\Delta\omega=\omega_1-\omega_2$,$\Delta k=k_1-k_2$,由于两波的频率相近

$$\overline{\omega}=\frac{\omega_1+\omega_2}{2}\approx\omega_1\approx\omega_2,\quad \overline{k}=\frac{k_1+k_2}{2}\approx k_1\approx k_2$$

式(15-40)中,因子$\cos(\overline{\omega}t-\overline{k}z+\varphi)$仍代表一个与原简谐波接近的简谐波,称为载波(carrier wave).即合成波Ψ是一个频率为$\overline{\omega}$、角波数为$\overline{k}$的波,但振幅发生了改变,为

$$A(z,t)=2A\cos\left(\frac{\Delta\omega}{2}t-\frac{\Delta k}{2}z\right)$$

即振幅本身是一个(相对载波)缓慢变化的波,称为合成波的调幅波(amplitude-modulated wave,AM wave).综合来看,合成波是一群被调幅波"包裹"着的载波组成的波包.由式(15-40)可以看出,若z取定值,Ψ就是振动中讨论过的拍现象;若t取定值,则Ψ表示的波形曲线如图15-48所示,是一种"空间拍".

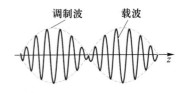

图 15-48　调幅波的波形曲线

合成波相位传播的速度即载波的相速度u.注意$\Phi=\overline{\omega}t-\overline{k}z+\varphi$,有

$$u=\frac{\mathrm{d}z}{\mathrm{d}t}\bigg|_{\Phi}=\frac{\overline{\omega}}{\overline{k}}\approx\frac{\omega_1}{k_1}\approx\frac{\omega_2}{k_2}=\frac{\omega}{k} \tag{15-41}$$

而波包的速度也就是调幅波相位移动的速度,称为群速度(group velocity),以v_g表示.考虑调制波上t时刻位于z点的相位,经$\mathrm{d}t$时间后移动$\mathrm{d}z$,两点相位相同

$$\frac{\Delta\omega}{2}t-\frac{\Delta k}{2}z=\frac{\Delta\omega}{2}(t+\mathrm{d}t)-\frac{\Delta k}{2}(z+\mathrm{d}z)$$

于是,群速度为$v_g=\mathrm{d}z/\mathrm{d}t$.即

$$v_g = \frac{dz}{dt} = \frac{\Delta \omega}{\Delta k} \qquad (15\text{-}42)$$

由于 $\Delta \omega$ 很小, 故 $\frac{\Delta \omega}{\Delta k} \approx \frac{d\omega}{dk}$, 于是

$$v_g = \frac{d\omega}{dk} = \frac{d(uk)}{dk} = u + k\frac{du}{dk} = u + k\frac{du}{d\omega}\frac{d\omega}{dk} = u + k\frac{du}{d\omega}v_g \qquad (15\text{-}43)$$

在介质中, 波的角频率 ω 与角波数 k 的函数关系 $\omega = \omega(k)$ 称为色散关系. 已知色散关系, 则可利用式 (15-43) 求得波的群速度和相速度并进而讨论它们之间的关系. 如果对于某种介质, 波的相速度 u 与频率无关, 即 $\frac{du}{d\omega} = 0$, 则 $v_g = u$, 即波的群速度等于相速度, 这种情况下, 波包在传播过程中不会发生变形, 这就是无色散的情况; 一旦群速不等于相速, 即 $v_g \neq u$, 就会发生色散. 如果 $\frac{du}{d\omega} < 0$, 即介质中角频率 ω 高的波相速度 u 小, 则 $u > v_g$, 即波的相速度大于群速度, 此时发生的色散称为正常色散, 如白光被玻璃色散; 如果 $\frac{du}{d\omega} > 0$, 即在某种介质中 ω 高的波相速度 u 大, 则 $u < v_g$, 即波的相速度小于群速度, 此时发生的色散称为反常色散, 如碘蒸气对白光的色散. 常见介质的色散大多是正常色散. 另外, 当相速度随频率变化得很快时, 复波在传播过程中很快就发生变形, 群速度就失去了意义. 在复波的传播过程中, 同样有能量的传播. 能量传播的速度就是复波整体移动的速度, 即群速度. 相速度、群速度, 波包和色散以及色散关系对包括物质波在内的所有波动都是适用的.

例题 15-12 钢琴弦中的色散关系. 实际钢琴弦并非完全柔韧, 其色散关系为

$$\frac{\omega^2}{k^2} = \frac{F}{\rho_l} + \alpha k^2$$

其中 F 和 ρ_l 分别为弦的张力和质量线密度, k 为角波数, α 为一个与弦的弹性系数有关的很小的正常量, 通常 $\alpha k^2 \ll F / \rho_l$. 求相速度和群速度.

解: 由于 $\alpha k^2 \ll F / \rho_l$, 相速度为

$$u = \frac{\omega}{k} = \sqrt{\frac{F}{\rho_l} + \alpha k^2} = \sqrt{\frac{F}{\rho_l}}\sqrt{1 + \frac{\rho_l \alpha k^2}{F}} \approx \sqrt{\frac{F}{\rho_l}}\left(1 + \frac{\rho_l \alpha k^2}{2F}\right)$$

而群速度为

$$v_g = \frac{d\omega}{dk} = u + k\frac{du}{dk} = u + \frac{\alpha k^2}{\sqrt{(F/\rho_l) + \alpha k^2}} \approx u + \alpha k^2 \sqrt{\frac{\rho_l}{F}}$$

由于钢琴弦上的波速 u 大于完全柔韧弦的波速 $u_0 = \sqrt{F/\rho_l}$, 由式 (15-39) $\nu = \frac{nu}{2L}$ 可知, $\nu > \nu_0$, 即钢琴弦的声音要比柔韧弦的稍尖锐些; 而且, 由于色散各次谐频也会变化, 从而产生钢琴特有的音色. 可见, 色散关系也是造成乐器具有不同音色的原因.

15-6-1 机械波的多普勒效应

1842年，奥地利物理学家多普勒（J.C.Doppler）发现，当波源或观测者运动时都会导致观测频率与波源频率不同，这种现象称为多普勒效应（Doppler effect）. 在路边我们会听到车驶近时鸣笛声频率变高，驶离时频率变低，就是一例.

机械波的传播是相对于介质这个特殊参考系而言的. 为简单起见，设波源或观测者的运动都发生在它们的连线上. 以 u 表示波速，v_S 和 v_O 分别表示波源和观测者相对介质的速度. 波源频率用 ν 表示，它是波源在单位时间内振动的次数；波的频率 ν_w 则是指介质中质元单位时间内振动的次数，由于在波源振动的一个周期（T）内波传播出一个完整波形的距离（即波长 λ），因此波的频率也就是单位时间内通过介质中某点的完整波数，即 $\nu_\mathrm{w} = u/\lambda$；观测频率用 ν' 表示，它是观测者所在位置在单位时间内接收到的振动次数或完整波数. 下面分三种情况讨论.

（1）波源静止，观测者以速度 v_O 运动

如图15-49所示，波源 S 静止，它所发出的振动在各向同性介质中以波速 u 向各个方向传播，波面为以 S 为球心的同心球面；波线上相邻两个同相振动状态的距离即波长，为 $\lambda_0 = uT = u/\nu$，T 和 ν 分别为波源的周期和频率. 因此，波的频率 $\nu_\mathrm{w} = u/\lambda_0 = \nu$，即波的频率等于波源频率 ν. 如观测者相对于介质静止，则观测频率就是介质中波的频率，即 $\nu' = \nu_\mathrm{w} = \nu$；但观测者运动时，观测频率就不同于波的频率了. 设观测者以速度 v_O 向着波源 S 运动，则由图可以看出，单位时间内波线上长度为 $u + v_O$ 的波都被观测者 O 所接收，即观测频率为

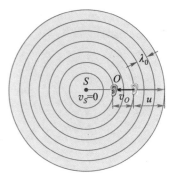

图15-49 波源不动而观察者运动

$$\nu' = \frac{u + v_O}{\lambda_0} = \frac{u + v_O}{u/\nu_\mathrm{w}} = \nu_\mathrm{w}\left(1 + \frac{v_O}{u}\right) \tag{15-44}$$

由于波源静止，$\nu_\mathrm{w} = \nu$；当观测者背离波源运动时，则上式中 $v_O < 0$.

（2）观测者静止，波源以速度 v_S 运动

当波源运动时，它在介质不同位置发出的波都以波速 u 向各个方向传播，波面仍是球面但不再同心，如图15-50（a）所示. 可见波长不再等于 λ_0（波源前方波长变短，后方波长变长），因此波的频率也就与波源频率不同. 考虑沿波源运动方向的波线 SO，波源 S 在振动周期 T 内发出相邻两次同相振动，如图15-50（b）所示，第一次振动经 T 传播距离为 uT，同时波源向前移动 $v_S T$，因此波线上这两次同相振动的距离即波长 $\lambda = (u - v_S)T \neq uT$. 于是，介质中 O 点波的频率为

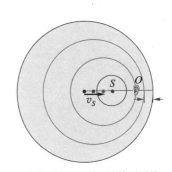

(a) 由于波源运动，波前不再是同心球面

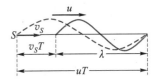

(b) 波源运动时，波长 $\lambda \neq uT$

图15-50 观察者不动而波源运动

$$\nu_\mathrm{w} = \frac{u}{\lambda} = \frac{u}{(u - v_S)T} = \frac{u}{u - v_S}\nu \tag{15-45}$$

这也就是静止于介质中 O 点的观测者接收到的频率，即 $\nu' = \nu_w$；若 O 点位于 S 后方，即波源背离观测者运动，则上式中 $v_s < 0$.

（3）波源和观测者都相对于介质运动

综合以上两种情况，将波源运动时波的频率表达式（15-45），代入观测者相对于介质运动时观测频率的表达式（15-44），得观测频率为

$$\nu' = \frac{u + v_O}{\lambda} = \frac{u + v_O}{u - v_S} \nu \qquad (15-46)$$

式中 ν 为波源频率，u 为波速. v_O 和 v_S 分别是观测者 O 和波源 S 相对于介质沿着 OS 连线方向上的速度，并且规定，相向运动时 v_O 和 v_S 取正值，背离运动时取负值. 由式（15-46）可以得出结论，当观测者和波源相向运动时，观测频率大于波源频率，即 $\nu' > \nu$；相互背离运动时，观测频率小于波源频率，即 $\nu' < \nu$.

如果波源和观测者的运动方向不在二者的连线上，则式（15-46）中的 v_O 和 v_S 应分别是观察者和波源运动速度在二者连线方向上的投影. 而垂直于连线方向的速度分量并不引起机械波的多普勒效应.

多普勒效应可以用于测量运动物体的速度. 将频率为 ν 的波射向运动物体，由反射回来的波发生的多普勒频移即可计算出物体运动速度. 在通常速度范围内，频移 $|\Delta\nu| = |\nu' - \nu|$ 与 ν 比较很小，可通过发射波与反射波叠加形成"拍"，再由测得的拍频 $|\Delta\nu|$ 算出速度. 在医学上，超声多普勒诊断仪用于测量血流变化，以诊断心脑血管等病变.

例题 15-13 一汽车喇叭的频率为 400 Hz，设汽车以速率 30 m·s⁻¹ 向一个静止的观测者驶来. 取空气中的声速为 340 m·s⁻¹，问司机和观测者接收到的频率各为多少？如果汽车静止，而观测者以同样速度向着汽车运动，则观测者接收到的频率为多少？

解： 由式（15-46），汽车运动时司机与波源以相同速度 v 相对于空气运动，假想波源在前，故做背离运动（$v_s = -v$），司机在后向波源运动（$v_o = v$），司机接收到的频率为

$$\nu'_0 = \nu \frac{u + v_O}{u - v_S} = \nu \frac{u + v}{u + v} = \nu$$

与波源的频率一样，为 400 Hz. 而地面静止的观测者接收到的频率为

$$\nu'_1 = \nu \frac{u + v_O}{u - v_S} = \nu \frac{u}{u - v} = 400 \times \frac{340}{340 - 30} \text{ Hz} = 439 \text{ Hz}$$

若汽车静止，运动的观测者接收到的频率为

$$\nu'_2 = \nu \frac{u + v_O}{u - v_S} = \nu \frac{u + v}{u} = 400 \times \frac{340 + 30}{340} \text{ Hz} = 435 \text{ Hz}$$

可见，$\nu'_2 \neq \nu'_1$，即两种情况下的观测频率并不相同.

例题15-14 超声多普勒测速. 一固定波源在海水中发射频率为ν的超声波,此波遇一艘运动潜艇被反射,反射波与入射波在波源处合成振动的拍频为$\Delta\nu$. 求潜艇向波源方向运动的速度v. 设超声波波速为u, $v < u$.

解: 潜艇相对于海水运动,它接收到的超声波频率为

$$\nu_1 = \nu \frac{u+v}{u}$$

反射波可看作以潜艇作为波源发出的频率为ν_1的波,在波源处被接收到的观测频率为

$$\nu_2 = \nu_1 \frac{u}{u-v} = \nu \frac{u+v}{u-v}$$

拍频为

$$\Delta\nu = \nu_2 - \nu = \left(\frac{u+v}{u-v} - 1\right)\nu = \frac{2v}{u-v} \cdot \nu$$

解出潜艇速度v为

$$v = \frac{u\Delta\nu}{\Delta\nu + 2\nu} \approx \frac{u\Delta\nu}{2\nu}$$

*15-6-2　电磁波的多普勒效应

与机械波不同,电磁波可以在真空中传播. 这时,观测频率仅取决于波源频率及波源与观察者之间的相对运动. 因波速即光速,必须用相对论来处理. 我们直接给出结果如下:

$$\frac{\nu'}{\nu} = \frac{\sqrt{1-\beta^2}}{1-\beta\cos\theta} \tag{15-47}$$

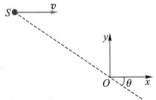

图15-51　光的多普勒效应

式中$\beta = v/c$, v为波源S相对于观察者O的速度,沿x方向,θ是波源S和观察者O之间的连线与x轴之间的夹角,如图15-51所示. 分别令$\theta=0$和$\theta=\pi/2$,即得光的纵向和横向多普勒效应公式

$$\frac{\nu'}{\nu} = \sqrt{\frac{1+\beta}{1-\beta}} \quad (\theta=0,\ \text{纵向})$$

$$\frac{\nu'}{\nu} = \sqrt{1-\beta^2} \quad (\theta=\frac{\pi}{2},\ \text{横向})$$

$$\tag{15-48}$$

在低速情况下, $\beta = v/c \ll 1$,分别得到

$$\frac{\nu'}{\nu} \approx 1+\beta, \quad \frac{\Delta\nu}{\nu} = \frac{\nu'-\nu}{\nu} \approx \beta = \frac{v}{c} \quad (\text{纵向})$$

$$\frac{\nu'}{\nu} \approx 1-\frac{1}{2}\beta^2, \quad \frac{\Delta\nu}{\nu} = \frac{\nu'-\nu}{\nu} \approx -\frac{1}{2}\beta^2 \sim 0 \quad (\text{横向})$$

$$\tag{15-49}$$

由式（15-49）可见，当观察者与光源相向运动时，$\beta = v/c > 0$，$\nu' > \nu$，即光的频率增大，发生紫移现象；当观察者与光源相背运动时，$\beta = v/c < 0$，$\nu' < \nu$，即光的频率减小，发生红移现象. 人们正是根据河外星系红移的观测，确定它们不断"退行"（远离我们运动），从而推知宇宙是正在膨胀的. 雷达测速依据的也是多普勒频移测速原理.

例题 15-15 已知长蛇座某特征吸收谱线波长移动到 475 nm 的位置上，而在静止系中光源辐射的该谱线的波长为 394 nm，求长蛇座的退行速度.

解： 由光的波长与频率的关系 $\nu = c/\lambda$，把式（15-48）改写成

$$\lambda = \sqrt{\frac{1+\beta}{1-\beta}}\lambda'$$

解得

$$\beta = \frac{v}{c} = \frac{(\lambda/\lambda')^2 - 1}{1 + (\lambda/\lambda')^2}$$

代入 $\lambda' = 475$ nm，$\lambda = 394$ nm，可得

$$v = -0.18c = -5.4 \times 10^7 \text{ m} \cdot \text{s}^{-1}$$

"–"表示相背运动，即长蛇座在退行.

*15-6-3　艏波与马赫锥

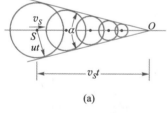

由式（15-46），当波源速度 v_S 超过波速 u 时则有 $\nu' < 0$. 频率为负值的波当然不存在，事实上这时在波源的前方并没有它发射的波，根本谈不上多普勒效应. 在这种情况下，波源处于波前前面，各时刻波源发出的波前的包络面是一个以波源为顶点的圆锥面，它是介质受扰动与未受扰动的分界面，称为**马赫锥**（Mach cone），如图 15-52（a）所示. 这种波称为**艏波**（bow wave），也称为**马赫波**.

由几何关系可求得马赫锥的顶角 α 满足

$$\sin\frac{\alpha}{2} = \frac{ut}{v_S t} = \frac{u}{v_S} = \frac{1}{Ma} \tag{15-50}$$

式中无量纲参量 $Ma = v_S/u$ 称为**马赫数**（Mach number）.

艏波在实际生活中是常见的. 如图 15-52（b）所示的照片中，当船速超过水面波的波速时，在船后激起的以船为顶的"V"形波就是艏波. 超音速飞机掠过头顶片刻后才听到它发出的声音，子弹掠空而过的破空声音，都是艏波的例子. 艏波又称为冲击波，在马赫锥面到达的地方，由于压强和能量突然增加，冲击波强度极大. 当飞机以声速飞行时，$v_S = u$，$\alpha \to \pi$，马赫锥展为平面，通常称为"声爆"，它对其附近的物体会造成损害，因此超音速飞机加速飞行时应尽快越过声速

图 15-52　艏波

区（称为"声障"）进入超音速区．冲击波波面的后方出现的高温和高压，也是爆炸性原子武器的主要杀伤和破坏因素．

在电磁波情形下，在真空中带电粒子的速度总小于光速，故不会出现艏波．但在介质中带电粒子的速度可能大于在该介质中的光速，从而辐射出锥形的电磁艏波，这称为切连科夫辐射（Cherenkov radiation）．利用切连科夫辐射制成的测定高速粒子的探测器，称为切连科夫计数器，已广泛应用于高能物理的实验研究中．

习 题

习题参考答案

15.1 平面简谐波的振幅为 5.0 cm，频率为 100 Hz，波速为 400 m·s⁻¹，沿 z 轴正方向传播．以波源处的质元在平衡位置向 y 轴正方向运动时作为计时起点，求：（1）波源的振动方程；（2）波函数；（3）$t = 1$ s 时距波源 100 cm 处的质元的相位．

15.2 已知波函数为

$$\Psi = a\cos(bt - cz + d)$$

式中 a、b、c 及 d 为常量．试求：（1）波的振幅、频率、周期、波长、波速及 $z = 0$ 处的初相位；（2）t 时刻，在波的传播方向上相距 l 的两点的相位差．

15.3 如图 15-53 所示，一平面简谐波沿 z 轴正方向传播，振幅为 20 cm，角频率 $\omega = 7\pi$ rad·s⁻¹．已知 $OA = AB = l = 10$ cm，且 $t = 0.1$ s 时 A、B 两处质元振动状态分别为 $y_A = 0$，$\left(\dfrac{\mathrm{d}y}{\mathrm{d}t}\right)_A < 0$ 和 $y_B = 10$ cm，$\left(\dfrac{\mathrm{d}y}{\mathrm{d}t}\right)_B > 0$．设 $2l < \lambda < 3l$，求波函数．

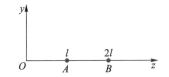

图 15-53 习题 15.3 图

15.4 声呐向海下发出的超声波波函数为

$$\Psi = 0.2 \times 10^{-2}\cos(\pi \times 10^5 t - 220z)\text{（SI 单位）}$$

试求：（1）振幅与频率；（2）海水中的波速与波长；（3）距波源为 8.00 m 与 8.05 m 的两质元振动的相位差．

15.5 一平面波沿 z 轴正向传播，若波速 $u = 1$ m·s⁻¹，振幅 $A = 1 \times 10^{-3}$ m，角频率 $\omega = \pi$ rad·s⁻¹，原点处质元的振动规律为 $y = A\cos(\omega t - \pi/2)$．试求：（1）波函数；（2）$t = 1$ s 时 z 轴上各质元的位移分布规律；（3）$z = 0.5$ m 处质元的振动规律．

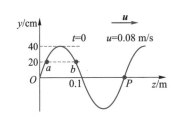

图 15-54 习题 15.6 图

15.6 图 15-54 所示为 $t = 0$ 时刻的波形曲线．求：（1）O 点的振动方程；（2）波函数；（3）P 点的振动方程；（4）a、b 两点的振动方程．

15.7 图 15-55 所示为沿 z 轴传播的平面简谐波在 t 时刻的波形曲线．（1）若沿 z 轴正方向传播，该时刻 O、A、B、C 各点的振动相位各是多少；（2）若波沿 z 轴负方向传播，上述各点的振动相位又各是多少？

15.8 一沿 z 轴正方向传播的机械波 $t = 0$ 时刻的波形曲线如图 15-55 所示，已知波速为 10 m·s⁻¹，波长为 2 m．求：（1）波函数；（2）P 点的振动方程，并画出 P 点的

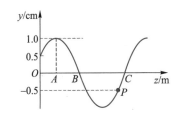

图 15-55 习题 15.7 和 15.8 图

振动曲线；（3）P点的z坐标；（4）P质点回到平衡位置所需要的最短时间.

*15.9 钢棒中的声速为$5\,100$ m·s^{-1}，求钢的杨氏模量.已知钢的密度为$7\,800$ kg·m^{-3}.

15.10 空气中一简谐波沿直径为0.14 m的圆柱形管行进，波的平均能流密度为9×10^{-3} J·s^{-1}·m^{-2}，频率为300 Hz，波速为300 m·s^{-1}.试求：（1）波的平均能量密度和最大能量密度；（2）管中一个波长范围内的总能量.

15.11 一平面简谐波在介质中传播，波速为1.0×10^3 m·s^{-1}，振幅为1.0×10^{-4} m，频率为300 Hz，介质的密度为800 kg·m^{-3}.求：（1）该波的平均能流密度；（2）一分钟内通过垂直于波线的面积$S=4\times10^4$ m^{2}的总能量.

15.12 一扬声器的膜片半径为0.1 m，欲使它产生1 kHz、40 W的声辐射，则膜片的最小振幅应为多大？已知空气密度为1.29 kg·m^{-3}，声速为344 m·s^{-1}.

15.13 距离点声源10 m的地方声音的声强级为20 dB，若不计空气对声音的吸收，求距离声源5 m处的声强级.

*15.14 （1）为了防止红外线进入光学系统，在有些光学仪器前加一个水透镜（即隔热水瓶），如果水对红外线的平均吸收系数$\alpha=1.0$ cm^{-1}，要阻止绝大部分（99%）红外线进入，水透镜需要多厚？（2）红光透过15 m深的海水后，其光强减弱到原来的$1/4$，试求海水对红光的吸收系数，以及光强减弱到原来的1%时透过海水的深度.

*15.15 用于打孔的激光束其截面直径为60 μm，平均功率为300 kW，计算此激光束的平均能流密度的大小.

*15.16 真空中波长为0.03 m的平面简谐电磁波，电场强度E的振幅为30 V/m，求：（1）该电磁波的频率；（2）磁场的振幅；（3）平均能流密度；（4）对于一垂直于传播方向的面积为0.5 m^{2}的全吸收表面的平均辐射压力.

图15-56 习题15.17图

15.17 两个同频率（100 Hz）等振幅的波源位于同一介质中A、B两点，如图15-56所示，它们的相位差为π.若$AB=30$ m，波速$u=400$ m·s^{-1}，（1）试求AB连线上因干涉而静止的各点位置（取AB连线为z轴，A为坐标原点）；（2）AB连线外任一点的振动情况如何？

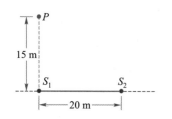

图15-57 习题15.18图

15.18 如图15-57所示，S_1、S_2为两相干波源（振幅都为A_0），相距$\lambda/4$，S_1的相位较S_2超前$\pi/2$，试求S_1S_2连线上各点合振动的振幅.

图15-58 习题15.19图

15.19 如图15-58所示，S_1、S_2为同一介质中的相干波源，相距20 m，频率为100 Hz，振幅都是50 mm，波速为10 m·s^{-1}，已知两波源的相位相反且S_1的初相位为0.（1）试分别写出两波源引起的P点振动的振动方程；（2）两波在P点干涉后的振动方程.

15.20 平面波$\Psi=2\cos\left[600\pi\left(t+\dfrac{z}{330}\right)\right]$（SI单位），传到$A$、$B$两个小孔上，$A$、$B$相距$100$ cm，AC垂直于AB，如图15-59所示.若从A、B传出的次波到达C点叠

加恰好产生第 1 级（即 $k=1$）极小，试求 C 点到 A 点的距离．

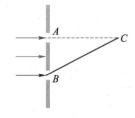

图 15-59　习题 15.20 图

15.21 在弦线上有一简谐波 $y_1 = 2.0 \times 10^{-2} \cos\left[100\pi\left(t - \dfrac{z}{20}\right) + \dfrac{\pi}{3}\right]$（SI 单位）. 为了在此弦线上形成驻波，并且要求 $z=0$ 处为波节，此弦上还应有一个怎样的简谐波？写出其表达式．

15.22 两个波在一根很长的弦线上传播，其表达式分别为

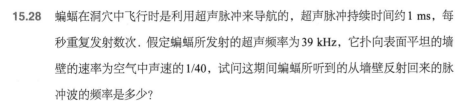

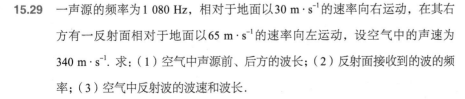

求：（1）两波各自的频率、波长、波速；（2）合成波的振幅最大值和最小值及其所在位置．

15.23 一弦上驻波的表达式为 $y = 0.02\cos 16z \cos 750t$（SI 单位）.（1）形成此驻波的两波的振幅、波速为多少？（2）相邻节点间的距离为多少？（3）$t = 2.0 \times 10^{-3}\,\text{s}$ 时位于 $z = 0.05\,\text{m}$ 处质元的振动速度多大？

15.24 设沿杆传播的入射波的方程为 $y_1 = A\cos\left[2\pi\left(\dfrac{t}{T} + \dfrac{z}{\lambda}\right)\right]$，在杆的自由端（取作 z 轴之原点）发生反射. 试求：（1）反射波的波函数；（2）合成波（即驻波）的方程；（3）杆上波节和波腹的位置．

15.25 图 15-60 所示为用共振法测空气中的声速的装置. 竖直管中装有水，通过阀门调节水面高度可改变管中空气柱的长度 l，以频率 ν 振动着的音叉置于管口，当水面由管口逐渐下降时，管口处声音的强度分别在 $l = a$，$a + d$ 和 $a + 2d$ 处达到最大，实验用 $\nu = 1\,080\,\text{Hz}$ 的音叉，测得 $d = 15.3\,\text{cm}$，求空气中的声速．

图 15-60　习题 15.25 图

15.26 长度为 0.8 m 的小提琴琴弦的基频为 450 Hz. 求：（1）弦上的波速；（2）基频的波长；（3）第三谐频的波长．

15.27 站在铁路附近的观察者，听到迎面开来的火车汽笛声频率为 440 Hz，当火车驶过后，汽笛声的频率降为 390 Hz. 设声速为 340 m·s^{-1}，求火车的速度及火车上司机听到的汽笛声的频率．

15.28 蝙蝠在洞穴中飞行时是利用超声脉冲来导航的，超声脉冲持续时间约 1 ms，每秒重复发射数次. 假定蝙蝠所发射的超声频率为 39 kHz，它扑向表面平坦的墙壁的速率为空气中声速的 1/40，试问这期间蝙蝠所听到的从墙壁反射回来的脉冲波的频率是多少？

15.29 一声源的频率为 1 080 Hz，相对于地面以 30 m·s^{-1} 的速率向右运动，在其右方有一反射面相对于地面以 65 m·s^{-1} 的速率向左运动，设空气中的声速为 340 m·s^{-1}. 求：（1）空气中声源前、后方的波长；（2）反射面接收到的波的频率；（3）空气中反射波的波速和波长．

15.30 在长直高速上，汽车以 30 m·s^{-1} 的速度追赶以速度 90 km/h 行驶的救护车，若救护车发出频率为 650 Hz 的鸣笛，设空气中的声速为 340 m·s^{-1}，求汽车司机

接收到的鸣笛的频率.

*15.31 雷达测速. 从波源发出的波长 $\lambda = 0.100$ m 的电磁波, 从正在远处向波源趋近的飞机上反射回来, 与波源发出的波叠加形成频率为 990 Hz 的拍. 求飞机趋近波源的速度.

*15.32 一飞机以马赫数 2.0 的速度在 5 000 m 高空水平飞行, 声速取 330 m·s^{-1}. (1) 求空气中马赫锥的半顶角; (2) 地面上的人看到飞机从头顶飞过后多长时间听到飞机激起的艏波声?

16

几何光学

思考题解答

光学 (optics) 是物理学的重要组成部分, 它是研究光的产生、传播、接收和显示, 以及光与物质相互作用的学科. 通常把光学分为几何光学、波动光学、量子光学和现代光学四个研究分支. 本章介绍几何光学.

几何光学 (geometric optics) 以光的直线传播、反射和折射定律为基础, 采用光线概念用几何学的方法来研究光学现象. 虽然 17 世纪初已经出现望远镜和显微镜等光学仪器, 但直到 17 世纪中叶斯涅耳 (W.Snell) 和笛卡尔 (R.Descartes) 建立光的折射定律后, 才基本奠定了几何光学的基础. 今天, 我们虽然知道光是一种电磁波, 几何光学不过是在波长趋于零的条件下波动光学的近似而已, 但在处理一般光学成像时, 几何光学仍有它的方便之处, 因而广泛应用于照相机、显微镜、望远镜等光学仪器的设计制造中.

对于光的直线传播现象和薄透镜成像的规律在中学阶段已有初步了解. 本章首先介绍几何光学的基本定律和成像的基本概念, 进而讨论平面和球面的反射和折射成像, 并导出薄透镜的成像规律, 最后介绍一些简单的光学仪器.

16-1-1 光的传播规律

波场用波面和波线表示. 光波场中波线称为光线（optical ray），它代表光波的传播方向. 在均匀各向同性介质里，光波的波面与光线垂直. 光线不是具体的一束光，具体的光束可以看作是同一光源发出的许多光线的集合. 显然，平面光波对应平行光束，球面光波对应发散或会聚光束.

几何光学也称为光线光学，它借助于光线（有时用波面）的概念，运用几何方法来研究光的传播问题. 几何光学以下列三个实验定律为理论基础.

（1）光的直线传播定律：在均匀透明介质中，光沿直线传播，即光线为一直线.

光照射不透明物体，会在后面出现清晰的影子（图16-1所示），暗室中蜡烛火焰经过小孔后成倒立的像（图16-2所示），都是人们熟知的光沿直线传播的实例.

图16-1 影子

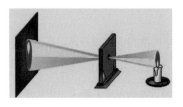

图16-2 小孔成像

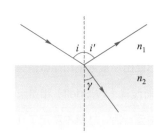

图16-3 光的反射和折射定律

（2）反射定律和折射定律：光的反射定律和折射定律最初是从实验总结得到的，从上一章15-4-2小节可知，它们也可以由惠更斯原理导出. 如图16-3所示，光线从折射率为 n_1 的介质1入射到折射率为 n_2 的介质2上，在分界面上一部分反射回介质1，一部分折射进入介质2，i、i' 和 γ 分别为入射角、反射角和折射角. 反射定律可表述为：反射线在入射线和界面法线所决定的平面内，且反射角 i' 等于入射角 i，即

$$i' = i \tag{16-1}$$

折射定律可表述为：折射线在入射线和界面法线所决定的平面内，且折射角 γ 与入射角 i 之间存在以下关系：

$$\frac{\sin i}{\sin \gamma} = \frac{n_2}{n_1} \quad \text{或} \quad n_1 \sin i = n_2 \sin \gamma \tag{16-2}$$

上式也称为斯涅耳（W.Snell）定律.

实际计算中，总可以把反射定律当作折射定律在 $n_2 = -n_1$ 情况下的特例，此时由上式可得 $\gamma = -i$，负号表示经界面后反射线回到入射线所在介质.

照射到物体界面上的各条光线都遵守反射和折射定律. 一般物体的表面较为粗糙，反射和折射光线显得杂乱无章；而光学表面（例如镜面）是光滑的界面，反射和折射光线的分布也呈明显规律性.

（3）光的独立传播定律：两束或多束光在空间相遇时将互不干扰，各自按原来的方向继续传播.

光在非均匀介质中传播时，可以把非均匀介质看作是由无限多均匀介质微元组合而成的．因此上述三个定律能够说明自然界中光线的各种传播现象，它们是几何光学的基本定律．

| 思考题16.1：海市蜃楼是如何形成的？

从几何光学基本定律不难看出，无论是反射还是折射，如果某一条入射光线沿着一定路径由A传播到B出射，则光反向逆着出射光线由B点入射时，此反向光线仍沿同一条路径由B传播到A，如图16-4所示．这称为光路可逆原理．

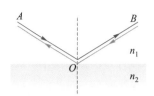

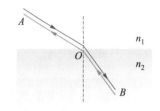

图16-4　光路可逆原理

16-1-2　全反射

光学中折射率较大的介质称为光密介质（optically denser medium），折射率较小的介质称为光疏介质（optically thinner medium）．由式（16-2）可知，若$n_2 < n_1$，则$\gamma > i$，即光从光密介质入射到光疏介质时，折射角大于入射角．如图16-5所示，随着光线入射角的增大，相应地折射角也随之增大．当入射角增大到某一数值

$$i_c = \arcsin\left(\frac{n_2}{n_1}\right) \quad (16-3)$$

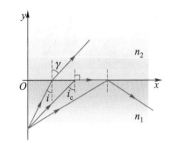

图16-5　全反射

时，折射角$\gamma = 90°$．当入射角$i > i_c$时，光线全部反射回原来的介质．这种现象称为全反射（total reflection）．入射角i_c称为临界角（critical angle）或全反射角．

全反射现象有广泛的应用．例如一般镀膜反射镜会吸收大约10%的光能，利用全反射棱镜代替镀膜反射镜来改变光线方向可减少光能损失．全反射直角棱镜如图16-6所示．利用一对全反射直角棱镜还可以做成光开关．如图16-7所示，二者分开时，由于全反射，光不能通过第二棱镜，二者紧贴时，光能通过第二棱镜．光纤（optical fiber）是光导纤维的简称，它的芯区是用石英、玻璃或特制塑料拉成的柔软细丝，直径在几个微米到几十微米，其折射率大于外皮包层的折射率．从一端进入光纤的光线，在芯区和包层的交界面上发生多次全反射，就可以沿着光纤传到另一端，如图16-8所示．由于光纤可以弯曲成任意形状，因而能随意改变光的传播方向．光纤束可用来传递图像，医学上可制成照亮和窥视人体器官内部的内窥镜．光纤通信是用光波作载波，把信息变成光信号加在载波光上使之沿光纤传播．光纤通信具有容量大、传输距离远、抗干扰、保密性好、造价低等优点．

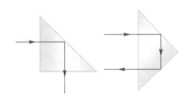

图16-6　全反射棱镜

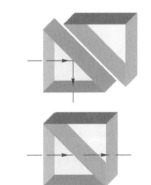

图16-7　光开关

| 思考题16.2：为什么金刚石比切割成相同形状的玻璃仿制品看起来更加闪耀夺目？

*16-1-3　棱镜与色散

棱镜（prism）是常见的光学元件，其主要用途是改变光束的方向和利用其色散特性将不同频率的光分开．通常把入射线和出射线间的夹角称为偏向角．

图16-8　光纤

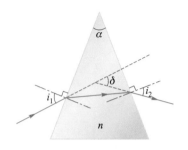

图16-9 三棱镜的偏向角

图16-10 光经过三棱镜色散

表16-1 几种介质对纳黄光的折射率

空气	1.000 29
水	1.333
乙醇	1.36
甘油	1.47
水晶	1.54
各种玻璃	1.5 ~ 2.0
金刚石	2.417

图16-11 波长大的偏向角小

如图16-9所示，容易得出三棱镜的偏向角 δ 为

$$\delta = i_1 + i_2 - \alpha \tag{16-4}$$

式中 α 为棱镜的顶角，i_1 和 i_2 分别为入射角和出射角.

对于给定的顶角 α，偏向角 δ 随入射角 i_1 变化. 可以证明，当 $i_1 = i_2$ 时，δ 有最小值，称为最小偏向角，记为 $\delta_{\min}$. 在此情况下，可得棱镜的折射率

$$n = \frac{\sin \dfrac{\alpha + \delta_{\min}}{2}}{\sin \dfrac{\alpha}{2}} \tag{16-5}$$

思考题16.3：试由折射定律和几何关系推导以上两式.

介质的折射率与光的频率有关，因而复色光经过棱镜时，不同频率的光会由于偏向角不同而分开，这就是光的色散现象. 太阳光经三棱镜色散的现象如图16-10所示. 光学中常把折射率与波长的关系称为色散关系. 对正常色散，折射率随波长的减小而增大；对反常色散，折射率随波长的增大而增大. 实验表明，对正常色散，介质的折射率与波长的关系为

$$n = A + \frac{B}{\lambda^2} + \frac{C}{\lambda^4} \tag{16-6}$$

上式称为柯西（Cauchy）色散公式，式中 A、B、C 对特定介质由实验确定，多数情况下第三项可以略去. 表16-1给出了几种介质对钠黄光（589.3 nm）的折射率. 玻璃是一种正常色散介质，波长大的光折射率小，经过玻璃三棱镜后偏向角也小，因此可见光中红光偏向角最小，紫光偏向角最大，如图16-11所示. 利用棱镜的色散可以观察光谱.

*16-1-4 费马原理

光在折射率为 n 的介质中传播距离（几何路程）r 所需的时间为 $\Delta t = r/u = nr/c$，它取决于 nr 而不是 r. 我们把 $L = nr$ 定义为光程（optical path）. 注意到 $nr = c\Delta t$ 是相同时间内光在真空中传播的距离，因此光程的物理意义是：光在折射率为 n 的介质中传播的距离（几何路程）r 折算成真空中传播的距离. 光在折射率连续变化的介质中从 A 到 B 的光程为

$$L = \int_A^B n(r)\,\mathrm{d}l \tag{16-7}$$

积分沿光线的路径.

利用光程可以方便地比较光在不同介质中传播的时间. 1657年法国数学家费马（P. de Fermat）指出：光传播的实际路径是使光程或时间为极值（极小、极

大或稳定值）的路径．这是几何光学的基本原理之一，称为费马原理（Fermat principle）．由费马原理可以得出光的直线传播定律、反射和折射定律、光路可逆原理等．关于费马原理本书不作进一步讨论．

16-2 成像基本概念　平面成像

16-2-1　光在平面上的反射成像

光从一种介质进入另一种介质时，在界面上会发生反射和折射，从而改变光的传播方向．利用这一性质，人们用不同介质制成不同曲面形状的光学元件，例如反射镜（mirror）、透镜（lens）和棱镜等．它们按一定方式组合起来构成光学系统．成像是几何光学的主要研究内容．显微镜、望远镜和照相机等是实现不同成像目的的光学仪器，眼睛也是一个光学成像系统．照到物体上的光或者物体本身发出的光，进入人的眼睛就会被人看见．这里，有必要先介绍几个关于成像的概念．

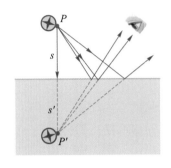

图 16-12　平面反射成像

光线或其延长线交于一点的光束称为同心光束（concentric beam 或 homocentric beam）．例如，一个点光源发出的光束就是同心光束．在各向同性介质里同心光束对应于球面波．如果一个以 P 点为中心的同心光束经光学系统后，出射光为一个以 P' 点为中心的同心光束，则我们说 P 成像于 P'，并将 P 称为物点（object point），P' 称为像点（image point）．根据光路可逆原理，如果把像点 P' 看作物点，则由 P' 点发出的光线经过光学系统后必然相交于 P 点，P 点就是 P' 点的像．可见，像点和物点相互对应，这样的一对点称为共轭点（conjugate point）．

下面讨论界面为平面的简单情况下的反射成像．如图 16-12 所示，从物点 P 发出的光束经平面反射后，根据反射定律和几何关系可知，其反射光线的反向延长线相交于 P' 点，与 P 点关于平面对称．这里，物点 P 的像点 P' 点不是实际光线的交点，P' 点称为虚像点．

一般地，对于物点或像点，若是光线本身的交点则为实物点或实像点，若是光线的延长线的交点则为虚物点或虚像点．图 16-13（a）和（b）中 P 为实物点，图 16-13（a）和（c）中 P' 为实像点（real image point）；图 16-13（c）和（d）中 P 为虚物点，图 16-13（b）和（d）中 P' 为虚像点（virtual image point）．实物点和虚物点的集合分别称为实物和虚物；实像点和虚像点的集合分别称为实像和虚像．实像既可用屏幕接收，又可用眼睛观察；虚像点和虚物点都不是光线本身的交点，因此不能用屏幕接收，但构成虚像点或虚物点的光线进入眼睛，会引起

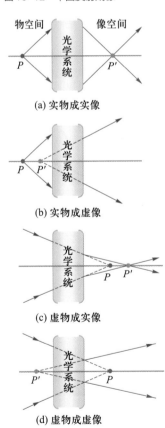

（a）实物成实像

（b）实物成虚像

（c）虚物成实像

（d）虚物成虚像

图 16-13　物和像的虚实

它们的延长线交点真有一个光点的感觉，因此虚像或虚物能够用眼睛观察到.

在图16-13中，从P点到P'点的同心光束内分布着许多条光线，根据费马原理，它们的光程都应该取极大、极小或稳定值. 显然，这些光线的光程取极大值或极小值都是不可能的，唯一的可能是取稳定值，即物点P和像点P'之间各光线的光程都相等，这就是物像之间的等光程性.

从图16-12还可以看出，平面反射并不改变光束的同心性. 如果一个光学系统能够使任何同心光束保持同心性，则每一个物点都对应唯一的像点，符合这种物像关系的像称为理想像（perfect image），能够成理想像的光学系统称为理想光学系统（perfect optical system）. 而任何偏离理想像的现象都称为像差（aberration）.

应该指出，由物质颗粒构成的物体的表面，实际上不可能是光滑的曲面，因此总有一些反射光和折射光向各个方向传播（称为漫射），从而影响光束的同心性. 光的这种漫射显然对成像是不利的，但却能使我们从各个方向看见物体的表面形状. 为了减小漫射，光学元件的表面应该尽可能洁净光滑. 通常把光滑的反射面称为镜面. 日常用的镜子则是在光洁的玻璃上镀上一层提高反射光的强度的金属做成的.

思考题16.4：为什么日常生活所见镜中的像总是左右互易而不会上下颠倒？在透明胶片的两面写上字，观察其在镜中的像，你会得到什么结论？

16-2-2 光在平面上的折射成像

平面反射镜能够保持同心光束的同心性，即能成理想像，是一个简单的理想光学系统. 然而，实际上能够严格保持光束同心性的理想光学系统是极少的. 例如，光在平面上的折射就是这样.

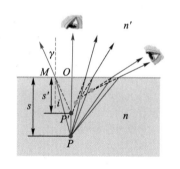

图16-14 光在平面上的折射

如图16-14所示，两个均匀透明介质的分界面为平面. 折射率为n的介质中点光源P发出同心光束，光线经界面折射到折射率为n'的介质中，其中垂直于界面的光线与界面交于O点，入射角为i的光线与界面交于M，以γ表示折射角，则由折射定律，有

$$n\sin i = n'\sin \gamma$$

折射线的反向延长线与OP交于P'点，令OP = s，OP' = s'，由三角关系可知

$$s = \frac{OM}{\tan i}, \quad s' = \frac{OM}{\tan \gamma}$$

于是

$$s' = s\frac{\tan i}{\tan \gamma} = s\frac{\sin i\cos \gamma}{\sin \gamma\cos i} = s\frac{n'\cos \gamma}{n\cos i} = s\frac{\sqrt{n'^2 - n^2\sin^2 i}}{n\cos i}$$

可见，s'随i变化，即由P发出的不同方向的光线，折射线的反向延长线不再交于同一点，光束的同心性被破坏. 同心光束的波面是球面，经平面折射后，波面形状就不再是球面了，这种现象称为像散（astigmatism）.

那么，在水面上我们为什么能够看清水中的鱼儿呢？这是因为瞳孔的大小，限制了来自P点的折射光中只有极细的一束进入我们的眼睛（图中可见），而这些折射光线的反向延长线近似交于一点. 正是这种限制在视线附近的"傍轴光线"形成比较清晰的像. 例如，在竖直方向上，那些接近法线方向的光线有$i \approx 0$，于是

$$s' \approx s \frac{n'}{n} \qquad (16\text{-}8)$$

折射线的反向延长线近似地交于一点P'. 由于空气折射率$n' \approx 1$，$s' \approx s/n$，而水的折射率$n > 1$，因此沿竖直方向观看水中物体时，能够看到较清晰的但位置有所上升的像.

*16-2-3 负折射率介质

由麦克斯韦方程组推导电磁波的波动方程时，可得波速

$$u^2 = \frac{1}{\varepsilon\mu} = \frac{1}{\varepsilon_0\mu_0\varepsilon_r\mu_r} = \frac{c^2}{\varepsilon_r\mu_r} \qquad (16\text{-}9)$$

故介质的折射率为

$$n = \frac{c}{u} = \pm\sqrt{\varepsilon_r\mu_r} \qquad (16\text{-}10)$$

ε_r和μ_r均为正值时取"+"（$n > 0$），均为负值时取"−"（$n < 0$），异号时n为虚数. 正折射率（$n > 0$）是常见的，如玻璃等透明介质；n也可以为复数，如金属；在自然存在的已知材料中还没有观察到折射率为负值（$n < 0$）的情况. 在正折射率介质中，能流$S = E \times H$沿波矢k的方向，符合右手螺旋定则，称其为右手材料（right-handed material），并遵从折射定律.

近年来人们针对电磁波某些频段设计的人工材料，可以使ε_r和μ_r均为负值，这时$n = -\sqrt{\varepsilon_r\mu_r} < 0$，称为负折射率（negative refractive index）. 电磁波在负折射率介质中具有不同于正折射率的一系列传播性质.

（1）负折射现象. 电磁波从正折射介质入射到负折射介质时，也遵从折射定律，但折射角$\gamma < 0$，即折射线与入射线位于界面法线同侧，如图16-15所示；负折射率介质中能流方向和波矢方向相反，即$S = E \times H$沿波矢k的负方向，符合左手螺旋定则，故称其为左手材料（left-handed material）.

（2）反常成像透镜. 中学我们就知道，凸透镜对光线具有会聚作用，凹透镜具有发散作用. 但这只是对正折射率介质而言的. 对于负折射率介质，其透镜的效

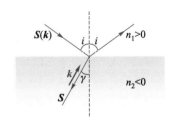

图16-15 负折射现象

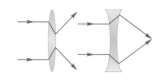

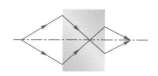

图 16-16　负折射反常成像

果则完全相反：负折射率的凸透镜对电磁波线具有发散作用，凹透镜则具有会聚作用，而且平板也可以成实像，如图16-16所示．

（3）逆多普勒效应．由于左手材料中波矢 k 的方向与电磁波的能流方向相反，所以多普勒效应在负折射率材料中与正折射率材料中完全相反，即波源与观察者相向运动时观测频率变低，相背运动时观测频率变高．

本书对负折射率的介绍仅限于此，在其他地方提到的折射率都为正值．

16-3　球面成像

16-3-1　球面折射成像的物像关系

图 16-17　照相机镜头

球面是一个简单的光学系统，也是组成光学仪器的基本元件．大多数的几何光学仪器都是由球心在同一直线上的一系列折射或反射球面组成的，这样的光学系统称为共轴球面系统，各球心的连线称为光轴（optical axis）．如图16-17所示，照相机镜头就是一例．因此，研究光在单球面上的反射和折射，是研究一般光学系统成像的基础，甚至平面也可作为曲率半径无限大的单球面来处理．然而，球面也不是理想光学系统，除个别特殊共轭点外，不能保持光束的同心性．但如果将参加成像的光线限制在接近光轴的较小范围内，即研究所谓傍轴光线（paraxial ray），则同心性可近似保持．这就是几何光学成像的傍轴条件．下面讨论单球面在傍轴条件下的折射成像．

如图16-18所示折射球面，其半径为 r，球心位于 C，球面两侧的折射率分别为 n 和 n'．直线 OC 为光轴，光轴与球面的交点 O 称为顶点．自 P 发出的光线从左向右传播，经球面折射后相交于 P' 点，P 和 P' 分别为物点和像点．我们以 O 点为坐标原点，沿光轴向右为 x 轴正方向，垂直光轴向上为 y 轴正方向，建立 Oxy 坐标系．

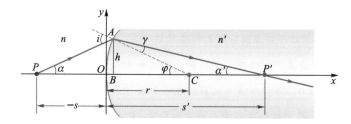

图 16-18　轴上物点的单球面折射成像

先讨论光轴上的物点成像．设物点 P 位于 x 轴上 O 点左侧、坐标为 s；它发出的沿光轴的入射光线 PO 经过球心，故仍沿 x 轴，而偏离光轴的光线 PA 与球面交于

A，折射后与 x 轴交于 P' 点、坐标为 s'. 注意，作图时几何关系一律用绝对值表示，因此，图中距离 $OP = -s$.

在傍轴条件下，对任意入射光线 PA 及它经球面折射后的出射光线 AP'，α、α'、φ 以及 i 和 γ 都很小，由图有

$$\alpha \approx \tan \alpha \approx \frac{h}{-s}, \ \alpha' \approx \tan \alpha' \approx \frac{h}{s'}, \ \varphi \approx \tan \varphi \approx \frac{h}{r} \qquad (16\text{-}11)$$

且折射定律 $n\sin i = n'\sin \gamma$ 可近似写成

$$ni = n'\gamma \qquad (16\text{-}12)$$

注意到几何关系 $i = \alpha + \varphi$，$\gamma = \varphi - \alpha'$，代入上式并利用式（16-11），整理后可得

$$\frac{n'}{s'} - \frac{n}{s} = \frac{n'-n}{r} \qquad (16\text{-}13)$$

可见任意一个 s，均有一个 s' 与之对应，且与入射光线的方向无关. 这说明 P' 点是 P 点的共轭像点，因此 s 和 s' 分别称为物距（object distance）和像距（image distance）. 式（16-13）就是傍轴条件下单个球面折射成像的普遍物像公式.

应该强调，式（16-13）中 r、s 和 s' 分别为球心 C、物点 P 和像点 P' 点在 Ox 轴上的坐标，是代数量；它们小于零或大于零分别表示这些点在顶点 O 的左边或右边；由于规定入射光从左到右，P 为实物点时 $s < 0$，为虚物点时 $s > 0$；P' 为实像点时 $s' > 0$，为虚像点时 $s' < 0$.

将轴上物点 P 移到无穷远处时，入射光线平行于光轴，其共轭像点称为像方焦点（focal point in the image side），亦称后焦点，用 F' 表示. 如图16-19所示，F' 在 Ox 轴上的坐标称为像方焦距（或后焦距），记为 f'. 将 $s = -\infty$ 代入物像公式（16-13），可以得到像方焦距 f' 为

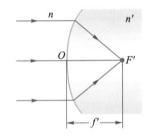

图16-19　像方焦点和焦距

$$f' = s' = \frac{n'r}{n'-n} \qquad (16\text{-}14)$$

类似地，与无穷远像点对应的共轭物点称为物方焦点（focal point in the object side），或前焦点，用 F 表示，即从 F 点发出的光经球面折射后，出射光线平行于光轴. 如图16-20所示，F 在 Ox 轴上的坐标称为物方焦距（或前焦距），记为 f. 将 $s' = \infty$ 代入物像公式（16-13），可以得到物方焦距 f 为

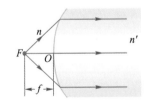

图16-20　物方焦点和焦距

$$f = s = -\frac{nr}{n'-n} \qquad (16\text{-}15)$$

注意，f 和 f' 不过是特殊的物距和像距，也是代数量. 物方和像方焦距之比为

$$\frac{f}{f'} = -\frac{n}{n'} \qquad (16\text{-}16)$$

将焦距公式（16-14）和（16-15）代入物像公式（16-13），可以得到用焦距表示的物像公式

$$\frac{f'}{s'} + \frac{f}{s} = 1 \qquad (16-17)$$

上式也称为高斯物像公式.

| 思考题16.5：什么条件下折射球面起会聚作用？什么条件下起发散作用？

16-3-2　傍轴物点成像与横向放大率

下面讨论物点不在光轴上的情形. 如图16-21所示，设想轴上物点P和像点P'的连线绕球心C顺时针转过一个小角度ϕ，这时P和P'点分别转到Q_s和Q_s'点. 由于球对称性，Q_s和Q_s'必然也是共轭点. 显然，PQ_s和$P'Q_s'$都是以C为圆心的弧，如果PQ_s是物，则$P'Q_s'$就是球面折射所成的像. 在傍轴条件下，由于ϕ角很小，PQ_s和$P'Q_s'$两圆弧可近似用与光轴垂直的线段PQ和$P'Q'$代替. 也就是说，在傍轴条件下，轴外物点与轴上物点服从同一物像关系，即式（16-13）和式（16-17）对傍轴物点也成立. 如果作轴上物点P的垂轴平面（物平面），由于其上任意物点Q的物距都为s，则其像点Q'必位于过轴上像点P'的垂轴平面（像平面）内，物距都为s'. 相应地，过焦点的垂轴平面可称为焦平面（focal plane）.

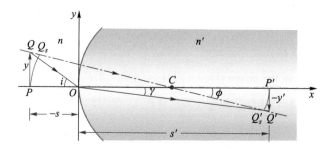

图16-21　傍轴物点成像

再来看物像的横向坐标关系. 设Q和Q'在y轴上的坐标分别为y和y'，注意到入射线QO的折射线为OQ'，图中距离$P'Q' = -y'$，由折射定律$n\sin i = n'\sin\gamma$，并利用傍轴条件下

$$\sin i \approx \tan i = \frac{y}{-s}, \quad \sin\gamma \approx \tan\gamma = \frac{-y'}{s'}$$

即得

$$nys' = n'y's \qquad (16-18)$$

这就是傍轴条件下轴外一点的成像公式.

横向放大率（lateral magnification）β定义为像与物两者横向坐标之比，即

$$\beta = \frac{y'}{y} \qquad\qquad (16\text{-}19)$$

$|\beta| > 1$ 表示放大，$|\beta| < 1$ 表示缩小. 此外，$\beta > 0$ 表示像是正立的（物像同向）；$\beta < 0$ 表示像是倒立的（物像颠倒）. 由式（16-18）可得单球面折射成像的横向放大率为

$$\beta = \frac{y'}{y} = \frac{s'}{s} \cdot \frac{n}{n'} = -\frac{s'}{s} \cdot \frac{f}{f'} \qquad\qquad (16\text{-}20)$$

例题16-1 有人通过折射率为1.5、半径为10 cm的玻璃球看报纸上的字.（1）将玻璃球直接放在报纸上，求字的位置和放大率；（2）玻璃球离报纸5 cm时成像于何处？

解：（1）如图16-22（a）所示，左半球对成像无贡献，物点P发出的光线经球内到达右半球折射成像. 物光所在的空间（球内，$n = 1.5$）为物空间，折射成像的光线所在空间（空气，$n' = 1$）为像空间，因此顶点O在右边球面. 建立坐标系Oxy，注意C和P点坐标$r = -10$ cm，$s = -20$ cm，代入单球面的物像公式（16-13）

$$\frac{n'}{s'} - \frac{n}{s} = \frac{n' - n}{r}$$

可得像距

$$s' = -40 \text{ cm}$$

$s' < 0$，故为虚像. 由式（16-20）得横向放大率

$$\beta = \frac{y'}{y} = \frac{s'}{s} \cdot \frac{n}{n'} = \frac{-40}{-20} \times \frac{1.5}{1} = 3$$

为正立放大的虚像.

（2）如图16-22（b）所示，简单画出物点P发出的光线，可知它依次经左边球面和右边球面两次折射成像. 因此，分两次逐步应用成像公式.

第一次：由入射光线和折射光线所在空间，可知空气（$n = 1$）为物空间，球内（$n' = 1.5$）为像空间，顶点为O_1，C和P点x坐标$r = 10$ cm，$s = -5$ cm. 应用单球面的物像公式（16-13）

$$\frac{n'}{s'} - \frac{n}{s} = \frac{n' - n}{r}$$

可得像距$s' = -10$ cm < 0，为虚像，成像于P'. 横向放大率为

$$\beta = \frac{s'}{s} \cdot \frac{n}{n'} = \frac{-10}{-5} \times \frac{1}{1.5} = \frac{4}{3}$$

为正立放大的虚像.

第二次：第一次的折射光线现在为入射光线，经右边球面折射到空气中，可知球内

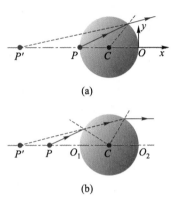

图16-22 例题16-1图

（$n=1.5$）为物空间，空气（$n'=1$）为像空间，顶点为O_2，注意C和P'点（现在为物点）x坐标现在要以O_2为原点计算，分别为$r=-10$ cm，$s=-30$ cm，代入物像公式，可得像距$s'=\infty$．即成像于无穷远处．

讨论：（1）多个球面的成像，可以应用对各个单球面的逐次成像的方法来获得；

（2）对各个单球面成像，应分析物光和像光所在空间（注意，物空间和像空间与物点和像点位置所在空间是两个概念！），明确物空间和像空间的折射率；并以该球面顶点为原点，计算相应的坐标r、s、s'以及焦距等．

16-3-3　球面反射成像

反射镜面为球面的称为球面镜，分为两种：利用球面的内表面反射的称为凹面镜（concave mirror）；利用球面的外表面反射的称为凸面镜（convex mirror）．

前面曾经说过，反射定律可以看作是折射定律在$n_2=-n_1$情况下的特例．因此，在球面反射的情况中，可以将$n'=-n$（这仅有数学上的意义）代入式（16-13），即得在傍轴条件下单球面反射的普遍物像公式，为

$$\frac{1}{s'}+\frac{1}{s}=\frac{2}{r} \tag{16-21}$$

利用式（16-14）和式（16-15），还可以得到焦距公式为

$$f=f'=\frac{r}{2} \tag{16-22}$$

即球面反射镜的物方焦点和像方焦点重合，可以统一称为焦点，并用f表示焦距．对凹面镜，C点在顶点O左侧，$r<0$故$f<0$；对凸面镜，则$f>0$．球面反射成像公式又可以写为

$$\frac{1}{s'}+\frac{1}{s}=\frac{1}{f} \tag{16-23}$$

球面反射成像公式中，由于物点P入射的光自左向右，被球面反射成像，因此P'为实像点时$s'<0$，为虚像点时$s'>0$．

类似地，将$n'=-n$代入式（16-20），可得到球面反射成像的横向放大率为

$$\beta=\frac{y'}{y}=-\frac{s'}{s} \tag{16-24}$$

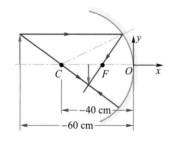

图16-23　例题16-2图

例题16-2　一凹面镜的曲率半径为40 cm，高为3 cm的物体位于凹面镜前方60 cm处，求像的高度．

解：已知$r=-40$ cm，$s=-60$ cm，如图16-23所示．由公式算得焦距为

$$f=\frac{r}{2}=\frac{-40}{2}\text{ cm}=-20\text{ cm}$$

代入式（16-23），可得像距为

$$s' = -30 \text{ cm}$$

即像为实像. 横向放大率和像高分别为

$$\beta = -\frac{s'}{s} = -\frac{-30}{-60} = -0.5, \quad y' = \beta y = -0.5 \times 3 \text{ cm} = -1.5 \text{ cm}$$

即为倒立缩小的实像，像高 1.5 cm.

16-4　薄透镜

16-4-1　薄透镜的物像公式

由傍轴条件下单球面折射成像关系式（16-13）

$$\frac{n'}{s'} - \frac{n}{s} = \frac{n' - n}{r}$$

如果令 $n' = -n$，我们得到了球面反射成像的关系式. 如果令上式 $r \to \infty$，则得

$$\frac{n'}{s'} = \frac{n}{s}$$

这就是平面折射成像的关系；再令 $n' = -n$，即得平面反射成像的关系，为

$$s' = -s$$

可见，式（16-13）可作为讨论各种成像的基础.

下面讨论透镜成像. 将一块透明介质的两侧加工成球面，或一侧为球面另一侧为平面，即为透镜. 中间厚边缘薄的称为凸透镜（convex lens），中间薄边缘厚的称为凹透镜（concave lens）. 各种形状的透镜如图 16-24 所示. 连接透镜两球面曲率中心的直线称为透镜的主光轴（principal optical axis），透镜的厚度则指两个表面在主光轴上的间隔.

透镜的成像可看作是其两个表面逐次成像的结果. 如图 16-25 所示，设透镜的折射率为 n，透镜前后两侧的折射率分别为 n_1 和 n_2. 物点 P 经过透镜前表面（曲率半径和顶点分别为 r_1 和 O_1）成像于 P_1 点，物距为 s，像距为 s_1，应用单球面折射物像公式（16-13），可得

$$\frac{n}{s_1} - \frac{n_1}{s} = \frac{n - n_1}{r_1}$$

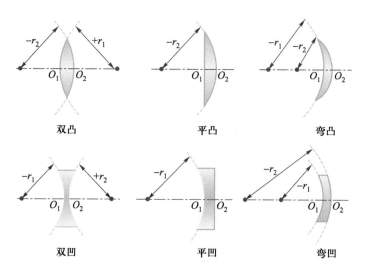

图16-24　各种形状的透镜

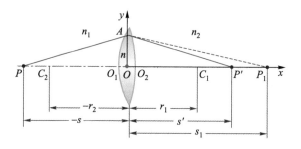

图16-25　物点P经透镜前、后表面逐次成像于P'，透镜厚度可忽略则为薄透镜

P_1点再经透镜后表面（曲率半径和顶点分别为r_2和O_2）第二次成像于P'点，此时P_1为物点，P'为像点．注意，这时坐标原点要从O_1平移到O_2！设像距为s'，透镜厚度（即O_1O_2距离）为t，则物距为s_1-t．再次应用公式（16-13），得

$$\frac{n_2}{s'}-\frac{n}{s_1-t}=\frac{n_2-n}{r_2}$$

这样，经过两次成像，就得到了物点P经过透镜成像后的像点P'．物像关系由以上两式给出．

　　如果透镜的厚度远小于球面的曲率半径，则可忽略不计，这样的透镜称为薄透镜（thin lens）．对于薄透镜，两个顶点O_1和O_2可以看作是重合在O点，O点称为透镜的光心（optical center）．若透镜两边的折射率相同，则通过光心的光线不改变原来的方向．将上面两式相加，并略去t，可得到

$$\frac{n_2}{s'}=\frac{n_1}{s}+\frac{n-n_1}{r_1}+\frac{n_2-n}{r_2}\tag{16-25}$$

这就是薄透镜的成像公式．现在光心O是坐标原点．

16-4-2　薄透镜的焦距和焦点

薄透镜的焦点和焦距的定义方式与单球面完全一样. 分别将 $s = -\infty$ 和 $s' = \infty$ 代入物像公式 (16-25), 得到像方焦距 f' 和物方焦距 f, 即

$$f' = s' = \frac{n_2}{\dfrac{n-n_1}{r_1} + \dfrac{n_2-n}{r_2}}, \quad f = s = -\frac{n_1}{\dfrac{n-n_1}{r_1} + \dfrac{n_2-n}{r_2}} \qquad (16\text{-}26)$$

上式表明, 无论平行光束与主光轴的夹角为多少, 在傍轴条件下其像距都为 f', 即像点都位于像方焦平面上, 如图 16-26 (a) 所示. 根据光路的可逆性, 物方焦平面上一点发出的光, 经透镜后成为一束平行光, 如图 16-26 (b) 所示. 焦平面上不同的点对应不同方向的平行光, 焦点对应于平行主光轴的平行光.

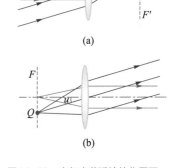

图 16-26　空气中薄透镜的焦平面

将上面两个焦距公式代入物像公式 (16-25), 可以得到用焦距表示的物像公式

$$\frac{f'}{s'} + \frac{f}{s} = 1 \qquad (16\text{-}27)$$

上式称为薄透镜的高斯物像公式, 它和单球面的高斯公式形式相同.

薄透镜成像可看作两次单球面折射过程, 以 β_1 和 β_2 分别表示两次折射成像的横向放大率, y 表示物点横向坐标, 则按照横向放大率的定义, 经第一次成像横向坐标为 $\beta_1 y$, 再经第二次成像为 $\beta_2 \beta_1 y$, 因此, 总的横向放大率为

$$\beta = \frac{\beta_1 \beta_2 y}{y} = \beta_1 \beta_2 = \frac{n_1 s_1}{ns} \cdot \frac{ns'}{n_2 s_1} = \frac{n_1 s'}{n_2 s} \qquad (16\text{-}28)$$

即薄透镜成像的横向放大率, 为两次折射成像的横向放大率的乘积.

如果将透镜放在空气中, 这是比较常见的情况, 即 $n_1 = n_2 = 1$, 则物像公式 (16-25) 变为比较简单的形式

$$\frac{1}{s'} = \frac{1}{s} + (n-1)\left(\frac{1}{r_1} - \frac{1}{r_2}\right) \qquad (16\text{-}29)$$

而且

$$\frac{1}{f'} = -\frac{1}{f} = (n-1)\left(\frac{1}{r_1} - \frac{1}{r_2}\right) \qquad (16\text{-}30)$$

这里 $f' = -f$, 即像方和物方焦距大小相等, 像方和物方焦点分别位于透镜两侧. 因此, 薄透镜在空气中使用时, 无论哪一面朝前, 其成像关系都是一样的.

参照图 16-24 不难判定, $\left(\dfrac{1}{r_1} - \dfrac{1}{r_2}\right) > 0$ 的透镜为凸透镜, $\left(\dfrac{1}{r_1} - \dfrac{1}{r_2}\right) < 0$ 的透镜为凹透镜. 对凸透镜, $f' = -f > 0$, 可知两个焦点都是实的; 对凹透镜, $f' = -f < 0$, 两个焦点都是虚的. $f' > 0$ 的透镜也称为正透镜或会聚透镜; $f' < 0$ 的透镜称为负透镜或发散透镜.

焦距的倒数是一个反映透镜对光线的会聚和发散本领的物理量，称为透镜焦度或光焦度（focal power），用Φ表示，即

$$\Phi = \frac{1}{f'} = -\frac{1}{f} \qquad (16-31)$$

其单位为屈光度（diopter），符号为 D，1 D = 1 m^{-1}. 我们常说的眼镜度数，就是屈光度乘以100得到的. 一个200度的眼镜，屈光度相当于2 D.

空气中的高斯公式也具有比较简单的形式，为

$$\frac{1}{s'} - \frac{1}{s} = \frac{1}{f'}$$

这就是中学学过的透镜成像公式. 相应地，空气中薄透镜成像的横向放大率为

$$\beta = \frac{y'}{y} = \frac{s'}{s} \qquad (16-32)$$

此时，有$\frac{-y'}{s'} = \frac{y}{-s} = u$，这意味着通过光心的光线与主光轴的夹角$u$经透镜后不变，即过光心的光线不改变方向. 在图16-26中我们已经这样画了.

思考题16.6：将物体放在凸透镜的焦面上，透镜后放一块与光轴垂直的平面反射镜，最后像成在什么地方？其大小和虚实如何？上述装置中平面镜的位置对像有什么影响？你能否据此设计出一种测量凸透镜焦距的简便方法？

16-4-3　薄透镜作图求像法

薄透镜的物像关系也可以用作图法来确定. 按照理想成像的定义，由同一物点P发出的所有光线通过光学系统后相交于像点P'. 因此只需选两条通过物点P的入射光线，画出与它们共轭的出射光线，则它们的交点就是该物点的像点P'. 对于空气中的薄透镜，通常可以利用下面几条特殊光线：

（1）通过光心的光线方向不变；

（2）通过物方焦点的入射光线，经透镜后平行于主光轴；

（3）平行于主光轴的入射光线，经透镜后通过像方焦点.

（4）如果物点在主光轴上，上述三条光线将合并为一条，这时就需要利用副光轴来确定另一条光线. 任意一条过光心且与主光轴相交的直线都称为副光轴（secondary optical axis）. 由图16-26可知，任何与副光轴平行的光线，经过透镜后都交于副光轴与焦平面的交点.

作图时一般用实线表示实际光线，用虚线表示延长线或辅助线，并用箭头标明光线的方向. 下面利用作图法求凸透镜主光轴上一点P的像，如图16-27所示.

（1）从P点作沿主光轴的入射线，通过透镜后方向不变；

（2）从P点作任意光线PA，与物方焦面交于B点，与透镜交于A点；

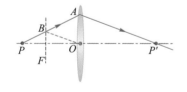

图16-27　轴上一点作图法求像

（3）作副光轴BO，过A作与BO平行的折射光线，它与主光轴的交点即为所求像点P'.

思考题16.7：如何利用像方焦平面及副光轴得到P点的像P'？

例题16-3 焦距为20 cm的凸透镜前40 cm处放一实物，在凸透镜后15 cm处放一焦距为15 cm的凹透镜，问实物通过整个系统后成像在何处？整个系统的横向放大率是多少？

解： 先求凸透镜成像的位置. 将$f_1' = 20$ cm，$s_1 = -40$ cm代入薄透镜在空气中的高斯公式

$$\frac{1}{s_1'} - \frac{1}{s_1} = \frac{1}{f_1'}$$

可得到通过凸透镜成像的像距$s_1' = 40$ cm，即像在凸透镜后方40 cm处，为如图16-28所示的Q_1点. 再求凹透镜成像的位置，将$f_2' = -15$ cm，$s_2 = 40\,\text{cm} - 15\,\text{cm} = 25\,\text{cm}$代入高斯公式

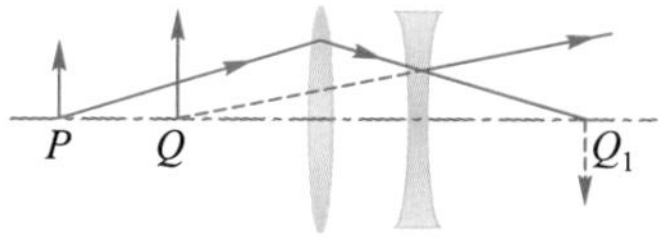

$$\frac{1}{s_2'} - \frac{1}{s_2} = \frac{1}{f_2'}$$

得$s_2' = -37.5$ cm，即像在凹透镜前方37.5 cm处（图中的Q点）. 横向放大率为

$$\beta = \frac{y_2'}{y_1} = \frac{y_2'}{y_2} \cdot \frac{y_1'}{y_1} = \frac{s_2'}{s_2} \cdot \frac{s_1'}{s_1}$$

将$s_2' = -37.5$ cm，$s_2 = 25$ cm，$s_1' = 40$ cm，$s_1 = -40$ cm代入上式，得$\beta = 1.5$.

图16-28 例题16-3图

思考题16.8：如何利用作图法得到例题16-3的像？

*16-5 几种光学成像仪器简介

16-5-1 人眼

利用透镜和反射镜等光学元件，可以制成一些用于成像的光学仪器. 眼睛也可以看作一种"成像光学仪器".

人眼由角膜、水状液、晶状体、玻璃体、视网膜、视觉神经等组成，如图16-29所示，相当于一个由不同介质组成的焦距可自动调节的复杂共轴光学系统. 人眼能够通过调节睫状肌来改变晶状体的焦距，以看清远近不同的物体. 睫状肌完全松弛和最紧张时所能看清楚的点分别称为远点（far point）和近点（near point）. 正常人眼的像方焦点和视网膜重合［如图16-30（a）所示］，远点在无穷远处，近点

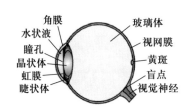

图16-29 人眼

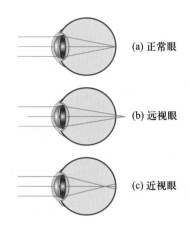

(a) 正常眼

(b) 远视眼

(c) 近视眼

图16-30　正常与非正常眼

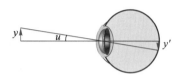

图16-31　视角

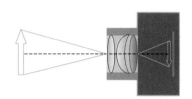

图16-32　照相机原理图

图16-33　可变光阑

一般在10 cm左右，在适当的照明下，看25 cm远的物体既能看清细节，又不容易疲劳，这个距离称为明视距离（distance of distinct vision）。

如果物体所成的像不在视网膜上，就不能看清楚物体。所谓远视眼，是指睫状肌完全松弛时，无穷远处的物体成像在视网膜之后，如图16-30（b）所示，远视眼可以用凸透镜矫正；而对近视眼，无穷远处的物体则成像在视网膜之前，如图16-30（c）所示，近视眼可以用凹透镜矫正。

分析人眼的光学性质时，可将其简化为一个折射率为1.33，曲率半径为5.7 mm的折射球面。采用简化眼的单球面折射模型，设高度为y的物体在视网膜上所成像的大小为y'，如图16-31所示，根据式（16-20）可以得到视网膜上像的大小为

$$y' = \frac{y}{s}\frac{s'}{n} \qquad (16\text{-}33)$$

其中n为简化眼的折射率，s'为眼表面到视网膜的距离，一般可看作常量。

由上式可知，视网膜上像的长度不仅取决于物的实际大小y，还取决于物体到眼睛的距离$-s$，即取决于物体对眼睛所张的角度。这个角度称为视角（viewing angle），定义为

$$u = \frac{y}{-s} \qquad (16\text{-}34)$$

视角越大，视网膜上像越大，细节越清晰。许多助视仪器，如放大镜、显微镜、望远镜等，就是通过增大视角来改善和扩展视觉的。

16-5-2　照相机

照相机的结构和眼睛类似。如图16-32所示，镜头相当于眼睛的晶状体，感光元件（如底片）相当于视网膜，对远近不同的物体，可以通过前后调节镜头使其在感光元件上成清晰的实像。照相机的镜头通常由多个透镜组成，这是为了消除像差以得到较理想的像。为简单也可把镜头当作一个焦距为f'的薄透镜。

照相机和拍摄对象的距离一般比焦距大得多，由式（16-27）可知，$s' \approx f'$，即像平面（感光位置）在像方焦平面附近，于是有$\beta = \dfrac{y'}{y} = \dfrac{s'}{s} \approx \dfrac{f'}{s}$。由此可见，在物距$s$一定的情况下，要得到大比例的照片必须增大焦距，即采用长焦距镜头。例如用于拍摄数千米甚至上万米远处物体的高空照相机，其焦距一般为0.1～1 m的量级。

感光元件接收到的光强即像面的光照度。它不仅与镜头的光焦度$1/f'$有关，还与通光孔径的大小有关。照相机的通光孔径是由一个直径可以改变的圆孔光阑来控制的，它类似于眼的瞳孔，称为光圈（aperture），如图16-33所示。以D表示光阑的直径，则像面光照度与$(D/f')^2$成正比。D/f'称为相对孔径，它的倒数称

为 f 数（f-number）或光圈数. 例如，相对孔径 $D/f' = 1 : \sqrt{2}$ 的光圈数为 $f'/D = \sqrt{2}$（写成 $f/1.4$），它的像面光照度较光圈数为 2（写成 $f/2$）时高一倍，$f/2$ 又较 $f/2.8$ 高一倍，……，如此常把光圈数或 f 数分为 $f/2$，$f/2.8$，$f/4$，$f/5.6$，$f/8$，$f/11$，$f/16$，$f/22$ 等. 有时也把 $(D/f')^2$ 称为集光本领. 可见，光圈数越大，集光本领或像面光照度越小. 通常，感光元件的感光灵敏度是一定的，为了获得相同的曝光量，光圈数大时曝光时间也应该长一些. 快门（shutter）就是控制曝光时间的装置.

　　光圈的另一个作用是影响景深. 如图 16-34 所示，照相机镜头只能使某个平面上的物点成像在底片上，在此平面前后的物点（A 和 C）成像在底片前后，来自它们的光束在底片上的截面是一个小圆斑. 如果这些圆斑的线度小于底片或感光元件的最小分辨距离，可以认为它们在底片上的像是清晰的. 对于给定的光阑，只有该平面前后一定范围内的物点，在底片上形成的圆斑会小于这个限度，即在底片上成像清晰. 这个可允许的前后范围称为景深（depth of field）. 当光阑直径缩小时，光束变窄，离平面一定距离的物点在底片上形成的圆斑变小，从而使景深加大.

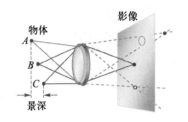

图 16-34　景深

16-5-3　放大镜

将物体放在明视距离处直接用眼睛观察时，视角为

$$u = \frac{y}{-s} = \frac{y}{25 \text{ cm}} \qquad (16\text{-}35)$$

为了看清微小物体或物体的细节，可以把物体移近眼睛以增大视角，使物体在视网膜上形成较大的实像. 但物体离眼睛的距离短于近点时反而看不清楚. 这就需要借助于一些助视光学仪器的成像来增大视角，同时使像在眼睛可观察的距离内. 光学仪器所成像的视角 u' 与使用仪器前原物的视角 u 之比定义为仪器的视角放大率（viewing angle magnification）或放大本领（magnification power），用 M 表示. 即

$$M = \frac{u'}{u} \qquad (16\text{-}36)$$

　　放大镜就是一种放大物体成像以便于眼睛观察的助视光学仪器. 一个凸透镜就是最简单的放大镜. 如图 16-35 所示，将物体 PQ 放到透镜的物方焦点到透镜之间，就可以得到放大的虚像 $P'Q'$. 像的视角 u' 与像到眼睛的位置有关，当眼睛位于放大镜的像方焦点附近时，有 $u' = y/f'$. 通常使像成于明视距离处，则

$$M = \frac{u'}{u} = \frac{25 \text{ cm}}{f'} \qquad (16\text{-}37)$$

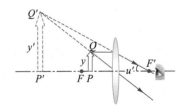

图 16-35　放大镜

可见，放大镜的放大本领与焦距成反比，且 f' 小于明视距离时才有 $M > 1$. 因此，放大镜的焦距都很短.

由于像差限制，单透镜的放大本领一般为 2 ~ 3 倍. 为了消除像差及其他原因，常采用由多个透镜组成的复合透镜形式，放大本领可达到 10 ~ 20 倍.

16-5-4　显微镜

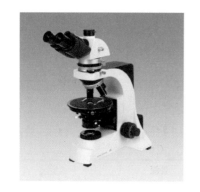

图 16-36　显微镜

图 16-36 是一个显微镜的实物照片. 显微镜（microscope）由对着物体的物镜（objective）和靠近观察者眼睛的目镜（eyepiece 或 ocular）构成. 目镜一般是复合透镜构成的放大镜，而物镜是焦距很短的会聚透镜组，二者都相当于凸透镜. 其光路原理如图 16-37 所示，物镜的像方焦点和目镜的物方焦点之间的距离 Δ 称为光学筒长，待观察物 PQ 放置在物镜的物方焦点 F_1 外侧附近，使其通过物镜后在目镜的物方焦点 F_2 内侧附近成放大实像 $P'Q'$，$P'Q'$ 再经目镜放大，在明视距离处形成虚像 $P''Q''$.

设物镜和目镜的焦距分别为 f_1' 和 f_2'，物长 $PQ = y$，经物镜成的中间像长 $P'Q' = -y'$，由于 $P'Q'$ 靠近目镜的物方焦点，目镜就是一个放大镜. 由图 16-37 可以看出，眼睛在焦点附近时，最后像 $P''Q''$ 的视角为 $u' = y'/f_2'$. 而物体在明视距离处用眼睛直接观察的视角为 $u = y/25$ cm，故显微镜的放大本领为

$$M = \frac{u'}{u} = \frac{y'}{f_2'} \frac{25 \text{ cm}}{y} = \frac{y'}{y} \frac{25 \text{ cm}}{f_2'}$$

物体 PQ 位于 F_1 附近，物距 $s \approx f_1$，由透镜横向放大率公式（16-32），得

$$\beta = \frac{y'}{y} = \frac{s'}{s} \approx \frac{s'}{f_1} = -\frac{s'}{f_1'}$$

于是，显微镜的放大本领为

$$M = -\frac{s'}{f_1'} \frac{25 \text{ cm}}{f_2'} \tag{16-38}$$

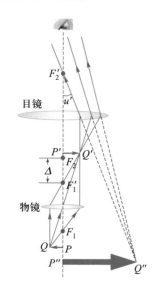

图 16-37　显微镜光路图

上式中，$\dfrac{25 \text{ cm}}{f_2'}$ 为目镜的放大本领，$-\dfrac{s'}{f_1'}$ 为物镜的横向放大率，因此显微镜的放大本领等于物镜的横向放大率和目镜的放大本领的乘积.

因为 f_1' 和 f_2' 都很小，$P'Q'$ 到物镜的像距 s' 可近似地等于光学筒长 Δ，则显微镜放大本领最后可表达为

$$M = -\frac{\Delta}{f_1'} \frac{25 \text{ cm}}{f_2'} \tag{16-39}$$

式中负号表示像是倒立的. 上式表明，物镜、目镜的焦距越小，光学筒长越大，显微镜的放大本领越大. 一般显微镜的放大本领可达百倍.

16-5-5　望远镜

图 16-38　望远镜

望远镜（telescope）是用于观察远处物体的助视仪器，图 16-38 是一个望远

镜的实物照片. 望远镜种类繁多, 但其光学系统也都是由物镜和目镜组成的. 物镜用反射镜的称为反射式望远镜, 物镜用透镜的称为折射式望远镜. 在折射式望远镜中, 目镜是会聚透镜的称为开普勒望远镜, 目镜是发散透镜的称为伽利略望远镜. 被观察物体由物镜成中间像, 再通过目镜观察中间像. 观察者看到的像并不比原物大, 只是距离变近, 增大了视角.

开普勒望远镜是开普勒于 1611 年首先提出的, 其光路结构如图 16-39 所示, 它由同轴的两个会聚透镜组成, 物镜的像方焦点 F_1' 和目镜的物方焦点 F_2 重合. 从远处物上一点 Q 射来的平行光束经物镜后会聚于 Q' 点, 再经目镜后成为一束平行光, 最后像 Q'' 位于无限远处.

伽利略于 1609 年发明了伽利略望远镜, 其光路结构如图 16-40 所示, 它用同轴的会聚透镜作为物镜, 发散透镜作为目镜, 物镜的像方焦点 F_1' 和目镜的物方焦点 F_2 重合. 从远处物上一点 Q 射来的平行光束经物镜后本应会聚于 Q' 点, 该点对于目镜来说为虚物, 再经目镜后又成为平行光, 最后像 Q'' 位于无限远处.

望远镜观察的物体在很远的地方, 物光可以认为是来自无穷远处的平行光束, 通过望远镜后的透射光仍为平行光束, 但方向发生变化, 视角增大了. 由图 16-39 和图 16-40 可以看出, 眼睛在目镜后看像的视角都为 $u' = \dfrac{-y'}{f_2}$, 而不用望远镜直接看远处的物的视角为 $u = \dfrac{-y'}{f_1'}$, 因此两种望远镜的放大本领都为

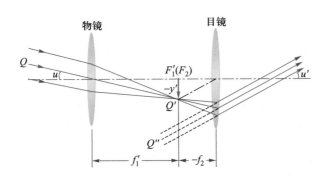

图 16-39 开普勒望远镜光路结构图

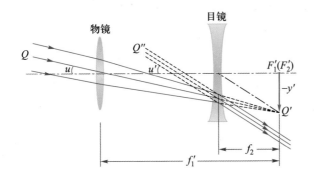

图 16-40 伽利略望远镜光路结构图

$$M = \frac{u'}{u} = \frac{f_1'}{f_2} = -\frac{f_1'}{f_2'}$$

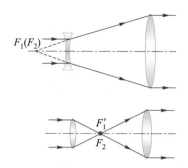

图 16-41　扩束器

可见，两种望远镜的放大本领都是物镜焦距 f_1' 与目镜焦距 f_2' 之比，因此物镜的焦距 f_1' 越长，目镜的焦距 f_2' 越短，则望远镜的放大本领越大．开普勒望远镜的物镜和目镜均为会聚透镜，像方焦距为正值，因此放大本领为负，成的是倒立的像；伽利略望远镜物镜是会聚透镜，像方焦距为正值，但目镜为发散透镜，其像方焦距为负值，因此放大本领为正值，成的是正立的像．

　　将望远镜倒过来使用，并用两个单透镜代替物镜和目镜两个透镜组，就可以实现平行光束的扩束．这样的装置称为扩束器，常用于激光扩束．图 16-41 是两种不同形式的扩束器的光路示意图．

　　思考题 16.9：正常人眼使用开普勒望远镜看星星时，将使物镜焦点与目镜焦点重合，若是近视眼和远视眼，应如何调节？

　　思考题 16.10：调节显微镜是改变载物台与镜筒间的相对距离而不改变物镜和目镜间的相对距离，但调节望远镜却采用调节物镜和目镜相对位置的办法，何以解释？

习　题

习题参考答案

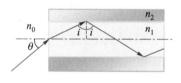

图 16-42　习题 16.2 图

16.1 一块光学玻璃对水银灯蓝、绿谱线 $\lambda_1 = 435.8$ nm 和 $\lambda_2 = 546.1$ nm 的折射率分别为 $n_1 = 1.652\,50$ 和 $n_2 = 1.624\,50$，试计算这种玻璃对钠黄线 $\lambda_3 = 589.3$ nm 的折射率 n_3 及色散率 $\left. \dfrac{\mathrm{d}n}{\mathrm{d}\lambda} \right|_{\lambda = \lambda_3}$．

16.2 光纤的芯区和包层折射率分别为 n_1 和 n_2，光线从折射率为 n_0 的介质进入光纤，如图 16-42 所示．光线要能在光纤内全反射，入射角不能大于某个角度 θ，$n_0 \sin \theta$ 称为光纤的数值孔径．证明 $n_0 \sin \theta = \sqrt{n_1^2 - n_2^2}$．

16.3 玻璃棒（折射率为 1.5）一端为平面，另一端磨成曲率半径为 10 cm 的球面，平面距球面顶点 15 cm，置于空气（折射率为 1）中．求平面端高为 5 mm 的小物体经玻璃棒所成像的位置、高度、虚实和倒正．

16.4 一个折射率为 1.53、直径为 20 cm 的玻璃球内有两个小气泡，看上去一个恰好在球心，另一个从最近的方向看去，好像在表面与球心连线的中点．求两气泡的实际位置．

16.5 直径为 1 m 的球形鱼缸的中心处有一条小鱼，若玻璃缸壁的影响可忽略不计，求缸外观察者所看到的小鱼的位置和横向放大率．

16.6 玻璃球的折射率为 1.5、半径为 4 cm，在距球表面 6 cm 处的小物体经玻璃球成像. 求：（1）像与球心之间的距离；（2）像的横向放大率.

16.7 一个5 cm高的物体，放在球面镜前10 cm处成1 cm高的虚像.（1）求球面镜的曲率半径；（2）此镜是凸面镜还是凹面镜？

16.8 某观察者通过一块薄玻璃板去看凸面镜中他自己的像，发现玻璃板中也有自己的像. 他移动玻璃板，使在玻璃板中与在凸面镜中所看到的他眼睛的像重合在一起，若凸面镜的焦距为10 cm，眼睛距凸面镜顶点的距离为40 cm，问玻璃板与观察者眼睛的距离为多少？

16.9 物体位于凹面镜轴线上焦点之外，在焦点与凹面镜之间放一个与轴线垂直的两表面互相平行的玻璃板，其厚度为d，折射率为n. 试证明：放入该玻璃板后经凹面镜所成的像，与去掉玻璃板把凹面镜向物体移动$d(n-1)/n$的一段距离的像重合.

16.10 一凸透镜在空气中的焦距为40 cm，在水中的焦距136.8 cm，（1）此透镜的折射率为多少（水的折射率为1.33）？（2）若将此透镜置于CS_2（CS_2的折射率为1.62）中，其焦距又为多少？

16.11 水中一个平凸有机玻璃透镜，球面曲率半径为10 cm. 一平行超声波束入射到透镜平的一面，求成像位置（即透镜在水中的焦距）. 假设在水中和有机玻璃中该超声波的波速分别为1 470 m·s^{-1}和2 680 m·s^{-1}.

16.12 将两片曲率半径分别为20 cm和25 cm的极薄的玻璃曲面的边缘粘合起来，形成内含空气的双凸透镜，置于水中（水的折射率为1.33）时该透镜的焦距为多少？

16.13 会聚透镜和发散透镜的焦距都是10 cm，问：（1）与主轴成0.08弧度角的一束平行光入射到每个透镜上，像点在何处？（2）在每个透镜左方的焦平面上离主光轴1 cm处各置一发光点，其成像在何处？画出光路图.

16.14 如图16-43所示，把焦距为10 cm的会聚透镜的中央部分C切去1 cm的宽度后余下的两部分粘合起来. 如在其对称轴上距透镜20 cm处放置一点光源，试求像的位置并分析成像情况.

16.15 如图16-44所示，MM'为一薄透镜的主光轴，S'为光源S的像. 用作图法求透镜中心和透镜焦点的位置.

16.16 如图16-45所示，MN为薄透镜L的主光轴，1和1'是一对共轭光线，用作图法找出透镜的两个焦点F、F'的位置，透镜是凸还是凹？作出光线2的共轭光线.

16.17 实物与光屏间的距离为l，在中间某一位置放一凸透镜，可使实物的像清晰地投于屏上，将凸透镜移过距离d之后，屏上又出现一个清晰的像.
（1）计算两个像的大小之比；（2）证明透镜的焦距为$\dfrac{l^2-d^2}{4l}$；（3）证明l不能小于透镜焦距的4倍.

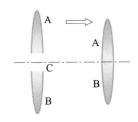

图16-43 习题16.14图

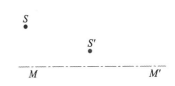

图16-44 习题16.15图

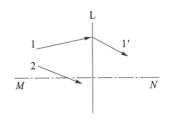

图16-45 习题16.16图

16.18　将人眼简化为一个距视网膜2 cm的单透镜. 有人能看清距离在100 cm到300 cm间的物体，问：（1）此人看清远点和近点时，眼睛的焦距各是多少？（2）为看清25 cm远的物体，需佩戴什么样的眼镜？

16.19　显微镜由焦距为1 cm的物镜和焦距为3 cm的目镜组成，物镜与目镜之间的距离为20 cm，问物体放在何处时才能使最后的像成在距离眼睛25 cm处？

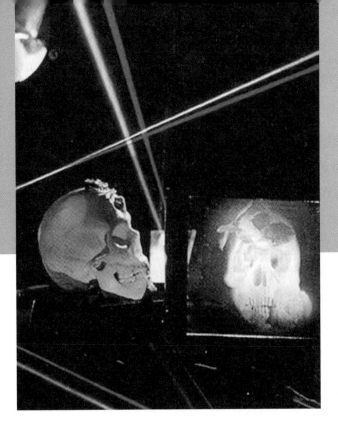

一般照相只记录光的强度信息，得到的是物体的二维平面像．激光全息照相，则同时记录振幅和相位信息，从而保留了物体的三维特征．以光的波动理论为基础的全息照相术在现代信息技术中有着广泛的应用．

17

波动光学

思考题解答

历史上对光的本性的认识，经历了17世纪以牛顿为代表的"微粒说"和以惠更斯为代表的"波动说"的争论．微粒说把光看作微粒流，波动说则认为光是在以太这种无处不在的特殊弹性介质中传播的波．虽然19世纪初叶，经过托马斯·杨（T.Young）和菲涅耳（A.J.Fresnel）等人的工作，光的弹性波动理论已经基本建立，它既能解释光的直线传播、干涉和衍射等现象，还能通过其横波假设说明光的偏振现象，但直到19世纪后叶，电磁理论和实验证实光是一种电磁波之后，光的波动本性才真正确立．然而，19世纪末20世纪初人们发现，当深入到光的产生和与物质的相互作用时，光的粒子（量子）本性又显现出来了．这说明光同时具有波和粒子两重特性．

从波动观点出发来研究光现象的光学分支称为波动光学（wave optics），其理论基础是电磁波方程．由于光学现象往往是大量光波列参与的结果，波动光学既有波动的共性，也有其特殊性和复杂性．以波动光学为基础发展起来的光波技术，在精密测量、光谱技术、传感与控制以及光通信等方面具有广泛应用．

中学对光的干涉和衍射等波动现象已有初步了解．本章从光波基本理论出发，介绍光的相干和非相干叠加，在此基础上讨论光的干涉、衍射现象，最后介绍光的偏振．

17-1-1 光波概述

在光的电磁理论建立之前,人们通过光的干涉、衍射和偏振等现象,已经认识到光是一种横波.1845年法拉第发现光的振动面在磁场中发生旋转,这预示着光与电磁现象存在某种联系.1888年赫兹在实验上证实了麦克斯韦关于电磁波的预言,并测得真空中电磁波的速率等于光速c.电磁波与光波一样是横波,也会出现反射、折射、干涉、衍射和偏振现象.麦克斯韦进一步得出光是一种电磁波的结论,从而将光和电磁现象统一起来.这是具有深刻意义的,它不仅再次显示了物理规律的普遍性,而且预示着一个适用于宇宙各种现象的统一理论的可能性.

电磁波是横波,$\boldsymbol{E}$和$\boldsymbol{H}$互相垂直,且都在与波的传播方向垂直的平面内振动,具有偏振性(polarization).电磁波的能流密度矢量(即坡印廷矢量)$\boldsymbol{S}=\boldsymbol{E}\times\boldsymbol{H}$沿波矢量$\boldsymbol{k}$或波速$\boldsymbol{u}$的方向.实验表明,光化学作用、光合作用以及视觉都是由电场矢量$\boldsymbol{E}$所致,各种检测光的元件,如感光胶片、光电池、光电倍增管等,它们对光的反应也主要是由$\boldsymbol{E}$引起的.因此,我们就用电场矢量$\boldsymbol{E}$来表示光波场,并把$\boldsymbol{E}$称为光矢量.

光波振动的物理量是矢量$\boldsymbol{E}$,因此光波是一种矢量波.一个频率为ν的沿z方向传播的平面简谐光波可表示为

$$\boldsymbol{E}(z,t)=\boldsymbol{E}_0\cos\left[2\pi\nu\left(t-\frac{z}{u}\right)+\varphi\right]$$

式中$\boldsymbol{E}_0$为振幅矢量,φ为初相位,u为光的波速.波速u与描写时间周期性的频率ν(以及周期$T=1/\nu$和角频率$\omega=2\pi\nu$)和描写空间周期性的波长λ_n有下列关系:

$$\lambda_n\nu=u,\quad \lambda_n=uT \tag{17-1}$$

在不同介质中电磁波的波速不同.根据电磁理论,电磁波在真空中的波速为真空中的光速$c=\dfrac{1}{\sqrt{\varepsilon_0\mu_0}}$,$\varepsilon_0$和$\mu_0$分别为真空介电常量和真空磁导率,而在相对介电常量和相对磁导率分别为ε_r和μ_r的介质中,电磁波的波速u为

$$u=\frac{1}{\sqrt{\varepsilon_0\varepsilon_r\mu_0\mu_r}}=\frac{c}{\sqrt{\varepsilon_r\mu_r}}$$

而真空中的波速c与介质中的波速u之比,则是介质的折射率n,即

$$n=\frac{c}{u}=\sqrt{\varepsilon_r\mu_r} \tag{17-2}$$

在可见光波段,对大多数介质有$\mu_r\approx1$,故$n\approx\sqrt{\varepsilon_r}$.

频率为 ν 的光波在真空中波长为 $\lambda = cT = c/\nu$，由于光进入不同介质后频率一般不改变，仍为 ν，但光速变为 u，故介质中的波长为

$$\lambda_n = uT = \frac{u}{\nu} = \frac{c}{n\nu} = \frac{\lambda}{n} \tag{17-3}$$

可见，同一频率的光在两种介质中的波长不同，满足 $n_1\lambda_{n1} = n_2\lambda_{n2} = \lambda$.

由于波长与介质有关，除非特别指明，以后提到光的波长都指光在真空中的波长，并用 λ 来表示. 这样，平面简谐光波可表示为

$$E(z,t) = E_0\cos\left[2\pi\nu t - 2\pi\frac{z}{\lambda_n} + \varphi\right] = E_0\cos\left[\omega t - 2\pi\frac{nz}{\lambda} + \varphi\right] \tag{17-4}$$

由式中可见，当用真空中的波长 λ 代替介质中的波长 λ_n 时，介质中的几何距离 z 也要相应地折算为 nz. 这个折算量 nz 称为光程（optical path）. 由于光在折射率为 n 的介质中传播距离 z 所需时间为 $\Delta t = z/u = nz/c$，故 $nz = c\Delta t$，即光程就是光在相同时间内在真空中传播的距离. 可见，借助光程可将光在不同介质中的路程折算为光在真空中的路程，从而便于比较光在不同介质中的传播时间和相位变化.

| 思考题 17.1：光从真空进入介质，哪些量会改变？哪些量不变？

光波中能为人眼所感受的光的频率在 $7.5 \times 10^{14} \sim 4.0 \times 10^{14}$ Hz 范围内，对应真空中的波长为 $400 \sim 760$ nm. 这个波段内的电磁波称为可见光，波长与颜色的对应关系如图 17-1 所示.

各种光接收器实质上都是能量接收器，由于光的频率高达 10^{14} Hz，远远小于光接收器的响应时间（人眼响应时间约为 0.1 s、硒光电池约为 10^{-3} s、最好的光探测器约为 10^{-11} s），因此任何光接收器都不能测出光波能流密度矢量的瞬时值，实际测量到的都是光波的能流密度的平均值. 光波平均能流密度的大小称为光强（light intensity）. 由坡印廷矢量（能流密度矢量）$\boldsymbol{S} = \boldsymbol{E} \times \boldsymbol{H}$ 可以算出，对平面简谐光波，光强 I 为

$$I = \overline{S} = \varepsilon u \overline{E^2} = \frac{1}{2}\frac{n}{c\mu_0\mu_r}E_0^2 \propto nE_0^2 \tag{17-5}$$

在大多数实际问题中，人们感兴趣的是空间各点光强的相对值而不是绝对值，所以可简单地定义光强

$$I = \overline{E^2} \tag{17-6}$$

如果需要比较两种介质中的光强，则 $I = n\overline{E^2}$.

对于光波来说，叠加原理不但在真空中成立，而且在一般介质中也成立，这些介质统称为线性介质. 激光等强光在某些介质中传播时会出现叠加原理不成立的现象，这称为非线性效应，这些介质称为非线性介质，研究这些效应的光学分支

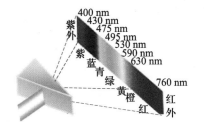

图 17-1　可见光谱

称为非线性光学. 本书仅涉及线性介质.

17-1-2 叠加与干涉

考虑两列光波 E_1 和 E_2 在 P 点相遇, 按照叠加原理, P 点的光振动为 $E = E_1 + E_2$. 如果把 E_1 分解为平行和垂直于 E_2 的分量 $E_{1//}$ 和 $E_{1\perp}$, 则 $E = E_{1\perp} + (E_{1//} + E_2)$, 即叠加发生在它们的平行分量之间. P 点的光强则为这两个相互垂直的振动分量的光强之和, 即

$$I = \overline{E^2} = \overline{E_{1\perp}^2} + \overline{(E_{1//} + E_2)^2} = \overline{E_{1\perp}^2} + \left[\overline{E_{1//}^2} + \overline{E_2^2} + 2\overline{(E_{1//}E_2)} \right]$$

括号 [ ] 中是反映叠加的平行分量 $(E_{1//} + E_2)$ 的光强, 它包含的 $2\overline{(E_{1//}E_2)}$ 项决定了光强在空间各点的差异, 称为干涉项. 如果 $2\overline{(E_{1//}E_2)}$ 恒为零, 则 $I = \overline{E_{1\perp}^2} + \overline{E_{1//}^2} + \overline{E_2^2} = I_1 + I_2$, 即空间各点的光强是两光波单独产生的光强之和, 这种波的叠加称为非相干叠加; 如果 $2\overline{(E_{1//}E_2)}$ 不恒为零, 而是随空间位置变化, 这种波的叠加称为相干叠加. 相干叠加引起光强在空间重新分布而呈现明暗变化, 这种现象就是光的干涉. 显然, 若 $E_{1//} = 0$, 即 E_1 和 E_2 相互垂直就是一种非相干叠加; 此外, 由于 $2(E_{1//}E_2) = 2E_1 \cdot E_2$ 与 E_1 和 E_2 的相位 (具体为二者相位之和及相位之差) 有关, 可以证明当 E_1 和 E_2 的频率不同或相位差不恒定时, 都会导致 $2\overline{(E_{1//}E_2)}$ 恒为零. 可见, 光波的相干条件是: ① 频率相同; ② 光振动有平行分量; ③ 在相遇点具有恒定相位差.

上面的讨论说明, 光的干涉来自同方向的光振动叠加. 按照光波干涉, 如果两相干光波在相遇点的光振动 E_1 和 E_2 相互平行, 则叠加结果为同方向同频率的光振动, 光强由式 (15-32) 给出, 为

$$I = I_1 + I_2 + 2\sqrt{I_1 I_2} \cos\Delta\varphi \qquad (17\text{-}7)$$

式中, I_1 和 I_2 分别为 E_1 和 E_2 的光强, $\Delta\varphi$ 为它们之间的相位差. 分别以 $(\varphi_2 - \varphi_1)$ 和 δ 表示它们的初相位差和光程差, 则

$$\Delta\varphi = (\varphi_2 - \varphi_1) - \frac{2\pi}{\lambda}\delta \qquad (17\text{-}8)$$

可见, 在处理干涉等问题时, 光程差的计算是很重要的.

思考题17.2: 角频率分别为 ω_1 和 ω_2 的两光波, 分别在折射率为 n_1 和 n_2 的介质中传播 r_1 和 r_2 的距离后相遇, 设初相位差为 0, 则 t 时刻在相遇点的相位差为多少? 用介质中的波长和真空中的波长写出的表达式有何不同?

干涉时, 空间光强形成明暗相间的条纹. 根据式 (17-7), 若 $\Delta\varphi = \pm 2k\pi(k = 0, 1, 2, \cdots)$, 则 $\cos\Delta\varphi = 1$, 该点为相长干涉, 光强有极大值

$$I_{\max} = I_1 + I_2 + 2\sqrt{I_1 I_2} = (\sqrt{I_2} + \sqrt{I_1})^2$$

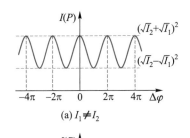

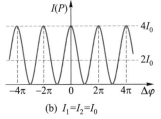

图 17-2 干涉的空间光强分布曲线

整数值 k 常称为极大值的级次；若 $\Delta\varphi = \pm(2k-1)\pi(k = 1, 2, \cdots)$，则 $\cos\Delta\varphi = -1$，该点为相消干涉，光强有极小值

$$I_{\min} = I_1 + I_2 - 2\sqrt{I_1 I_2} = (\sqrt{I_2} - \sqrt{I_1})^2$$

k 为极小值的级次. 当 $I_1 = I_2 = I_0$ 时，有 $I_{\max} = 4I_0$ 和 $I_{\min} = 0$. 假设 I_1 和 I_2 不随空间位置变化，则画出 $I_1 \neq I_2$ 和 $I_1 = I_2 = I_0$ 两种情况的空间光强分布曲线，分别如图17-2（a）和（b）所示.

干涉条纹的明暗对比可以用对比度（也称衬比度或可见度）来定量描述. 以 $I_{\max}$ 和 $I_{\min}$ 分别表示光强的极大值和极小值，则对比度（contrast）γ 定义为

$$\gamma = \frac{I_{\max} - I_{\min}}{I_{\max} + I_{\min}} \tag{17-9}$$

对非相干叠加，$I_{\max} = I_{\min} = I_1 + I_2$，$\gamma = 0$，对比度最小. 对于相干叠加，当 $\boldsymbol{E}_1$ 和 $\boldsymbol{E}_2$ 平行且 $I_1 = I_2 = I_0$ 时，$I_{\min} = 0$，$\gamma = 1$，对比度最大，这时条纹明、暗分明，最清晰[见图17-2（b）]；当 $I_1 \neq I_2$ 或 $\boldsymbol{E}_1$ 和 $\boldsymbol{E}_2$ 不平行时，都有 $I_{\min} \neq 0$，$\gamma < 1$，条纹对比度变差[见图17-2（a）]. 因此，为了获得明、暗对比鲜明的干涉条纹，应尽量使两相干光振动方向一致，且在各处的光强相等.

干涉中出现的光强明暗分布，是光能在光波相干叠加中重新分配的结果，总光能在叠加前后保持守恒. 由式（17-7）可以看出，干涉光场中的光强或振幅分布与相位差 $\Delta\varphi$ 有关. 虽然各种光接收器只能探测光强或振幅，并不能直接测量相位，但借助于光强与相位差的关系，就可以反过来了解相位的空间分布，这是现代光学特别是全息光学中的一个重要思想.

思考题17.3：干涉出现的光强明暗分布，是否是因为光的叠加造成了光能与其他形式的能量转化的结果？

17-1-3 利用普通光源实现干涉的方法

两束或多束光若能在相遇的空间产生干涉现象，这样的光称为相干光（coherent light）. 但仿照用两个同频振子产生水面波干涉的实验（参见图15-35），当我们用两个相同的普通光源，例如两只钠光灯（单色光源）同时照射到一个平面上时，却不会出现光的干涉图样. 这说明由普通光源发出的光并不是相干光.

普通光源的发光机制是所谓原子的自发辐射（关于原子发光将在19-3-1节介绍）. 简单地讲，被激发到高能态上的原子不稳定，会自发地跃迁到低能态而辐射出一列光波. 原子发光具有间歇性，每次跃迁只能辐射出长度有限的一列光波，称为光波列. 通常原子一次发光的持续时间小于 10^{-8} s，所以发出的光波列长度 L 不

到 3 m. 可见，发光原子才是真正的波源. 由于光源中每一发光点都有大量原子发光，而原子发光具有独立性，即使各个原子发出的光波列频率都相同，其振动方向和相位也是完全随机的. 两个独立光源或同一光源各部分所发出的光，实际上包含大量这样的随机光波列，显然并不满足相干条件. 顺便指出，激光的发光机制与普通光源不同，其光波列长达数百千米，是一种很好的相干光源. 利用现代技术已经能够实现让两个同频激光光源的光产生干涉.

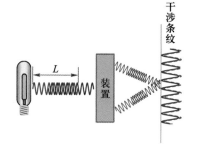

图 17-3　利用普通光源实现干涉的原理

如何利用普通光源实现干涉呢？办法是将同一光波列分割而成的各部分相互叠加，也就是利用某些装置，将来自同一发光点的光分成两束或多束后，再让它们在空间相遇. 由于同一光波列分割出来的各部分是相干的，而来自同一发光点的各个光波列，经装置分割出来的各部分以及各部分到达空间同一点的相位差必然相同，因此干涉条纹完全重合，如图 17-3 所示. 它们非相干叠加的结果并不会使干涉条纹消失，反而会提高条纹的对比度，故能观察到干涉现象. 分割光波列实现相干的方法，主要有分波前、分振幅和分振动面三种. 其中，分振动面法将在偏振光的干涉中讨论.

思考题 17.4：光的干涉现象是不同光波列之间叠加的结果吗？为什么能够观察到干涉图样？

由于在各种干涉（以及衍射）装置中常会用到透镜，在讨论具体的干涉之前，有必要先说明薄透镜的一个性质. 根据实验，一个点光源经过透镜后仍成像于一点，如图 17-4 所示. 从点光源发出的各条光线具有相同的初相位，这些光线经过透镜后改变方向，并在像点相遇而叠加成为亮点，它们干涉加强说明这些光线经过透镜后仍然保持相位相同. 可见，理想透镜不会引起附加相位差或光程差. 因此，当用透镜把存在相位差的平行光线会聚到焦平面上一点时，这些光线将保持原来的相位差相互叠加.

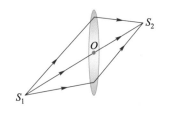

图 17-4　理想透镜不会引起附加光程差

思考题 17.5：一个无穷远光点发出的平行光在透镜焦平面上所成的像为亮点. 来自不同光点的平行光线经透镜会聚到焦平面上一点也总是亮点吗？

<h1>17-2 分波前干涉</h1>

17-2-1　杨氏双缝实验

1801 年，英国医生托马斯·杨（T.Young）首先通过实验实现了光的干涉，从而为光的波动学说奠定了坚实基础. 这个实验称为杨氏实验.

杨氏实验装置如图17-5所示.以单色光源（图中未画出）照亮小孔S,由于小孔限制,从S透射的光可以看作来自光源的同一个发光点,而且每个光波列经小孔S衍射后成为球面波.以S为点光源,它发出的球面波经小孔S_1和S_2分割并透射出两个子波,它们在双孔后面的区域都能相遇而产生干涉.这种从光源发出的光波波前上分割出来的两束光之间的干涉称为分波前干涉.

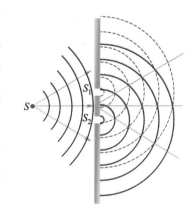

图17-5 杨氏实验装置

根据式（17-7）,干涉场中某点P的光强与两束相干光在该点的相位差$\Delta\varphi$有关.如果S_1和S_2到S距离相等,则从S_1和S_2出射的两列光波是从同一波前上分割出来的,其初相位相同,这时$\Delta\varphi$仅取决于S_1和S_2到P点的光程差δ.即

$$\Delta\varphi = -\frac{2\pi}{\lambda}\delta \qquad (17-10)$$

式中λ为单色光在真空中的波长.当$\Delta\varphi = \pm 2k\pi$,或

$$\delta = \pm k\lambda \quad (k=0,1,2,\cdots) \qquad (17-11)$$

时光强有极大值,P点为第k级明（亮）纹中心;而当$\Delta\varphi = \pm(2k-1)\pi$,或

$$\delta = \pm(2k-1)\frac{\lambda}{2} \quad (k=1,2,\cdots) \qquad (17-12)$$

时光强有极小值,P点为第k级暗纹中心.

在空气中,$n \approx 1$,光程差为$\delta = r_2 - r_1$,如图17-6所示,r_1和r_2分别为S_1和S_2到P点的距离.由解析几何可知,$r_2 - r_1$为常量的点构成一个以S_1和S_2为轴的旋转双曲面,因而明纹和暗纹都是旋转双曲面簇,它们在平行于双孔的屏上表现为明暗相间的一组弯曲条纹.

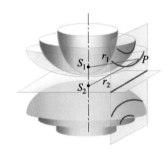

图17-6 杨氏双孔干涉花样的空间分布

如果在图17-5中用垂直纸面的狭缝取代小孔,这样的干涉就是杨氏双缝干涉.如图17-7所示,这时线光源S经双缝S_1和S_2分波面得到两个柱面波,它们相干叠加的结果是,在与双缝平行的屏上得到明暗相间的直条纹.图17-8所示为垂直于双缝的一个截面,设缝间距为d,双缝到屏的距离为D,以S_1和S_2的垂直平分线与屏的交点O为坐标原点建立如图所示Ox坐标轴.考虑屏上坐标为x的P点,则当屏足够远（$D \gg d$）时,S_1P和S_2P两条光线可以近似看作是平行的,有$r_2 - r_1 \approx d\sin\theta$,如果$x \ll D$,则$\theta$很小,可得

$$\sin\theta \approx \tan\theta = x/D$$

于是,当S_1和S_2到S距离相等时,空气中两光线的光程差$\delta = r_2 - r_1 \approx dx/D$,由式（17-11）知,屏上极大光强点位于

$$x = \pm k\lambda\frac{D}{d} \quad (k=0,1,2,\cdots) \qquad (17-13)$$

极小光强点位于

图17-7 杨氏双缝干涉

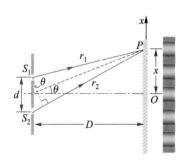

图17-8 杨氏双缝干涉中的几何关系

$$x = \pm\left(k - \frac{1}{2}\right)\lambda\frac{D}{d} \quad (k = 1, 2, \cdots) \tag{17-14}$$

可见屏上的干涉图样是一系列平行的明、暗直条纹，它们对称地分布在中央明纹（$k = 0$）两侧，k 为正值的明纹处于 $x > 0$ 一侧，k 为负值的明纹处于 $x < 0$ 一侧。两相邻明纹（或暗纹）之间的距离称为条纹间距，用 Δx 表示。由式（17-13）得出的明条纹间距和由式（17-14）得出的暗条纹间距相等，都为

$$\Delta x = \frac{D\lambda}{d} \tag{17-15}$$

上式表明，杨氏双缝干涉条纹是等间距的。如图 17-9 所示，当 D 与 d 一定时，Δx 与波长 λ 成正比，因此，如用白光做实验，各波长的中央明纹（$k = 0$）都位于 $x = 0$ 处，故仍为白光，而 $k = 1, 2, \cdots$ 的明纹则按波长大小展开成内紫外红的彩色带，称为干涉光谱，而不同 k 值的彩色条纹带之间可能交叠而使条纹模糊不清；当 D 与 λ 一定时，干涉条纹间距 Δx 与双缝间距 d 成反比，d 增大时条纹变密，d 减小时条纹变疏，因此 d 太大则条纹过密而无法分辨，而 $d < \lambda$ 则又会由于 Δx 太大而观察不到干涉条纹；此外，杨氏干涉是非定域（non-localized）的，即两相干光波在双缝（双孔）后面整个区域内都能相遇而干涉，因此，前后移动屏的位置，即改变 D 都可以观察到干涉条纹。

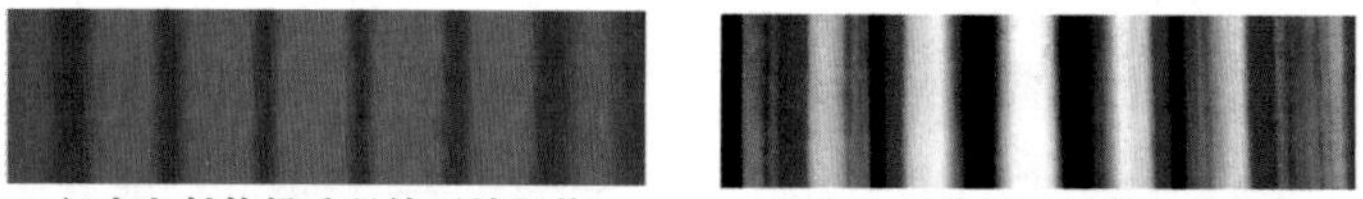

红光入射的杨氏双缝干涉照片　　　白光入射的杨氏双缝干涉照片

图 17-9　杨氏双缝干涉条纹

杨氏实验是测定光波波长最早的方法之一。根据式（17-15），如在实验中测出 D、d、Δx，便可计算出光波波长。

也可以用平行光直接照射双缝（或双孔）：垂直照射时从 S_1 和 S_2 出射的两光波也是从同一波前上分割出来的，相当于光源 S 在中心轴线上；斜入射时相当于 S 偏离中心轴线的情形（见例题 17-4）。因此，一般用细激光作光源时可以省去 S，直接照射双缝（或双孔）就能观察到干涉条纹。

思考题 17.6：将钠光灯直接照射双缝，能否观察到干涉条纹？用白光照射 S，并用红色和蓝色玻璃分别遮住 S_1 和 S_2，能否观察到干涉条纹？

例题 17-1　在杨氏双缝干涉实验中，用波长 $\lambda = 589.3$ nm 的钠灯作光源，屏幕距双缝的距离 $D = 800$ mm，问：（1）当双缝间距 d 分别为 1 mm 和 10 mm 时，条纹间距各为多大？（2）若眼睛能分辨的最小条纹间距为 0.065 mm，则双缝间距 d 最大为多少？

解：（1）$d=1$ mm时，$\Delta x = \dfrac{D\lambda}{d} = \dfrac{800 \times 589.3 \times 10^{-6}}{1}$ mm $= 0.47$ mm

$d=10$ mm时，$\Delta x = \dfrac{D\lambda}{d} = \dfrac{800 \times 589.3 \times 10^{-6}}{10}$ mm $= 0.047$ mm

（2）$d = \dfrac{D\lambda}{\Delta x} = \dfrac{800 \times 589.3 \times 10^{-6}}{0.065}$ mm $= 7.25$ mm

即双缝间距必须小于 7.25 mm. $d = 10$ mm 时条纹太密，眼睛无法分辨.

例题 17-2 用波长为 $400 \sim 700$ nm 的复色光源进行杨氏双缝干涉实验，求能观察到的清晰可辨的光谱级次.

解： 条纹重叠就会模糊. 若第 k 级光谱开始重叠，即波长 λ 的第 $(k+1)$ 级与 $\lambda + \Delta\lambda$ 的第 k 级明纹重叠（即处在同一位置 x），由明纹条件 $x = \pm k\lambda \dfrac{D}{d}$ 可知，要求 $k(\lambda + \Delta\lambda) = (k+1)\lambda$，或者第 k 级光谱的宽度 $\Delta x_k = k\Delta\lambda \dfrac{D}{d}$ 与最短波长的条纹间距 $\Delta x_\lambda = \lambda \dfrac{D}{d}$ 相等. 则得

$$k = \frac{\lambda}{\Delta\lambda} \qquad (17\text{-}16)$$

代入 $\lambda = 400$ nm，$\Delta\lambda = (700-400)$ nm $= 300$ nm，得 $k = 1.3$. 可见，$k > 1$ 就会发生光谱重叠，因此，清晰可辨的光谱只有 $k = 1$ 级.

例题 17-3 用波长为 λ 的单色光照射缝间距 $d = 2 \times 10^{-4}$ m 的双缝，在距缝为 $D = 2$ m 并与双缝平行的屏上测得 21 条明纹间的距离 $L = 0.11$ m.（1）求波长 λ 的值；（2）若用云母（折射率为 1.58）薄片覆盖在 S_2 缝上，如图 17-10 所示，条纹如何移动？设中央位置 O 变为第 7 级明纹，求云母片的厚度；（3）移去云母片后把整个装置从空气中移入某种液体中，发现空气中第 3 级明纹位置这时变为第 4 级明纹，求该液体的折射率 n.

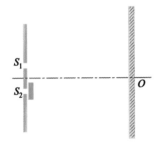

图 17-10 例题 17-3 图

解：（1） $$L = 20 \cdot \Delta x = 20 \times \frac{D}{d}\lambda$$

故

$$\lambda = \frac{Ld}{20D} = \frac{0.11 \times 2 \times 10^{-4}}{20 \times 2}\ \text{m} = 5.5 \times 10^{-7}\ \text{m} = 550\ \text{nm}$$

（2）对于屏上中央位置 O 点附近一点，可认为光线在云母薄片中走过的距离就是其厚度 t，设 S_2 和 S_1 到该点的几何路程差为 $r_2 - r_1$，则光程差为

$$\delta = (r_2 - t + nt) - r_1 = r_2 - r_1 + (n-1)t.$$

令 $\delta = 0$，可得 $r_2 - r_1 = -(n-1)t < 0$，可见 0 级明纹不在中央位置，而是位于 $r_2 < r_1$，即向被介质覆盖的那条缝一侧移动（图中 S_2 缝覆盖介质，故条纹下移）. 在中央位置 O 处 $r_2 - r_1 = 0$，$\delta = (n-1)t$，而第 7 级明纹要求 $\delta = \pm 7\lambda$，$t > 0$ 故取 "+"，得

$$t = \frac{7\lambda}{n-1} = \frac{7 \times 550}{1.58 - 1}\ \text{nm} = 6.6\ \mu\text{m}$$

（3）整个装置从空气移入液体中后，每条光线的光程变为 nr，而光程差为 $\delta = \dfrac{nxd}{D}$，相应地明纹条件为

$$\delta = \frac{nxd}{D} = k\lambda$$

由题设有

$$\frac{nxd}{D} = 4\lambda, \quad \frac{xd}{D} = 3\lambda$$

故有

$$n = \frac{4}{3} = 1.33$$

例题 17-4 杨氏双缝干涉实验中，当光源 S 在中心轴线上时，从双缝 S_1 和 S_2 出射的光波没有初相位差，中央（0 级）明纹在轴线上 O 处．求当 S 下移 $b/2$ 距离时中央（0 级）明纹移动的距离 x_0．设双缝间距为 d，S 到双缝的距离为 R（$R \gg d$ 且 $R \gg b$），双缝到屏的距离为 D（$D \gg d$）．

解： 如图 17-11 所示，由于 S 下移，从 S_1 和 S_2 出射的光波存在初相位差或光程差，因此，从 S 发出的经过 S_1 和 S_2 的两条光线到达屏上 P 点的光程差为

$$\delta = (R_2 + r_2) - (R_1 + r_1) = (R_2 - R_1) + (r_2 - r_1)$$

当 $R \gg d$ 且 $R \gg b$ 时，β 很小，有

$$R_2 - R_1 \approx d\sin\beta \approx d\frac{(-b/2)}{R} = -d\frac{b}{2R}$$

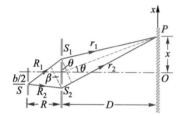

图 17-11 例题 17-4 图

（$-b/2$）表示 S 下移 $b/2$，而

$$r_2 - r_1 \approx d\sin\theta \approx d\frac{x}{D}$$

故

$$\delta = d(\sin\beta + \sin\theta) = d\left(-\frac{b}{2R} + \frac{x}{D}\right)$$

由 $\delta = \pm k\lambda$ 可知，$k = 0$ 时 $\delta = 0$，即 0 级明纹对应光程差为 0，可得出 0 级明纹在屏上的坐标 x_0 为

$$x_0 = \frac{b}{2R}D$$

即 0 级明纹将上移 x_0．

讨论：（1）由于对各个 x（或 θ）光程差的变化都相同，因此干涉（明、暗）条纹保持间距不变做整体移动．事实上，将上面的 δ 表达式代入明纹条件 $\delta = \pm k\lambda$，可得

$$x = \pm k\lambda\frac{D}{d} + \frac{b}{2R}D = \pm k\lambda\frac{D}{d} + x_0$$

即各明纹均移动 x_0，而条纹间距仍为 $\Delta x = \frac{D}{d}\lambda$．

（2）S 下移时，干涉条纹整体上移；S 上移时，干涉条纹整体下移．

（3）当干涉条纹移动半个条纹间距，即 $x_0 = \dfrac{\Delta x}{2} = \dfrac{D}{2d}\lambda$ 时，原来的暗纹位置被明纹取代，这要求 S 移动的距离为

$$\frac{b}{2} = \frac{R}{2d}\lambda \quad \text{或} \quad b = \frac{R}{d}\lambda \qquad （17-17）$$

可以想见，若光源宽度为 $R\lambda/d$，则光源各点产生的干涉条纹就会互相重叠而变得模糊不清.

17-2-2 其他分波面干涉实验

1. 菲涅耳双面镜实验

如图 17-12 所示，将两块平面反射镜（图中 M_1 和 M_2 以接近平行的交角粘在一起（M_1 和 M_2 的夹角 α 很小），就构成了菲涅耳双面镜（Fresnel bimirror）. 由光源 S 发出的光波受遮光板 K 遮挡，不能直接到达屏上；而经 M_1 和 M_2 反射后的两束光波则是从 S 发出的光波波面上分割出来的，可以看作 S 在双面镜中的两个虚像 S_1 和 S_2 发出的相干光，它们在交叠区域（图中阴影）内叠加形成干涉，于是在屏上交叠区内可观察到干涉条纹.

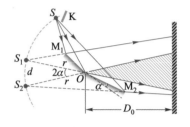

图 17-12　菲涅耳双面镜实验

S_1、S_2 的位置可由反射定律确定. 设双面镜交线在图上投影是 O 点，$SO = r$，则 $S_1O = S_2O = r$，S_1 和 S_2 对 O 点的张角为 2α 且 S_1S_2 的垂直平分线过 O 点，于是可得 S_1 和 S_2 之间的距离为

$$d \approx 2r\sin\alpha \qquad （17-18）$$

如果 S 为垂直纸面的线光源，则在屏上得到类似杨氏双缝干涉的直条纹. 设 O 点到屏的距离为 D_0，则 S_1、S_2 到屏的距离为 $D = D_0 + r\cos\alpha$，于是可得屏上干涉条纹间距为

$$\Delta x = \frac{r\cos\alpha + D_0}{2r\sin\alpha}\lambda \qquad （17-19）$$

激光具有良好的相干性，若用激光作为光源，让其振动垂直入射面，则 α 角可以很大，还可以用平行激光来观察干涉条纹. 而用普通光源时，要求 α 角很小，这时，$\sin\alpha \approx \alpha$，$\cos\alpha \approx 1$.

2. 劳埃德镜实验

劳埃德（H. Lloyd）镜就是一个平面镜. 如图 17-13 所示，光源 S_1 发出的光波一部分直接投射到屏上，另一部分以接近 90° 的入射角（掠射）经平面镜反射到屏上. 这两部分光波是从 S 发出的光波面分出来，可以看作从 S_1 及其平面镜中的虚像 S_2 发出的相干光，它们在交叠区域（图中阴影）内形成干涉. 设 h 为 S_1 到镜面的距离，D 为 S_1 到屏的距离，则 S_1 和 S_2 之间的距离 $d = 2h$. 如果 S_1 为垂直纸面的线光源，

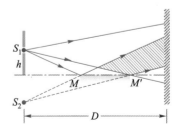

图 17-13　劳埃德镜实验

则在屏上得到类似杨氏双缝干涉的直条纹，条纹间距为

$$\Delta x = \frac{D}{2h}\lambda \qquad (17-20)$$

实验发现，虽然从 S_1 和 S_2 到镜的末端 M' 点的光程相等，但将屏紧靠此端时，发现该点却不是亮纹而是暗纹中心. 这意味着在镜面上，反射光相对于入射光发生了 π 的相位突变.

光学中折射率大的介质称为光密介质，折射率小的介质称为光疏介质. 理论和实验都证明：光在两介质的界面上折射时不会发生相位突变；光由光密介质射向光疏介质在界面上反射时也不存在相位突变；只有当光由光疏介质射向光密介质在界面上反射时，在掠射（入射角接近 90°）或直射（入射角接近 0°）的条件下，在反射点处才发生 π 的相位突变，即反射光的光矢量与入射光的光矢量振动方向正好相反.

光的相位突变，劳埃德镜实验是掠射情况下的一例，1890 年维纳（O.Wiener）所做的首个光驻波实验则是垂直界面入射的例子. 值得注意的是，电磁波中由于 $\boldsymbol{E}$ 与 $\boldsymbol{H}$ 波所遵从的边界条件不同，若 $\boldsymbol{E}$ 波在反射点形成波节，那么 $\boldsymbol{H}$ 波就恰好形成波腹，反之亦然. 而光波的驻波实验表明，光波在反射点处呈现波节还是波腹恰与 $\boldsymbol{E}$ 波的表现一样，这一事实再次表明引起光感的是 $\boldsymbol{E}$ 波，光矢量是电场强度 $\boldsymbol{E}$.

3. 菲涅耳双棱镜实验

菲涅耳双棱镜（Fresnel double prism）是由两个顶角很小、底面相接的薄棱镜组成. 如图 17-14 所示，从光源 S 发出的光波面借助棱镜折射分为向不同方向传播的两部分，它们就如同从 S 的两个虚像 S_1 和 S_2 发出的一样，在两波重叠区（图中阴影）就会产生干涉. 设 S 到棱镜的距离为 b，则在顶角 α 很小时可得 S_1 和 S_2 的间距 $d = 2(n-1)\alpha b$. 如果 S 为垂直纸面的线光源，则在屏上得到类似杨氏双缝干涉的直条纹，条纹间距为

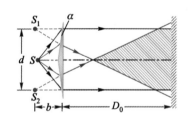

图 17-14 菲涅耳双棱镜

$$\Delta x = \frac{b + D_0}{2(n-1)\alpha b}\lambda \qquad (17-21)$$

式中 D_0 为棱镜到屏的距离.

可见，与杨氏干涉一样，这里分波面干涉也是非定域的.

*17-2-3 光的时间相干性和空间相干性

利用普通光源产生的干涉，实际上是从原子发出的同一光波列分割出来的各部分间相干叠加的结果. 由于原子发光持续时间 $\Delta\tau$ 很短，不到 10^{-8} s，真空中相应的波列长度 $L = c\Delta\tau$ 不到 3 m，这就存在这些相干子波列经过不同的光程到达同一空

间，还能不能保证在时间上相遇的问题，即涉及时间相干性（time coherence）. 显然，两个波列要能在某点相遇，它们到达该点的时间差必须小于 $\Delta\tau$ 才行. 以杨氏双缝实验为例，如图17-15所示，经双缝分割出来的两个子波列，如果它们到达屏上某点的光程差 $\delta < L$，则时间差 $\Delta t < \Delta\tau$，即能相遇叠加而产生干涉；如果 $\delta > L$，则在该点不能相遇，自然就不会产生干涉. 因此，我们把 $\Delta\tau$ 称为相干时间（coherent time），把 L 称为相干长度（coherent length）. 可见，要产生干涉，最大光程差不能超过所用光波的相干长度.

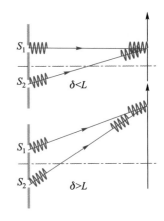

图17-15　时间相干性

相干长度和谱线的单色性或谱线宽度有关. 严格的单色光是具有单一频率或波长的简谐波，时间和空间都无限长. 而有限长度的光波列就不是严格的单色波，它有一定的波长范围 $\Delta\lambda$ 或频率范围 $\Delta\nu$，通常把 $\Delta\lambda$ 称为谱线宽度. 如图17-16所示，如果中心波长 λ 所在处光强为 I_0，通常把强度降为 $I_0/2$ 处的波长范围 $\Delta\lambda$ 作为谱线宽度. $\Delta\lambda$ 越小，其单色性越好. 显然，谱线宽度内每一波长的光均会产生各自的干涉图样，而不同波长的干涉图样一般不完全一样，它们非相干叠加的结果就会影响干涉条纹的对比度. 以杨氏双缝干涉为例，如图17-17所示，分别以蓝色、绿色和红色曲线表示波长为 $\lambda-\Delta\lambda/2$、λ 和 $\lambda+\Delta\lambda/2$ 的干涉光强分布，由于条纹宽度与波长成正比，随着 x 增大干涉条纹将发生重叠而使对比度减小，图中紫色曲线为总光强，蓝色和红色数字是对应波长的明纹级次. 根据式（17-16），可得条纹重叠的级次 k_m 和该级次对应的光程差 $\delta_m = k_m\lambda$，即

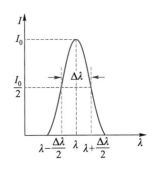

图17-16　谱线宽度

$$k_m = \frac{\lambda-\Delta\lambda/2}{\Delta\lambda} \approx \frac{\lambda}{\Delta\lambda}, \quad \delta_m = k_m\lambda = \frac{\lambda^2}{\Delta\lambda} \qquad (17\text{-}22)$$

k_m 和 δ_m 分别是能够观察到干涉条纹的最大级次和允许的光程差. 当光程差 $\delta < \delta_m$ 时能够区分干涉条纹，当 $\delta > \delta_m$ 时干涉条纹消失. 可见，δ_m 等于相干长度，即 $\delta_m = L$. 故相干长度为

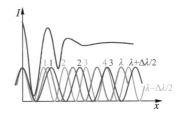

图17-17　谱线宽度对干涉条纹对比度的影响

$$L = \frac{\lambda^2}{\Delta\lambda} \qquad (17\text{-}23)$$

上式表明，$\Delta\lambda$ 越大，即光的单色性越差，相干长度就越小. 可见，时间相干性和光的单色性相联系，光的单色性越好，相干长度就越大，时间相干性就越好. 例如，对 $\lambda = 546.1$ nm，$\Delta\lambda = 0.044$ nm 的绿光，可算出 $L = 6.8\times10^{-3}$ m.

相干波能不能相遇反映的是光场的纵向关联程度，所以时间相干性也称纵向相干性. 然而，即便是理想的单色光源，光源各部分的光产生的干涉图样也不一定完全重合，它们叠加在一起也会影响对比度. 以杨氏双缝干涉为例，如图17-18所示，与中心轴线上 S 处的线光源的干涉条纹（图中红色曲线）比较，光源加宽时条纹错位叠加，对比度降低. 由例题17-4可知，若光源 S 的宽度为 b，则当 $b = \dfrac{R}{d}\lambda$ 时干涉条纹将消失，对比度 $\gamma = 0$. 可见，只有当光源宽度 $b < R\lambda/d$，或者两子波对

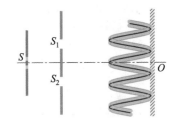

图17-18　光源宽度对干涉条纹对比度的影响

光源中心的张角 $\alpha \approx d/R < \lambda/b$ 时，才能观察到干涉条纹. 这种光源宽度对干涉条纹的影响反映光场的横向关联程度，称为空间相干性（space coherence）或横向相干性. 光源宽度的临界值 $\dfrac{R}{d}\lambda$ 称为相干间隔. 一般认为，光源宽度不超过相干间隔的 1/4，即 $b < \dfrac{R}{4d}\lambda$ 时，空间相干性较好，干涉条纹清晰，对比度 γ 达 0.9 左右. 杨氏实验在 S 处采用小孔或狭缝来减小光源线度，正是为了提高空间相干性.

激光是很好的相干光源. 激光的 $\Delta\lambda$ 只有 10^{-9} nm 或更小，其相干长度可达几百千米，因而激光具有良好的时间相干性；激光为受激辐射，光源上各部分发出的光也是相干的，而且方向性好，即其相干间隔很大，因而激光同时也具有良好的空间相干性. 因此用激光（扩束后）直接照射双缝就能得到清晰的干涉图样.

17-3 分振幅干涉

17-3-1 薄膜干涉概述

无色的肥皂膜和油膜在日光下会呈现彩色花样，这是一种薄膜干涉（thin film interference）现象. 与前面所讲的劳埃德镜实验不同，这里是宽光源或称扩展光源照射，而且反射光来自薄膜上、下两个界面.

观察薄膜干涉常用扩展光源. 若用点光源照射，直射光及薄膜上、下界面的反射光在空间各处叠加，干涉是非定域的；而用扩展光源时，由于光源上各点互不相干，空间相干性变差，导致大部分区域条纹模糊不清，可见的条纹（应满足空间相干性的要求 $\alpha < \lambda/b$，因 $b \gg \lambda$ 故 $\alpha \to 0$，也就是）其中心只出现在以同一条入射光线在薄膜上、下界面的两条反射光的交点上，即扩展光源下条纹是定域的.

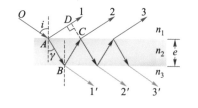

图 17-19 薄膜分振幅干涉

图 17-20 蜂鸟颈部羽毛上的薄膜干涉现象

如图 17-19 所示，来自扩展光源上某点 O 的一束平行光，经透明介质薄膜的上、下两个界面相继反射和折射，形成多束反射光和透射光，由于光强正比于振幅平方，这种光波的分割方式称为分振幅，分割而得的反射（或透射）光束之间产生的干涉称为分振幅干涉. 薄膜干涉是分振幅干涉的典型实例. 高温处理后金属表面的氧化层呈现彩色，蜂鸟转动头时颈部的羽毛颜色会闪烁变化（如图 17-20 所示），以及许多昆虫翅翼上所见到的鲜艳色彩等，都是常见的薄膜干涉现象. 按照能量守恒定律，反射和折射光强之和等于入射光强，因此出射光的振幅逐次递减. 以空气中的玻璃薄片为例，图 17-19 中反射光 1、2、3、… 的振幅，大约仅有入射光振幅的 20%、19%、0.8%、…，可见，只有前两束光的振幅较大. 因此，对于通常的薄膜干涉，可以只考虑前两束反射光的叠加. 至于因折射从薄膜另一侧透射的光的叠加，由于能量守恒，它与反射光的结果互补，即二者光强分布相加等于入射光强分布，所以只需讨论反射光的叠加.

如图17-19所示，设来自扩展光源的单色光波长为λ，入射到折射率为n_2、厚度为e的透明薄膜上，薄膜上、下的介质折射率分别为n_1、n_3. 考虑入射角为i的光线，经膜的上、下表面反射的最初两条出射光线1和2的光程差为

$$\delta = (AB + BC)n_2 - ADn_1$$

以γ表示折射角，则

$$AB = BC = \frac{e}{\cos\gamma}, \quad AD = AC\sin i = 2e\tan\gamma\sin i$$

根据折射定律$n_1 \sin i = n_2 \sin\gamma$，可得

$$\delta = 2en_2\cos\gamma = 2e\sqrt{n_2^2 - n_1^2\sin^2 i}$$

考虑到由于光的反射，这一对反射光可能存在相位突变而产生π的相位差，相当于$\lambda/2$的光程差，可将总的光程差写为

$$\delta = 2en_2\cos\gamma + \left(\frac{\lambda}{2}?\right) = 2e\sqrt{n_2^2 - n_1^2\sin^2 i} + \left(\frac{\lambda}{2}?\right) \quad （17-24）$$

是否计入附加光程差($\lambda/2$)，须视具体情况而定. 当$n_1 < n_2 < n_3$，或$n_1 > n_2 > n_3$，即薄膜折射率介于两边介质的折射率之间时，这一对反射光都发生或都不发生相位突变，就不应该加上($\lambda/2$)；当$n_1 < n_2$且$n_3 < n_2$，或$n_1 > n_2$且$n_3 > n_2$，即薄膜折射率都小于或都大于两边介质的折射率时，这一对反射光中有一束存在π的相位突变，式（17-24）中就应该加上($\lambda/2$). 应该指出，上面的分析严格来说只有在掠射或直射条件下成立；在斜入射情况下，反射光相对入射光的相位变化一般比较复杂，但就这里讨论的一对反射光是否计入附加光程而言，上述结论是成立的.

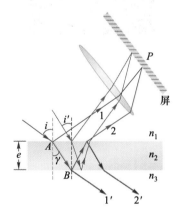

图17-21 均匀薄膜产生的等倾干涉

思考题17.7：图17-21中薄膜下表面出射的两条光线$1'$和$2'$的光程差为多少？

由于光线1和2的相位在入射点（图中A点）相同，它们在相遇点的相位差由光程差δ决定. 因此，干涉产生的明、暗纹条件为

$$\delta = \begin{cases} k\lambda & 明 \\ (2k-1)\dfrac{\lambda}{2} & 暗 \end{cases} \quad （17-25）$$

式中k取整数.

由式（17-24）可知，δ由n_2、e、i（或γ）三个因子决定. 如果n_2和e不变，即对一个光学性质均匀的平行平面薄膜，光程差仅由入射角i决定，即同一倾角i的入射光线所产生的干涉结果相同，因此这种干涉称为等倾干涉（equal inclination interference）. 如果 n_2 和 i 不变，即用平行光入射在光学性质均匀而厚度变化的薄膜上，则光程差仅随薄膜厚度 e 变化，即同一膜厚处干涉的结果相同，因此这种干涉称为等厚干涉（equal thickness interference）.

17-3-2 等倾干涉

等倾干涉中薄膜厚度均匀，如图17-21所示，与某一倾角 i 的入射光线对应的一对反射（或折射）光线平行出射，它们相交于无穷远处. 由于使用透镜并不引入附加光程差，定域在无穷远的等倾条纹可通过会聚透镜在后焦平面的屏上观察，焦点处对应于平行透镜光轴的出射光.

图17-22所示为观察等倾条纹常用的实验装置，薄膜介质水平放置，半反半透镜M与薄膜成45°，会聚透镜L的光轴与薄膜表面垂直. 从扩展光源上某点发出的某一光线经M反射到薄膜上，形成来自上、下膜表面的一对平行反射光，它们透过M后由透镜L会聚于其焦平面（屏）上一点. 与焦点（屏上 O）对应的是垂直入射（$i=0$）到薄膜上的光线，以该光线为对称轴的圆锥面上的所有光线都以同一倾角 i 入射到薄膜上，在透镜焦平面上形成一个以 O 为中心的圆环形干涉条纹. 从光源上某点可以向各个方向发出光线，构成不同 i 角的圆锥面簇，形成一组明、暗相间的同心圆环组成的等倾条纹. 由于 i 增加时圆环半径也增加，但光程差却减小，故该装置得到的条纹级次内高外低；由式（17-24）和（17-25）还可以得出，$2en_2(-\sin\gamma)\Delta\gamma = \Delta k\lambda$，这说明相邻级次（$\Delta k=1$）的条纹角宽度（正比于 Δi 或 $\Delta\gamma$）随 γ（因而 i）的增大而减小，即等倾条纹内疏外密.

由于干涉圆环只与光线的入射角 i 有关，而与光线来自何处无关，而扩展光源上各点都向各个方向发出光线，都可以划分为以 $i=0$ 光线为对称轴的不同 i 角的圆锥面簇，它们形成的干涉条纹完全重合，故非相干叠加的结果会使条纹更加明亮.

对厚度均匀的薄膜，若在某一方向观察到某一波长的反射光干涉相长，则该波长在对应方向的透射光必是干涉相消的. 这是由能量守恒来保证它们有互补的相干结果. 根据这一原理，在光学仪器制造中，为了减少光能反射的损失，常在光学元件表面涂上一层透明介质薄膜，使得入射光经该薄膜上、下界面反射的两束光产生干涉相消，从而增强透射光的强度，这层薄膜称为增透膜；若使反射光干涉相长，则光的透射弱而反射强，这层薄膜称为增反膜.

通常，相机镜头上所镀的增透膜为氟化镁（MgF_2），其折射率介于空气与玻璃之间，为 $n_2=1.38$，当波长为 λ 的光垂直入射时，由干涉相消条件，有

$$2en_2 = (2k-1)\frac{\lambda}{2} \quad (k=1,2,\cdots)$$

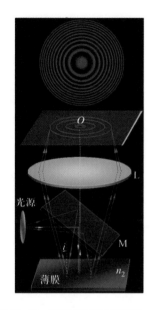

图17-22 等倾干涉条纹的观察

$k = 1$ 对应薄膜的最小厚度，所以增透膜的最小厚度由下式决定：

$$e_{\min} = \frac{\lambda}{4n_2} \qquad (17\text{-}26)$$

一般选择让人眼最敏感的黄绿光（$\lambda = 550$ nm）透过最强，可算得 $e_{\min} = 99.6$ nm. 由于远离该波长的红光和紫光仍有反射，因此镜头表面呈蓝紫带红的颜色，如图 17-23 所示.

图 17-23 镜头表面通常镀有增透膜

思考题 17.8：在图 17-22 的装置中若水平移动透镜，焦平面上的干涉条纹是否移动？

例题 17-5 用波长 550 nm 的黄绿光照射到一肥皂膜上，沿与膜面成 60° 的方向观察到膜面最亮，已知肥皂膜折射率为 1.33，问此膜至少为多厚？若在自然光下垂直观察，求能够使此膜最亮的光波波长.

解： 由题意可知，$i = 30°$，且这种情况存在附加光程差 $\lambda/2$，利用反射光干涉加强的条件，有

$$\delta = 2e\sqrt{n_2^2 - n_1^2 \sin^2 i} + \frac{\lambda}{2} = k\lambda$$

取 $k = 1$ 得到膜的最小厚度

$$e = \frac{\lambda}{4\sqrt{n_2^2 - n_1^2 \sin^2 i}} = \frac{550 \times 10^{-9} \text{ m}}{4\sqrt{1.33^2 - 1^2 \sin^2 30°}} = 1.12 \times 10^{-7} \text{ m}$$

在自然光下垂直观察，由明纹条件有

$$\delta = 2n_2 e + \frac{\lambda}{2} = k\lambda$$

所以

$$\lambda = \frac{2n_2 e}{k - 1/2}$$

取 $k = 1$，得到 $\lambda_1 = 595.8$ nm（$k = 2$ 时得到 $\lambda_2 = 198.6$ nm，为不可见光）.

17-3-3 等厚干涉

等厚干涉中介质薄膜的厚度不均匀. 例如图 17-24 所示的劈尖（wedge）膜，这种情况下经薄膜上、下界面反射后出射的光线 1 和 2 不再平行，而是相交于薄膜附近，即等厚条纹定域在薄膜附近. 在尖角很小的情况下，计算光线 1 和 2 的光程差时可认为膜厚相同，因此光程差的表达式仍为式（17-24）. 当以入射角为 i 的一束平行光入射时，凡是膜厚相同的地方光程差都相同，它们形成一道消长相同的干涉轨迹，而厚度不同则对应的轨迹也不同. 可见，同一级等厚干涉条纹对应薄膜

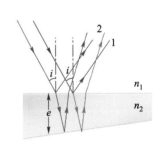

图 17-24 等厚干涉定域在薄膜附近

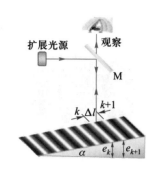

图 17-25 劈尖薄膜附近的等厚干涉

上厚度相同点的轨迹，不同级次的条纹对应不同的膜厚.

观察等厚干涉的实验装置如图17-25所示. 来自扩展光源的平行光经半反半透镜M反射后，近乎垂直地（$i = 0$）入射到薄膜上，从M的上方透过M观察薄膜表面的干涉条纹. 干涉条纹与薄膜的等厚线一致. 劈尖膜的等厚线平行于棱边，因此干涉条纹是与棱边平行的直线. 设k级明纹位于厚度为e_k的等厚线处，由式（17-24）和式（17-25），可得

$$2e_k n_2 + \frac{\lambda}{2} = k\lambda \tag{17-27}$$

式中（$\lambda/2$）为附加光程差. 由上式可得k和$k + \Delta k$级两条明纹处膜厚的差Δe_k，为

$$2\Delta e_k n_2 = \Delta k \lambda$$

设两相邻明（或暗）纹间距为Δl，令$\Delta k = 1$，则由图17-25可知，$\Delta l \sin \alpha = \Delta e_k$，所以

$$\Delta l = \frac{\lambda}{2n_2 \sin \alpha} \tag{17-28}$$

可见，条纹间距与k无关，是一组等间距的平行直线. 当n_2、λ一定时，尖角α越大，条纹间距越小，因此观察干涉条纹时α角不宜过大，否则条纹过密将无法分辨.

图 17-26 白光下肥皂膜的等厚干涉照片

思考题17.9：图17-26是白光下肥皂膜的照片. 试解释为什么呈现彩色条纹，并判断膜的厚度及变化.

利用等厚干涉条纹可以检测光学平板厚度的变化情况. 如图17-27所示，在待测平板上置一标准平板使两板间形成空气劈尖，用单色平行光照射以观察等厚干涉条纹. 如果待测平面不平整，等厚条纹的畸变即可反映出高度的变化. 例如在某处，如果厚度改变Δe，则该处条纹级次相应改变Δk，根据式（17-27）有

$$\Delta e = \frac{\lambda}{2} \Delta k$$

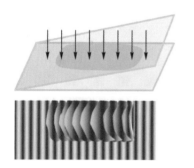

图 17-27 利用楔形空气薄膜检测平板平整度

如图17-28所示，如果某处干涉条纹因畸变移动了一个条纹距离，即$\Delta k = 1$，则该处厚度的变化为$\lambda/2$（对空气膜，有$n_2 = 1$）.

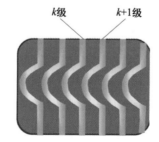

k级 $k+1$级

图 17-28 厚度畸变时的条纹

思考题17.10：两个平板都是理想光学平面，研究上板上下平移时条纹的变化规律.

思考题17.11：上下板均有一定厚度，板的上下表面的反射光是否也要干涉？对观察干涉条纹有什么影响？

如图17-29所示，将曲率半径很大的平凸透镜放在一块平板玻璃上，令其凸面与平板玻璃接触，则在透镜和平板玻璃之间形成厚度很薄且不均匀的空气层. 当单色光垂直入射时，在空气层两表面反射而产生等厚干涉，干涉条纹是一组以接触点 O 为中心的同心圆环，称为牛顿环（Newton's rings）.

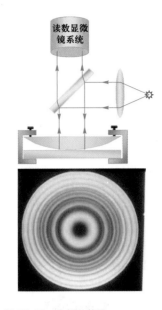

图17-29　牛顿环装置

现在来计算各明暗圆环的半径 r 与光波波长 λ 及平凸透镜曲率半径 R 之间的关系. 设半径 r 处的空气膜厚度为 e，如图17-30所示，在 $R \gg e$ 时，有 $r^2 = R^2 - (R-e)^2 = 2Re - e^2 \approx 2Re$. 解出 e 并代入式（17-24），注意此时 $n_2 = 1$，$i = 0$，并应该计入附加光程差 $\lambda/2$，则在空气厚度 e_k 处呈现明纹或暗纹的条件分别为

$$\frac{r_k^2}{R} + \frac{\lambda}{2} = k\lambda, \quad \frac{r_k^2}{R} + \frac{\lambda}{2} = (2k-1)\frac{\lambda}{2} \qquad （17-29）$$

上式说明，k 越大 r_k 越大，即牛顿环级次内低外高. 对上式微分，得

$$\Delta r_k = \Delta k \frac{R}{2r_k}\lambda$$

$\Delta k = 1$ 时 Δr_k 为相邻条纹间距，它随半径 r_k 增大而减小，即干涉圆环内疏外密.

利用牛顿环可测量透镜曲率半径. 由式（17-29）可知，k 级和 $k+N$ 级暗纹半径分别满足

$$r_k^2 = (k-1)R\lambda, \quad r_{k+N}^2 = (k+N-1)R\lambda$$

两式相减可以解出

$$R = \frac{r_{k+N}^2 - r_k^2}{N\lambda}$$

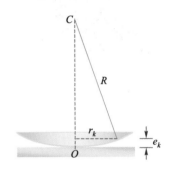

图17-30　牛顿环中的几何关系

通常波长为已知量，只要测出两个暗纹的半径，并数出它们的级次差 N，利用上式就可求得透镜的曲率半径.

思考题17.12：牛顿环为等厚条纹，它和图17-22中的等倾条纹干涉花样是否不同？试比较二者中心环的级次.

例题17-6　一折射率 $n = 1.5$ 的玻璃劈尖的尖角 $\alpha = 10^{-4}$ rad，放在空气中，当用单色光垂直照射时，测得明纹间距 $\Delta l = 0.20$ cm.（1）求此单色光的波长；（2）设此劈尖长4.00 cm，则总共出现几条明条纹？

解：（1）设入射光波长为 λ，则相邻两明纹的高度差 $\Delta e = \frac{\lambda}{2n}$，由几何关系，可得 $\Delta e = \Delta l \sin\alpha$. 由于尖角很小，有 $\sin\alpha = \alpha$，于是得

$$\lambda = 2n\Delta l \sin\alpha = 2 \times 1.5 \times 0.2 \times 10^{-2} \times 10^{-4} \text{ m} = 6.0 \times 10^{-7} \text{ m} = 600 \text{ nm}$$

（2）由于玻璃劈尖处于空气中，运用式（17-24）时须计入$\lambda/2$的附加光程差，因此在棱边处出现的是暗条纹．设最大厚度e_{max}处为k_{max}级，则劈尖长$L = e_{max}/\sin\alpha$，于是

$$2ne_{max} + \frac{\lambda}{2} = 2nL\sin\alpha + \frac{\lambda}{2} = k_{max}\lambda$$

$$k_{max} = \frac{2nL\sin\alpha}{\lambda} + \frac{1}{2} = \frac{2 \times 1.5 \times 4 \times 10^{-2} \times 10^{-4}}{600 \times 10^{-9}} + \frac{1}{2} = 20.5$$

因此，在劈尖上总共出现20条明条纹．

*17-3-4　迈克耳孙干涉仪

图17-31　迈克耳孙干涉仪

迈克耳孙干涉仪（Michelson interferometer）是根据干涉原理制成的一种精密测量仪器，图17-31为其实物照片，其基本结构如图17-32所示．M_1和M_2为平面反射镜，M_2固定而M_1可沿导轨移动，M_1和M_2的倾斜度可由镜后螺钉分别调节．G_1和G_2是一对厚度和折射率均相同的平行玻璃平板，它们与M_1和M_2成45°倾斜，G_1称为分束板，其背面镀有半透明薄膜，能使光分成强度相等的反射光和透射光．从光源S发出的光线经G_1分成两束，其中光线1经M_1反射后再穿过G_1时部分被折射成光线1′传到E处，光线2穿过G_2经M_2反射后在G_1的半反射薄膜上部分被反射成光线2′传到E处．光线1′和2′是一对相干光，故在E处可看到干涉条纹．由于光线1通过玻璃板G_1三次，而光线2只通过G_1一次，设置G_2的目的就是为了补偿这一附加光程差，使两路光程不至于相差太大，故G_2常称为补偿板．

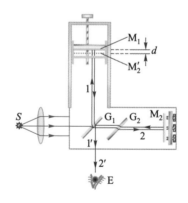

图17-32　迈克耳孙干涉仪的结构和光路示意图

在E处观察时，M_2经G_1反射在M_1附近成虚像M_2'，因此，由M_1和M_2两平面反射光的干涉，就如同M_1和M_2'两表面形成的假想空气薄膜（称为虚膜）的干涉一样．如果M_1与M_2严格地相互垂直，则M_1与M_2'严格地相互平行而形成厚度均匀的空气膜，在E处将观察到等倾条纹；如果M_1与M_2不严格垂直，则M_1和M_2'间构成一空气劈尖膜，在E处将观察到等厚条纹．移动M_1相当于改变空气膜的厚度，

膜厚改变 Δe 时光程差改变为 $2\Delta e$，当 $2\Delta e = \lambda$ 时视场中某点就移过一条干涉条纹. 这样，由条纹移动数目 ΔN 就可算出 M_1 移动的距离：

$$\Delta d = \Delta N \frac{\lambda}{2} \qquad (17\text{-}30)$$

据此，已知波长 λ 可以测定长度 Δd，也可以通过 Δd 来测定波长 λ.

在相对论建立之前，人们曾认为电磁波也和机械波一样需要传播介质，电磁波在真空中的波速 c 就是相对于以太这个特殊参考系而言的. 1887年迈克耳孙（A.A.Michelson）和莫雷（E.W.Morley）曾试图利用迈克耳孙干涉仪来确定地球相对于以太的运动. 如果假设地球相对于以太的运动速度 $\boldsymbol{u}$ 沿干涉仪的 G_1M_1 方向，则按照经典速度叠加关系，光束1由 G_1 到 M_1 和由 M_1 反射回到 G_1，光相对于干涉仪的速率分别为 $c-u$ 和 $c+u$，而在与之垂直的 G_1M_2 方向，光束2由 G_1 到 M_2 和由 M_2 反射回到 G_1，光相对于干涉仪的速率都为 $\sqrt{c^2-u^2}$. 调整 G_1 到 M_1 和 M_2 的距离使其均为 d，则光束1和光束2分别经 M_1 和 M_2 反射回到 G_1 所需的时间分别为

$$\Delta t_1 = \frac{d}{c-u} + \frac{d}{c+u} = \frac{2d}{c} \frac{1}{1-(u/c)^2}$$

$$\Delta t_2 = \frac{2d}{\sqrt{c^2-u^2}} = \frac{2d}{c} \frac{1}{\sqrt{1-(u/c)^2}}$$

将它们展开，忽略 $(u/c)^2$ 以上的高阶项，则光束1和光束2往返的时间差为

$$\Delta t = \Delta t_1 - \Delta t_2 = \frac{2d}{c}\left[\frac{1}{1-(u/c)^2} - \frac{1}{\sqrt{1-(u/c)^2}}\right] \approx d\frac{u^2}{c^3}$$

两光束的光程差为 $\delta = c\Delta t = d(u/c)^2$. 如果让干涉仪转过 $90°$，这时 G_1M_2 沿 $\boldsymbol{u}$ 方向，G_1M_1 与 $\boldsymbol{u}$ 垂直，则两光束的光程差变为 $\delta' = -d\left(\dfrac{u}{c}\right)^2$，干涉条纹将发生

$$\Delta k = \frac{1}{\lambda}(\delta - \delta') = \frac{2d}{\lambda}\left(\frac{u}{c}\right)^2$$

个条纹移动. 实验中，$d = 11$ m，$\lambda = 590$ nm，取 u 为地球公转速度，$u = 3 \times 10^4$ m·s^{-1}，可算出 $\Delta k = 0.37$. 这差不多使原来的明条纹变暗，暗条纹变明. 但在不同地点不同方位所做的实验都没有观察到条纹的任何移动. 这个零结果现在看来当然是以太根本不存在的必然结论.

例题 17-7 在迈克耳孙干涉仪的一臂放入一个长为 10 cm 的玻璃管，管中充以 1.013×10^5 Pa 的空气（设其折射率为 n），用波长 $\lambda = 589.3$ nm 的钠光产生干涉. 此后，在玻璃管内的空气逐渐被抽去而成为真空的过程中，观察到有99条干涉条纹的移动，试计算空气的折射率 n.

解： 在玻璃管内的空气抽出前后的光程差为

$$2(n-1)l = N\lambda$$

解得空气折射率为

$$n = 1 + \frac{N\lambda}{2l} = 1 + \frac{99 \times 589.3 \times 10^{-9}}{2 \times 10 \times 10^{-2}} = 1.000\ 292$$

17-4 光的衍射

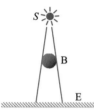

图 17-33　小球的衍射图样

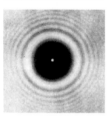

图 17-34　刀片边缘的衍射图样

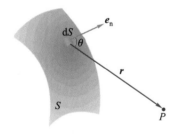

图 17-35　惠更斯-菲涅耳衍射积分

17-4-1　惠更斯－菲涅耳原理

干涉和衍射都是波的重要特征. 在 15.4 节我们曾用惠更斯原理解释过波最简单的衍射现象：波遇到障碍物时会改变传播方向. 波的衍射是在传播过程中其波面受到限制的必然结果，而不单纯是一种边缘效应. 波面受限制越多，衍射效应就越明显. 图 17-33 是单色光遇到小钢珠时在其后的屏上出现的衍射图照片，图 17-34 则是刀片的衍射图照片. 可以看出，光的衍射的基本特征是，不仅光的传播会偏离原来方向而进入障碍物的几何影区，还会在障碍物后出现明暗相间的条纹，即出现光强的重新分布；由于光的波长很短，障碍物越小衍射效应也越显著.

根据惠更斯原理，由波面上各点发出的子波的包络面可以确定构成下一时刻的波前，从而解释波的传播方向，但这一原理却无法解释光的衍射中出现的条纹及光强分布等问题. 法国物理学家菲涅耳（A.Fresnel）在惠更斯子波概念的基础上，提出子波相干叠加的思想，由此形成了惠更斯－菲涅耳原理（Huygens-Fresnel principle）：同一波面 S 上各点发出的次级子波都是相干波，它们在空间相遇时的叠加为相干叠加. 这一原理为衍射理论奠定了基础，它说明衍射的实质是相干，即各子波之间的干涉.

如图 17-35 所示，将 $t=0$ 时刻的波面 S 分成许多面元，每个面元都是子波源，面元 dS 在 P 点引起的光振动的振幅 $dE(P)$ 与 dS 的面积成正比，与 dS 到 P 点的距离 r 成反比，而且还与 dS 的法向 e_n 与 r 的夹角 θ 有关，用倾斜因子 $k(\theta)$ 表示，为

$$dE(P) = Ck(\theta)\cos(\omega t - kr + \varphi_0)\frac{dS}{r}$$

式中 C 为与子波源 dS 性质有关的量，φ_0 为波面 S 的相位. 对于点光源发出的球面波，倾斜因子 $k(\theta) = (1+\cos\theta)/2$，当 θ 由 0 增大到 π 时，$k(\theta)$ 从 1 减小到 0，这意味着在波前法线方向上的振幅最大，而在其反方向上的振幅为零，即子波不会向后传播.

按照惠更斯–菲涅耳原理，各面元发出的子波在P点叠加，即P点的合振动可表示为

$$E(P) = \int_S C \frac{k(\theta)}{r} \cos(\omega t - kr + \varphi_0)\, dS \qquad (17\text{-}31)$$

上式就是惠更斯–菲涅耳原理的数学表达式，常称为菲涅耳衍射积分公式.

衍射系统一般包括光源、衍射屏和接收屏，通常按它们三者间的位置关系将光的衍射分为两类：一类称为菲涅耳衍射（Fresnel diffraction）或近场衍射，是衍射屏相距光源和接收屏两者或两者之一为有限远的情形，如图17-36所示，它是法国物理学家菲涅耳（A.Fresnel）首先描述的；另一类称为**夫琅禾费衍射**（Fraunhofer diffraction）或远场衍射，是衍射屏相距光源和接收屏都为无限远的情形，如图17-37（a）所示，它是德国物理学家夫琅禾费（J.von Fraunhofer）首先描述的，在实验室中可以借助于透镜来实现，如图17-37（b）所示. 当衍射屏上的开孔很小时，用细激光束直接照射衍射屏并在远处观察，也符合夫琅禾费衍射要求的远场条件. 由于夫琅禾费衍射在数学上相对简单且在实验中不难实现，在现代光学中也有重要应用，故本书只讨论夫琅禾费衍射.

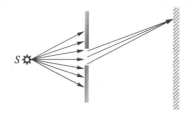

图17-36　菲涅耳衍射

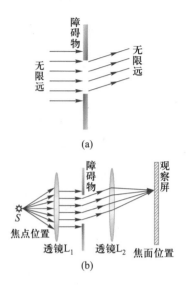

(a)

(b)

图17-37　夫琅禾费衍射

17-4-2　夫琅禾费单缝衍射

夫琅禾费单缝衍射的装置如图17-38所示. 两透镜L_1和L_2共轴，单色点光源S位于L_1的物方焦点上，发出的光经透镜变为平行光垂直入射到单缝K（衍射屏）上，从单缝露出的波面向各个方向发出子波或衍射光线，方向相同的衍射光线会聚到L_2的像方焦平面上同一点相互叠加，在焦平面的接收屏上可观察到各个方向的衍射光线形成的衍射图样. 可以看出，衍射图样是垂直于狭缝方向（图中x方向）展开的一组对称的亮斑，中央亮斑也比其他亮斑亮得多，其中心位于L_2的像方焦点，宽度则是其他亮斑的2倍；而沿狭缝方向（图中y方向）则无光强变化，说明衍射仅发生在光波面受限的方向上. 若将点光源换成与单缝平行的线光源照明，则在观察屏上得到一组与线光源平行的直条纹. 图17-38下方给出了白光线光源的单缝衍射花样，它呈彩色直条纹.

由于衍射仅发生在垂直于狭缝的方向上，故只需要在垂直于单缝的截面内讨论条纹位置和光强分布，即可作一维情况来处理. 如图17-39（a）所示，平行单色光垂直入射到缝宽为a的单缝上，从波面AB上各点发出的相干子波初相位相同，它们沿各个方向传播；衍射光线与单缝平面法线之间的夹角θ称为**衍射角**（diffraction angle），只有同一θ角的衍射光线能会聚于透镜L像方焦平面的屏上同一点，它们相干叠加的合振动可以由式（17-31）给出的菲涅耳衍射积分得到. 不过，为了更好地理解惠更斯–菲涅耳原理，避免其子波相干叠加的思想被烦冗的积

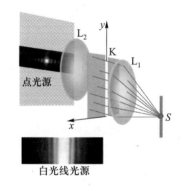

图17-38　夫琅禾费单缝衍射装置及用单色点光源和白光线光源得到的衍射图样

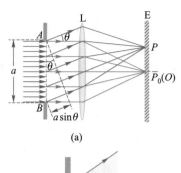

(a)

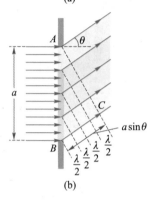

(b)

图 17-39　夫琅禾费单缝衍射——半波带法

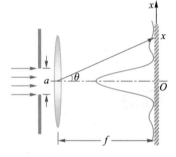

图 17-40　半波带法所得夫琅禾费单缝衍射的定性结果

分所掩盖，下面我们采用菲涅耳半波带法来进行分析.

由于透镜不会引入附加光程差，$\theta = 0$ 的各条衍射光线之间又没有光程差，因此，它们会聚于 P_0（像方焦点 O）叠加的结果为干涉相长，这就是中央明纹. 一般地，设屏上 P 点对应于衍射角为 θ 的平行衍射光线，它们之间存在光程差，其中单缝边缘的两条光线之间的光程差 δ 最大，由图可见

$$\delta = a\sin\theta \tag{17-32}$$

为了分析这些光线相干叠加的结果，如图 17-39（b）所示，可以设想用一系列相距半个波长 $\lambda/2$ 且与 AC 平行的平面，把宽为 a 的波面 AB 分成一系列窄条波带，称为半波带（half-wave zone）. 对于某个衍射角 θ，若分出的半波带数目 N 恰为偶数（$N = 2k$），则由于相邻半波带各对应点的衍射光线之间光程差都是 $\lambda/2$，或相位差为 π，在 P 点叠加结果为干涉相消，P 点就为暗点；若 N 恰为奇数 $[N = (2k + 1)]$，则因相邻半波带发出的光叠加两两相消后，还剩下一个半波带，故 P 点为亮点. 由此可得夫琅禾费单缝衍射的明暗中心条件为

$$a\sin\theta = \pm 2k\frac{\lambda}{2} = \pm k\lambda \quad (k = 1, 2, 3, \cdots)\ 暗纹中心 \tag{17-33}$$

$$a\sin\theta = \pm(2k+1)\frac{\lambda}{2} \quad (k = 1, 2, 3, \cdots)\ 明纹中心 \tag{17-34}$$

式中 k 为衍射级次. 中央明纹中心对应 $\theta = 0$，故也称为零级明纹. "$\pm$"表明各级明、暗条纹以中央零级明纹为中心对称分布.

由于在中央明纹中心 O 点叠加的各条光线同相位，所以光强最大；从中心往外衍射角 $|\theta|$ 增大，k 及半波带数 N 也增大，而每个半波带的面积则减小，因而明条纹的光强减小；当 N 为非整数时光强介于明、暗纹之间. 由于 N 随着 θ 连续变化，屏上光强实际上是连续变化的，如图 17-40 所示. 设透镜焦距为 f，则衍射角 θ 对应的接收屏上的位置坐标为 $x = f\tan\theta$.

衍射明纹的角宽度即两相邻暗纹间的角宽度. 在两个 1 级暗纹之间为中央明纹，故由式（17-33）可以确定中央明纹的衍射角 θ 范围为

$$-\lambda < a\sin\theta < \lambda \tag{17-35}$$

在 θ 较小时，有 $\sin\theta \approx \tan\theta \approx \theta$，则暗纹和明纹中心位置分别为

$$\theta_k \approx \pm k\frac{\lambda}{a}, \quad x_k \approx \pm fk\frac{\lambda}{a} \quad (k = 1, 2, 3, \cdots)\ 暗纹中心$$

$$\theta_k \approx \pm(2k+1)\frac{\lambda}{2a}, \quad x_k \approx \pm f(2k+1)\frac{\lambda}{2a} \quad (k = 1, 2, 3, \cdots)\ 明纹中心$$

于是，中央明纹的半角宽度 $\Delta\theta$ 和 k 级明纹的角宽度 $\Delta\theta_k$ 分别为

$$\Delta\theta = \theta_1 \approx \frac{\lambda}{a}, \ \Delta\theta_k \approx \frac{\lambda}{a} \qquad (17-36)$$

即中央明纹的角宽度约为其他明纹角宽度的两倍,且

$$\Delta x \approx f \cdot 2\Delta\theta = 2f\frac{\lambda}{a}, \ \Delta x_k \approx f \cdot \Delta\theta_k = f\frac{\lambda}{a}$$

即各明纹线宽Δx_k近似相等,为中央明纹线宽Δx的一半.

对夫琅禾费单缝衍射,还可作如下讨论:

(1)当缝宽a一定时,$\Delta\theta$(或Δx)及$\Delta\theta_k$(或Δx_k)与λ成正比,即波长越长,中央明纹和各级明纹越宽;如用平行白光照射单缝,则除中央仍为白光明纹外,由于λ越大θ_k也越大,两侧的各级明纹展开呈彩色,称为单缝衍射光谱.

(2)当波长λ一定时,缝宽a越小则$\Delta\theta$及$\Delta\theta_k$越大,衍射条纹越弥散且中央明纹越宽,衍射效应就越明显;反之,a越大则衍射条纹越密集且向中央明纹集中,衍射效应也就越不明显;当缝宽远大于波长时,其他衍射条纹消失,而只显示一个与零级衍射对应的亮纹,零级亮纹的中心就是几何光学中的像.可见,几何光学是波动光学在$\lambda/a \to 0$时的极限情况.由于可见光的波长仅有10^{-7} m,远小于一般物体,所以通常光表现为直线传播;只有当障碍物的线度与波长可比拟时,才能观察到明显的衍射现象.

思考题17.13:图17-38中点光源经过透镜后是平行光,它照亮整个狭缝,但为什么光衍射后不沿狭缝方向扩展成直条纹?

(3)几何光学中的像就是零级衍射中心,这个结论具有普遍意义.据此由透镜成像不难确定零级衍射中心的位置.例如,对图17-38所示共轴系统,位于物方焦点的点光源S成像于像方焦点O,当S在焦平面上下左右移动时,屏上像点反向移动,所以用平行于单缝的线光源得到的衍射是同方向延伸的直条纹;而光源垂直于单缝方向平移时,相当于平行光斜入射到单缝,如图17-41(a)所示,这意味着单缝平面的各子波存在相位差,式(17-32)表示的单缝边缘的两条光线之间的光程差应改写为$\delta = a(\sin\varphi + \sin\theta)$,令$\delta = 0$可知零级明纹$P_0$位于$\theta = -\varphi$;至于单缝,它上下左右移动都不会改变成像位置,只要缝宽不变,衍射图样就不会改变(事实上,屏上一点与某一特定衍射角的平行光线对应,而与缝在垂直于透镜光轴方向的位置无关),如图17-41(b)所示.

(4)如果把波面划分为更细的窄条,用振幅矢量法或菲涅耳积分法(见例题17-9),则能得到单缝衍射的光强分布,为

$$I = I_0 \left(\frac{\sin\alpha}{\alpha}\right)^2, \ \alpha = \frac{\pi a \sin\theta}{\lambda} \qquad (17-37)$$

其分布曲线如图17-42所示,图中横坐标为α,纵坐标为相对光强I/I_0.当

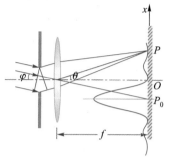

(a)平行光斜入射

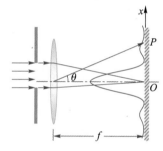

(b)单缝上下移动

图17-41 屏上衍射图样随光源移动做反向平移,而缝移动时则不受影响

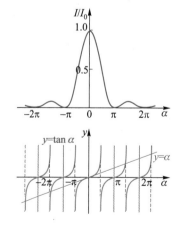

图17-42 夫琅禾费单缝衍射的光强分布

$\theta = 0$ 时 $\alpha = 0$，有 $\lim\limits_{\alpha \to 0} \dfrac{\sin^2\alpha}{\alpha^2} = 1$，得 $I = I_0$，即 I_0 为中央明纹中心 O 处之光强．当 $\alpha = \dfrac{\pi a \sin\theta}{\lambda} = k\pi$，即 $a\sin\theta = k\lambda$ 时 $I = 0$，为暗纹中心，这与用半波带法得到的式（17-33）相同．中央明纹两侧的明纹位置可由极值条件确定，即令

$$\frac{\mathrm{d}}{\mathrm{d}\alpha}\left(\frac{\sin\alpha}{\alpha}\right)^2 = 0$$

得

$$\tan\alpha = \alpha$$

这一超越方程可用图解法求出次极大相应的 α 值，即分别作出曲线 $y = \tan\alpha$ 和 $y = \alpha$，它们的交点即超越方程的解，可求得

$$\alpha = \pm 1.43\pi, \pm 2.46\pi, \pm 3.47\pi, \ldots$$

$$a\sin\theta = \pm 1.43\lambda, \pm 2.46\lambda, \pm 3.47\lambda, \ldots$$

这一结果与用半波带法得到的式（17-34）近似相同；次极大的光强近似为 I_0 的 4.7%，1.7%，0.8%，⋯．

例题 17-8 已知单缝宽度 $a = 0.6$ mm，会聚透镜的焦距 $f = 40$ cm，让光垂直入射缝面，在焦平面的屏幕上距中心（焦点 O）$x = 1.4$ mm 处有一明纹．求：（1）入射光的波长及该明纹的级数；（2）对该明纹而言缝面所分成的半波带的个数．

解：

$$\tan\theta = \frac{x}{f} = \frac{1.4}{400} = 0.0035$$

可见 θ 角很小，故 $\sin\theta \approx \tan\theta$，由明纹公式（17-34），有

$$\lambda = \frac{2a\sin\theta}{2k+1} = \frac{2a\tan\theta}{2k+1} = \frac{2ax}{(2k+1)f}$$

$$= \frac{2 \times 0.6 \times 1.4}{(2k+1) \times 400}\ \mathrm{mm} = \frac{4.2 \times 10^{-3}}{2k+1}\ \mathrm{mm} = \frac{4.2 \times 10^3}{2k+1}\ \mathrm{nm}$$

取可见光波长范围 400 nm $\leqslant \lambda \leqslant 760$ nm，解出

$$2.3 \leqslant k \leqslant 4.8$$

取整数，得 $k = 3$ 和 $k = 4$．当 $k = 3$ 时，解出 $\lambda_3 = 600$ nm，对应半波带为 $2k+1 = 7$ 个；当 $k = 4$ 时，解出 $\lambda_4 = 466.7$ nm，对应半波带数为 $2k+1 = 9$ 个．

*例题 17-9 导出夫琅禾费单缝衍射的相对光强分布公式（17-37）．

解：振幅矢量法： 把狭缝处宽为 a 的波面等分为 N 个窄条（相对于子波源），它们发出的子波振动方向相同，由于宽度相同（均为 a/N）可认为振幅也相同，有 $E_i = E_0$；各子波沿 θ 方向的衍射光线会聚于屏上 P 点，相邻子波的衍射光线间的光程差均为 $\Delta\delta = \dfrac{a\sin\theta}{N}$，即相应相位差为 $\Delta\varphi = \dfrac{2\pi}{\lambda}\dfrac{a\sin\theta}{N}$，按照惠更斯－菲涅耳原理，$P$ 点的光振动由这 N 个同方向、同频率、相位差依次相差 $\Delta\varphi$ 的振动叠加而成，即合振动振幅矢量

$E = \sum E_i$. 由如图17-43所示的几何关系可知，$\angle OCB = \Delta\varphi$，$\angle OCP = N\Delta\varphi$，$\triangle OCB$ 和

$\triangle OCP$ 都是等腰三角形，故

$$E = 2R\sin\left(\frac{N\Delta\varphi}{2}\right), \quad E_0 = E_1 = 2R\sin\left(\frac{\Delta\varphi}{2}\right)$$

两式相除，并令 $\alpha = \dfrac{N\Delta\varphi}{2} = \dfrac{\pi a \sin\theta}{\lambda}$，得

$$E = E_0 \frac{\sin(N\Delta\varphi/2)}{\sin(\Delta\varphi/2)} = E_0 \frac{\sin\alpha}{\sin\left(\dfrac{\alpha}{N}\right)}$$

由于 N 很大，$\sin\left(\dfrac{\alpha}{N}\right) \approx \dfrac{\alpha}{N}$，因而

$$E = E_0 \frac{\sin\alpha}{\sin\left(\dfrac{\alpha}{N}\right)} = NE_0 \frac{\sin\alpha}{\alpha} = A_0 \frac{\sin\alpha}{\alpha} \tag{17-38}$$

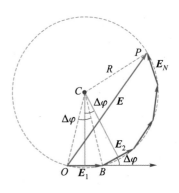

图17-43 由振幅矢量法求 N 个子光波的合成

式中 $A_0 = NE_0$. 由于光强正比于 E^2，记 $I_0 = A_0^2$，于是得 P 点的光强为

$$I = I_0 \frac{\sin^2\alpha}{\alpha^2}$$

菲涅耳积分法： 如图17-44所示，以缝中央为原点沿缝宽建立 Ox 轴，设缝长为 b（垂直纸面，图中未画出），则波面 AB 上 x 处宽为 dx 的窄条元面积为 $dS = b\,dx$，它发出的 θ 方向的子波经透镜到 P 点，光程 $r = r_0 - x\sin\theta$，其中 r_0 为 O 点至 P 点的光程. 根据菲涅耳衍射积分公式（17-31），P 点的合振幅为（由于各 x 处 dS 性质一样，C 为常量）

$$E(P) = C\int_S \frac{k(\theta)}{r}\cos(\omega t - kr + \varphi_0)\,dS$$

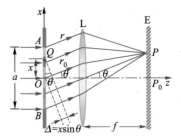

图17-44 夫琅禾费单缝衍射的菲涅耳积分法

对于近轴区衍射，$\theta \approx 0$，故 $k(\theta) = (1 + \cos\theta)/2 \approx 1$，$r = r_0 - x\sin\theta \approx r_0$，并取 $\varphi_0 = 0$，则上式可简化为

$$E(P) = \frac{Cb}{r_0}\int_{-a/2}^{a/2}\cos(\omega t - kr_0 + kx\sin\theta)\,dx$$

为求出积分，可以把 $\cos\varphi(x)$ 写成 $e^{i\varphi(x)}$ 积分，结果取实部，即

$$\int_{-a/2}^{a/2}\cos(\omega t - kr_0 + kx\sin\theta)\,dx = \mathrm{Re}\left[\int_{-a/2}^{+a/2}e^{i(\omega t - kr_0 + kx\sin\theta)}\,dx\right]$$

$$= \mathrm{Re}\left[e^{i(\omega t - kr_0)}\int_{-a/2}^{+a/2}e^{ikx\sin\theta}\,dx\right] = \mathrm{Re}\left[e^{i(\omega t - kr_0)}\frac{2\sin\dfrac{ka\sin\theta}{2}}{k\sin\theta}\right]$$

$$= \cos(\omega t - kr_0)\frac{2\sin\dfrac{ka\sin\theta}{2}}{k\sin\theta}$$

令 $A_0 = \dfrac{Cb\cos(\omega t - kr_0)}{r_0}a$，$\alpha = \dfrac{ka\sin\theta}{2} = \dfrac{\pi a\sin\theta}{\lambda}$，则有

$$E(P) = A_0\frac{\sin\alpha}{\alpha}$$

正是式（17-38），因而P点的光强与式（17-37）一样，为

$$I = I_0 \frac{\sin^2 \alpha}{\alpha^2}$$

17-4-3　圆孔衍射　光学仪器的分辨率

若将单缝衍射装置中的衍射屏由单缝换为圆孔，所产生的衍射即为夫琅禾费圆孔衍射．其衍射图样的中央是一个很亮的圆斑，它集中了衍射光能的近84%，称为艾里斑（Airy disk），外围是一组明暗相间的同心圆环，如图17-45所示．圆孔衍射可采用菲涅耳半波带法分析，其光强分布由英国天文学家艾里（Sir G.Airy）首先导出．若圆孔直径为D，入射光的波长为λ，透镜焦距为f，接收屏上艾里斑的直径为d，艾里斑对透镜光心的张角为2θ，则艾里斑的半角宽θ即第一级暗环对应的衍射角，由理论计算可以得出

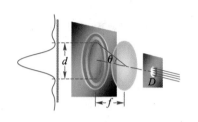

图17-45　夫琅禾费圆孔衍射

$$\sin \theta = 1.22 \frac{\lambda}{D}$$

θ角很小，有$\theta \approx \sin \theta \approx \tan \theta = \dfrac{d/2}{f}$，于是

$$2\theta = \frac{d}{f} = 2.44 \frac{\lambda}{D} \tag{17-39}$$

通常声呐发生器、扬声器、微波天线抛物面等都是圆孔波源，由于衍射，它们在空间的辐射强度分布主要集中在轴线方向（与艾里斑对应），这就是辐射波的主瓣，在其他方向上还有许多副瓣（与次级明纹对应）．由式（17-39）可见，波长λ越小，θ越小，能量越集中，方向性越好．微波雷达因其波长较短而具有较好的方向性．反之，波长λ越长，衍射越显著，能量越分散．

光学仪器如望远镜、显微镜、照相机、摄像机等的物镜以及人眼的瞳孔等都可以看作是具有一定孔径的圆孔，每个物点经过光学仪器所成的像都对应一个圆孔衍射图样．如图17-46（a）所示，是两个物点清晰可辨的衍射像；但当两个物点靠得很近，以致它们的衍射图样相互重叠时就可能分辨不清了，如图17-46（b）所示．英国物理学家瑞利（Lord Rayleigh）提出，若一个衍射图样的中央极大与另一个图样的一级极小重合时，如图17-46（c）所示，所对应的两个像点或物点恰好能分辨，这称为瑞利判据（Rayleigh criterion）．一般而言，两个强度相等的光非相干叠加的结果，中心光强与两侧峰值的比值不超过80%就能分辨（即使高达90%，也不是所有人或探测器都不能分辨）．而在瑞利判据条件下，对圆孔这个比值大约为74%（对单缝约为81%）．

按照瑞利判据，恰能分辨的两物点对透镜（或孔径）中心所张的角度θ_0，等于艾里斑的半角宽，即

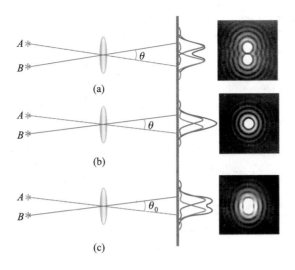

图 17-46 瑞利判据

$$\theta_0 = 1.22 \frac{\lambda}{D} \qquad (17-40)$$

θ_0 也就是通光孔径的直径为 D 的光学仪器的最小分辨角. 显然, 光学仪器能分辨的 θ_0 越小, 其分辨本领越高. 因此, 我们把的 θ_0 倒数定义为该光学仪器的分辨本领 (resolving power), 也称分辨率. 即

$$\frac{1}{\theta_0} = \frac{D}{1.22\lambda} \qquad (17-41)$$

可见分辨本领与仪器孔径 D 成正比, 与波长 λ 成反比. 大型天文望远镜的物镜做得很大, 显微镜使用波长较短的光, 都是为了提高分辨本领. 电子显微镜使用波长极短的电子波, 可以分辨的距离达 0.1 nm, 这就为分子和原子的研究提供了有力工具.

例题 17-10 在通常情况下, 人眼瞳孔直径约为 $D = 2.3$ mm. 对人眼视觉最灵敏的黄绿光的波长 $\lambda = 550$ nm, 试计算人眼的最小分辨角. 若将两物点放在明视距离 ($L = 25$ cm) 处, 人眼可分辨两物点的最小间距为多少?

解: 人眼最小分辨角为

$$\theta_0 = 1.22 \frac{\lambda}{D} = \frac{1.22 \times 550 \times 10^{-9}}{2.3 \times 10^{-3}} \text{ rad} = 2.9 \times 10^{-4} \text{ rad}$$

在明视距离处人眼可分辨的最小距离为

$$\Delta y = L \cdot \theta_0 = 0.25 \times 2.9 \times 10^{-4} \text{m} = 0.725 \times 10^{-4} \text{ m} = 0.073 \text{ mm}$$

但大多数人只能分辨到 $0.15 \sim 0.3$ mm.

17-5-1 光栅衍射

任何具有空间周期性的衍射屏都可以称为衍射光栅（diffraction grating）. 例如，在一块平面光学玻璃上，用金刚石刀刻出一系列等宽等间距的平行刻线，其刻线部分由于散射认为不透光，刻线之间相当于通光狭缝，于是就得到一块平面透射光栅. 设各缝宽度都为 a，不透光部分宽度都为 b，则 $d = a + b$ 称为光栅常量（grating constant）. 它反映光栅的空间周期性，其倒数 $1/d$ 表示单位长度内的狭缝数，称为光栅密度. 一般用于可见光区的光栅密度是600条/毫米和1 200条/毫米，总刻线约为 5×10^4 条. 光栅除透射式外还有反射式，有平面的也有曲面的. 这里只讨论平面透射式光栅.

将夫琅禾费单缝衍射装置中的狭缝换为透射光栅，就可以在屏上观察光栅的衍射图样. 显然，如果遮住其他狭缝只让平行光通过一条狭缝，就是前面讨论过的夫琅禾费单缝衍射. 由于衍射图样与单缝在垂直于透镜光轴方向的位置无关，即每条单缝在屏上的衍射光强分布都一样，所以当光通过 N 条缝时，在屏上得到的 N 条单缝衍射的花样和位置完全重合，如图17-47所示，它们相干叠加就是光栅衍射的结果. 也就是说，如果屏上某点单缝衍射的振幅为 E_θ，则该点的光强取决于这 N 束振幅都为 E_θ 的光的相干叠加. 总之，光栅衍射是单缝衍射和多缝干涉的综合结果.

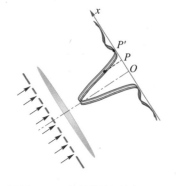

图17-47 N条单缝的衍射光强分布完全重合

下面就来讨论这 N 束光的干涉. 对于与衍射角 θ 对应的屏上 P 点，如图17-48所示，任何相邻两缝对应的衍射光波在 P 点的相位差都相等，在平行光垂直入射光栅的情况下，对应光程差为 $\Delta = d\sin\theta = (a + b)\sin\theta$. 显然，如果满足关系

$$(a + b)\sin\theta = k\lambda \quad (k = 0, \pm 1, \pm 2, \cdots) \qquad (17\text{-}42)$$

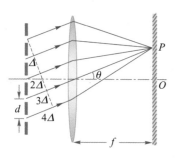

图17-48 多缝干涉

即相位差为 $2k\pi$，则 N 束光波间的振幅矢量相互平行，叠加结果合振幅为 NE_θ，P 点就是明纹中心，其光强为极大值，称为主极大（principal maximum）. 由于光强正比于振幅平方，所以明纹光强为单缝的 N^2 倍，而且 N 越大越明亮. 确定主极大的方程式（17-42）称为光栅方程，其中 k 为主极大的级次，$k = 0$ 为中央主极大，$k = \pm 1, \pm 2, \cdots$ 所对应的各级主极大对称地分布在中央主极大两侧.

在两个主极大之间存在暗纹. 事实上，如果 P 点的 N 个振幅矢量相加刚好首尾相接，合振幅就为零. 以 $N = 6$ 条缝为例，干涉相消的5种情况如图17-49所示，分别对应相邻振幅矢量间的相位差为 $\frac{2\pi}{6}$，$2\frac{2\pi}{6}$，$3\frac{2\pi}{6}$，$4\frac{2\pi}{6}$ 和 $5\frac{2\pi}{6}$. 这个条件推广到 N 条光束，就是 $k'\frac{2\pi}{N}(k' = 1, 2, \cdots, N-1)$. 即在两个主极大之间有（$N-1$）条暗纹，

用光程差写出，即

$$(a+b)\sin\theta=\left(k+\frac{k'}{N}\right)\lambda \quad \begin{cases} k=0,\pm1,\pm2,\cdots \\ k'=1,2,\cdots,N-1 \end{cases} \quad (17\text{-}43)$$

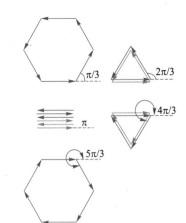

图17-49　6缝干涉相消的5种情况

显然，在两条暗纹之间应该是明纹，但它的光强比主极大小许多，称为次级明纹（secondary maximum），因此，在两个主极大之间有（$N-2$）条次级明纹. 图17-50给出了 $N=2,4,6$ 几种情况的主极大、次级明纹和暗纹的关系示意图. 对于光栅，N 是一个很大的数目，次极大不仅光强比主极大小很多，其宽度也很小，它们与暗纹混成一片，因此，在屏幕上看到的是暗背景上一系列又细又亮的主极大明纹，称为光栅的谱线.

注意，图17-50仅仅是 N 条光束干涉的结果，即只考虑了这 N 束叠加光的相位差异，而没有考虑它们振幅的不同. 如果考虑单缝衍射，则衍射角 θ 处的光强 I 还与该处单缝衍射的光振幅 E_θ 有关. 例如，单缝中央明纹处 E_θ 最大，这 N 束光相干叠加得到的主极大光强也就最强；随着 θ 增大，E_θ 减小，所以主极大光强也减小. 特别是，按光栅方程所得第 k 级主极大位置 $\sin\theta=\dfrac{k\lambda}{a+b}$，如果恰好处于单缝衍射极小的位置 $\sin\theta=\dfrac{k''\lambda}{a}$，则因为此处 $E_\theta=0$ 而不会出现 k 级主极大，这种情况称为缺级（missing order）. 所缺的级次 k 为

$$k=k''\frac{a+b}{a} \quad (k''=\pm1,\pm2,\cdots) \quad (17\text{-}44)$$

图17-51给出了单缝衍射、多缝（$N=4$）干涉及光栅衍射的结果，图中 $(a+b)/a=3$，所以 $k=\pm3,\pm6,\cdots$ 为缺级. 图17-52是光栅衍射谱线的照片.

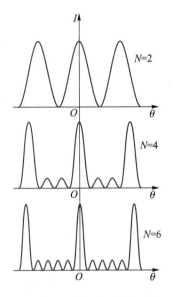

图17-50　几种情况的主极大、次级明纹和暗纹的关系

思考题17.14：图17-51中最后一个图的虚线是否就是一条单缝的光强分布？杨氏双缝干涉中如果考虑缝宽的影响就称为双缝衍射，其光强分布如何？如果两缝宽度不同，双缝衍射结果是否有变化？

运用菲涅耳积分法或振幅矢量法（见例题17-13）可以求出光栅衍射的光强分布，结果为

$$I=I_0\frac{\sin^2\alpha}{\alpha^2}\frac{\sin^2(N\beta)}{\sin^2\beta} \quad (17\text{-}45)$$

式中，$\alpha=\dfrac{\pi a\sin\theta}{\lambda}$，$\beta=\dfrac{\pi d\sin\theta}{\lambda}$. 因子 $\dfrac{\sin^2\alpha}{\alpha^2}$ 称为单缝衍射因子（diffraction factor for single-slit），$\dfrac{\sin^2 N\beta}{\sin^2\beta}$ 称为 N 缝干涉因子（interference factor for N slits）. 可见，光栅衍射是多光束干涉光强分布受单缝衍射光强分布调制的结果. 图17-51中第一和第二个图可以分别看作单缝衍射因子曲线和 N 缝干涉因子曲线，它们的乘积对应于最后一个图，正是光栅衍射的结果.

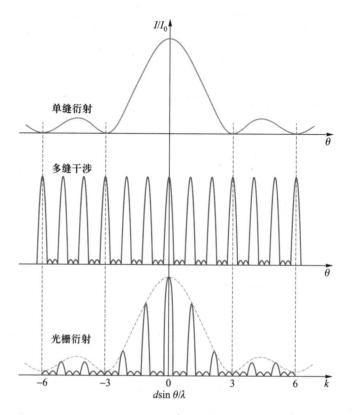

图 17-51　光栅衍射是多缝干涉受单缝衍射光强分布调制的结果

图 17-52　光栅衍射谱线的照片

例题 17-11　平面光栅每厘米有 6 000 条刻痕，一平行白光垂直照射到光栅平面上．求：
（1）第一级光谱中，对应于衍射角为 20° 的光栅谱线的波长；（2）此波长第二级谱线的
衍射角．

解：（1）光栅常量为

$$a + b = \frac{1}{6\,000}\ \text{cm} = 1.667 \times 10^{-6}\ \text{m}$$

由光栅方程 $(a + b)\sin\theta = k\lambda$，对应第一级光谱 $k = 1$，光谱线的波长为

$$\lambda = (a + b)\sin\theta_1 = 1.667 \times 10^{-6} \times \sin 20°\ \text{m} = 5.701 \times 10^{-7}\ \text{m}$$

（2）此波长第二级谱线的衍射角满足 $(a + b)\sin\theta_2 = 2\lambda$，故

$$\theta_2 = \arcsin\frac{2\lambda}{a + b} = \arcsin\frac{2 \times 5.701 \times 10^{-7}}{1.667 \times 10^{-6}} = \arcsin 0.684 = 43.2°$$

例题 17-12　波长 600 nm 的单色光垂直入射到光栅上，相邻的两条明纹分别出现在
$\sin\theta = 0.20$ 与 $\sin\theta = 0.30$ 处，且第四级缺级．求：（1）光栅相邻两缝的间距；（2）狭缝

的最小宽度；（3）当光栅狭缝宽度为最小时，屏幕上呈现的全部主极大的谱线数；（4）如果平行光以30°角斜入射到该光栅上，屏幕上呈现的全部主极大的谱线数又是多少？

解：（1）设 $\sin\theta_k = 0.20$ 处对应的主极大级次为 k，则 $\sin\theta_{k+1} = 0.30$ 对应的级次为 $k+1$，由光栅方程 $(a+b)\sin\theta = k\lambda$，得

$$\begin{cases} (a+b)\times 0.20 = k\lambda \\ (a+b)\times 0.30 = (k+1)\lambda \end{cases}$$

联立求解，得

$$k=2,\quad d=a+b=6\,000\ \text{nm}=6.0\times 10^{-6}\ \text{m}$$

（2）由缺级关系

$$\frac{a+b}{a}=\frac{k}{k''}$$

缺级发生在第四级处，$k=4$；取 $k''=1$，得狭缝最小宽度

$$a=(a+b)/4=1.5\times 10^{-6}\ \text{m}$$

（3）由 $(a+b)\sin\theta = k\lambda$，令 $|\sin\theta|=1$，得 $k_{\max}=(a+b)/\lambda=10$；但 $k=\frac{a+b}{a}k''=4k''$ 为缺级，$\theta=\pm\pi/2$ 方向的 $k=\pm10$ 也不会出现，故在屏上呈现的主极大级次为

$$k=0,\ \pm1,\ \pm2,\ \pm3,\ \pm5,\ \pm6,\ \pm7,\ \pm9$$

共有 15 条明纹.

（4）如图 17-53 所示，当平行光以 φ 角斜入射时，相邻两缝的干涉光线之间在缝前就有光程差，为 $(a+b)\sin\varphi$. 如果规定角度 φ 和 θ 在光栅平面法线的上方时为正，下方时为负，则光栅方程应改写为

$$(a+b)(\sin\varphi+\sin\varphi)=k\lambda\quad (k=0,\pm1,\pm2,\cdots)\qquad(17\text{-}46)$$

对于中央明纹，令 $k=0$，得 $\theta=-\varphi$，即中央明纹沿入射平行光方向，为屏上 O' 处. 将 $\theta=\pm90°$ 代入上式，可得中央明纹两边主极大的最大级次，即

$$(a+b)(\sin 30°+\sin 90°)=k_{m+}\lambda,\quad k_{m+}=15$$

$$(a+b)\left[\sin 30°+\sin(-90°)\right]=k_{m-}\lambda,\quad k_{m-}=-5$$

单缝衍射也有类似关系，中央明纹也在 $\theta=-\varphi$ 方向，且暗纹为 $a(\sin\varphi+\sin\theta)=k''\lambda$，故缺级条件不变，仍为 $\frac{a+b}{a}=\frac{k}{k''}$. 即缺级为 $k=4k''=\pm4,\pm8,\pm12,\cdots$，故在屏上呈现的主极大级次为

$$k=-3,-2,-1,0,1,2,3,5,6,7,9,10,11,13,14$$

也为 15 条明纹. 这里，正入射和斜入射时观察到的谱线数目相同仅仅是一种巧合.

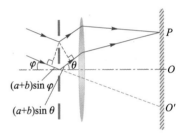

图 17-53　平行光斜入射情况

***例题 17-13**　用振幅矢量法导出光栅衍射的光强分布式（17-45）

解：在例题 17-9 中我们已经用振幅矢量法得到了光程差依次相差 $a\sin\theta/N$ 的 N 束相干光叠加的光强分布. 与那里的方法完全一样，只不过这里的 N 束光的振幅都为 E_θ，相邻两束光的光程差 $\delta=d\sin\theta$，因此，只需把式（17-38）中的 E_0 换为 E_θ，$\alpha=\frac{\pi a\sin\theta}{\lambda}$ 中

$a\sin\theta$ 换为 $Nd\sin\theta$，并注意单缝衍射振幅 $E_\theta = A_0\dfrac{\sin\alpha}{\alpha}$，则与衍射角 θ 对应的 P 点的合成光振动的振幅和光强分别为

$$E = E_\theta\frac{\sin(N\beta)}{\sin\beta} = A_0\frac{\sin\alpha}{\alpha}\frac{\sin(N\beta)}{\sin\beta}$$

$$I = I_0\frac{\sin^2\alpha}{\alpha^2}\frac{\sin^2(N\beta)}{\sin^2\beta}$$

正是式（17-45），式中 $\beta = \dfrac{\pi d\sin\theta}{\lambda}$.

17-5-2 光栅光谱

根据光栅方程 $(a+b)\sin\theta = k\lambda$，在 $d = a+b$ 一定的情况下，当 $k = 0$ 时 $\theta = 0$，即波长不同的中央零级明纹相互重合；但当 $k \neq 0$ 时，波长 λ 不同的谱线 θ 不同，即光栅能够把波长不同的同一级谱线彼此分开．这就是光栅的分光作用．当用白光照射时，中央零级条纹仍为白色亮线，而两侧各级主极大则由于波长短（紫光）的衍射角小，波长长（红光）的衍射角大，形成由紫到红自内向外排列的一组组彩色谱线，称为光栅光谱（spectrum）．$k = 1$ 的一组为第一级光谱，$k = 2$ 的一组为第二级光谱，等等．

光栅的各级光谱之间可能发生重叠，如图 17-54 所示．这与棱镜光谱不同，棱镜光谱只有一个零级光谱，不会发生重叠现象．光栅光谱的重叠可能给测量带来不便，例如，λ_1 的 k_1 级谱线和 λ_2 的 k_2 级谱线重叠时，就会影响对波长的测量，假如待测的是 λ_2，则可以用滤色片把引起干扰的 λ_1 吸收掉，或者换用另一光栅使 λ_1 在重叠区附近缺级．

中央明纹　　1级光谱　　2级光谱　　3级光谱

图 17-54　光谱发生重叠

在同一级光谱中，如果以 $d\theta$ 表示波长间隔为 $d\lambda$ 的两条谱线的衍射角宽度，则 $D \equiv d\theta/d\lambda$ 称为光谱角色散．显然，角色散越大，波长相近的两条谱线分得越开．对光栅方程微分，可得

$$D \equiv \frac{d\theta}{d\lambda} = \frac{k}{(a+b)\cos\theta_k} \tag{17-47}$$

上式表明，D 与光栅常量 d 成反比，与光谱级次 k 成正比．

光栅是否能分辨两条靠得很近的谱线，可以由瑞利判据来判断．当波长为 λ 的谱线的第 k 级主极大外侧的第一个极小与 $\lambda + \Delta\lambda$ 的第 k 级主极大刚重合时，如

图17-55所示，二者尚能分辨，再近就分辨不清了．这个极限条件根据式（17-43）和式（17-42），为

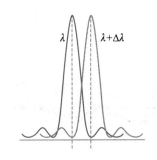

$$(a+b)\sin\theta = k\lambda + \frac{\lambda}{N}, \quad (a+b)\sin\theta = k(\lambda + \Delta\lambda)$$

解得

$$k\Delta\lambda = \frac{\lambda}{N}$$

图17-55 光栅分辨谱线的极限

显然，$\Delta\lambda$越小光栅的分辨能力越强．因此，我们定义光栅的分辨本领 $R \equiv \lambda/\Delta\lambda$，光栅的分辨本领也称为色分辨本领（chromatic resolving power）．于是

$$R \equiv \frac{\lambda}{\Delta\lambda} = kN \qquad (17-48)$$

可见，R 与光栅刻痕数 N 和光谱级次 k 成正比．

一定的物质发出的光谱是一定的，分析光谱中各谱线的波长及其相对光强，就可能确定发光物质的成分和含量．光谱分析是现代物理学研究的重要手段，在其他科学技术中也有广泛应用．

例题17-14　有两块光栅：光栅A的光栅常量 $d_A = 2\ \mu m$，光栅宽度 $W_A = N_A d_A = 4\ cm$，N_A 为其缝数；光栅B的光栅常量 $d_B = 4\ \mu m$，光栅宽度 $W_B = 10\ cm$．现让波长为 500 nm 和 500.01 nm 的混合光分别垂直照射这两块光栅，选定在第二级工作，试问：这两块光栅分别将这两条谱线分开多大的角度？能否分辨这两条谱线？

解：由光栅方程和式（14-47）（式中 dθ 和 dλ 分别写为 $\Delta\theta_k$ 和 $\Delta\lambda$，$d = a + b$）

$$d\sin\theta_k = k\lambda, \quad \Delta\theta_k = \frac{k}{d\cos\theta_k}\Delta\lambda$$

代入已知量，注意 $k = 2$，$\Delta\lambda = 0.01$ nm，可得

对光栅A　　$\theta_{2A} = 30°$，$\Delta\theta_A = 2.38''$

对光栅B　　$\theta_{2B} = 14.5°$，$\Delta\theta_B = 1.06''$

要分辨 500 nm 和 500.01 nm 这两条谱线，需要分辨本领 $R = \dfrac{\lambda}{\Delta\lambda} = 50\ 000$．由

$$R = \frac{\lambda}{\Delta\lambda} = kN = k\frac{W}{d}$$

算得

$$R_A = 40\ 000, \quad R_B = 50\ 000$$

虽然光栅B将这两条谱线分开的角度小于光栅A，但B光栅恰能分辨这两条谱线而A光栅则不能．这是因为角色散 D 只反映谱线（主极大）中心分离的程度，但能否分辨还与谱线宽度及相互间的重叠程度有关，这正是引入分辨本领 R 的意义所在．

图17-56　X射线管

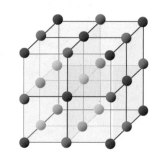

图17-57　晶体的晶格结构

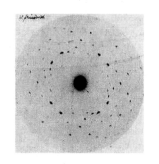

图17-58　劳厄斑

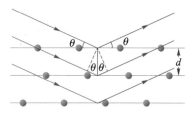

图17-59　晶面间反射线的光程差

*17-5-3　晶体的X射线衍射

X射线（X-ray）是德国物理学家伦琴（W.K.Röntgen）于1895年发现的，因此又称伦琴射线．产生X射线的装置称为X射线管，如图17-56所示，它由封装在真空玻璃泡中的两个电极构成，阴极灯丝通过电源加热发射热电子，经两极间数万伏高压加速后撞击到阳极金属上就会发出X射线．X射线也是一种电磁波．与可见光或紫外线相比，X射线具有波长短、穿透力强的特点．一般X射线波长都在10^{-10} m的数量级或更短，远小于普通光栅的光栅常量（约10^{-6} m），所以用普通光栅难以产生明显的衍射效应．

晶体的外部具有规则的几何形状，内部原子周期性对称排列，形成空间点阵（也称晶格），可以看作一个三维光栅．如NaCl晶体，其微观结构是由钠离子（Na^+）与氯离子（Cl^-）彼此相间整齐排列而成的立方点阵，如图17-57所示，在三维空间无论沿哪个方向看，离子的排列都具有严格的周期性．晶体中原子的间隔通常在10^{-10} m数量级，与X射线波长相当，所以晶体是理想的X射线衍射光栅．1912年德国物理学家劳厄（M.von Laue）最先拍摄到了晶体的X射线衍射图样，他把X射线投射到天然晶体薄片上，在晶体后面的照相底片上得到在入射线的几何点周围对称分布的斑点，这些斑点称为劳厄斑，如图17-58所示．

1913年英国物理学家布拉格父子（W.H.Bragg和W.L.Bragg）提出X射线衍射的另一种方法．如图17-59所示，设想晶体由一系列平行原子（或离子）层（称为晶面）构成，晶面间距为d．当X射线射到晶面上时，每一个原子（或离子）都是发射子波的波源．图中入射线与晶面之间的夹角为θ，称为掠射角．由衍射原理知，在符合反射定律的方向上可得到强度最大的反射线，而相邻两晶面反射线的光程差为$\delta = 2d\sin\theta$，它们相干加强的条件为

$$2d\sin\theta = k\lambda \quad (k = 1, 2, \cdots) \quad\quad (17\text{-}49)$$

上式称为晶体衍射的布拉格公式．在满足上式的方向上各个衍射晶面的反射线都相互叠加而加强，形成亮点．利用这一条件分析X射线晶体衍射图样，就可以确定晶体的结构，也可以利用已知的晶体结构来研究X射线的频谱，反过来确定发射X射线的原子的内层结构．

X射线衍射开创了物质结构研究的新领域，在科学研究和工程技术上都有广泛运用．例如，DNA双螺旋结构的确立，就是X射线结构分析在生物学领域一项划时代的成果．

17-6 光的偏振

17-6-1 自然光 偏振光

横波与纵波的区别在于，横波的振动方向与传播方向垂直，具有偏振性；而纵波的振动方向沿波的传播方向，没有偏振性．因此，对于经过某一狭缝的弹簧而言，其中传播纵波时，无论狭缝方向如何纵波都能通过狭缝继续向前传播，如图17-60（a）所示；而其中传播横波时，则只有当振动方向与狭缝平行时才能通过而继续向前传播，如图17-60（b）所示．

光波与所有电磁波一样，都是横波．讨论光的偏振时，主要关心的是光矢量在与传播方向垂直的平面内沿什么方向振动．根据该平面光矢量方向的分布情况，可以把光分为三类偏振状态：完全偏振光（线偏振光、椭圆和圆偏振光）、自然光和部分偏振光．分别说明如下．

如果光矢量沿一个固定方向振动，则它在垂直于传播方向的平面内投影为直线，这样的光称为线偏振光（linear polarized light），光矢量与传播方向构成的平面称为振动面（plane of vibration），如图17-61所示．图示中常用波线上的短垂线或点来表示光矢量 E 在纸面内或垂直纸面的线偏振光．如果光矢量在传播过程中绕着传播方向旋转，且在垂直于传播方向的平面内光矢量的矢端轨迹为椭圆或圆，这样的光分别称为椭圆偏振光（elliptically polarized light）或圆偏振光（circularly polarized light）．根据光矢量在垂直于光传播的平面内的旋转方向（迎着光的前进方向看）还分为右旋（顺时针转向）和左旋（逆时针转向）偏振光．图17-62所示为右旋偏振光．偏振光在石英晶体、葡萄糖、果糖等物质（称为旋光物质）中传播时就是右旋偏振光．

线偏振光、椭圆和圆偏振光都是完全偏振光．原子发出的一个光波列就是线偏振光．根据14-3-3小节的讨论可知，光矢量分别沿 x 和 y 两个垂直方向振动的频率相同、具有固定相位差 $\Delta\varphi$ 的两个线偏振光沿同一轴 z 传播，在垂直于光传播方向（z 轴）的 xy 平面内，合成的光矢量的矢端轨迹可以是直线、圆或椭圆：当 $\Delta\varphi$ 为 π 的整数倍时，矢端轨迹为直线，合成的为线偏振光；当它们的振幅相等且 $\Delta\varphi$ 为 $\pi/2$ 的奇数倍时，矢端轨迹为圆，合成的为圆偏振光；其他情况下矢端轨迹为椭圆，即合成的为椭圆偏振光．椭圆或圆偏振光是左旋还是右旋，就是按照合成矢量的李萨如图形是顺时针还是逆时针旋转来确定的．

普通光源（如白炽灯、火焰等）中有大量原子发光，虽然单个原子发出的光波列是线偏振光，但光束中包含的大量光波列不仅初相位互不相关，而且光振动的方向也随机分布．因此平均而言，在垂直于光传播方向的平面内，各方向的光矢

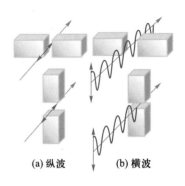

图 17-60 横波具有偏振性，而纵波没有

(a) 纵波　　(b) 横波

图 17-61 线偏振光的表示

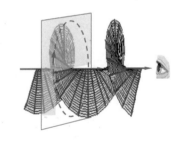

图 17-62 右旋椭圆偏振光

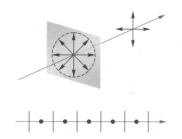

图 17-63　自然光的表示

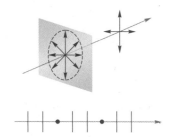

图 17-64　部分偏振光的表示

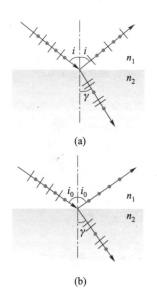

(a)

(b)

图 17-65　反射光和折射光的偏振

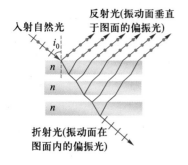

图 17-66　利用多层平行介质堆"提取"偏振光

量都有，且分布均匀．这样的光称为自然光（natural light）．自然光为完全非偏振光．若将自然光的光矢量在垂直于传播方向的平面内作正交分解，则任意两个正交方向上的光振动强度相等，为自然光总光强 I_0 的一半．图示中用波线上相间均匀分布的点和短垂线来表示自然光，如图 17-63 所示．

若在垂直于光传播方向的平面内，各个方向的光矢量都有但不均匀，光振动在某一方向上最强，而与其垂直的方向上最弱，则这样的光称为部分偏振光（partial polarized light）．部分偏振光可以看作是自然光与完全偏振光的混合．图示中用波线上不等数目的点和短垂线来表示部分偏振光，如图 17-64 所示（图中短垂线多表示平行纸面的光振动强）．

17-6-2　反射光和折射光的偏振

实验发现，当自然光入射到两种介质的交界面而发生反射和折射时，无论反射光还是折射光，都成了部分偏振光．如图 17-65（a）所示，反射光中垂直于入射面的成分多，折射光中垂直于入射面的成分少，而且偏振成分的多少与入射角 i 有关．1812 年英国科学家布儒斯特（D.Brewster）发现，当入射角等于某个特定值 i_0 时，反射光只有垂直于入射面的振动，为线偏振光，而折射光仍为部分偏振光，如图 17-65（b）所示．i_0 称为布儒斯特角（Brewster angle）或起偏角（polarizing angle），它满足下式：

$$\tan i_0 = \frac{n_2}{n_1} \qquad (17-50)$$

n_1、n_2 分别为入射光和折射光所在介质的折射率．上式称为布儒斯特定律（Brewster's law）．也就是说，以布儒斯特角入射时，反射光是振动方向垂直于入射面的线偏振光．

将折射定律 $\frac{\sin i_0}{\sin \gamma} = \frac{n_2}{n_1}$ 与式（17-50）比较，可得 $\cos i_0 = \sin \gamma$，于是

$$i_0 + \gamma = \frac{\pi}{2} \qquad (17-51)$$

即当光线以布儒斯特角入射时，反射线与折射线相互垂直．

虽然反射光是完全线偏振的，但折射光却是部分偏振光．利用多层平行介质堆多次反射和折射，则可以"提取"出较强的反射线偏振光，同时"过滤"出几乎是线偏振光的折射光，如图 17-66 所示．外腔式气体激光器上装有布儒斯特窗，其目的是使出射光为完全偏振光．

任何入射光，不论其偏振状态如何，均可正交分解为垂直和平行于入射面的偏振成分．因此，上述结论不仅对自然光成立，对完全或部分偏振光也成立．当然入射光中不存在的偏振成分不可能出现在反射或折射光中．

例题 17-15 水的折射率为1.33，玻璃的折射率为1.50，当光由水中射向玻璃而反射时，起偏角为多少？当光由玻璃射向水中而反射时，起偏角又是多少？

解： 由布儒斯特定律，光由水射向玻璃时

$$\tan i_0 = \frac{n_2}{n_1} = \frac{1.50}{1.33} = 1.128, \quad i_0 = 48.4°$$

光由玻璃射向水时

$$\tan i'_0 = \frac{n'_2}{n'_1} = \frac{1.33}{1.50} = 0.886\,7, \quad i'_0 = 41.6°$$

可见，$i_0 + i'_0 = 90$，即二者互为余角. 由光路的可逆性，这应该是预料之中的，与式（17-51）相符.

17-6-3 起偏和检偏

从自然光获得偏振光称为起偏，而鉴别光是否为偏振光则称为**检偏**. 实验室中常用偏振片作为起偏器或检偏器. **偏振片**（polaroid）只允许平行于某个方向的光矢量通过，这个方向称为偏振片的**偏振方向**（polarizing direction）或透振方向. 因此，通过偏振片出射的光，就是光矢量平行于透振方向的线偏振光.

如图 17-67 所示，振幅矢量为 E_0（光强为 I_0）的线偏振光入射到偏振片上，E_0 与偏振片透振方向 P 的夹角为 α，E_0 平行于透振方向的振幅分量为 $E = E_0\cos\alpha$，或光强为

$$I = I_0\cos^2\alpha \qquad (17-52)$$

图 17-67 马吕斯定律

在偏振片无反射和吸收的情况下，I 就是从偏振片出射的光强. 这一关系是1808年马吕斯（E.L.Malus）由实验发现的，称为**马吕斯定律**（Malus' law）. 由式（17-52）可知，当 $\alpha = 0$ 或 π 时，$I = I_0$，透射光最强；当 $\alpha = \frac{\pi}{2}$ 或 $\frac{3\pi}{2}$ 时，$I = 0$，无透射光.

一束自然光由大量不同振动方向和振幅的光波列构成，将各波列的振幅矢量 E_i 在垂直于传播方向的平面内任意两个正交方向 x 和 y 上分解，会得到这两个方向上振幅分别为 E_{ix} 和 E_{iy} 的无数个无一定相位关系的光振动，各自只能作非相干叠加，分别得

$$I_x \propto \sum_i E_{ix}^2, \quad I_y \propto \sum_i E_{iy}^2 \qquad (17-53)$$

设自然光的光强为 I_0，由于自然光的光矢量呈均匀对称分布，有

$$I_x = I_y = \frac{1}{2}I_0 \qquad (17-54)$$

这就是说，自然光可以分解为任意两个正交方向的线偏振光，它们的光强各占自然光总光强的一半. 因此，自然光经偏振片后成为线偏振光，其振动面平行于偏振片透振方向，光强为入射光强的一半. 对于单色自然光，由于 $I_x = I_y$，且简谐光波的光强与振幅的平方成正比，有人把这两个方向的光看作是振幅相等、频率相同的线偏振光；但考虑到 x 和 y 方向上各光振动仍然是非相干叠加，光矢量并不会做简谐振动，而是随机变化，因此这两个线偏振光的相位是各自独立地随机变化的，也就不能再合成为一个光矢量（事实上，合成的光矢量必呈各个方向随机均匀分布）.

利用偏振片可以对入射光检偏. 让偏振片以入射光束为轴旋转一周，观察出射光强的变化，如果入射的是部分偏振光或椭圆偏振光，则会出现两明两暗（但不会出现光强为 0，即全黑）；如果是线偏振光，则会出现两明两黑（光强为 0）；而如果是自然光或圆偏振光，则光强不会改变.

阳光经大气散射，偏振状态会变化. 一般而言，正对着阳光方向观察，散射光是自然光，垂直阳光方向则是线偏振光，其他方向则是部分偏振光. 通常看到的光经过不同方向多次散射，一般是部分偏振的.

例题 17-16 如图 17-68 所示，在两块透振方向互相垂直的偏振片 P_1 和 P_3 之间，插入另一块偏振片 P_2. 以光强为 I_0 的自然光入射到 P_1 上，求当转动 P_2 时，从 P_3 出射的光强 I 变化的规律.

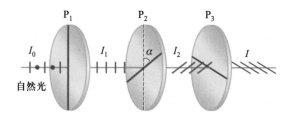

图 17-68 例题 17-16 图

解： 设 P_2 与 P_1 的透振方向的夹角为 α，则 P_2 与 P_3 的透振方向的夹角为 $\frac{\pi}{2} - \alpha$，由马吕斯定律可得

$$I_1 = \frac{I_0}{2}, \quad I_2 = I_1 \cos^2 \alpha$$

$$I = I_3 = I_2 \cos^2 \left(\frac{\pi}{2} - \alpha \right) = \frac{I_0}{2} \cos^2 \alpha \sin^2 \alpha = \frac{I_0}{8} \sin^2 2\alpha$$

可见，当 P_2 转动一周，即 α 从 0 变到 2π 时，$I = 0$（消光）出现四次，分别在 α 为 $\left(0, \frac{\pi}{2}, \pi, \frac{3}{2}\pi \right)$ 时；$I = \frac{I_0}{8}$（极大）也出现四次，分别在 α 为 $\left(\frac{\pi}{4}, \frac{3}{4}\pi, \frac{5}{4}\pi, \frac{7}{4}\pi \right)$ 时.

*17-6-4　双折射现象

一束光经玻璃、水等各向同性介质折射时，折射光只有一束，因此透过玻璃看物体没有重影. 如果透过方解石晶体看物体则可能出现双影，如图17-69所示，这说明进入方解石的折射光分成了两束. 这种一束光在某些晶体（如石英、方解石等）中出现两束折射光的现象称为双折射（birefringence）. 能产生双折射现象的晶体都是各向异性的，但双折射晶体中也存在某些特殊方向，当光沿这些方向传播时并不出现双折射现象，这些方向称为晶体的光轴（optical axis）. 注意，光轴是指晶体的某个方向而不限于某一条特殊直线. 只有一个光轴方向的晶体称为单轴晶体（uniaxial crystal），如方解石、石英、红宝石等；而有两个光轴的晶体称为双轴晶体（biaxial crystal），如云母、硫黄、蓝宝石等. 本书仅讨论单轴晶体的双折射.

图17-69　双折射现象

两束折射光中，一束始终在入射面内，在各个方向都遵守通常所说的折射定律，即沿各个方向的速度和折射率都相同，其表现就如在各向同性介质中一样，这束光称为寻常光（ordinary light），简称o光；另一束则不同，它不一定在入射面内，沿不同的方向折射率不同，即沿不同方向的传播速度不同，这束光称为非寻常光（extraordinary light），简称e光. 如图17-70所示，光垂直入射（$i=0$）时，o光沿原方向传播，而e光则偏离入射方向；若以光线为轴转动晶体时，o光不动而e光绕轴旋转.

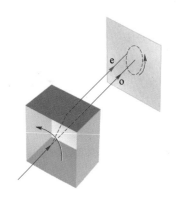

图17-70　寻常光和非寻常光

| 思考题17.16：图17-69中，o光和e光的像各是哪个？

晶体中，光线和光轴构成的平面称为该光线的主平面（principal plane），因此o光和e光各有自己的主平面. 理论和实验都证明，o光和e光都是线偏振光，o光的光矢量垂直于自己的主平面，而e光的光矢量平行于自己的主平面. 一般情况下，o光主平面与e光主平面并不重合，所以o光和e光的振动方向也不互相垂直. 但当光轴在入射面内时，o光主平面和e光主平面以及入射面重合在一起，因而o光和e光的光矢量互相垂直. 下面主要讨论这种情况.

在双折射晶体中，光的速度和光矢量与光轴间的夹角有关. o光的光矢量垂直于其主平面，它与光轴的夹角只有$\pi/2$一个取值，所以o光沿各个方向的速度相同，波面为球面，以u_o表示其速度，则折射率为$n_o = c/u_o$. e光的光矢量与光轴同在主平面内，它与光轴的夹角可以有不同取值，故e光沿各个方向的速度u_e不同：沿光轴传播时其光矢量也像o光一样与光轴垂直，e光和o光速度相同；垂直于光轴传播时其光矢量与光轴平行，e光和o光的速度相差最大，因而e光的波面为旋转椭球面，它与o光的球形波面在光轴方向相切，而e光在垂直于光轴方向的折射率则称为e光的主折射率，用n_e表示. 表17-1列出了几种单轴晶体对钠黄光的n_e和n_o值. 石英等晶体$n_e > n_o$，因而$u_o > u_e$，称为正晶体（positive crystal）；方解石等晶体$n_e < n_o$，因而$u_o < u_e$，称为负晶体（negative crystal）. 正晶体和负晶体中，o光和e

表17-1　几种单轴晶体的折射率
（对波长589.3 nm的钠黄光）

晶体	n_o	n_e
方解石	1.658 4	1.486 4
电气石	1.669	1.638
硝酸钠	1.585 4	1.336 9
石英	1.544 3	1.553 4
冰	1.309	1.313
金红石	2.616	2.903
锆石	1.923	1.968

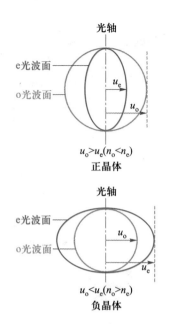

图17-71 正晶体和负晶体中的光波面

光波面关系如图17-71所示.

用惠更斯原理通过作图可以说明双折射现象的形成.作图方法与15-4-2小节一样,区别在于e光的波面为旋转椭球面.以平行自然光入射到负晶体为例,分垂直和斜入射到不同光轴方向的晶体表面几种情况,画出晶体中的波前和光线如图17-72所示.由图可见:① 光线在晶体内沿光轴传播时,光线所在的任意平面都是主平面,无所谓o、e光(都是o光),无双折射现象[图(b)];② 以$i=0$垂直于光轴入射时,o、e光尽管传播方向相同,但波面并不重合,有一定相位差,故认为有双折射现象[图(c)];③ 其他情况下,o光和e光分开为两束;④ 与各向同性介质中的情况不同,晶体中光线与波前不一定垂直[图(a)和(d)].注意,o光和e光的区别只在晶体内部才有意义,离开晶体后它们就是振动方向不同的线偏振光.

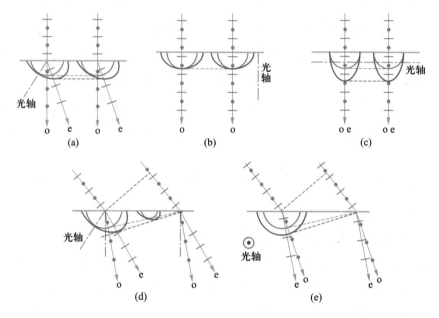

图17-72 双折射现象的解释

思考题17.17:根据惠更斯原理如何画出波线?双折射晶体中o光和e光的光线都与波前垂直吗?

利用双折射现象可以制作不同用途的偏振器件.图17-73所示为沃拉斯顿棱镜(Wollaston prism),它由两块光轴互相垂直的直角方解石粘合而成.自然光进入第一个棱镜后分为o光和e光,因两棱镜光轴互相垂直,它们对于第二个棱镜而言则分别是e光和o光.由于方解石中$n_e<n_o$,折射时o光相当于从光密到光疏介质而偏离界面法线,而e光相当于从光疏到光密介质而偏向界面法线.可见,沃拉斯顿棱镜可作偏振光的分束元件.尼科耳(W.Nicol)棱镜则是把两块方解石按一定方位胶合在一起,它能使第一棱镜中的o光经胶合面发生全反射而被侧壁的涂黑层吸收,从而只有一种偏振光射出,因此尼科耳棱镜可作偏振器使用.

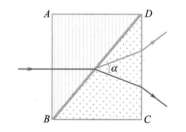

图17-73 沃拉斯顿棱镜

有些晶体可以选择性地吸收某一方向的光振动，而让与之垂直方向的光振动通过. 这种特性称为二向色性（dichroism）. 例如电气石大约在 1 mm 的厚度内就把 o 光几乎完全吸收了，但吸收的 e 光只有一小部分. 具有二向色性的晶体还有硫酸碘奎宁等. 碘溶液浸泡过的聚乙烯醇薄膜，沿某一方向拉伸后也具有二向色性，用这种人工二向色性材料制作的偏振片就是目前常用的 H 偏振片.

人造偏振片由于成本低，应用越来越广泛. 例如，若在窗上装一对偏振片，控制二者透振方向的夹角，就可以调节室内的光强，使其更为舒适. 如果在所有的汽车车灯上和车窗上装置透振方向与地面成 45° 角的偏振片，那么相向行驶时司机都能看到车各自的车灯照亮的道路，同时也不会被对方车灯晃眼了. 登山运动员为了减少雪地反射的强偏振光刺激，常常戴上登山镜，它实际上是偏振化方向处于一定角度的偏振片. 照相时常用偏振片滤掉水或玻璃等表面的反射像.

思考题 17.18：通过互联网查找有关电影和立体电视的原理和知识，实现的方法有哪些？

*17-7 偏振光的干涉

17-7-1 椭圆偏振光和圆偏振光的获得

产生椭圆或圆偏振光的装置如图 17-74（a）所示，图中 P 为起偏器，C 是从单轴晶体上切割出来的厚为 d、光轴平行于表面的薄晶片. 让一束单色自然光经 P 后出射的线偏振光垂直入射到 C 表面，如图 17-72（c）所示，晶片中 o 光和 e 光以不同的波速沿同一方向传播，二者之间的相位差随传播距离的增加而增大，在晶片后表面出射后，二者以同一速度传播，光程差 δ 和相位差 $\Delta\varphi$ 分别为

$$\delta = (n_o - n_e)d, \quad \Delta\varphi = \frac{2\pi}{\lambda}\delta = \frac{2\pi}{\lambda}(n_o - n_e)d \qquad (17\text{-}55)$$

设 P 的透振方向与晶片光轴的夹角为 α，则线偏振光中振幅为 E 的光波列，其 o 光和 e 光的振幅分别为 $E_o = E\sin\alpha$ 和 $E_e = E\cos\alpha$，这两个频率相同而振动方向垂直的线偏振光，在空间上不分开且出射时具有确定的相位差 $\Delta\varphi$，合成为椭圆偏振光（圆或线偏振光视为其特殊情况），其光矢量的方位与该光波列初相位有关，光矢量的旋转角速度即光的角频率. 由于入射到晶片上的单色线偏振光包含大量振幅不同且无一定相位关系的光波列，出射的就是一束由这些波列产生的椭圆偏振光. 由于振动面、角频率、α、$\Delta\varphi$ 相同，各个光波列各自合成的光矢量以同一角速度向

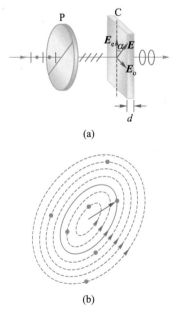

图 17-74 椭圆偏振光的获得及组成

同一方向旋转，长、短轴方向一致但长度不同（与振幅成正比），各光矢量的方位则各异（与初相位有关），所以并不会合成为一个旋转的光矢量，如图17-74（b）所示. 但各光振动非相干叠加所得光强分布的结果，在长轴和短轴方向分别最强和最弱，与一个作椭圆旋转的光矢量产生的一样.

下面来看几种晶片. 若晶片厚度 d 使得 o 光和 e 光的相位差 $\Delta\varphi$ 满足

$$\Delta\varphi = (2k+1)\frac{\pi}{2} \quad \text{或} \quad d = \frac{2k+1}{n_o - n_e}\frac{\lambda}{4} \quad (k = 0, \pm 1, \pm 2, \cdots)$$

则线偏振光通过晶片后得到正椭圆偏振光. 若再使 $\alpha = \pi/4$，就得到圆偏振光. 这种使 o、e 光产生 $\lambda/4$（或其奇数倍）光程差的晶片称为四分之一波片（quarter-wave plate），简称 $\lambda/4$ 片. 注意，波片是对特定波长而言的.

| 思考题 17.19：黄光 589 nm 的 $\lambda/4$ 片，对 400 nm 的蓝光是否还是 $\lambda/4$ 片？

若晶片厚度 d 使得 o 光和 e 光的相位差 $\Delta\varphi$ 满足

$$\Delta\varphi = (2k+1)\pi \quad \text{或} \quad d = \frac{2k+1}{n_o - n_e}\frac{\lambda}{2} \quad (k = 0, \pm 1, \pm 2, \cdots)$$

这样的晶片称为二分之一波片（half-wave plate），简称半波片. 线偏振光经过二分之一波片后，仍为线偏振光，但其振动面转过 2α 角. 当 $\alpha = \pi/4$ 时，可使线偏振光的振动面转过 $\pi/2$.

若晶片厚度 d 使得 o 光和 e 光的相位差 $\Delta\varphi$ 满足

$$\Delta\varphi = 2k\pi \quad \text{或} \quad d = \frac{k\lambda}{n_o - n_e} \quad (k = \pm 1, \pm 2, \cdots)$$

这样的晶片称为波长片或全波片. 线偏振光经过全波片后仍为线偏振光，且振动方向不变.

利用 $\lambda/4$ 片，可把单色线偏振光转化为椭圆（或圆）偏振光，同样也可把椭圆（或圆）偏振光转化为线偏振光，但须让波片光轴与椭圆长轴或短轴平行（对圆偏振光，波片方向可任意）. 这不难理解，因为线偏振光经一个 $\lambda/4$ 片，得到的椭圆（或圆）偏振光，再经一个 $\lambda/4$ 片后，相当于经过了一个 $\lambda/2$ 片，得到的线偏振光相对于原来的线偏振光转了 2α 角.

单色线偏振光经波片后一般得到椭圆偏振光. 但要注意，如果直接让单色自然光入射到波片上，出射光则不可能是椭圆偏振光. 这是因为自然光是大量光矢量随机分布的偏振光的集合，而且彼此间没有固定相位差，虽然各偏振光经过波片后都可以看作椭圆偏振光，但整体来看仍然是大量光矢量随机分布的偏振光的集合，彼此间也没有固定相位关系，即仍然是自然光.

光的偏振态共有三类七种，即完全偏振（线偏振、圆偏振和椭圆偏振），完全非偏振（自然光），部分偏振（自然光 + 三种完全偏振）. 要鉴别它们可以用 $\lambda/4$ 片

（光轴方向已知）加检偏器（透振方向已知）来进行. 首先用检偏器迎着光旋转一周，两明两黑的是线偏振光，两明两暗的是椭圆偏振光、椭圆偏振光＋自然光或自然光＋线偏振光，光强不变的是圆偏振光、自然光或圆偏振光＋自然光；对后两种情况，可在检偏器前插入λ/4片（第二种情况应使光轴沿暗的方向），则可把椭圆或圆偏振光变为线偏振光，再旋转检偏器即可鉴别.

思考题17.20：只利用检偏器，可以鉴别出哪种偏振态？总结经过λ/4片后出射光的偏振态及与波片方位的关系，并找出利用波片和检偏器辨别偏振态的方法.

例题17-17 两个透振方向平行的偏振片平行放置，中间平行地插入一块厚为 0.010 mm的方解石晶片，让晶片光轴方向与透振方向成π/4角. 让白光垂直入射到第一个偏振片，则哪种波长的光不能通过第二个偏振片？（设晶片对各种波长的可见光都有相同的n_o和n_e值：$n_o = 1.658\ 4$，$n_e = 1.486\ 4$.）

解： 由题设$\alpha = \pi/4$，如果经过晶片后为振动面转过$2\alpha = \pi/2$的线偏振光，即晶片对该波长的光为λ/2片，则该波长的光由于振动面垂直于第二个偏振片的透振方向而不能通过，即

$$(n_o - n_e)d = (2k+1)\frac{\lambda}{2} \quad (k = 0,1,2,3,\cdots)$$

解得

$$\lambda = \frac{2(n_o - n_e)d}{(2k+1)} = \frac{3.44}{(2k+1)} \times 10^3\ \text{nm}$$

在可见光范围内，可得

$$k = 2时，\lambda = 688\ \text{nm}$$

$$k = 3时，\lambda = 491\ \text{nm}$$

即波长为688 nm、491 nm的光不能通过.

17-7-2　偏振光的干涉

单色线偏振光进入晶片后，出射的就是一束椭圆偏振光（线偏振光和圆偏振光视为特例）. 若在其后放置检偏器，则椭圆偏振光中各光矢量沿平行于检偏器透振方向的分量非相干叠加，就是由检偏器出射的光强.

从另一个角度来看，单色线偏振光在晶片中被分割成振动面相互垂直的o光和e光，它们来自原子发出的同一光波列，因此频率相同、相位差恒定且沿同一方向传播，现在它们的振动面都投影到检偏器的透振方向，具有平行的振动分量，因此满足相干条件，由检偏器出射的光就是这些平行分量干涉的结果. 这种通过晶片来分割振动面实现的偏振光干涉称为分振动面干涉.

分振动面干涉的基本装置如图17-75所示. P_1, P_2 为两个偏振片, C 为光轴与其表明平行的晶片. 单色自然光经 P_1 起偏, 出射的线偏振光中, 振幅为 E_1 的某个光振动在晶片中分解为振幅分别为 E_o 和 E_e 的 o 光和 e 光, 它们的振动面都投影到 P_2 的透振方向上, 得振幅为 E_{2o} 和 E_{2e} 的相干光. 光振动的分解如图17-76所示, 图中 P_1、P_2 表示相应偏振片的透振方向, C 表示晶片的光轴方向, α 为 P_1 与 C 的夹角. 通常使偏振片 P_1 和 P_2 的透振方向正交, 即 $P_1 \perp P_2$, 这时若无晶片就无光透过, 视场是暗的. 由图可见

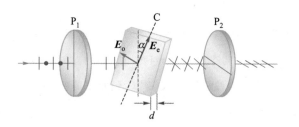 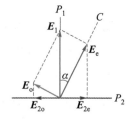

图17-75　偏振光的干涉　　　　　　　　　图17-76　光振动的分解

$$E_e = E_1 \cos\alpha, \quad E_o = E_1 \sin\alpha$$

$$E_{2e} = E_e \sin\alpha = E_1 \sin\alpha \cos\alpha$$

$$E_{2o} = E_o \cos\alpha = E_1 \sin\alpha \cos\alpha$$

由于 $E_{2o} = E_{2e}$, 干涉的对比度好; 但 E_{2o} 和 E_{2e} 方向相反, 表明投影产生了 π 的附加相位差, 因而总的相位差为

$$\Delta\varphi = \frac{2\pi}{\lambda}\delta + \pi = \frac{2\pi}{\lambda}(n_o - n_e)d + \pi \qquad (17\text{-}56)$$

当 $\Delta\varphi = \pm 2k\pi$ $(k = 0, 1, 2, \cdots)$ 时干涉加强; 当 $\Delta\varphi = \pm(2k-1)\pi(k = 1, 2, \cdots)$ 时, 干涉减弱. 这里, k 的取值应保证 d 为正值.

原则上, P_1 与 P_2 的夹角可以任意. 如让 P_1 与 P_2 平行 (无晶片时视场是亮的), 此时一般 $E_{2o} \neq E_{2e}$, 且 E_{2o} 与 E_{2e} 平行故不存在附加相位差 π, 因此干涉结果正好与 $P_1 \perp P_2$ 时互补. 例题17-17就可以看作是 $P_1 // P_2$ 情况下的干涉.

思考题17.21: 图17-74 (a) 出射的一般是椭圆偏振光, 如用检偏器检测, 透过检偏器的光与这里讲的干涉的结果一样吗? 图17-75中去掉第一个偏振片 (即让自然光垂直入射到晶片) 还能干涉吗?

当用单色光照亮时, 如果晶片厚度不均匀, 则不同厚度处对应的相位差不同, P_2 后面的视场中可观察到等厚干涉条纹, 图17-77即为石英劈尖的等厚干涉条纹; 如果晶片厚度均匀, 则因相位差相同而不会出现明暗条纹, 但视场的亮度由晶片

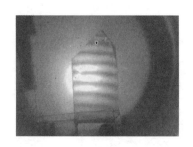

图17-77　石英劈尖的等厚条纹

厚度d决定，干涉加强时最亮，干涉减弱时最暗．

当用白光照亮时，如果晶片的厚度不均匀，则呈现不同波长的彩色的等厚干涉条纹．如果晶片厚度均匀，虽然视场中并不出现明暗干涉条纹，各处亮度是均匀的，但由式（17-56）可知某些波长的光会干涉加强，某些则会干涉减弱，因此，视场不是白色而是呈现一定色彩，这种现象称为色偏振（chromatic polarization）（$P_1 /\!/ P_2$ 与 $P_1 \perp P_2$ 两种情况下透过的光的颜色称为互补色）．

偏振光的干涉在技术上有着许多应用．例如，在两个透振方向正交放置的偏振片之间，如果放入光轴方向与透振方向成45°角的某种波长的半波片，则该波长的光可以透过，就做成了对该波长的带通滤波器；如果放入全波片，则该波长的光不能透过，就做成了对该波长的带阻滤波器．此外，偏光显微镜就是利用色偏振原理制成的，可以用于精确鉴别矿石的种类，等等．

17-7-3 人为双折射 旋光现象

有些原来是各向同性的非晶体或液体，在人为的条件下可以变为各向异性而产生双折射，称为人为双折射．

在人为双折射现象中，偏振光干涉有广泛的应用．例如，环氧树脂、玻璃、塑料等受力时变为各向异性，产生应力双折射．应力大小不同所产生的（$n_o - n_e$）值也不同，将图17-75中的晶体换作应力双折射物体观察干涉图样，就可以分析该物体各处应力的情况，这种方法称为光测弹性法．在设计桥梁、水坝等时，为了分析其应力情况，可以用塑料做成模型用光测弹性法先加以模拟分析，可以提高设计的可靠性，节约成本．图17-78所示为一个塑料吊钩模型受力时的干涉图样．

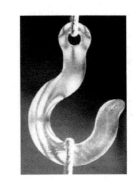

图17-78 应力双折射

有些液体（如硝基苯$C_6H_5NO_2$）和固体（如钛酸钡）在强电场作用下会出现双折射现象，这是1875年苏格兰物理学家克尔（J.Kerr）发现的，称为克尔效应（Kerr effect）．观察克尔效应时，液体或固体装在内有两个平行板电极的玻璃盒（称为克尔盒）中，用克尔盒取代图17-75中的晶体，使两个偏振片的透振方向相互垂直并与电场E方向成±45°角，如图17-79所示．未加电场时，视场无光通过，为暗的；加上电场后透明介质表现出单轴晶体的特性出现双折射，光轴沿电场方向．实验表明，o光和e光的折射率之差与波长λ和所加电场E的平方成正比，因此也称为二级电光效应．如极板长度为l，则相位差为

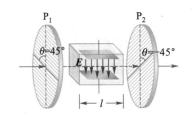

图17-79 克尔效应

$$\Delta\varphi = 2\pi k l E^2 \qquad (17-57)$$

式中比例常量k称为克尔常量．

还有些晶体，如KDP晶体（KH_2PO_4）在电场作用下则会由单轴晶体变成双轴晶体，这种感生双折射的效应称为泡克耳斯效应（Pockels effect）．由于双折射现象

随电场产生或消失的时间极短，约在 10^{-9} s 内，所以可以利用克尔效应或泡克耳斯效应制成没有惯性的电光开关，在高速摄影、激光通信和光束测距等方面有广泛应用．另外，在强磁场中某些晶体也会出现双折射，称为磁双折射效应．

1811 年，法国物理学家阿拉果（D.F.J.Arago）发现，线偏振光沿光轴方向通过石英晶体时，其振动面能发生旋转，这种现象称为旋光性（optical rotation）．除石英外，氯酸钠、乳酸、松节油、糖的水溶液等也都具有旋光性．光在旋光物质中经过距离 d 后振动面转过的角度 θ 可以表示为

$$\theta = \alpha d \tag{17-58}$$

式中 α 是单位长度上转过的角度，称为旋光系数或旋光率（rotatory power）．实验表明，α 与旋光物质和入射波长有关．石英对 $\lambda = 589.3\,\text{nm}$ 的黄光 $\alpha = 21.75° \ \text{mm}^{-1}$，而对 $\lambda = 408\,\text{nm}$ 的紫光 $\alpha = 48.9° \ \text{mm}^{-1}$．对于旋光溶液，$\alpha$ 还与浓度有关，例如，糖溶液的 α 与糖浓度成正比，d 一定时浓度越大 θ 也越大，由此可以测定糖浓度．另外，物质的旋光性与物质原子排列结构有关，同一种物质也可以有左旋体和右旋体，左旋与右旋的定义与前面左旋和右旋偏振的定义一样．因此有左旋石英和右旋石英，左旋糖和右旋糖之分．此外，水、二硫化碳、食盐、乙醇等加上磁场后也具有旋光性，称为磁致旋光或法拉第效应（Faraday effect）．在磁致旋光物质中，光沿磁场 $\boldsymbol{B}$ 与逆磁场 $\boldsymbol{B}$ 方向传播时，振动面旋向相反．因此让光往返两次经过该物质，振动面旋转的角度就是单程的 2 倍．利用这一性质可以做成光隔离器，如图 17-80 所示，光前行时单程转角为 45°，反射的光则被偏振片隔离而不能返回．

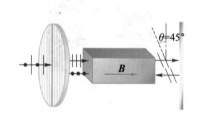

图 17-80　光隔离器

习题

习题参考答案

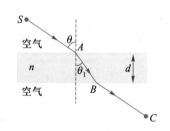

图 17-81　习题 17.1 图

17.1 由 S 发出的 $\lambda = 600\,\text{nm}$ 的单色光，自空气穿过折射率 $n = 1.23$、厚度 $d = 1.00\,\text{cm}$ 的透明介质后再射入空气，如图 17-81 所示．设入射角 $\theta = 30°$，$SA = BC = 2.00\,\text{cm}$．问：（1）此单色光在这层透明介质里的频率、速度和波长各是多少？（2）S 到 C 的几何路程和光程各为多少？

17.2 两狭缝相距 $d = 0.2\,\text{mm}$，狭缝与屏幕间距离 $D = 100\,\text{cm}$．（1）用波长为 λ 的单色平行光垂直照射双缝，测得屏上第 1 级明纹与同侧第 4 级明纹中心的间距为 $L = 7.5\,\text{mm}$，求 λ；（2）若再让另一波长为 $\lambda' > \lambda$ 的可见平行光垂直入射，则屏上多数条纹都是两种颜色的复合，但 λ 的第 3 级仍为原色，求 λ'；（3）距离中央明纹中心多远处，两波长的明纹中心第一次重叠？

17.3 东西相距 300 m 的两个无线发射台，它们同时以同相位发出频率为 2.0×10^6 Hz

的无线电波，求在远处接收到的信号较强和较弱的方向（相对于南北方向）.

17.4 双缝干涉实验中入射光波长为λ，用厚度为t的薄透明介质覆盖其中一条缝时，观察到中央明纹移到原来第k级明条纹中心的位置，试求透明介质的折射率.

17.5 在杨氏双缝干涉实验中，用波长632.8 nm的氦氖激光束垂直照射间距为0.3 mm的双缝，缝至屏幕的垂直距离为1.50 m. 试求在下列两种情况下屏幕上干涉条纹的间距：（1）整个装置放在空气中；（2）整个装置放在$n = 1.33$的水中.

17.6 在劳埃德镜实验中，光源缝S_0和它的虚像S_1位于镜左侧20.0 cm的平面内，镜长30.0 cm，在镜的右边缘放一毛玻璃屏幕，如图17-82所示. 设S_0到镜面的垂直距离为2.0 mm，$\lambda = 720$ nm，求从右边缘到第1条亮纹的距离.

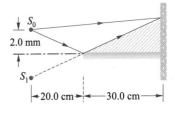

图17-82　习题17.6图

17.7 一无线电探测器置于大湖边距水面10 m高处，当一颗发射频率为60 MHz的射电星体自地平线升起时，探测器测得的信号随星体升高呈现弱强弱强的周期性变化. 试求信号第一次最强时射电星体相对于地平线的仰角.

17.8 瑞利干涉仪如图17-83所示，它可以用来测量气体的折射率. 设两个气室C_1和C_2的长度均为0.400 m，一个抽成真空，另一个充以1.01×10^5 Pa（1 atm）的氩气. 今用汞绿线（$\lambda = 546$ nm）照明，在将氩气徐徐抽出最终达到真空的过程中，探测器D测量到205次极大，问氩气在1.01×10^5 Pa时的折射率是多少？

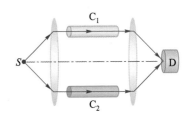

图17-83　习题17.8图

17.9 太阳光以入射角$i = 52°$射在折射率为$n_2 = 1.4$的薄膜上，若透射光呈现绿色（波长为$\lambda = 500$ nm）. 试问该薄膜的最小厚度为多少？

17.10 垂直入射的白光从厚度均匀的肥皂膜上反射，对680 nm的光产生干涉亮纹，而对510 nm的光产生干涉暗纹，其他波长的光经反射并没有出现干涉条纹. 设肥皂膜折射率$n = 1.33$，求肥皂膜的厚度.

17.11 在玻璃上镀有两层膜，如图17-84所示，膜和玻璃的折射率依次为n_1、n_2和n_3，且$n_1 < n_2$，$n_2 > n_3$，要使波长为λ的单色平行光垂直入射时透射最强，膜的最小厚度t_1和t_2应该分别为多少？设三束反射光（只考虑一次反射）a、b、c在空气中振幅相等.

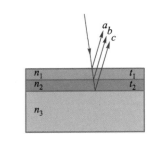

图17-84　习题17.11图

17.12 利用劈尖干涉可以测定细金属丝的直径. 如图17-85所示，把金属丝夹在两块平板玻璃之间形成空气劈尖，设用波长为λ的单色光垂直照射时，板上相邻条纹的间距为Δl，金属丝与劈尖顶点的距离为L，求金属丝的直径.

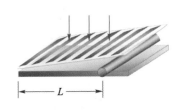

图17-85　习题17.12图

17.13 用波长$\lambda = 589.3$ nm的钠光垂直照射到折射率$n = 1.52$的玻璃劈尖上，测得相邻条纹间距$\Delta l = 5.0$ mm，求劈尖夹角.

17.14 制造半导体元件时，常常要精确测定硅片上二氧化硅薄膜的厚度. 如图17-86所示，有人通过腐蚀把SiO_2薄膜制成劈尖，当用波长为589.3 nm的光垂直入射时，观察到7条暗纹. 已知Si的折射率为3.42，SiO_2的折射率为1.5，试问SiO_2薄膜的厚度e是多少？

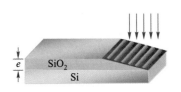

图17-86　习题17.14图

17.15 在牛顿环实验中，当平凸透镜和平玻璃板间充以某种透明液体时，第9个明环的直径由 1.40×10^{-2} m 变为 1.27×10^{-2} m，试求这种液体的折射率.

*17.16 在迈克耳孙干涉实验中，如果一臂的反射镜移动 0.233 mm，数得条纹移动数为 792，求所用光波的波长.

*17.17 利用迈克耳孙干涉仪测量长度，光源是镉的红色谱线，波长为 643.8 nm，谱线宽度为 1.0×10^{-3} nm，试问一次测量长度的量程是多少？改用波长为 632.8 nm、谱线宽度为 1.0×10^{-6} nm 的氦氖激光，则一次测量长度的量程又是多少？若探测器能分辨 0.1 个条纹，则在上述两种情况下测量长度的不确定度是多少？

17.18 用波长 632.8 nm 的激光垂直照射单缝时，其第 1 级极小的衍射角为 5°. 求：（1）缝宽；（2）衍射角 17.8° 附近明纹中心对应的半波带数目.

17.19 观察某单缝的夫琅禾费衍射，发现入射光波长为 λ 时第 3 级明纹恰与入射光波长为 600 nm 的第 2 级明纹位置重合，求 λ.

17.20 在缝宽 $a = 0.10$ mm 的单缝后放一焦距 $f = 0.50$ m 的透镜，用波长为 546.1 nm 的平行光垂直照射该缝，并在透镜后焦平面放一观察屏. 试求：（1）中央明纹的宽度；（2）第 k 级明纹的宽度；（3）中央明纹中心到第 3 条暗纹间的距离.

17.21 汽车两前灯相距 1.2 m，设车灯波长为 500 nm，人眼瞳孔直径为 5.0 mm. 试问当汽车迎面开来离人多远时人就能分辨出这是两盏灯？

17.22 宇航员瞳孔直径为 5.0 mm，若他恰能分辨距其 160 km 的地面上波长 $\lambda = 550$ nm 的两个点光源，只计衍射效应，求这两点光源间的距离.

17.23 用波长为 632.8 nm 的单色光垂直照射光栅.（1）若光栅的缝宽 $a = 2.7$ μm，不透光部分宽度 $b = 6.2$ μm，求单缝衍射中央明纹的角宽度及在该范围内的明纹数；（2）若 $b = 2a = 5$ μm，求屏上能看到的明纹数.

17.24 用波长为 760 nm 的平行光垂直照射某光栅，测得第 5 级明纹的衍射角为 30°，若垂直照射在缝宽与该光栅透光缝相等的单缝上，测得第 2 级明纹的衍射角亦为 30°. 现改用波长为 λ 的另一平行光垂直照射该光栅，测得第 11 级明纹的衍射角为 45°. 试求：（1）光栅常量（$a + b$）及透光缝的宽度 a；（2）λ 的值；（3）用 λ 垂直照射光栅时出现的明纹总数.

17.25 波长为 500 nm 的平行光以 30° 入射角照射到光栅上，观察到第 2 级明纹恰与该光垂直照射时的中央明纹位置重合. 试问：（1）该光栅每厘米有多少条透光缝？（2）若透光缝宽度为 0.7 μm，则能看到多少条明纹（包括中央明纹）？（3）垂直照射时最多能看到第几级明纹？

17.26 用混合光波长范围为 $450 \sim 600$ nm 的平行光垂直照射衍射光栅，观察到两相邻级次的光谱刚好在 30° 角的方向上相互重叠. 试问此光栅每厘米刻有多少条缝？

17.27 一光源含有氢原子和氘原子的混合物，它发射的红双线的中心波长为

$\lambda = 656.3$ nm，波长间距 $\Delta\lambda = 0.18$ nm．用该光源的平行光垂直照射在宽度为 1.46 cm 的某个光栅上，若在第 1 级谱线中刚好将红双线分辨开来，求：（1）光栅的刻痕数目 N；（2）在第 2 级光谱中两条谱线的角宽度．

17.28 设计一个平面透射光栅，当用平行光垂直照射时，在 30° 衍射角方向上：可以观察到 600.0 nm 的第 2 级主极大，同时能够分辨 600.0 nm 和 600.01 nm 两条谱线，但却看不到 400.0 nm 的第 3 级主极大．

*17.29 用波长为 0.11 nm 的 X 射线照射某晶体，在掠射角为 11°15′ 时获得第 1 级极大，求晶面间距．

*17.30 用波长为 $\lambda_1 = 0.097$ nm 的 X 射线以 30° 的掠射角投射到某晶体上时，出现第 1 级反射极大；改用波长为 λ_2 的 X 射线以掠射角 60° 时投射到该晶体上，则出现第 3 级反射极大．试求 λ_2．

17.31 一束平行自然光自空气入射到某种透明介质上，入射角为 58° 时反射光为线偏振光．问：（1）折射角和介质的折射率各是多少？（2）将介质放入水中（水的折射率为 1.33）时，布儒斯特角为多少？

17.32 布儒斯特定律提供了一种测定不透明电介质折射率的方法．若在空气中测得某一电介质的布儒斯特角为 57°，则该电介质的折射率为多少？

17.33 图 17-87 所示为自然光或偏振光入射到两种各向同性介质（它们的折射率分别为 n_1 和 n_2）的分界面的六种情况．试分析反射光和折射光的性质，用短线与点子表示出反射光、折射光的振动方向及偏振的程度．图中 $i_0 = \arctan(n_2/n_1)$，$i \neq i_0$．

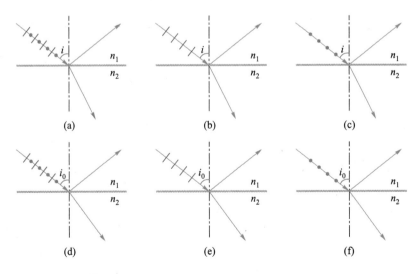

图 17-87　习题 17.33 图

17.34 将 4 个偏振片叠在一起，使每一片的透振方向都比它前面的一片转过 30° 角，从而最后一片的透振方向与第一片的透振方向相垂直．求自然光透过这个系统的光强的百分比.

17.35 自然光入射到两个相互重叠的偏振片上. 求下列情况下这两个偏振片的透振方向的夹角 θ：（1）透射光强最大；（2）透射光强为最大透射光强的三分之一；（3）透射光强为入射光强的三分之一.

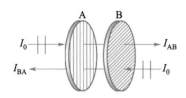

图 17-88　习题 17.36 图

17.36 如图 17-88 所示，两个偏振片 A 和 B 相互重叠，透振方向的夹角为 45°. 现用同一光强的线偏振光分别沿装置的两边入射，且入射光偏振方向都与 A 的透振方向相同，求透射光强之比 I_{AB}/I_{BA}.

17.37 自然光与线偏振光混合的一束光射到一个理想偏振片上，旋转偏振片时发现透射光强随方位变化可达 5 倍，求两种成分的光强占总光强的百分比.

*17.38 （1）已知石英的 $n_o = 1.544\,3$，$n_e = 1.553\,4$. 若用石英制作适用于 $\lambda = 589.3$ nm（钠光）和 $\lambda = 546.1$ nm（汞灯绿光）的 1/4 波片，其最小厚度分别是多少？（2）若线偏振光垂直波片入射，光振动方向与光轴成 30° 角，求 o 光与 e 光的光强之比.

*17.39 两个偏振片平行放置，其透振方向相互垂直，中间平行地插入一块厚为 0.010 mm 的方解石晶片. 以白光垂直入射到第一个偏振片，则在什么条件下哪些波长的可见光不能通过第二个偏振片？（设晶片对各种波长的可见光都有相同的 n_o 和 n_e 值：$n_o = 1.658\,4$，$n_e = 1.486\,4$.）

*17.40 一未知浓度的葡萄糖水溶液装满在 12.0 cm 长的玻璃管中，当一单色线偏振光垂直于管端面并沿管的中心轴线通过时，从检偏器测得光的振动面旋转了 1.23°. 已知葡萄糖溶液的比旋光率为 20.5° cm³/（dm·g），求该葡萄糖溶液的浓度（比旋光率 × 浓度 × 长度 = 偏振光通过该长度转过的角度）.

量子现象与物质具有的波粒二象性有关. 1993年5月, IBM的M.F.Crommie等人用扫描隧穿显微镜（STM）, 把蒸发到铜表面的铁原子排列成圆环形量子围栏. STM 是基于量子隧道效应测量电子密度来反映表面形貌的技术. 图中所示为电子态密度的高低, 可以看到量子围栏及被禁锢在围栏内的铜表面电子形成的同心圆状驻波, 直观地显示了电子的波动性.

量子物理基础

思考题解答

以17世纪牛顿力学的建立为标志, 到19世纪末, 包含力学、电磁学、波动光学和热力学与统计物理的经典物理学（classical physics）已形成了较完整的理论体系. 因此, W.汤姆逊（即开尔文勋爵）在1900年曾说, "物理学的大厦已经建成", 但他同时也指出, "在物理学晴朗天空的远处还有两朵小小的令人不安的乌云". 然而, 拨开这两朵乌云却将物理学带入以相对论和量子力学（quantum mechanics）为标志的近代物理学（modern physics）新天地.

从经典到近代, 光的研究起着纽带和桥梁的作用. 爱因斯坦正是在抛弃光的弹性波理论所假设的以太概念基础上创立相对论的; 而普朗克为解释黑体辐射引入的量子概念, 则开启了对光的"微粒说"和"波动说"的再认识, 由此建立起来的光的波粒二象性最终导致了物质波概念和量子力学的产生.

量子现象不仅仅限于微观系统, 也存在于宏观系统中. 在现代科技中, 从半导体器件、激光到电子显微镜、纳米技术等许多领域, 量子理论都有十分广泛的应用, 并且开辟了量子计算机、量子通信等新的应用领域.

中学关于量子物理的知识涉及较少. 本章首先介绍光的量子性, 然后从物质波的概念出发, 介绍量子物理的一些基本概念和知识.

18-1-1　黑体辐射

图18-1　白炽灯的热成像图

电荷加速运动就会辐射电磁波.分子由带电粒子组成,而热运动是分子的基本属性,因此一切物体在任何温度下都会向外辐射电磁波.这种物体由于它们的分子热运动而辐射电磁波的现象称为热辐射(heat radiation).热辐射的能量以及辐射能按频率(或波长)的分布主要取决于物体的温度.例如,加热铁块时会看到它的颜色由暗变红并逐渐变到黄白色,反映出随着温度升高,铁块辐射的电磁波从红外区逐渐向可见光区和短波方向移动.图18-1为亮着的白炽灯的热成像图,白色区域温度较高,而蓝色区域温度较低.

单位时间内,从温度为T的物体表面单位面积上辐射出的波长在λ到$\lambda + \mathrm{d}\lambda$之间的电磁波,其能量$\mathrm{d}E_\lambda$与$\mathrm{d}\lambda$成正比.我们把$\mathrm{d}E_\lambda$与$\mathrm{d}\lambda$的比值称为单色辐出度(monochromatic radiant exitance),它与λ和T有关,以$M(\lambda, T)$表示,即

$$M(\lambda,T) = \frac{\mathrm{d}E_\lambda}{\mathrm{d}\lambda} \qquad (18-1)$$

而单位时间从物体表面单位面积辐射出的各种波长的电磁波的总能量称为辐出度(radiant exitance),用$M(T)$表示.显然

$$M(T) = \int_0^\infty M(\lambda,T)\,\mathrm{d}\lambda \qquad (18-2)$$

在SI中,$M(\lambda, T)$的单位为$\mathrm{W \cdot m^{-3}}$,$M(T)$的单位为$\mathrm{W \cdot m^{-2}}$.

物体不仅辐射电磁波,也吸收和反射电磁波.一般地,当电磁波入射到物体表面时,一部分能量被吸收,一部分被反射,还有一部分透过物体.我们把被物体吸收、反射和透射的能量与入射能量之比分别称为吸收率(absorptance)、反射率(reflectance)和透过率(transmittance),它们与物体的温度和入射波的波长有关.对于入射到物体表面波长在λ到$\lambda + \mathrm{d}\lambda$之间的辐射能,可以用单色吸收率$a(\lambda, T)$、单色反射率$r(\lambda, T)$和单色透过率$t(\lambda, T)$来细致描写.显然,根据能量守恒,$a(\lambda, T) + r(\lambda, T) + t(\lambda, T) = 1$.对不透明物体,$t(\lambda, T) = 0$,有$a(\lambda, T) + r(\lambda, T) = 1$.

不同物体的单色辐出度$M(\lambda, T)$和单色吸收率$a(\lambda, T)$不同,甚至与物体的表面性质有关,例如,将金属板其中一面用烟熏成黑色,则该面的$M(\lambda, T)$和$a(\lambda, T)$都强于没熏的那面.然而,物体的$M(\lambda, T)$和$a(\lambda, T)$有着内在联系,1859年德国物理学家基尔霍夫(G.R.Kirchhoff)发现,二者之比与物体及物体表面的性质都无关,只是波长和温度的函数,以$M_\lambda(T)$表示这个普适函数,则

$$\frac{M(\lambda,T)}{a(\lambda,T)} = M_\lambda(T) \qquad (18-3)$$

上式称为基尔霍夫定律（Kirchhoff's law）. 可见, $M_\lambda(T)$ 是研究热辐射的关键.

由基尔霍夫定律可知, 好的吸收体也是好的辐射体. 黑色物体的吸收率高而反射率低, 它的辐出度也高. 我们把能够完全吸收任何波长的辐射而不反射的物体称为绝对黑体, 简称黑体（black body）. 对于黑体, $a(\lambda, T) = 1$, 所以 $M_\lambda(T)$ 就是黑体的单色辐出度. 显然, 黑体是一个理想模型, 因为自然界并不存在完全吸收辐射而不反射的物体. 在实际中, 烟煤和黑色珐琅质对太阳光的吸收率也不超过0.99. 然而, 如图18-2所示, 用不透明材料制成带有小孔的空腔, 并把空腔内壁涂黑, 这样电磁波入射到小孔上进入空腔, 经空腔内壁多次反射和吸收后再从小孔出射的能量将微乎其微, 这个小孔可以看作黑体表面. 因此, 把空腔放在不同温度的恒温炉膛中, 通过观测从小孔辐射出来的不同波长电磁波的辐射功率, 即可得到黑体的 $M_\lambda(T)$-λ 关系曲线, 称为黑体辐射能谱曲线, 结果如图18-3所示.

图18-2　黑体模型

| 思考题18.1: 如何理解黑体? 是指黑色的物体吗?

为了从理论上解释黑体辐射能谱, 1896年德国物理学家维恩（W.Wein）假设辐射能谱分布类似于麦克斯韦分子速度分布, 得到了下面的经验公式:

$$M_\lambda(T) = c_1 \lambda^{-5} e^{-\frac{c_2}{\lambda T}}$$

式中 c_1 和 c_2 为两个需要用实验来确定的经验参量. 这个关系式称为维恩公式, 它在短波区与实验结果符合得很好, 但在长波区明显偏离实验结果. 1900年英国物理学家瑞利（Lord Rayleigh）把能量均分定理应用于电磁辐射, 所得结果后来经天文学家金斯（Sir J.Jeans）修正了一个数值因子, 为

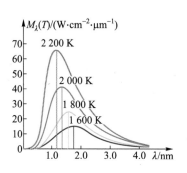

图18-3　黑体辐射的实验结果

$$M_\lambda(T) = 2\pi ckT\lambda^{-4}$$

式中 c 和 k 分别为真空中的光速和玻耳兹曼常量. 这个关系式称为瑞利－金斯公式, 它在长波区与实验结果比较吻合, 但在短波方向与实验结果完全不符. 因为按此理论, $\lambda \to 0$ 时 $M_\lambda(T) \to \infty$, 这意味着太阳辐射的紫外线就足以使地球上的生命荡然无存, 故历史上称之为"紫外灾难".

德国物理学家普朗克（M.Planck）在1889年6月的一篇文章中, 提出一个带电谐振子与辐射处于平衡时的关系式, 可以写成 $M_\lambda(T) = 2\pi c\lambda^{-4}\bar{\varepsilon}$. 如果按能量均分定理写出振子的平均能量 $\bar{\varepsilon} = kT$, 就能得到瑞利－金斯公式. 1900年10月, 在得知长波方向实验结果证实瑞利公式的正确性后, 普朗克把它与代表短波方向的维恩公式综合起来找到了一个经验公式（可以通过内插法确定新的 $\bar{\varepsilon}$ 来得到）, 结果与实验结果在全波段吻合. 2个月后普朗克在论文中假设带电谐振子辐射的能量值是

不连续的，从理论上给出了黑体辐射的公式，可写成

$$M_\lambda(T) = \frac{2\pi hc^2}{\lambda^5} \frac{1}{e^{\frac{hc}{\lambda kT}} - 1} \tag{18-4}$$

该式称为普朗克公式. 容易看出，在短波极限下 $\frac{hc}{\lambda kT} \gg 1$，它转化为维恩公式；而在

长波极限下 $\frac{hc}{\lambda kT} \ll 1$，$e^{\frac{hc}{\lambda kT}} \approx 1 + \frac{hc}{\lambda kT}$，普朗克公式则转化为瑞利-金斯公式. 理论

结果与实验结果的比较如图18-4所示.

　　普朗克黑体辐射理论的关键是引入了能量子假设：对于频率为 ν 的谐振子，它辐射或吸收电磁波的能量 ε 只能取某个最小量值 $h\nu$ 的整数倍，即 $\varepsilon = nh\nu$，其中 n 为正整数，最小量值 $h\nu$ 称为能量子（quantum of energy）. 普适常量 h 称为普朗克常量（Planck constant），它现在是SI的七个基本常量之一，取固定值 $h = 6.626\,070\,15 \times 10^{-34}$ J·s. 然而，这一假设与经典理论却是格格不入的，因为经典理论中能量是连续的，物体吸收和辐射的能量可以取任意值. 事实上，量子概念带给物理学的深刻影响是普朗克本人都始料未及的. 人们把1900年12月14日普朗克在德国物理学会上正式提出黑体辐射的量子理论这一天看作量子时代的开始，普朗克也因此获得1918年诺贝尔物理学奖.

　　由普朗克公式还可以导出当时已被证实的两个实验定律：维恩位移定律和斯特藩-玻耳兹曼定律. 令 $x = hc/k\lambda T$，将式（18-4）化为

$$M_\lambda(T) = \frac{2\pi k^5 T^5 x^5}{h^4 c^3} \cdot \frac{1}{e^x - 1}$$

由图18-3可见，能谱曲线峰值的波长 λ_m 随着温度升高移向短波方向. 为了求出极值 λ_m 或 x_m，令 $\mathrm{d}M_\lambda/\mathrm{d}x = 0$，得 $5e^x - xe^x - 5 = 0$，数值求解的结果 $x_m \approx 4.965$. 于是

$$\lambda_m T = \frac{hc}{x_m k} = 2.898 \times 10^{-3} \text{ m·K}$$

即峰值波长 λ_m 与黑体温度 T 满足以下关系：

$$\lambda_m T = b \tag{18-5}$$

这就是维恩位移定律（Wien's displacement law），式中 $b = 2.898 \times 10^{-3}$ m·K.

　　黑体的辐出度用 $M_0(T)$ 表示，它等于能谱曲线下的面积. 由式（18-4）得

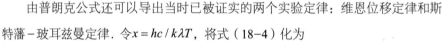

$$M_0(T) = \int_0^\infty M_\lambda(T)\mathrm{d}\lambda = \int_0^\infty \frac{2\pi hc^2}{\lambda^5} \frac{\mathrm{d}\lambda}{e^{hc/\lambda kT} - 1} = \frac{2\pi k^4 T^4}{h^3 c^2} \int_0^\infty \frac{x^3 \mathrm{d}x}{e^x - 1}$$

式中积分值为 $\frac{\pi^4}{15}$. 上式表明，黑体的辐出度与其温度 T 的4次方成正比，即

$$M_0(T) = \sigma T^4 \tag{18-6}$$

这个关系是1879年奥地利物理学家斯特藩（J. Stefan）首先从实验中得到的，1884

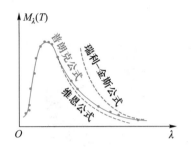

图18-4　几种理论结果与实验结果的比较

　　　　18　量子物理基础

年玻耳兹曼又从经典热力学理论导出，因此称为斯特藩–玻耳兹曼定律（Stefan-Boltzmann's law）．式中 $\sigma = 5.67 \times 10^{-8}$ W·m^{-2}·K^{-4} 称为斯特藩常量．

黑体辐射的基本规律对一般辐射体也是近似适用的，并成为高温测量、遥感、红外追踪以及热成像诊断等技术的物理基础．图18-5分别是工业热成像探伤和电路热成像的图片．实验测得太阳能谱的 $\lambda_m \approx 0.49$ μm，由维恩公式可推算出太阳的表面温度约为5 900 K；而由地面温度 $T \approx 290$ K 可推知地面辐射能谱的 λ_m 在红外波段，因此探测地球资源主要利用红外遥感技术；此外，1964年发现的宇宙背景辐射的温度为2.7 K，这与大爆炸理论的预言一致，1990年美国COBE卫星观测结果证实其能谱分布与 $T = (2.735 \pm 0.006)$ K 的黑体辐射谱完全吻合．

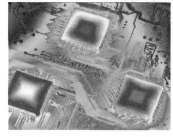

| 思考题18.2：炼钢时，通过观察钢水颜色可知其大致温度，为什么？

图18-5　工业热成像探伤（上图）和电路热成像（下图）

例题18-1 人体体温约为37 ℃，试求人体辐射最强的波长．

解： 把人体近似看作黑体，则由维恩位移定律可得

$$\lambda_m = \frac{b}{T} = \frac{2.898 \times 10^{-3}}{37 + 273} \text{ m} = 9.35 \times 10^{-6} \text{ m}$$

即人体辐射主要集中在红外区．

例题18-2 取地球温度为290 K，已知地球半径 $R_E = 6\ 400$ km，日地距离 $D = 1.5 \times 10^8$ km，由太阳光谱测得太阳表面温度为5 900 K，试估算太阳半径 R_S．

解： 由斯特藩–玻耳兹曼定律，太阳和地球单位时间的辐射能分别为：$\sigma T_S^4 \cdot 4\pi R_S^2$ 和 $\sigma T_E^4 \cdot 4\pi R_E^2$．把地球看作热平衡态，即可认为地球单位时间辐射的总能量，等于太阳单位时间辐射到地球上的总能量．而太阳辐射到整个地球轨道球面（面积为 $4\pi D^2$）的总能量中，仅有地球投影截面 πR_E^2 上的部分被地球获得，故有

$$\sigma T_E^4 \cdot 4\pi R_E^2 = \sigma T_S^4 \cdot \frac{4\pi R_S^2}{4\pi D^2} \cdot \pi R_E^2$$

解得

$$R_S = 2D \left(\frac{T_E}{T_S} \right)^2 = 2 \times 1.5 \times 10^8 \times \left(\frac{290}{5900} \right)^2 \text{ km} = 7.25 \times 10^5 \text{ km}$$

这与天文学测定的结果 $R_S = 6.96 \times 10^5$ km 接近．

18-1-2 光电效应

光电效应（photoelectric effect）是1887年赫兹做放电实验时偶然发现的，它是指光照射金属时电子从金属表面逸出的现象．

研究光电效应的装置如图18-6所示，光电管由封闭在真空管中的两个金属电极A、K构成，光通过石英窗口照射到阴极K上，K中电子吸收光能成为光

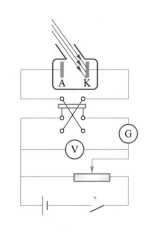

图18-6　光电效应实验装置

电子（photoelectron），逸出金属的光电子通过加速电场到达阳极A形成光电流（photocurrent）. 光电效应的实验规律可归纳如下：

（1）存在截止频率（cutoff frequency）或红限频率. 只有当入射光的频率 ν 大于金属的截止频率 ν_0 时光电效应才会发生，不同金属的 ν_0 值不同.

（2）饱和电流 i_m 与入射光强 I 成正比. 在入射光频率 ν 和光强 I 一定时，光电流 i 随加速电压 U 值的增加而增大，最终趋于饱和；I 越大饱和电流 i_m 也越大，如图 18-7 所示.

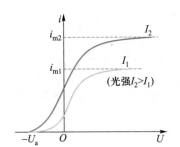

图 18-7 光电流与电压的关系

（3）逸出金属的光电子最大初动能 E_{km} 与入射光的频率 ν 成正比，而与入射光强 I 无关. 图 18-7 中 $U = 0$ 时光电流 $i \neq 0$；$U < 0$ 即 A、K 间加上反向电压时 i 减小，当反向电压数值 $|U| \geq U_a$ 时，具有最大初动能 E_{km} 的光电子也不能达到阳极，i 就降为零，而与 I 无关. 显然 $E_{km} = eU_a$，U_a 称为遏止电压（retarding voltage）. E_{km}（通过 U_a 测得）与入射光的频率 ν 成正比，如图 18-8 所示.

（4）光电效应几乎是瞬时发生的，其延迟时间在 10^{-9} s 以内.

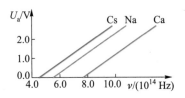

图 18-8 遏止电压与入射光频率的关系

按照经典理论，光的平均能流密度即光强，它与电矢量振幅的平方成正比. 因此，只要光强足够大或照射时间足够长，都可以使电子获得足够的能量而逸出金属表面，与入射光的频率无关；由于电子只能吸收其附近小范围内的能量，要克服金属的束缚而逸出需要一定时间积累能量，光强越弱，需要的时间越长，不可能在 10^{-9} s 内完成. 可见，用经典理论解释光电效应存在困难.

为了解释光电效应，1905 年爱因斯坦在能量子概念的基础上进一步提出了光量子假设，他认为光是由不连续的能量单元即光量子（light quantum）组成的. 1926 年以后人们直接把光量子称为光子（photon）. 光子的能量为

$$\varepsilon = h\nu \tag{18-7}$$

式中 h 为普朗克常量，ν 为光的频率. 光子是一种粒子，在与物质的相互作用过程中，光子只能作为一个整体被吸收和发射；一束光则是一群定向运动的光子流，若以 N 表示单位时间通过光束单位截面的光子数，则光强 $I = Nh\nu$.

| 思考题 18.3：阳光中的紫外线对皮肤的伤害较大，为什么？

采用光量子的概念，金属中的电子吸收一个光子即获得 $\varepsilon = h\nu$ 的能量，以 W 表示电子克服金属表面束缚所需的逸出功（work function），它逸出金属后最大初动能 $E_{km} = \frac{1}{2}mv_m^2$，根据能量守恒定律，有

$$h\nu = W + \frac{1}{2}mv_m^2 \tag{18-8}$$

上式称为爱因斯坦光电效应方程. 由该方程容易解释光电效应：

（1）要使电子逸出金属表面，入射光子的最小能量为 $h\nu_0 = W$，即

$$v_0 = \frac{W}{h} \qquad\qquad (18-9)$$

v_0就是截止频率. 只有光子能量大于金属逸出功, 即用 $v > v_0$ 的光照射时, 电子才能获得足够的能量脱离金属表面, 光电效应才会发生.

（2）v（$v > v_0$）一定时, 光强（$I = Nhv$）越强, 单位时间打到 K 板单位面积上的光子数 N 就越多, 产生的光电子数也就越多, 饱和电流自然就越大.

（3）由 $eU_a = E_{km}$, 可得

$$U_a = \frac{h}{e}v - \frac{W}{e} = \frac{h}{e}(v - v_0) \qquad\qquad (18-10)$$

可见 U_a（因而 E_{km}）与入射光的频率 v 成正比, 而与入射光强无关. 利用上式, 可以通过测量某种金属的 U_a–v 曲线, 确定该种金属的 v_0 或 W. 表 18-1 列出了几种金属的逸出功.

（4）电子吸收光子即获得能量, 只要这个能量能使电子逸出金属, 光电效应就会立刻发生.

> 思考题 18.4：电子只能吸收大于某个频率的光子吗？截止频率反映的是光子、电子还是金属的性质？
>
> 思考题 18.5：保持入射光频率不变, 将光强增大一倍；或保持光强不变, 将入射光频率增大一倍. 实验结果有何不同？

爱因斯坦的理论提出后, 密立根用了七年时间进行大量光电效应的精密实验, 测出的普朗克常量 h 值在误差范围内与用其他方法测出的相等, 从而证实爱因斯坦对光电效应的解释是完全正确的. 爱因斯坦因对光电效应的解释及对理论物理的贡献获得 1921 年诺贝尔物理学奖.

利用光电效应可以制造光电转换元器件, 如光电二极管、光电倍增管、电视摄像管等, 并应用于光功率测量、光信号记录、电视和自动控制等方面.

上面讨论的是电子吸收一个光子产生的单光子光电效应. 如果电子在吸收一个光子之后还能够紧接着吸收到第二个、第三个以至多个光子, 那么即使入射光的频率小于 v_0, 电子也可能获得足够的能量逸出金属表面, 产生多光子光电效应. 电子在吸收光子获得能量的同时, 还会与晶格相互作用而失去能量, 而普通光源光子密度不高, 电子在极短时间内吸收到第二个光子的概率并不大, 但随着强激光的出现, 人们已经观察到电子吸收多个光子而飞出金属的现象.

光电子逸出金属产生的光电效应, 可以称为外光电效应. 在电介质和半导体中, 光电子可能并不逸出而只在其内部运动, 这就是内光电效应. 内光电效应在制造光敏元件、光电池方面有许多应用.

顺便指出, 光子不仅有能量, 也有动量. 根据相对论, 光子的能量动量关系为

表 18-1　几种金属的逸出功

（单位：eV）

钾	2.25
钠	2.29
锂	2.69
钙	3.2
铝	4.2
铜	4.36
锌	4.31
铂	6.35
钨	4.54
汞	4.53
银	4.63
金	4.8

$\varepsilon = pc$，用波长 λ 表示光子的能量 $\varepsilon = h\nu = hc / \lambda$，由此得光子的动量

$$p = \frac{h}{\lambda} \tag{18-11}$$

例题 18-3 光电效应实验中照射到钾做成的阴极板上的紫外线波长为 250 nm，光强为 2.0×10^{-2} W/m²，已知钾的逸出功为 2.25 eV. 求：（1）单位时间打在极板单位面积上的光子数；（2）红限频率；（3）光电子的最大动能；（4）遏止电压.

解：（1）每个光子的能量为

$$h\nu = \frac{hc}{\lambda} = \frac{6.63 \times 10^{-34} \times 3 \times 10^{8}}{250 \times 10^{-9}} \text{J} = 7.95 \times 10^{-19} \text{J} = \frac{7.95 \times 10^{-19}}{1.6 \times 10^{-19}} \text{eV} = 4.97 \text{eV}$$

单位时间打在极板单位面积上的光子数为

$$N = \frac{I}{h\nu} = \frac{2.0 \times 10^{-2}}{7.95 \times 10^{-19}} \text{s}^{-1} \cdot \text{m}^{-2} = 2.5 \times 10^{16} \text{s}^{-1} \cdot \text{m}^{-2}$$

（2）红限频率为

$$\nu_0 = \frac{W}{h} = \frac{2.25 \times 1.6 \times 10^{-19}}{6.63 \times 10^{-34}} \text{Hz} = 5.4 \times 10^{-14} \text{Hz}$$

（3）应用爱因斯坦光电效应方程，有

$$\frac{1}{2} m v_{\text{m}}^2 = h\nu - W = \frac{hc}{\lambda} - W = 4.97 \text{eV} - 2.25 \text{eV} = 2.72 \text{eV}$$

（4）遏止电压为

$$U_{\text{a}} = \frac{m v_{\text{m}}^2 / 2}{e} = 2.72 \text{V}$$

18-1-3 康普顿效应

1904 年就有人发现 γ 射线被物质散射后波长会变长. 然而，按照经典电磁学理论，电子在入射波作用下做受迫振动，它发出的散射波的频率与入射波的一样，因此波长不变.

1923 年美国物理学家康普顿（A. H. Compton）发表论文，给出了 X 射线散射的定量研究结果和理论解释. 实验装置如图 18-9 所示，X 射线经准直光阑后入射到散射物质（如石墨）上，在不同散射角 θ 方向上用衍射晶体和探测器测出散射 X 射线光谱. 如图 18-10 所示，散射光谱中除入射波长 λ_0 的成分之外，还出现了波长 $\lambda > \lambda_0$ 的散射成分；且 $\Delta\lambda = \lambda - \lambda_0$ 随散射角 θ 增大而增大. 这称为康普顿效应. 我国物理学家吴有训在康普顿指导下，仔细研究了不同散射物质的康普顿效应，他在 1926 年发表的论文中指出，波长改变量 $\Delta\lambda = \lambda - \lambda_0$ 与散射物质无关，但散射物质的相对原子质量越小，康普顿效应越显著，即波长为 λ 的散射射线越强.

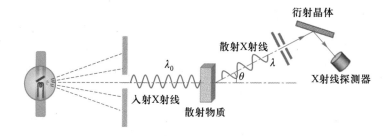

图 18-9 康普顿散射实验装置

康普顿运用光量子理论，把散射过程看作X射线光子与静止自由电子的碰撞来解释实验结果．由于反冲电子带走了光的能量，即散射后光子能量变小，故波长变长（频率变小）．如图18-11所示，碰前电子静止，其能量和动量分别为m_ec^2和0，波长为λ_0的入射光子能量和动量分别为$h\nu_0 = hc/\lambda_0$和h/λ_0；设碰后电子的能量和动量分别为E和$\boldsymbol{p}$，散射光子的能量和动量分别为$h\nu = hc/\lambda$和h/λ．根据能量守恒和动量守恒定律，光子失去的能量和动量分别等于电子获得的动能和动量，即

$$\frac{hc}{\lambda_0} - \frac{hc}{\lambda} = E - m_ec^2 \qquad (18-12)$$

$$\frac{h}{\lambda_0}\boldsymbol{e}_0 - \frac{h}{\lambda}\boldsymbol{e} = \boldsymbol{p} \qquad (18-13)$$

$\boldsymbol{e}_0$和$\boldsymbol{e}$分别表示入射和散射光子运动方向的单位矢量．将以上两式分别取平方后相减，注意$\boldsymbol{e}_0 \cdot \boldsymbol{e} = \cos\theta$，$\theta$为散射角，并利用相对论能量动量关系$E^2 = p^2c^2 + m_e^2c^4$，于是有

$$\frac{2h^2}{\lambda_0\lambda}(1-\cos\theta) = 2m_ec\left(\frac{E}{c} - m_ec\right) = 2m_ec\left(\frac{h}{\lambda_0} - \frac{h}{\lambda}\right) = \frac{2m_ech}{\lambda_0\lambda}(\lambda - \lambda_0)$$

解得

$$\Delta\lambda = \lambda - \lambda_0 = \frac{h}{m_ec}(1-\cos\theta) = \lambda_C(1-\cos\theta) = 2\lambda_C\sin^2\frac{\theta}{2} \qquad (18-14)$$

此式称为康普顿散射公式，它表明，散射光波长的改变$\Delta\lambda$与散射物质无关，仅取决于散射角θ：$\theta = 0$时，$\Delta\lambda = 0$；随着θ增加，$\Delta\lambda$增大．实验测得的结果与式（18-14）完全符合．式中特征量$\lambda_C = \dfrac{h}{m_ec} = 2.43 \times 10^{-12}$ m称为康普顿波长（Compton wavelength），将其改写为$m_ec^2 = hc/\lambda_C$，可知波长为λ_C的光子其能量与电子的静能相等．由于$\Delta\lambda \sim \lambda_C$，对X射线（$\lambda_0 \sim 10^{-10}$ m）波长相对变化量$\Delta\lambda/\lambda_0 \sim 10^{-2}$；而对可见光（$\lambda_0 \sim 10^{-7}$ m）$\Delta\lambda/\lambda_0 \sim 10^{-5}$太小，故用可见光观察不到明显的康普顿效应．

原子中内层电子与原子核紧密束缚在一起形成原子实（其质量m_a比电子质量m_e大3个量级），它对入射光散射引起的波长改变$\Delta\lambda \sim h/m_ac \sim \lambda_C \times 10^{-3} \ll \lambda_C$，即与原子外层电子的散射比较，可认为光被原子实散射后波长不变；而与X射线光子

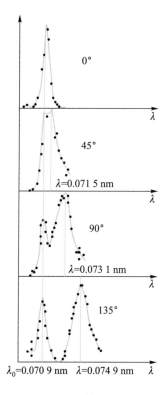

图 18-10 康普顿散射谱

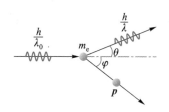

图 18-11 光子与电子的碰撞

的能量为$10^4 \sim 10^5$ eV相比，一般原子中外层电子的电离能（10 eV）和动能都可忽略，即外层电子可以看作是静止的自由电子. 也就是说，康普顿散射中，入射光被内层电子散射后波长不变，仍为λ_0；被外层电子散射后波长变为λ；且轻原子较重原子对外层电子的束缚更弱，所以波长λ的散射光更强.

康普顿效应的实验和理论解释进一步证实了光具有粒子性，光子的能量和动量表达式分别为$\varepsilon = h\nu$和$p = h/\lambda$，被散射的是整个光子而不是其一部分. 同时，也证实了能量守恒和动量守恒定律在微观过程中也是成立的.

反过来，光子与高能电子或粒子碰撞则可能获得能量而频率增大，即波长变短，这称为反康普顿效应.

思考题18.6：自由电子能不能吸收光子而不发射光子？光电效应中电子为什么能只吸收光子而不发射光子？

例题18-4 波长为0.02 nm的X射线被碳块散射. 在散射角60°处观测，试求：（1）散射光的波长；（2）电子获得的动能占入射光子能量的百分比.

解：（1）由康普顿公式得

$$\lambda = \lambda_0 + \lambda_C(1 - \cos\theta) = 0.02 \text{ nm} + 2.43 \times 10^{-3}(1 - \cos 60°) \text{ nm} = 0.021 \text{ nm}$$

（2）电子获得的能量即反冲电子的动能，由式（18-12）可得为

$$E_k = E - m_e c^2 = \frac{hc}{\lambda_0} - \frac{hc}{\lambda} = \frac{hc(\lambda - \lambda_0)}{\lambda_0 \lambda}$$

它占入射光子能量的百分比为

$$\frac{E_k}{hc/\lambda_0} = \frac{\lambda - \lambda_0}{\lambda} = \frac{0.021 - 0.02}{0.02} = 5\%$$

18-1-4 氢原子光谱与玻尔理论

实验表明，氢原子光谱是由一系列分立的谱线构成的，谱线的波长λ可用瑞典科学家里德伯（J. R. Rydberg）给出的如下经验公式描写：

$$\sigma = \frac{1}{\lambda} = R\left(\frac{1}{m^2} - \frac{1}{n^2}\right) = T(m) - T(n) \tag{18-15}$$

式中R称为里德伯常量，2018年推荐值为$R = 1.097\ 373\ 156\ 816\ 0(21) \times 10^7\ \text{m}^{-1}$；$\sigma = \frac{1}{\lambda}$称为波数（wave number），$T(n) = \frac{R}{n^2}$称为光谱项；$m = 1, 2, 3, \cdots$；$n = m+1, m+2, m+3, \cdots$. 根据$m$值的不同，可把氢原子光谱分成不同谱系：

莱曼（Lyman）系（$m = 1$） $\sigma = \frac{1}{\lambda} = R\left(\frac{1}{1^2} - \frac{1}{n^2}\right)$ ($n = 2, 3, \cdots$)紫外区

巴耳末（Balmer）系（$m = 2$） $\sigma = \frac{1}{\lambda} = R\left(\frac{1}{2^2} - \frac{1}{n^2}\right)$ ($n = 3, 4, \cdots$)可见光区

帕邢（Paschen）系（$m = 3$）　　　$\sigma = \dfrac{1}{\lambda} = R\left(\dfrac{1}{3^2} - \dfrac{1}{n^2}\right)$（$n = 4, 5, \cdots$）红外区

布拉开（Brackett）系（$m = 4$）　　$\sigma = \dfrac{1}{\lambda} = R\left(\dfrac{1}{4^2} - \dfrac{1}{n^2}\right)$（$n = 5, 6, \cdots$）红外区

普丰德（Pfund）系（$m = 5$）　　　$\sigma = \dfrac{1}{\lambda} = R\left(\dfrac{1}{5^2} - \dfrac{1}{n^2}\right)$（$n = 6, 7, \cdots$）远红外区

图 18-12 是巴耳末系的照片. 在各谱系中取 $n \to \infty$，可以得到该谱系的最短波长，称为该谱系的线系限.

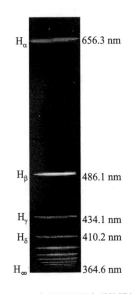

图 18-12　氢原子巴耳末系的照片

经典物理不能解释分立谱线这一事实. 按照卢瑟福（E. Rutherford）α 散射实验及由此提出的原子核式模型，原子中电子围绕原子核在库仑引力作用下做圆周运动. 根据电磁理论，电子加速运动必然向外辐射电磁波. 随着电磁波的辐射电子能量不断减小，电子绕核运动的半径减小同时频率增大，最终电子就会掉到原子核上导致原子"坍塌". 由于辐射的电磁波频率即为电子绕核运动的频率，光谱应是连续谱而不是分立谱线；由于"坍塌"，原子是稳定的这一事实也无法获得解释.

为了解释氢原子光谱，1913 年丹麦物理学家玻尔（N. Bohr）提出了一个氢原子模型，包括下述三条假设.

（1）定态假设：原子只能够处于一系列具有确定能量的状态，在这些状态中电子绕核做圆周运动但不辐射能量. 这些稳定状态称为定态（stationary state）.

（2）轨道角动量量子化假设：电子绕核运动时，只有轨道角动量 L 满足

$$L = \frac{nh}{2\pi} = n\hbar, \quad n = 1, 2, 3, \cdots \qquad （18-16）$$

的那些轨道才是稳定的. 式中 h 为普朗克常量，$\hbar \equiv h/2\pi$. 式（18-16）称为量子化条件，整数 n 称为主量子数（principle quantum number）.

（3）跃迁假设：原子在两个定态之间跃迁时，要发射或吸收光子，光子的能量 $h\nu$ 等于这两个定态间的能量差，即

$$h\nu = E_n - E_k \qquad （18-17）$$

式（18-17）称为频率条件.

由上述三条假设，可以推出关于氢原子的若干结论. 设电子在半径为 r_n 的定态轨道上绕核以速率 v_n 做圆周运动，根据牛顿运动定律和量子化条件

$$\frac{m_e v_n^2}{r_n} = \frac{1}{4\pi\varepsilon_0}\frac{e^2}{r_n^2}; \quad r_n m_e v_n = \frac{nh}{2\pi}, \quad n = 1, 2, 3, \cdots$$

可解得

$$r_n = \frac{\varepsilon_0 h^2}{\pi m_e e^2} n^2 = r_1 n^2 \qquad （18-18）$$

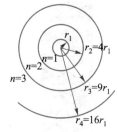

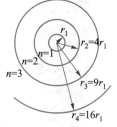

图 18-13 氢原子的轨道和能级

$$v_n = \frac{e^2}{2\varepsilon_0 hn} = \frac{v_1}{n} \qquad (18\text{-}19)$$

若不考虑原子核的运动，则可得出氢原子系统的能量为

$$E_n = \frac{1}{2}m_e v_n^2 - \frac{e^2}{4\pi\varepsilon_0 r_n} = -\frac{e^2}{8\pi\varepsilon_0 r_n} = -\frac{m_e e^4}{8\varepsilon_0^2 h^2}\frac{1}{n^2} = \frac{E_1}{n^2} \qquad (18\text{-}20)$$

可见，氢原子核外电子的轨道半径、轨道速率、氢原子系统的能量等都与 n 有关，是量子化的，即只能取一系列分立值. 电子在这些轨道上运动时，氢原子具有确定的能量，即处于定态，并可用主量子数 n 来表示不同的定态. 定态能量 E_n 称为氢原子的能级. 图 18-13 分别给出了轨道和能级示意图.

$n=1$ 的定态称为基态（ground state），$n>1$ 的定态称为激发态（excited state）. 基态能级最低，电子轨道半径最小. 氢原子的这个最小电子轨道半径称为玻尔半径（Bohr radius），常记为 a_0. 基态能量和玻尔半径分别为

$$E_1 = -\frac{m_e e^4}{8\varepsilon_0^2 h^2} \approx -13.6\ \text{eV}, \qquad a_0 = r_1 = \frac{\varepsilon_0 h^2}{\pi m_e e^2} = 0.0529\ \text{nm}$$

$n \to \infty$ 时，$E_\infty \to 0$，$r_\infty \to \infty$，即电子脱离原子核的束缚而使原子处于电离态. 把一个原子电离所需要的能量称为电离能. 基态氢原子的电离能为 13.6eV.

| 思考题 18.7：为什么氢原子的能量总为负值？

氢原子释放和吸收的能量值，只能是两个能级的差值. 当氢原子从高能级 n 跃迁到低能级 m 时，所发出的光谱线的频率由频率条件决定，为

$$\nu = \frac{E_n - E_m}{h} = -\frac{m_e e^4}{8\varepsilon_0^2 h^3}\left(\frac{1}{n^2} - \frac{1}{m^2}\right)$$

或

$$\sigma = \frac{1}{\lambda} = \frac{\nu}{c} = \frac{m_e e^4}{8\varepsilon_0^2 h^3 c}\left(\frac{1}{m^2} - \frac{1}{n^2}\right) = T(m) - T(n)$$

正是式（18-15）. 对比可知里德伯常量的理论值为

$$R = \frac{m_e e^4}{8\varepsilon_0^2 h^3 c}$$

它与实验值符合得很好. 图 18-14 则反映了能级跃迁与光谱系的关系.

| 思考题 18.8：用波长 110 nm 的光照射氢原子，这光能不能被氢原子吸收？

玻尔理论能够说明氢原子和类氢离子的光谱规律，同时也揭示了光的辐射和吸收的量子性与物质内部能量状态的量子性相联系. 但玻尔理论在解释多电子原子光谱的规律时却碰到了困难，这是因为这是一个半经典的理论，它一方面采用轨道等经典概念和牛顿力学方程，另一方面又人为地加上与经典理论矛盾的定态假设和量子化条件，所以对原子内部量子性的认识存在根本性的缺陷. 尽管如此，它

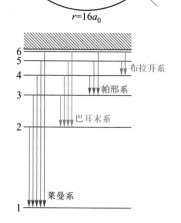

图 18-14 氢原子各能级的跃迁形成不同的光谱系

仍然是量子理论发展道路上一个光辉的里程碑.

顺便指出,玻尔在建立氢原子理论的同时,还提出并应用了科学研究的一种方法论原则:新理论应当包容在一定经验范围内被证明是正确的旧理论,旧理论是新理论的极限情况或局部情况. 这称为对应原理. 例如,相对论不是推翻了牛顿力学,经典力学只不过是相对论力学的低速($v \ll c$)极限而已. 后面还将看到,量子理论在 $h \to 0$ 的极限情况下则回到经典理论.

例题18-5 氢放电管中,具有动能12.5 eV的自由电子与基态氢原子碰撞后,氢原子可能的最高能量为多少?能辐射出哪些波长的谱线?

解: 设氢原子获得电子能量后从基态跃迁到第n个能级(第$n-1$个激发态),则

$$E_n - E_1 = \left(\frac{-13.6}{n^2} - \frac{-13.6}{1^2} \right) \text{eV} \leqslant 12.5 \text{ eV}$$

解得 $n \leqslant 3.5$,n 为整数,取 $n = 3$. 故得氢原子获得的最高能量为

$$E_3 = \frac{-13.6}{3^2} \text{eV} = -1.51 \text{ eV}$$

能辐射出的谱线有三条,分别为

$$n = 3 \to n = 2: \quad \frac{1}{\lambda_{32}} = R \left(\frac{1}{2^2} - \frac{1}{3^2} \right) = \frac{5R}{36}, \quad \lambda_{32} = \frac{36}{5R} = 656.3 \text{ nm}$$

$$n = 3 \to n = 1: \quad \frac{1}{\lambda_{31}} = R \left(\frac{1}{1^2} - \frac{1}{3^2} \right) = \frac{8R}{9}, \quad \lambda_{31} = \frac{9}{9R} = 102.6 \text{ nm}$$

$$n = 2 \to n = 1: \quad \frac{1}{\lambda_{21}} = R \left(\frac{1}{1^2} - \frac{1}{2^2} \right) = \frac{3R}{4}, \quad \lambda_{21} = \frac{4}{3R} = 121.6 \text{ nm}$$

18-1-5 光的波粒二象性

光的干涉和衍射等现象证实了光是一种波. 黑体辐射和氢原子光谱则表明,光的辐射和吸收是量子化的;而把光看作是一种粒子,光子可以与原子中的束缚电子发生完全非弹性碰撞产生光电效应,也可以与自由电子发生弹性碰撞产生康普顿效应. 这些事实综合起来,关于光的本性的全面认识就是:光既具有波动性,又具有粒子性. 光的这种本性称为波粒二象性(wave-particle duality). 这也反映在式(18-7)和式(18-11)中,即

$$\varepsilon = h\nu, \quad p = \frac{h}{\lambda} \tag{18-21}$$

频率和波长反映光的波动性,能量和动量则反映光的粒子性,光的波粒二象性通过以上两式联系起来,反映出光是波和粒子的统一.

从波的观点出发,光是电磁波,波函数 $E(r, t)$ 满足电磁波方程和叠加原理,t

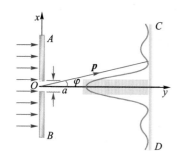

图18-15 光的单缝衍射，经典粒子只能到达中间的矩形区域

时刻r处的光强I正比于$|E(r, t)|^2$. 而从光的粒子性出发，一束光是一群运动着的光子，t时刻r处的光强I则正比于单位时间到达该处单位面积的光子数.

然而，光既不同于经典粒子也不同于经典波. 光的干涉和衍射现象表明，在经典粒子不可能出现的地方也有光子分布，如图18-15的单缝衍射所示. 进一步在光的双缝干涉实验中，用极弱的光短时间照射双缝，在双缝后的底片上会出现杂乱无章、随机分布的亮点，由这些亮点完全无法判断光子是通过哪条缝到达底片的，这说明光子与经典粒子不同，它没有确定的轨道；而经过长时间曝光则得到等间距的干涉条纹，与用较强的光照射时完全一样，这表明干涉并不是光子间相互作用产生的效应，单个光子就表现出波的特性，这与经典的波也不同. 对于单个光子而言，它出现在什么地方虽然是完全随机的，但明纹处光强大，光子出现的概率也大；而光强分布呈稳定的干涉图样，表明光子到达底片上某点的概率是确定的. 也就是说，光具有粒子和波的某些性质，但又与经典粒子和经典波不同；光波是一种"概率波"，$|E(r, t)|^2$正比于t时刻r处单位体积中光子出现的概率.

图18-16所示为单光子实验. 实验中采用极弱的光，每次只发射一个光子. 先来看光子经过半透半反镜的情况，如图18-16（a）所示，在反射和透射方向分别放置探测器A和B，则实验表明，光子只能而且必定被其中一台探测器接收到，但不会同时被两台探测器测到，每个探测器探测到的光子数等于发射光子总数的一半. 这表明，光子不会分裂，它是完整的粒子；两个探测器测得光子的概率相等，为1/2. 进一步，如果用反射镜把反射和透射光子入射到第二个半透半反镜上，如图18-16（b）所示，似乎在第二个半透半反镜后的两个探测器探测到光子概率也应该相等，各为1/2. 但实验结果却不是这样：假如A探测到光子，则B就始终接收不到，全部光子都只被A接收到；这时如果稍微改变两路光子的光程（路径长度）差，则发生相反的情况，即B探测到全部光子，而A则接收不到. 这是一种典型的干涉效应. 单光子实验明白无误地证实了，光子没有确定路径，波的性质是光子固有的，单个光子就能够发生干涉. 这些性质当然不是经典粒子具备的.

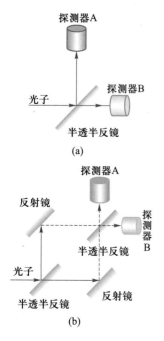

图18-16 单光子实验

18-2 物质波

18-2-1 德布罗意假设

物质世界在许多方面都表现出对称性. 光具有波动和粒子双重性质，那么，像电子这样的实物粒子是否也具有波的特性呢？法国年轻的物理学家德布罗意（L. V.

de Broglie）从理论上猜测，波粒二象性不仅仅是光所独有的，而应该是物质世界的一种普遍性质. 1923年他在题为《波和量子》的论文中大胆假设实物粒子也具有波动性，并在1924年他的博士论文《量子理论研究》中进一步作了系统阐述.

按照这个假设，人们把与实物粒子相联系的波称为物质波（matter wave），或德布罗意波（de Broglie wave）. 德布罗意认为，反映光的波动性与粒子性联系的关系式（18–21）对实物粒子形式上也同样成立. 也就是说，一个粒子的能量E和动量p跟与它相联系的波的频率ν和波长λ之间的定量关系为

$$\nu = \frac{h}{E}, \quad \lambda = \frac{h}{p} \qquad (18\text{--}22)$$

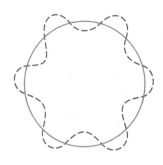

图18-17　驻波与玻尔轨道

上式称为德布罗意关系，λ称为德布罗意波长. 式中h为普朗克常量，可见它是粒子性和波动性联系的桥梁；$h \to 0$时$\lambda \to 0$，物质显现出粒子性，只有当h不能忽略时其波动性才表现出来.

德布罗意还从物质波的概念出发，对玻尔理论的轨道量子化条件提出了解释. 由于驻波具有稳定的能量状态，他认为氢原子中只有满足驻波条件的那些电子轨道才是稳定的，也就是说，氢原子定态中电子运动的圆轨道周长应该是运动电子的德布罗意波长的整数倍，如图18-17所示. 用公式表示为

$$2\pi r = n\lambda = nh/p$$

或

$$rp = nh/2\pi = n\hbar$$

这正是式（18–16）表示的角动量量子化条件.

1927年美国物理学家戴维森（C. J. Davisson）和革末（L. H. Germer）在镍单晶表面慢电子散射实验中，观察到了类似X射线衍射那样的电子衍射现象，首次证实了电子的波动性. 实验装置如图18-18所示. 实验发现，当入射电子的能量为54 eV时，在$\varphi = 50°$的方向上探测到散射电子束的强度最大. 按照类似于X射线衍射的分析，把镍单晶看作光栅，如图18-19所示，则由光栅方程得散射波加强的条件为$a\sin\varphi = \lambda$. 镍单晶的原子间距$a = 2.15 \times 10^{-10}$ m，可以算出

$$\lambda = a\sin\varphi = 2.15 \times 10^{-10}\text{ m} \times \sin 50° = 1.65 \times 10^{-10}\text{ m}$$

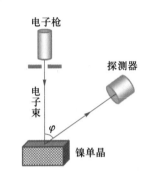

图18-18　戴维森－革末实验示意图

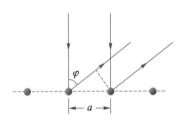

图18-19　电子晶格衍射

而由式（18–22）算得的电子的德布罗意波长为

$$\lambda = \frac{h}{\sqrt{2m_e E_k}} = \frac{6.63 \times 10^{-34}}{\sqrt{2 \times 9.1 \times 10^{-31} \times 54 \times 1.6 \times 10^{-19}}}\text{ m} = 1.67 \times 10^{-10}\text{ m}$$

二者符合得很好. 如果考虑到进入晶体的电子受到正离子吸引其动能的增加，则修正后理论值与实验值完全一致！

同年小汤姆孙（G. P. Thomson，其父J. J. Thomson正是电子的发现者）用多晶（铝箔）做了电子衍射实验，结果直接观察到了圆环状电子衍射图样. 图18-20所

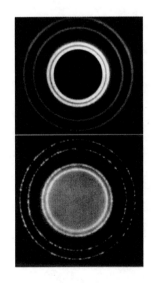

图18-20　上图和下图分别是用X射线和电子束得到的多晶衍射结果

示是电子衍射与X射线衍射图的比较. 在示波器荧光屏上聚焦电子束亮点周围出现的环状晕斑, 就是电子衍射的结果. 1961年约恩孙 (C. Jönsson) 做了电子的单缝、双缝和多缝实验, 得到了明暗相间的条纹. 所有这些都证实电子具有波动性. 此后, 人们还陆续用中子、质子以及原子、分子等进行类似的实验, 都证实了实物粒子具有波动的性质, 德布罗意关系对这些粒子同样正确.

粒子的波动性已有许多重要应用. 例如, 由于电子波长可以很短, 电子显微镜的分辨本领比光学显微镜要大得多; 中子衍射可用来探测分子或晶体结构, 苯分子结构的中子衍射花样如图18-21所示.

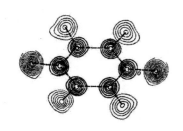

图18-21 苯分子的中子衍射结果

例题18-6 计算下面两种情况的德布罗意波长: (1) 质量10 g, 速度500 m/s的子弹; (2) 质量0.511 MeV/c^2, 动能100 eV的电子.

解: (1) 低速情况不必考虑相对论效应, 把$p = mv$代入德布罗意关系, 有

$$\lambda = \frac{h}{p} = \frac{6.63 \times 10^{-34}}{10^{-2} \times 500} \text{ m} = 1.33 \times 10^{-34} \text{ m}$$

(2) 由相对论的动量能量关系$E^2 = E_0^2 + (pc)^2$有

$$p = \sqrt{E_k(E_k + 2m_e c^2)} / c$$

这里$E_k \ll 2m_e c^2$, 上式退化成为经典公式$p = \sqrt{2m_e E_k}$, 代入德布罗意关系, 有

$$\lambda = \frac{h}{\sqrt{2m_e E_k}} = \frac{6.63 \times 10^{-34}}{\sqrt{2 \times 0.511 \times 10^6 \times 100 \times (1.6 \times 10^{-19})^2 / (3 \times 10^8)^2}} \text{ m} = 1.23 \times 10^{-10} \text{ m}$$

由本例可见, 电子的波长与X射线相当, 可以产生与X射线衍射类似的衍射现象; 而子弹的波长太短, 波动特征不明显, 仍可当作经典粒子处理. 可见, 普朗克常量h不仅是粒子性和波动性联系的桥梁, 也是经典理论和量子理论的分水岭.

18-2-2 波函数

薛定谔 (E. Schrödinger) 首先建议用波函数 (wave function) 来描述德布罗意波. 波函数是时间和空间坐标的函数, 表示为$\Psi(r, t)$. 例如, 对于自由粒子, 由于不受任何外场作用, 粒子能量E和动量p保持不变, 将德布罗意关系改写为$E = h\nu = \hbar\omega$ 和$p = e_k h/\lambda = \hbar k$, 可知, 相应的德布罗意波的角频率$\omega$和波矢$k$也不变, 这可类比平面简谐波, 其波函数可表示为

$$\Psi(r, t) = A\cos(k \cdot r - \omega t)$$

在量子力学中, 波函数通常写成复数形式, 并用粒子的动量p和能量E表示, 即

$$\Psi(r, t) = Ae^{i(k \cdot r - \omega t)} = Ae^{i(p \cdot r - Et)/\hbar}$$

一般情况下，粒子受到外场作用，描述它的波函数当然不同于自由粒子波函数.

怎样理解波函数与它所描述的粒子之间的关系呢？光与实物粒子都具有波粒二象性. 在18-1-5小节中，我们已经知道光子不同于经典粒子，它没有确定轨道；光波看作光子波则不同于经典波，它是一种"概率波". 光子的这些非经典性质也是实物粒子共有的. 图18-22所示是梅尔里（P. G. Merli）等人1976年发表的电子双棱镜干涉的实验结果. 可以看到，当电子数较少时电子分布并无规律可言，这说明单个粒子出现在什么位置是完全随机的；随着电子数增多，电子分布逐渐显现出与光的双缝干涉一样的花样，明纹处电子多，暗纹处电子少，这说明波动性并不是粒子之间相互作用的结果，而是单个粒子就具有的概率特征，粒子的概率分布正比于波的强度$|\Psi(r,t)|^2$. 这正是1926年德国物理学家玻恩（M. Born）对波函数的解释，可表述为：t时刻在位于r的体积元dV内找到粒子的概率dW与波函数的模的平方$|\Psi(r,t)|^2$成正比，为

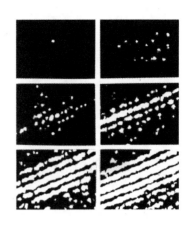

图18-22 电子双棱镜干涉实验结果
P. G. Merli, et. al., *Am. J. Phys.*, 44（1976），306

$$dW = |\Psi(r,t)|^2 dV \qquad (18\text{-}23)$$

波函数一般用复数表示，所以$|\Psi|^2 = \Psi\Psi^*$，这里Ψ^*为Ψ的复共轭.

玻恩对波函数的概率解释，将波与粒子二象性统一起来，表明物质波乃是一种概率波. 概率波与经典意义的波不同，它不是某个振动物理量的传播，波函数$\Psi(r,t)$本身并不代表任何可观测的物理量，能够直接观测的是$|\Psi(r,t)|^2$，它表示单位体积内的概率，即概率密度（probability density）. 因此，波函数也称为概率幅（probability amplitude），并可以写为

$$\Psi(r,t) = |\Psi(r,t)| e^{i\varphi(r,t)} \qquad (18\text{-}24)$$

它包含模$|\Psi(r,t)|$和相位$\varphi(r,t)$两部分. 由于概率是相对的，因此将波函数$\Psi(r,t)$乘上任一个常数C并不会改变粒子的概率分布，即$\Psi(r,t)$与$C\Psi(r,t)$描述粒子的同一个状态（作为对比，声波的波函数乘以2后声强则变为原来的4倍）.

根据波函数的概率解释，某一时刻粒子在空间某处出现的概率是一个确定的值，这要求波函数$\Psi(r,t)$必须是单值和有限的；对于一个粒子而言，它必定出现在空间某个区域，即在全空间找到它的概率为1，因此要求

$$\int |\Psi(r,t)|^2 dV = 1 \qquad (18\text{-}25)$$

上式称为波函数的归一化条件；此外，由于概率不会在某处发生突变，因此要求$\Psi(r,t)$是连续的. 这些条件称为波函数的标准条件，即波函数必须是单值、有限、连续且归一化的.

当粒子的波函数$\Psi(r,t)$给定之后，粒子t时刻空间位置的概率密度为$|\Psi(r,t)|^2$，由此可求出粒子空间坐标函数的平均值，例如

$$\overline{x^n} = \int |\Psi(\boldsymbol{r},t)|^2 x^n \mathrm{d}V, \quad \overline{(x-\overline{x})^2} = \overline{x^2} - \overline{x}^2 \qquad (18-26)$$

不仅粒子的空间概率分布确定，量子力学理论还表明，由波函数 $\Psi(\boldsymbol{r},t)$ 还可以求出粒子所有力学量（如能量、动量等）的概率分布和平均值。从这个意义上说，波函数 $\Psi(\boldsymbol{r},t)$ 完全描述了粒子状态，因此波函数也称为态函数。

实物粒子的干涉、衍射现象表明波函数 $\Psi(\boldsymbol{r},t)$ 服从叠加原理。态叠加原理是量子力学的一条基本原理，可表述为：若 $\psi_1, \psi_2, \cdots, \psi_n$ 都是粒子体系的可能状态，则它们的线性叠加

$$\Psi(\boldsymbol{r},t) = c_1\psi_1 + c_2\psi_2 + \cdots + c_n\psi_n \qquad (18-27)$$

也是系统可能的状态，称为线性叠加态。式中 $c_1, c_2, \cdots, c_n$ 为复数。在 $\Psi(\boldsymbol{r},t)$ 态中，$\psi_1, \psi_2, \cdots, \psi_n$ 各态都有可能出现，测量结果态 ψ_j 出现的相对概率与其系数模的平方 $|c_j|^2$ 成正比。以电子双缝实验为例，设缝1或缝2单独打开时电子的态函数分别为 $\psi_1 = |\psi_1|\mathrm{e}^{\mathrm{i}\varphi_1}$ 或 $\psi_2 = |\psi_2|\mathrm{e}^{\mathrm{i}\varphi_2}$，则双缝同时打开时电子处于 ψ_1 和 ψ_2 的叠加态上，假设叠加态为

$$\Psi(\boldsymbol{r},t) = \frac{1}{\sqrt{2}}\psi_1 + \frac{1}{\sqrt{2}}\psi_2$$

这里 $c_1 = c_2 = 1/\sqrt{2}$（意味着电子处于 ψ_1 和 ψ_2 态的概率都是1/2），电子经过双缝后的概率分布由 $|\Psi(\boldsymbol{r},t)|^2$ 确定，为

$$|\Psi(\boldsymbol{r},t)|^2 = \frac{1}{2}|\psi_1|^2 + \frac{1}{2}|\psi_2|^2 + |\psi_1||\psi_2|\cos(\varphi_2 - \varphi_1)$$

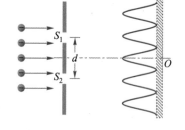

上式第三项为相干项，正是由于它的存在，才使电子在屏上的概率分布不是非相干叠加 $\frac{1}{2}(|\psi_1|^2 + |\psi_2|^2)$。电子双缝干涉的概率分布如图18-23所示。

思考题18.9：自由粒子的波函数只能是单色平面简谐波吗？态叠加原理中是可观测量波函数模的平方的叠加还是波函数的叠加？

图18-23　电子双缝干涉

例题18-7 氢原子处于基态，其电子波函数是球对称的，为 $\psi = C\mathrm{e}^{-r/a_0}$，式中 a_0 为玻尔半径，r 为电子距原子核的距离。求：（1）归一化常数 C 及电子出现在 $r \sim r + \mathrm{d}r$ 球壳内的概率；（2）电子概率密度最大的位置。

解：（1）由归一化条件，有

$$\int_V |\psi|^2 \mathrm{d}V = \int_0^\infty C^2 \mathrm{e}^{-2r/a_0} 4\pi r^2 \mathrm{d}r = 1$$

可得 $C^2 \pi a_0^3 = 1$，故

$$C = \frac{1}{\sqrt{\pi a_0^3}}$$

$r \sim r + \mathrm{d}r$ 球壳的体积元为 $\mathrm{d}V = 4\pi r^2 \mathrm{d}r$，电子出现在该球壳内的概率为

$$\mathrm{d}W = \frac{1}{\pi a_0^3} \mathrm{e}^{-2r/a_0} 4\pi r^2 \mathrm{d}r$$

（2）电子沿径向 r 的概率密度为

$$P = \frac{\mathrm{d}W}{\mathrm{d}r} = \frac{4}{a_0^3} \mathrm{e}^{-2r/a_0} r^2$$

求极值，即令

$$\frac{\mathrm{d}P}{\mathrm{d}r} = \frac{8r}{a_0^3}\left(1 - \frac{r}{a_0}\right) \mathrm{e}^{-2r/a_0} = 0$$

解得 $\qquad\qquad\qquad\qquad r = a_0$

即电子概率密度最大位置在玻尔半径轨道上.

18-2-3 海森伯不确定关系

在经典力学中，粒子沿确定的轨道运动，每一时刻的坐标和动量同时具有确定值，它们描述粒子的运动状态. 可是，在量子力学中，由于粒子具有波动性，粒子的行为完全不同于经典粒子，它没有确定的轨道，因此粒子的坐标和动量测量的准确度将会受到某种限制. 我们以电子的单缝衍射为例说明如下.

设有一束电子沿 y 方向经过宽为 a 的狭缝后在屏 CD 上形成衍射图样，如图 18-24 所示. 电子通过狭缝的瞬时，它究竟由狭缝上哪一点通过并不能确定，因此它的坐标 x 的不确定量 $\Delta x = a$；同时由于衍射，电子动量的大小 p 不变，但方向有了变化，如果只考虑衍射的主极大，则动量的 x 分量 p_x 的大小在下列范围内：

$$-p\sin\varphi \leqslant p_x \leqslant p\sin\varphi$$

即 p_x 的不确定量为 $\Delta p_x = 2p\sin\varphi$. 根据单缝衍射公式 $a\sin\varphi = \lambda$，注意 $p = h/\lambda$，得

$$\Delta p_x = 2p\lambda/a = 2h/\Delta x$$

或 $\Delta x \cdot \Delta p_x = 2h$. 1927 年，德国物理学家海森伯（W. Heisenberg）由量子力学给出的严格结果是

$$\Delta x \cdot \Delta p_x \geqslant \frac{\hbar}{2}, \quad \Delta y \cdot \Delta p_y \geqslant \frac{\hbar}{2}, \quad \Delta z \cdot \Delta p_z \geqslant \frac{\hbar}{2} \qquad (18\text{-}28)$$

这个关系不仅适用于电子，对所有实物粒子也是适用的，称为海森伯不确定关系（uncertainty relation），它表明：粒子某一方向的坐标与该方向的动量不能同时确定. 显然，由于位置坐标和动量不能同时确定，轨道的概念也就失去了意义. 注意，式（18-28）是对同一方向的坐标和动量而言的，相互垂直的坐标和动量（例如 x 和 p_y）则无此限制，可以同时确定.

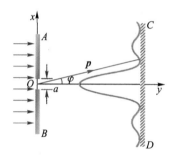

图 18-24　单缝衍射与不确定关系

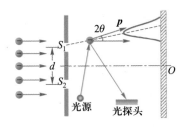

图18-25 电子通过哪个缝的探测使得观察不到干涉条纹

在电子的双缝干涉实验中，电子处于缝1和缝2的叠加态，电子穿过哪条缝达到屏上是不确定的．或许你会说利用某个装置（例如在双缝后面通过光的散射，如图18-25所示）就可以探测到电子从哪个缝穿过（这要求$\Delta x < d/2$，d为双缝间距），但对电子的探测势必要对电子施加作用，根据不确定关系，电子获得的动量须为$\Delta p_x \geq \hbar/d$，注意到$\Delta p_x = 2p\sin\theta \sim p2\theta$，即对于动量大小为$p$的电子，干涉条纹的角宽度将增加$\Delta\theta \sim 2\theta \geq \hbar/(pd) = \lambda/(2\pi d)$，这与双缝干涉的明纹角宽度$\Delta\theta \sim \lambda/d$相当，因此干涉条纹将会消失．这意味着，对一个量子系统，当基于其粒子性对其测量时，其波动性也就被破坏了．事实上，测量前电子处于叠加态$\psi_1 + \psi_2$，一旦测量叠加态就会"坍缩"，若测量电子穿过缝1（或缝2）就"坍缩"到ψ_1态（或ψ_2态），屏上就是"坍缩"后的概率$|\psi_1|^2$和$|\psi_2|^2$的叠加，即非相干叠加．

不确定关系不仅存在于坐标与动量之间，也存在于能量与时间之间．如果量子系统处于某一状态的时间间隔为Δt，则其能量必有一个不确定量ΔE，且有

$$\Delta E \cdot \Delta t \geq \frac{\hbar}{2} \tag{18-29}$$

此式称为能量和时间的不确定关系．

从氢原子的玻尔理论已经知道，原子光谱来源于原子能级的跃迁．由能量和时间不确定关系可知，平均寿命Δt越长的能级越稳定，其能级宽度ΔE也越小，即能量越确定．通常基态是最稳定的，因此基态能量的不确定度最小．而能级宽度越小，原子跃迁产生的光谱线的宽度也就越窄，即光谱线的单色性也就越好．

不确定关系是粒子固有的波粒二象性的反映．与误差不同，这里不确定性是不能通过改进测量方法和提高仪器精度来消除的．此外，当讨论的具体问题中可以认为$h \to 0$时，坐标与动量、能量与时间就可以同时确定，这就回到了经典理论，粒子运动也就具有确定的轨道了．

| 思考题18.10：不确定关系是由于测量误差造成的吗？

例题18-8 求氢原子中电子速度的不确定量．已知原子线度为10^{-10} m.

解： 由不确定关系，在氢原子中电子速度的不确定量为

$$\Delta v_x = \frac{\Delta p_x}{m_e} \geq \frac{\hbar}{2m_e\Delta x} = \frac{6.63 \times 10^{-34}/(2 \times 3.14)}{2 \times 9.1 \times 10^{-31} \times 10^{-10}} = 5.8 \times 10^5 \text{ m} \cdot \text{s}^{-1}$$

而氢原子中电子的速度约为10^6 m·s^{-1}，与之相比Δv_x不能忽略，这说明原子中的电子没有确定的轨道和速度，不能看成经典粒子．

例题18-9 氦氖激光器发出的红光波长$\lambda = 632.8$ nm，谱线宽度$\Delta\lambda = 10^{-9}$ nm，试估计能级的寿命．设光沿x方向传播，则它的x坐标的不确定量为多少？

解： 由$E = h\nu = hc/\lambda$，可得$\Delta E = hc\Delta\lambda/\lambda^2$，代入不确定关系式（18-29），得

$$\Delta t \geqslant \frac{\hbar}{2\Delta E} = \frac{\hbar\lambda^2}{2hc\Delta\lambda} = \frac{\lambda^2}{4\pi c\Delta\lambda} = \frac{(632.8\times10^{-9})^2}{4\pi\times3\times10^8\times10^{-9}\times10^{-9}}\,\text{s} = 1\times10^{-4}\,\text{s}$$

即能级寿命约为 0.1 ms. 光子具有波粒二象性, 也满足不确定关系. 由式 (18–28) 得

$$\Delta x \geqslant \frac{\hbar}{2\Delta p_x} = \frac{\hbar c}{2\Delta E} = \frac{\lambda^2}{4\pi\Delta\lambda}$$

$\lambda^2/\Delta\lambda$ 即光的相干长度或波列长度. 上式说明, 光子的位置不确定量就是波列长度. 与上一个关系式比较, 可知能级寿命越长, 波列也越长, 位置不确定量也越大. 可以算得

$$\Delta x \approx \frac{\lambda^2}{\Delta\lambda} = \frac{(632.8\times10^{-9})^2}{10^{-9}\times10^{-9}}\,\text{m} = 4\times10^5\,\text{m}$$

例题 18–10 试估计氢原子的基态能量.

解: 作为简单估计, 可取 $\Delta r = r$, $\Delta p = p$, 且认为不确定关系为 $\Delta r\Delta p = \hbar$, 即 $p = \hbar/r$. 于是, 氢原子的能量为

$$E = \frac{p^2}{2m_e} - \frac{e^2}{4\pi\varepsilon_0 r} = \frac{\hbar^2}{2m_e r^2} - \frac{e^2}{4\pi\varepsilon_0 r}$$

基态能量最小. 为求基态能量, 令 $\mathrm{d}E/\mathrm{d}r = 0$, 可得

$$r = \frac{4\pi\varepsilon_0\hbar^2}{m_e e^2} = 0.53\times10^{-10}\,\text{m}, \quad E_{\min} = -\frac{1}{2}m_e\left(\frac{e^2}{4\pi\varepsilon_0\hbar}\right)^2 = -13.6\,\text{eV}$$

注意: r 为不确定范围; $E_{\min}$ 与基态能量相等只是巧合, 估算重要的是数量级正确.

18-2-4 薛定谔方程

德布罗意波用波函数来描述, 那么, 这个波的波动方程是什么? 1926 年薛定谔找到了这样一个后来以他的名字命名的量子力学基本方程.

薛定谔方程是反映波函数随时间变化所遵循规律的微分方程, 它必然包含波函数对时间的微商; 同时波函数满足线性叠加原理, 因此方程必须是线性的; 此外, 方程应该适用于各种可能的状态, 因此方程的系数不应包含动量、能量等状态参量. 下面我们就来建立薛定谔方程.

先来看自由粒子的波函数满足的微分方程. 前面已经提到, 能量为 E、动量为 $\boldsymbol{p}$ 的自由粒子可以用单色平面简谐波的波函数来描述, 为

$$\Psi(\boldsymbol{r},t) = A\mathrm{e}^{\mathrm{i}(\boldsymbol{p}\cdot\boldsymbol{r}-Et)/\hbar} = A\mathrm{e}^{\mathrm{i}(p_x x+p_y y+p_z z-Et)/\hbar} \tag{18–30}$$

上式对时间求偏导, 整理后得到

$$\mathrm{i}\hbar\frac{\partial}{\partial t}\Psi = E\Psi$$

为了消去系数中含有的能量 E, 对式 (18–30) 的坐标求偏导, 有

$$-i\hbar\frac{\partial}{\partial x}\Psi = p_x\Psi, \quad -i\hbar\nabla\Psi = \boldsymbol{p}\Psi$$

$$-\hbar^2\frac{\partial^2}{\partial x^2}\Psi = p_x^2\Psi, \quad -\hbar^2\nabla^2\Psi = p^2\Psi$$

式中 $\nabla = \frac{\partial}{\partial x}\boldsymbol{i} + \frac{\partial}{\partial y}\boldsymbol{j} + \frac{\partial}{\partial z}\boldsymbol{k}$ 为梯度算符，$\nabla^2 = \nabla\cdot\nabla = \frac{\partial^2}{\partial x^2} + \frac{\partial^2}{\partial y^2} + \frac{\partial^2}{\partial y^2}$ 称为拉普拉斯算符. 我们看到，用运算符号 $i\hbar\frac{\partial}{\partial t}$ 和 $(-i\hbar\nabla)$ 分别作用到波函数 Ψ 的结果为 $E\Psi$ 和 $\boldsymbol{p}\Psi$. 注意到自由粒子的能量和动量关系式 $E = p^2/2m$，其中 m 为粒子质量，可得自由粒子满足的微分方程

$$i\hbar\frac{\partial\Psi}{\partial t} = -\frac{\hbar^2}{2m}\nabla^2\Psi$$

该式符合前面所述的条件.

如果粒子在势场 $V(\boldsymbol{r}, t)$ 中运动，粒子的能量动量关系在非相对论情形下为 $E = p^2/2m + V$，则可得微分方程

$$i\hbar\frac{\partial\Psi}{\partial t} = \left(-\frac{\hbar^2}{2m}\nabla^2 + V(\boldsymbol{r},t)\right)\Psi \tag{18-31}$$

这就是薛定谔方程（Schrödinger equation）. 薛定谔用这个方程求解氢原子，得到了与实验相符合的结果. 薛定谔方程适用于在势能 V 中运动的非相对论性粒子，它是量子力学中的基本方程，在量子力学中的地位相当于牛顿运动定律在经典力学中的地位，逻辑上它是量子力学的一个基本假设，其正确性已为大量实验所证实.

量子力学中力学量用算符来表示. 上面提到的运算符号 $(-i\hbar\nabla)$ 称为动量算符，而 $-\frac{\hbar^2}{2m}\nabla^2$ 与 $\frac{p^2}{2m}$ 对应，称为动能算符，表示体系能量的算符 $\hat{H} = -\frac{\hbar^2}{2m}\nabla^2 + V(\boldsymbol{r},t)$ 则称为体系的哈密顿算符（Hamiltonian operator）.

一般情况下，薛定谔方程是一个关于时间、空间的偏微分方程. 但在势能为 $V(\boldsymbol{r})$，即与时间 t 无关而仅为坐标函数的情况下，波函数可以分离变量，写成坐标函数和时间函数的乘积形式

$$\Psi(\boldsymbol{r}, t) = \psi(\boldsymbol{r})f(t)$$

代入薛定谔方程，并在方程两边同时除以 $f(t)\psi(\boldsymbol{r})$，得

$$\frac{i\hbar}{f}\frac{df}{dt} = \frac{1}{\psi}\left(-\frac{\hbar^2}{2m}\nabla^2 + V(\boldsymbol{r})\right)\psi \tag{18-32}$$

等式左边只是时间 t 的函数，右边只是空间坐标的函数，二者相互独立，要使等式恒成立，它们必等于与时间和空间无关的同一常量. 由于等式右边具有能量量纲，这个常量是一个能量值，用 E 表示.

令上式左边 $= E$，有 $i\hbar\frac{df}{dt} = Ef$，解得

$$f(t) = f_0 \, e^{-i \, Et/\hbar}$$

于是，波函数可表示为

$$\Psi(\boldsymbol{r},t) = \psi(\boldsymbol{r}) e^{-i \, Et/\hbar}$$

积分常数 f_0 已被吸收到波函数的空间部分 $\psi(\boldsymbol{r})$ 中了. 这个波函数称为定态波函数，它所描述的系统状态就是定态. 系统处于定态时，$|\Psi|^2 = |\psi(\boldsymbol{r})|^2$ 与时间无关.

令式（18-32）的右边 $= E$，得波函数空间部分 $\psi(\boldsymbol{r})$ 满足的方程为

$$\left(-\frac{\hbar^2}{2m} \nabla^2 + V(\boldsymbol{r}) \right) \psi(\boldsymbol{r}) = E\psi(\boldsymbol{r}) \qquad (18\text{-}33)$$

这个方程称为定态薛定谔方程. 由于该方程不含时间，在给定边界条件下求解定态薛定谔方程，就可以得到能量 E 及其相应的波函数 $\psi(\boldsymbol{r})$. 如果 $\psi_n(\boldsymbol{r})$ 对应能量 E_n，则相应的定态波函数为

$$\Psi_n(\boldsymbol{r},t) = \psi_n(\boldsymbol{r}) e^{-i \, E_n t/\hbar} \qquad (18\text{-}34)$$

这里能量 E_n 是确定的，不随时间变化，所以也可以把能量确定的状态称为定态. 可见，体系处于定态时具有确定的能量 E_n，粒子的空间概率分布 $|\Psi_n|^2 = |\psi_n(\boldsymbol{r})|^2$ 也不随时间变化.

| 思考题 18.11：体系两个定态的叠加是否仍是体系可能的状态？是否还是定态？

薛定谔方程是非相对论情况下的量子力学方程. 1928 年英国物理学家狄拉克（P. A. M. Dirac）提出了一个电子的相对论性量子力学方程，称为狄拉克方程. 狄拉克用它不仅算出了氢原子的精细结构，并且解释了电子的自旋角动量和固有磁矩，进一步还预言了正电子的存在，因此与薛定谔同获 1933 年诺贝尔物理学奖.

18-3 一维定态问题

一维问题往往是解决许多复杂问题的基础. 下面，我们用薛定谔方程求解三个具体的一维定态问题，从中可以了解量子力学处理问题的一般方法以及量子物理特有的某些现象.

18-3-1 一维方势阱

鱼可以在深井中自由游动而不能逃逸. 类似地，原子中的电子受到原子核的束缚，其势能曲线形状如同一个陷阱，称为势阱；只有当电子能量达到或超过电离能时才能从原子中逃逸. 下面讨论一个简单的势阱模型，称为一维无限深方势阱，

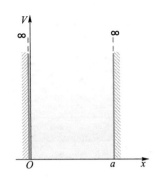

图 18-26　无限深方势阱

一个质量为 m 的粒子在其中的势能函数如图 18-26 所示，为

$$V(x) = \begin{cases} 0 & (0 < x < a) \\ \infty & (x \leqslant 0, x \geqslant a) \end{cases}$$

由于被无限高的势垒限制，粒子只能在宽为 a 的势阱中自由运动. 由于 $V(x)$ 与时间无关，这是一个一维定态问题，可直接通过定态薛定谔方程式（18-33）求解.

在势阱内（$0 < x < a$）$V(x) = 0$，定态薛定谔方程为

$$-\frac{\hbar^2}{2m}\frac{\mathrm{d}^2\psi}{\mathrm{d}x^2} = E\psi$$

它可以写成

$$\frac{\mathrm{d}^2\psi}{\mathrm{d}x^2} + k^2\psi = 0$$

式中 $k = \sqrt{2mE}/\hbar$，其解为

$$\psi(x) = A\sin(kx + \varphi)$$

其中 A 和 φ 可由边界条件和归一化条件得出.

由于势垒无限高，粒子在势阱外（$x \leqslant 0$，$x \geqslant a$）出现的概率为零，因此 $\psi(x) = 0$. 故在边界上有 $\psi(0) = 0$，$\psi(a) = 0$，即

$$\psi(0) = A\sin(\varphi) = 0$$

$$\psi(a) = A\sin(ka + \varphi) = 0$$

这里 $A \neq 0$，因为 $A = 0$ 会导致 $\psi(x) \equiv 0$，即粒子在各处出现的概率都为零，也就是粒子不存在，这在物理上没有意义. 于是由以上两式可得 $\varphi = 0$，$ka = n\pi$，这里 $n = 1, 2, 3, \cdots$，为正整数（$n = 0$ 会导致 $\psi(x) = 0$，n 等于负数不会给出新的解）. 代入 $k = \sqrt{2mE}/\hbar$，解出能量值 E，注意它取决于正整数 n，故用 E_n 表示，为

$$E_n = n^2\frac{\pi^2\hbar^2}{2ma^2} = n^2E_1 \quad (n = 1, 2, \cdots) \qquad (18\text{-}35)$$

可见能量是量子化的，n 称为量子数. 可以看出，这是因为边界条件将粒子限制在一定范围内的结果，这种波函数在无穷远处为零的状态称为束缚态. 能量的最低值 E_1 称为基态能量，为

$$E_1 = \frac{\pi^2\hbar^2}{2ma^2}$$

下面来看波函数. 注意到 $\varphi = 0$，$ka = n\pi$，势阱中波函数为 $\psi_n(x) = A\sin\dfrac{n\pi}{a}x$，利用波函数的归一化条件，即

$$\int_{-\infty}^{+\infty}\left|\psi_n(x)\right|^2\mathrm{d}x = \int_0^a A^2\sin^2\frac{n\pi}{a}x\,\mathrm{d}x = 1$$

可以得出 $A = \sqrt{2/a}$. 于是

$$\psi_n(x) = \begin{cases} \sqrt{\dfrac{2}{a}} \sin \dfrac{n\pi}{a} x & (0 < x < a) \\ 0 & (x \leqslant 0, x \geqslant a) \end{cases} \quad (n = 1, 2, \cdots) \quad (18\text{-}36)$$

考虑到时间部分，完整的归一化定态波函数为

$$\Psi_n(x,t) = \psi_n(x) e^{-iE_n t/\hbar}$$

对以上结果可作如下讨论：

（1）Ψ_n 和 E_n 一一对应，E_n 称为能量本征值，而 Ψ_n 是粒子处于能级 E_n 状态的波函数，称为能量本征函数或本征态，对应的定态薛定谔方程称为能量本征方程。这里，量子化是求解薛定谔方程的结果，而不是人为的假设。势阱中的粒子，只能处于这些能量本征态或它们的线性叠加态上。

（2）经典力学中，密闭在箱中（相当于无限深势阱）的粒子的能量可以连续取任意值，粒子静止时能量为零。而式（18-35）表明，量子力学中粒子的基态能量 $E_1 \neq 0$，即粒子不会静止；粒子的能量只能取分立的特定值，它们组成所谓的离散能谱（也称分立谱），并且能级分布是不均匀的，能级间隔为

$$\Delta E = E_{n+1} - E_n = (2n+1)\frac{\pi^2 \hbar^2}{2ma^2}$$

可见 ΔE 随着量子数 n 的增加而增加，如图 18-27 所示。当 $n \to \infty$ 时，$\dfrac{\Delta E}{E} = \dfrac{2n+1}{n^2} \to 0$，即当 n 很大时可认为能量是连续的。这说明，经典物理可以看成是量子物理中量子数趋于无限大时的极限情况，符合对应原理。

（3）按照经典力学，粒子在势阱中来回匀速运动，在各处的概率密度相等且与粒子能量无关。量子力学的结果则不同，图 18-27 分别画出了量子数 $n = 1, 2, 3, 4$ 时粒子的能级及对应的波函数 $\psi_n(x)$ 和概率密度 $|\psi_n(x)|^2$。可以看到，在势阱中粒子的概率密度并不均匀，周期性地出现 n 个"峰"；随着 n 的增大能量也增大，"峰"间距缩小而密度增加；当 n 很大时如图 18-28 所示，"峰"几乎连在一起，趋近于概率密度各处均等的经典力学情况，也符合对应原理。

（4）势阱内定态波函数的完整形式为空间因子 $\psi_n(x)$ 与时间因子 $e^{-iE_n t/\hbar}$ 的乘积，它表示各点做振幅不同的同频率振动，正是驻波的表达式，也可以改写为两个相向传播的平面简谐波的叠加，即

$$\Psi_n(x,t) = \sqrt{\frac{2}{a}} \sin \frac{n\pi}{a} x \cdot e^{-iE_n t/\hbar} = \sqrt{\frac{1}{2a}} \left(e^{i(p_n x - E_n t)/\hbar} - e^{i(-p_n x - E_n t)/\hbar} \right)$$

这里用到了 $\sin \dfrac{n\pi}{a} x = \sin kx = \dfrac{1}{2}\left(e^{ikx} - e^{-ikx} \right)$ 和动量大小 $p_n = k\hbar = \dfrac{n\pi}{a}\hbar$. 可见，动量也是量子化的，粒子动量 $= \pm\sqrt{2mE_n} = \pm p_n$，"$\pm$"表示粒子沿 x 正和负方向运动；相

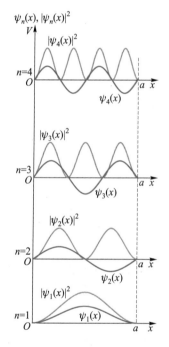

图 18-27　粒子在无限深势阱中处于各个能级的波函数和概率密度分布

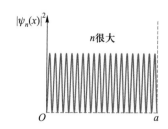

图 18-28　n 很大时粒子在阱中的概率分布情况

应的德布罗意波长$\lambda_n = h/p_n = 2a/n$，正是长为a的两端固定的弦上的驻波所要求的．这从图18-27也可以看出，边界为波节，而势阱中的节点数则为$n-1$个（节点定理）．

（5）如果坐标x的原点不是选在势阱的一端，而是在势阱中央，这时能量取值不变，定态波函数可由式（18-36）通过坐标平移得到，写成

$$\psi_n(x) = \begin{cases} \begin{cases} \sqrt{\dfrac{2}{a}} \sin \dfrac{n\pi}{a} x, & n\text{为偶数} \\ \sqrt{\dfrac{2}{a}} \cos \dfrac{n\pi}{a} x, & n\text{为奇数} \end{cases} & \left(|x| \leqslant \dfrac{a}{2}\right) \\ 0 & \left(|x| \geqslant \dfrac{a}{2}\right) \end{cases}$$

在当n分别为奇数和偶数时，波函数具有对称性，分别为偶函数和奇函数，即

$$\psi_n(x) = (-1)^{n-1}\psi_n(-x)$$

这种由于空间反射不变性带来的对称性，称为宇称（parity）．n为奇数时对应偶宇称（函数），n为偶数时对应奇宇称（函数）．一般来说，如果外场V不随时间变化且具有空间反演对称性，即$V(-x) = V(x)$，则体系的波函数具有确定的宇称，而且宇称不随时间变化，这称为宇称守恒．

思考题18.12：试由德布罗意关系和驻波条件导出无限深势阱中粒子能级的表达式（18-35）.

顺便指出，如果势阱不是无限深，而是由两个有限高的势垒V_0构成的，则当粒子的能量$E > V_0$时粒子的能谱是连续的；而当$E < V_0$时粒子为束缚态，其能谱仍是分立的，但势垒区内的波函数并不为零（见18-3-2小节），如图18-29所示（势阱中也有$n-1$个节点），即粒子仍有一定概率进入势垒区内，这在经典力学中当然是不可能的．

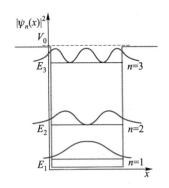

图18-29　粒子在有限深势阱中的概率分布情况

例题18-11　粒子处于$[0, a]$无限深方势阱中．（1）求粒子分别处于基态和第一激发态时在$[0, a/4]$内出现的概率；*（2）若粒子处于基态和第一激发态的叠加态

$$\Psi(x,t) = \frac{1}{\sqrt{5}}\Psi_1(x,t) + \frac{2}{\sqrt{5}}\Psi_2(x,t)$$

（这意味着处于基态和第一激发态的概率分别为1/5和4/5）上，求概率密度分布．

解：（1）粒子在阱外概率为0；阱内波函数和概率密度分别为

$$\Psi_n(x,t) = \sqrt{\frac{2}{a}}\sin\frac{n\pi}{a}x \cdot e^{-iE_n t/h}, \quad |\Psi_n(x,t)|^2 = \frac{2}{a}\sin^2\frac{n\pi}{a}x$$

在$[0, a/4]$内出现的概率为

$$W_n = \int_0^{a/4} |\Psi_n(x,t)|^2 \, dx = \frac{2}{a} \int_0^{a/4} \sin^2 \frac{n\pi}{a} x \, dx = \frac{2}{n\pi} \left[\frac{1}{2} \frac{n\pi}{a} x - \frac{1}{4} \sin \frac{2n\pi}{a} x \right] \Big|_0^{a/4}$$

$$= \frac{1}{4} - \frac{1}{2n\pi} \sin \frac{n\pi}{2}$$

分别令 $n = 1$ 和 $n = 2$，即得

$$W_1 = \frac{1}{4} - \frac{1}{2\pi}, \quad W_2 = \frac{1}{4}$$

（2）粒子处于叠加态时，概率密度分布为

$$|\Psi(x,t)|^2 = \Psi^* \Psi = \left[\frac{1}{\sqrt{5}} \sqrt{\frac{2}{a}} \sin \frac{\pi}{a} x \cdot e^{iE_1 t/\hbar} + \frac{2}{\sqrt{5}} \sqrt{\frac{2}{a}} \sin \frac{2\pi}{a} x \cdot e^{iE_2 t/\hbar} \right] \times$$

$$\left[\frac{1}{\sqrt{5}} \sqrt{\frac{2}{a}} \sin \frac{\pi}{a} x \cdot e^{-iE_1 t/\hbar} + \frac{2}{\sqrt{5}} \sqrt{\frac{2}{a}} \sin \frac{2\pi}{a} x \cdot e^{-iE_2 t/\hbar} \right]$$

$$= \frac{2}{5a} \sin^2 \frac{\pi}{a} x + \frac{8}{5a} \sin^2 \frac{2\pi}{a} x + \frac{8}{5a} \sin \frac{\pi}{a} x \cdot \sin \frac{2\pi}{a} x \cdot \cos \frac{E_2 - E_1}{\hbar} t$$

可见，叠加态的概率密度分布随时间变化，它不再是定态.

顺便说明，粒子处于能量本征态上时，测量能量得到的结果就是该态的能量本征值；粒子处于叠加态时，构成叠加态的本征态以一定概率出现，所对应的本征值也以相同的概率出现在测量结果中. 因此，叠加态

$$\Psi(x,t) = \frac{1}{\sqrt{5}} \Psi_1(x,t) + \frac{2}{\sqrt{5}} \Psi_2(x,t)$$

中，测量能量的可能值和概率以及能量的平均值分别为：

$$E_1 = \frac{\pi^2 \hbar^2}{2ma^2}, \ \text{概率} \frac{1}{5}; \ E_2 = 2\frac{\pi^2 \hbar^2}{ma^2}, \ \text{概率} \frac{4}{5}; \ \bar{E} = \frac{1}{5} E_1 + \frac{4}{5} E_2 = \frac{17}{10} \frac{\pi^2 \hbar^2}{ma^2}$$

18-3-2　一维方势垒　隧道效应

势能在有限区域（$0 \leqslant x \leqslant a$）内等于常量 V_0（>0），区域外等于零，即

$$V(x) = \begin{cases} V_0 & (0 \leqslant x \leqslant a) \\ 0 & (x < 0, x > a) \end{cases} \tag{18-37}$$

这种势场称为方势垒，如图18-30所示.

考虑能量 E 小于势垒高度 V_0 的粒子由势垒左方（$x < 0$）向右方运动. 在经典力学中，因为粒子的动能恒为正值，故当粒子到达势垒（$x = 0$）处时，即被反射回来，不能透过势垒或出现在势垒中；而在量子力学中，由定态薛定谔方程

$$\frac{d^2 \psi}{dx^2} + \frac{2m[E - V(x)]}{\hbar^2} \psi = 0$$

可以看出，不仅在势垒两边，而且在势垒中，方程都有不为零的解，即粒子能够出现在经典力学不允许的区域.

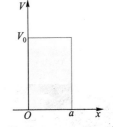

图18-30　方势垒

写出各区的解，为

$$\psi(x) = \begin{cases} e^{ikx} + Ae^{-ikx} & (x < 0) \\ Be^{-k'x} + Ce^{k'x} & (0 < x < a) \\ De^{ikx} & (x > a) \end{cases}$$

式中 $k = \sqrt{2mE}/\hbar$，$k' = \sqrt{2m(V_0 - E)}/\hbar$，$m$ 为粒子质量．这里粒子自左向右（沿 x 正方向）入射，假设入射粒子的概率密度为 1，故入射波为 e^{ikx}；反射波（沿 x 负方向）为 Ae^{-ikx}，概率密度 A^2 可称为反射系数；贯穿势垒的透射波为 De^{ikx}，粒子透射的概率密度 D^2 可称为透射系数（transmission coefficient）．

系数 A、B、C 和 D 由边界条件（波函数光滑连接）确定，即在 $x = 0$ 和 $x = a$ 处 ψ 及 $d\psi/dx$ 都连续，由此可确定全区域的波函数．图 18-31 是波函数的示意图．它清楚地显示，从左向右入射到势垒的粒子，不仅可以在势垒区中出现，而且可以有一定概率穿过势垒到达势垒右侧．这种量子现象称为隧道效应（tunnel effect）．设透射系数为 T、反射系数为 R，理论和实验都证明 $T+R = 1$，它反映了粒子数守恒．在许多问题中，$e^{2k'a} \gg 1$，这时，透射系数近似为

$$T = D^2 \approx T_0 e^{-2k'a} = 16\frac{E}{V_0}\left(1 - \frac{E}{V_0}\right)\exp\left[-\frac{2a}{\hbar}\sqrt{2m(V_0 - E)}\right] \qquad (18\text{-}38)$$

式中 $T_0 = 16\dfrac{E}{V_0}\left(1 - \dfrac{E}{V_0}\right)$ 是一个数量级为 1 的因子．可见，T 随势垒的加宽或加高而呈指数衰减．设 $E = 1$ eV，$V_0 = 2$ eV，$a = 2 \times 10^{-10}$ m，则对电子 $T \approx 10^{-1}$，而对质子 $T \approx 10^{-40}$！质子质量只比电子质量高 3 个量级，透射系数却小 39 个量级．由此可以设想，人体穿墙而过的可能性微乎其微．

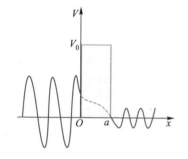

图 18-31　隧道效应

思考题 18.13：隧道效应是否是粒子经过一定时间积累能量翻越势垒的结果？如果透射系数为 0.1，是否意味着 10 个入射粒子一定有一个穿过势垒？

隧道效应已被许多实验所证实．例如，在玻璃基片上镀上一层 Al 箔，在高温中使它的表面氧化，然后再镀上一层 Sn 箔，就做成一个 Sn/Al$_2$O$_3$/Al 结构，Al 和 Sn 箔厚约 $100 \sim 300$ nm，在两层金属导体 Al 和 Sn 之间夹的 Al$_2$O$_3$ 为一个绝缘层，厚约 $1 \sim 2$nm，它像是在 Al 和 Sn 之间隔绝电子的一堵墙，就是一个电子势垒结．1961 年加福尔（I. Giaever）首先用这种器件发现了超导体中正常电子的隧道效应，即电流可以穿过这个绝缘层，他因此与发现半导体中隧道效应的江崎玲奈（Leo Esaki）和预言超导体隧道效应中超流性质的约瑟夫森（B. D. Josephson）同获 1973 年诺贝尔物理学奖．此外，在 α 衰变中，α 粒子穿过核的势垒只能由隧道效应来解释（例如 U^{238} 的核势垒高达 35 MeV，它放射出的 α 粒子的能量不过 4.2 eV）．

电子隧道效应的一项重要应用，当属 1982 年宾尼希（G. Binnig）和罗雷尔（M. Rohrer）等人发明的扫描隧穿显微镜（scanning tunneling microscope，STM），它是研究材料表面结构的重要工具．图 18-32 为 STM 的照片．将原子线度的极细

图 18-32　扫描隧穿显微镜照片

探针靠近材料表面，二者之间的距离a（小于1 nm）视为势垒宽度，由于电子在针尖和样品表面围绕原子形成一定电子密度分布，若在样品与探针之间加一小电压，电子就会穿过势垒形成隧穿电流，如图18-33所示. 由于隧穿电流随势垒宽度a增加而呈指数衰减，当a在原子线度内改变时隧穿电流的变化可以达上千倍. 如果让探针在样品上扫描时，控制针尖到样品的间距a使隧穿电流保持恒定，则a的变化就反映出样品表面的起伏情况. 利用STM可直接绘出表面的三维图像，分辨率可达0.01~0.1 nm，而电子显微镜的分辨率仅为0.3~0.5 nm. 图18-34为铁原子在铜表面排列出的STM照片. 由于这一重大发明，宾尼希和罗雷尔与电子显微镜的发明者鲁斯卡一起，分享了1986年的诺贝尔物理学奖. 在STM基础上，后来宾尼希等人又发明了原子力显微镜（AFM），可直接用于包括不导电材料在内的表面研究.

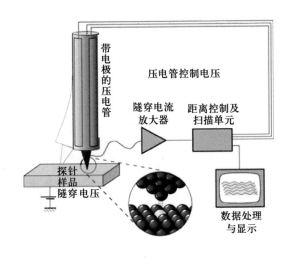

图18-33　扫描隧穿显微镜原理图

图18-34　铜表面排列的铁原子STM照片

隧道效应在光学中也同样存在. 在全反射情况下，光疏介质中虽然没有能流的传播，但也不是没有光波场存在，只不过光波场的振幅随深度指数衰减，就如在势垒中的波函数那样，这个振幅衰减的沿界面传播的行波称为隐失波（evanescent wave），如图18-35所示. 当另一个棱镜或光纤进入隐失波场时光就会贯穿势垒在其中传播，这是一种光学隧道效应. 除光开关外（图16-7），光学隧道效应在光纤通信、集成光波导、近场光学等中都有重要应用. 一般光学显微技术仅仅能探测到远场波，其分辨率受到衍射极限的限制，而近场光学显微技术（near field optical microscopy，NFOM）探测包括隐失波在内的近场和远场波，因为丢失的信息较少，分辨率可以远远高于衍射极限的限制.

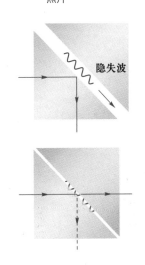

图18-35　光学隧道效应

*18-3-3　一维谐振子

谐振子是一个重要的物理模型. 例如，双原子分子的微小振动，晶体中原子在

平衡位置附近的微小振动等，都可以简化为一维谐振动. 一个沿 x 方向运动的谐振子的势能函数为

$$V(x) = \frac{1}{2}kx^2 = \frac{1}{2}m\omega_0^2 x^2 \qquad (18\text{-}39)$$

式中 m 是粒子的质量，$\omega_0 = \sqrt{k/m}$ 对应于经典力学一维谐振子的固有角频率. 谐振子的定态薛定谔方程为

$$-\frac{\hbar^2}{2m}\frac{\mathrm{d}^2\psi}{\mathrm{d}x^2} + \frac{1}{2}m\omega_0^2 x^2\psi = E\psi \qquad (18\text{-}40)$$

严格求解这一方程涉及的数学较复杂，下面用试探法求它的特解.

首先，设一个特解是

$$\psi_0(x) = C_0 \mathrm{e}^{-\frac{m\omega_0}{2\hbar}x^2} \quad (C_0 \text{ 为归一化常数})$$

它能满足当 $|x| \to \infty$ 时 $\psi_0(x) \to 0$ 的物理条件（即粒子不会跑到无限远）. 直接用微分法可以验明，当

$$E = E_0 = \hbar\omega_0/2$$

时，$\psi_0(x)$ 满足方程式（18-40）. 事实上，E_0 和 $\psi_0(x)$ 就是基态能量和基态波函数.

其次，设另一特解为

$$\psi_1(x) = C_1 x \mathrm{e}^{-\frac{m\omega_0}{2\hbar}x^2} \quad (\text{常数 } C_1 \text{ 可由归一化条件确定})$$

它也满足当 $|x| \to \infty$ 时 $\psi_1(x) \to 0$ 的条件. 直接用微分法可以验明，当

$$E = E_1 = (1 + 1/2)\hbar\omega_0$$

时，$\psi_1(x)$ 也满足方程式（18-40）. 其实 E_1 和 $\psi_1(x)$ 就是第一激发态的能量和波函数.

仿此，还可以求出更高的能级和相应的定态波函数. 事实上，把以上求特解的方法推广，可以设

$$\psi_n(x) = H_n(x)\mathrm{e}^{-\frac{m\omega_0}{2\hbar}x^2} \qquad (18\text{-}41)$$

其中 $H_n(x) = a_0 + a_1 x + a_2 x^2 + \cdots + a_n x^n$ 是 n 次多项式，它也满足当 $|x| \to \infty$ 时 $\psi_n(x) \to 0$ 的条件. 直接用微分法可以验明，当

$$E = E_n = \left(n + \frac{1}{2}\right)\hbar\omega_0 \quad (n = 0, 1, 2, \cdots) \qquad (18\text{-}42)$$

时，可以由方程（18-40）及归一化条件确定系数 $a_0, a_1, a_2, \cdots, a_n$，得到满足方程的波函数 $\psi_n(x)$.

以上结果表明，谐振子的能级是等间隔的，相邻两个能级的能量差为 $\hbar\omega_0$，和

普朗克的假说一致.不同的是,按照量子力学,一维谐振子的最低能级(零点能)是$\hbar\omega_0/2$而不是0.谐振子零点能的存在已被许多研究证实.例如,金属中的电子在极低温度下仍受到晶体晶格振动的散射,分子间出现的范德瓦耳斯力以及双原子分子的振动光谱带等,都要用零点能才能得到较好的解释.

图18-36(a)画出了谐振子的势能曲线和最低三个能态的波函数$\psi(x)$与概率密度分布$|\psi_n(x)|^2$.由图可以看出,与经典力学的结果(图中蓝色虚线)明显不同,谐振子的概率密度分布是振荡的,而且粒子出现在经典力学不允许的势能曲线之外区域的概率不为零.但在量子数n很大时[图18-36(b)],两者彼此接近.这表明,在n很大即能量很高时,量子谐振子的行为可以近似地用经典谐振子的行为来代替.这也是对应原理的具体体现.

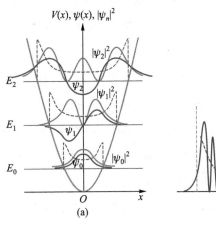

图18-36 谐振子的能级、波函数与概率密度分布

习 题

18.1 已知北极星和天狼星的光谱的峰值波长λ_m分别为0.43×10^{-6} m和0.29×10^{-6} m.(1)求它们的表面温度;(2)取太阳表面温度为5.8×10^3 K,北极星和天狼星的总辐出度各是太阳的多少倍?

18.2 假设太阳表面温度为5 800 K,太阳半径为6.96×10^8 m.如果认为太阳的辐射是稳定的,太阳在一年内由于辐射质量减少了多少?

18.3 设白炽灯钨丝面积为10.0 cm²,点亮时温度为2 900 K.若把它看作黑体,求:(1)单色辐出度的最大值对应的波长;(2)不计其他能量损失,维持灯丝温度所消耗的电功率.

18.4 能引起人眼视觉的最小光强约为10^{-12} W·m⁻²,设瞳孔面积为0.5×10^{-4} m².以波

习题参考答案

长为560 nm的绿光为例，试问平均每秒有多少个光子进入瞳孔到达视网膜？

18.5 已知钾的逸出功是2.25 eV.（1）求红限频率；（2）如果用波长为3.60×10^{-7} m的光照射，求遏止电压和光电子的最大速度.

18.6 已知铜的逸出功为4.36 eV，以波长为0.2 μm的射线照射一铜球，铜球放出电子. 现将此铜球充电，问电势至少充到多高铜球才不放出电子？

18.7 波长$\lambda = 0.070\ 8$ nm的X射线在石蜡上受到康普顿散射，分别求散射角为$\pi/2$和π方向上散射X射线的波长及相应反冲电子所获得的能量.

18.8 康普顿散射中，波长为0.01 nm的光子沿x轴正方向入射并沿y轴正方向散射. 求反冲电子的动量.

18.9 （1）求氢原子光谱莱曼线系的最小波长和最大波长；（2）质子俘获一个具有13.6 eV动能的自由电子而组成基态氢原子时，辐射出的光子波长为多少？

（3）当用什么波长的单色光照射一群基态氢原子时才可能观察到六种不同波长的光谱线？氢原子需要被激发到n为多少的定态？

18.10 动能为20 eV的电子，与处在基态的氢原子相碰使氢原子激发. 当氢原子回到基态时辐射出波长为121.6 nm的光子，求碰撞后电子的动能.

18.11 （1）求下列各粒子的德布罗意波长：经100 V电压加速后的电子；经0.1 V电压加速后的质子；能量为0.1 eV，质量为1g的质点.（2）设电子和质子的德布罗意波长都为0.1 nm，试求它们的速度和动能.

18.12 已知氢原子的电离能是13.60 eV，氢原子基态的电子吸收一个能量为15.20 eV的光子而成为一个光电子，试求该光电子脱离氢原子核成为自由电子具有的速度及其德布罗意波长.

18.13 一带电粒子经206 V电压加速后，测得其德布罗意波长为2.0 pm. 已知该粒子所带电荷量与电子电荷量相等，试求该粒子的质量.

18.14 热中子平均动能为$\frac{3}{2}kT$，试问当温度为300 K时，热中子的平均动能为多少电子伏？相应的德布罗意波长是多少？

18.15 设粒子的态函数为$\psi(x, y, z)$，试写出在$(x, x + \mathrm{d}x)$范围内找到粒子的概率的表达式.

*18.16 设用球坐标表示的粒子态函数为$\psi(r, \theta, \varphi) = R(r)Y(\theta, \varphi)$，试求：（1）粒子出现在球壳$(r, r + \mathrm{d}r)$中的概率；（2）在$(\theta, \varphi)$方向上的立体角元$\mathrm{d}\Omega = \sin\theta\mathrm{d}\theta\mathrm{d}\varphi$中找到粒子的概率.

18.17 假设一个粒子在一维空间中运动，已知描述它的态函数为

$$\Psi(x, t) = A\exp\left(-\frac{1}{2}a^2x^2 - \frac{\mathrm{i}}{2}\omega t\right)$$

式中a和ω分别为确定的常量，A为任意常数. 求：（1）归一化态函数；（2）概

率分布函数；（3）粒子在何处出现的概率密度最大.

18.18 设一维运动的粒子处在

$$\psi(x) = \begin{cases} Axe^{-\lambda x} & (x > 0) \\ 0 & (x \leqslant 0) \end{cases}$$

的状态，其中 $\lambda > 0$. 试求：（1）归一化因子 A；（2）粒子坐标的概率密度分布；
（3）粒子在何处出现的概率密度最大；（4）x 和 x^2 的平均值.

18.19 设粒子出现在 $0 < x < a$ 的区间内任一点的概率是相同的，而在该区间以外出现的概率为零. 求：（1）粒子坐标 x 的平均值；（2）x 的不确定量（定义为 $\Delta x = \sqrt{\overline{(x - \bar{x})^2}}$）.

18.20 设粒子在沿 x 轴运动时，速率的不确定量为 $\Delta v = 1 \text{ cm} \cdot \text{s}^{-1}$，试估计下列情况下坐标的不确定量 Δx：（1）电子；（2）质量为 10^{-13} kg 的微粒；（3）质量为 10^{-4} kg 的细弹丸.

18.21 如果粒子的动量的不确定量等于它的动量，求它的位置的最小不确定量（用它的德布罗意波长表示）.

18.22 将钠黄光看作是波长 589.3 nm、$\Delta\lambda = 0.3 \text{ nm}$ 的谱线，估算其沿 x 轴传播时位置的不确定量 Δx.

18.23 用不确定关系估算：（1）电子在原子大小的范围（数量级为 10^{-10} m）内运动的最小动能；（2）中子在原子核（数量级为 10^{-15} m）的范围内运动的最小动能.

18.24 试用不确定关系估算一维谐振子的最低能量.

*18.25 某原子发出 $\lambda = 500 \text{ nm}$ 的谱线，自然频宽 $\Delta\nu/\nu = 1.6 \times 10^{-8}$，试问原子在相应激发态的平均寿命约为多少？

*18.26 中子从激发态跃迁至基态的过程中发出 γ 射线. 如果某一激发态的平均寿命是 10^{-12} s，则相应的 γ 射线的能量不确定量是多少？

18.27 电子在宽为 l 的一维无限深方势阱中处于第一激发态（$n = 2$），问：（1）电子在何处出现的概率密度最大？（2）在阱中距阱边 $l/3$ 范围内发现电子的概率约为多大？

18.28 一个无限深方势阱，宽度 a 为 0.1 nm，试问量子数 n 为多少时可以看作能级的相对间隙小于 $1/10$？

18.29 一维无限深阶梯方势阱如图 18-37 所示，粒子处于能量为 $E_5(n = 5)$ 的状态. 比较粒子在两个区域的波长和振幅，定性画出波函数曲线.

18.30 无限深方势阱中的粒子在边界处的波函数为零，这种定态物质波相当于两端固定的弦中的驻波.（1）按照驻波的概念，质量为 m 的粒子被限制在边长为 L 的一维盒子中运动时，其德布罗意波长和能量可能取哪些值？*****（2）若该粒子被限制在边长为 L 的三维盒子中，证明其能量为

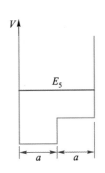

图 18-37　习题 18.29 图

$$E = \frac{\pi^2 \hbar^2}{2mL^2}(n_x^2 + n_y^2 + n_z^2)$$

式中 n_x、n_y、n_z 为相互独立的正整数.

*18.31 质量为 m 的粒子被限制在边长为 L 的一维盒子中运动，试求粒子处于基态时动量的可能取值及粒子对盒子壁的平均作用力.

18.32 能量为 4.9 eV 的电子遇到一维方势垒，势垒高度为 5 eV.（1）求 T_0；（2）当势垒宽度为多少时才能使电子的透射系数 T 为 0.06？

18.33 电子对某方势垒的穿透系数是 $T \approx e^{-4\pi\sqrt{2m_e(V_0-E)}\cdot\frac{d}{\hbar}}$. 若势垒宽 $d = 0.2$ nm，$V_0 - E = 5$ eV，计算 T. 穿过势垒后电子能量有怎样的变化？穿越需多长时间？

*18.34 设线性谐振子的势能为 $\frac{1}{2}m\omega_0^2 x^2$，试证明

$$\psi(x) = \sqrt{\frac{\alpha}{3\sqrt{\pi}}}\, e^{-\alpha^2 x^2/2}(2\alpha^3 x^3 - 3\alpha x) \quad (\alpha = \sqrt{\frac{m\omega_0}{\hbar}})$$

是线性谐振子的定态波函数，并求此态函数所对应的能级.

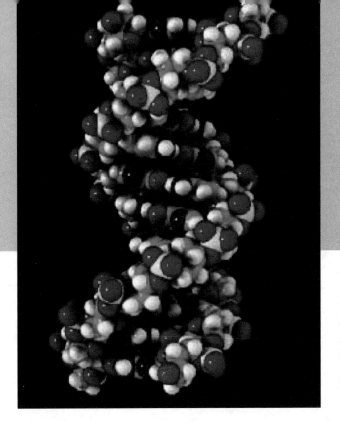

DNA分子是由两条相互缠绕的多核苷酸长链所组成的，分子中由脱氧核糖和磷酸基连成的主链以反平行的方式和右手方向相互缠绕，构成直径为2 nm的双螺旋结构．人类DNA分子的长度约2×10^{12} m，可以从地球到太阳往返6次之多．遗传信息就蕴藏在DNA分子的碱基序列之中．

19

原子　分子与固体

思考题解答

原子、分子以及由它们构成的固体等都是量子系统．对它们的研究是量子力学的基本任务之一．

原子由核和核外电子构成，利用量子理论可以解释原子中电子的壳层结构以及元素的周期律；原子通过"化学键"结合成为分子，也可以结合成为晶体或非晶体；分子也可以结合成为分子晶体或非晶体．原子、分子可以构成气体、液体和固体等形态．

固体材料在现代科技中的应用最为普遍．例如，以集成电路、大规模集成电路和超大规模集成电路为基础的现代电子产业正是在半导体这种固体材料的基础上发展起来的．

本章将量子理论应用于原子，然后对分子与固体、激光及一些宏观量子现象作简单介绍．这些内容中学基本不涉及．

19-1-1 氢原子

氢原子的结构简单,可以用薛定谔方程严格求解. 以 m_e 表示电子质量,e 为电子电荷量绝对值,r 为原子核到电子的径矢,则电子的定态薛定谔方程为

$$-\frac{\hbar^2}{2m_e}\nabla^2\psi - \frac{Ze^2}{4\pi\varepsilon_0 r}\psi = E\psi \tag{19-1}$$

这里,为使结果也适用于类氢离子(如 He^+,Li^{2+}),在势能项中保留了原子序数 Z(对氢原子 $Z=1$). 式中 E 为能量,ψ 为定态波函数,它应满足波函数的标准化条件. 由于势能具有球对称性,显然在球坐标系中求解比较方便.

在球坐标系中算符 ∇^2 为

$$\nabla^2 = \frac{1}{r^2}\left[\frac{\partial}{\partial r}\left(r^2\frac{\partial}{\partial r}\right) + \frac{1}{\sin\theta}\frac{\partial}{\partial\theta}\left(\sin\theta\frac{\partial}{\partial\theta}\right) + \frac{1}{\sin^2\theta}\frac{\partial^2}{\partial\varphi^2}\right]$$

于是,方程(19-1)化为

$$\frac{1}{r^2}\left[\frac{\partial}{\partial r}\left(r^2\frac{\partial\psi}{\partial r}\right) + \frac{1}{\sin\theta}\frac{\partial}{\partial\theta}\left(\sin\theta\frac{\partial\psi}{\partial\theta}\right) + \frac{1}{\sin^2\theta}\frac{\partial^2\psi}{\partial\varphi^2}\right] + \frac{2m_e}{\hbar^2}\left(E + \frac{Ze^2}{4\pi\varepsilon_0 r}\right)\psi = 0 \tag{19-2}$$

这里 r、θ、φ 为三个独立变量,我们期望有如下形式的解:

$$\psi(r,\theta,\varphi) = R(r)Y(\theta,\varphi) = R(r)\Theta(\theta)\Phi(\varphi)$$

代入式(19-2)分离变量后,分别得到 $R(r)$、$\Theta(\theta)$ 和 $\Phi(\varphi)$ 三个单变量函数满足的常微分方程. 与前面求解一维定态薛定谔方程类似,在相应边界条件下求解每一微分方程时都会得到一个量子数,电子的运动状态正是由这三个量子数确定的;但三个方程确定的力学量不同,分别为电子的能量 E、轨道角动量 L 的大小 L 和 L 在 z 方向的投影 L_z. 下面略去繁杂的求解过程,只给出最后结果.

求解径向部分 $R(r)$ 的微分方程,得到能量本征值为

$$E_n = -\frac{1}{n^2}\left(\frac{1}{4\pi\varepsilon_0}\right)^2\frac{Z^2 m_e e^4}{2\hbar^2} = \frac{1}{n^2}E_1 \quad (n=1,2,\cdots) \tag{19-3}$$

n 称为主量子数(principal quantum number),可见能量是量子化的. 其中

$$E_1 = -\left(\frac{1}{4\pi\varepsilon_0}\right)^2\frac{Z^2 m_e e^4}{2\hbar^2} = -13.6Z^2 \text{ eV}$$

是最低的能级,称为基态能级. 对于氢原子,$Z=1$,结果与玻尔理论一致.

求解 $Y(\theta,\varphi)$ 的微分方程,可知电子的轨道角动量 L 是量子化的;对应于能级 E_n 和主量子数 n,L 可能取如下值:

$$L = \sqrt{l(l+1)}\hbar \quad (l = 0,1,2,\cdots,n-1) \tag{19-4}$$

l 称为角量子数或轨道量子数（orbital quantum number）. 玻尔理论中角动量量子化是一种假设，$L = n\hbar$ 且不为零，一个能级只有一个 L 值；而这里量子化是求解方程的自然结果，其 L 值也与玻尔假设不同，第 n 个能级可以有 n 个不同的 L 值，分别对应 $l = 0,1,2,\cdots,n-1$，且 $l = 0$ 时，$L = 0$.

求解 $\Phi(\varphi)$ 的微分方程，可知电子轨道角动量 L 的空间取向也是量子化的；对应于轨道量子数 l，L_z 可能的取值为

$$L_z = m\hbar \quad (m = 0,\pm1,\pm2,\cdots,\pm l) \tag{19-5}$$

m 称为磁量子数(magnetic quantum number). 对于给定的 l 值，L_z 有 $2l+1$ 个取值，分别对应 $m = 0,\pm1,\pm2,\cdots,\pm l$. 角动量投影值的量子化意味着 L 的空间取向是量子化的，常称为空间量子化. 图 19-1 画出了 $l = 2$ 时的轨道角动量 L 的 5 种可能取向的示意图. 由于 z 轴方向是任意取的，因此角动量在空间任何方向的投影都只能是零或 $\hbar$ 的正、负整数倍. 对于磁场中的原子，m 决定了角动量在磁场这个特定方向的投影，这也是 m 称为磁量子数的原因.

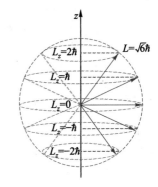

图 19-1　空间量子化矢量模型

一旦 n、l、m 三个量子数确定，不但 E_n、L 和 L_z 取确定值，而且波函数也就确定了. 波函数用相应量子数表示为

$$\psi_{nlm}(r,\theta,\varphi) = R_{nl}(r)Y_{lm}(\theta,\varphi) \tag{19-6}$$

即一组确定的量子数（n,l,m）完全确定氢原子的一个状态. 由三个量子数的取值关系可知，对于给定的 n 值，l 取值可以有 n 个：$l = 0,1,2,\cdots,n-1$；对于给定的 l，m 取值可以有 $2l+1$ 个：$m = 0,\pm1,\pm2,\cdots,\pm l$. 因此，第 n 个能级共有 $\sum_{l=0}^{n-1}(2l+1) = n^2$ 个可能的状态. 这种一个能级对应多个状态的情况称为简并（degenerate）. 也就是说氢原子的第 n 个能级是 n^2 重简并的，只有基态（$n = 1$）是非简并的.

在原子物理中，常用 s,p,d,f,g,h,i,$\cdots$ 分别代表 $l = 0,1,2,3,4,5,6,\cdots$ 值，并在前面标上主量子数 n 的值，以表示量子数（n,l）对应的电子状态. 例如，2p 表示 $n = 2$，$l = 1$ 的电子状态.

类氢原子电子波函数的具体形式可查阅有关量子力学书籍，作为例子表 19-1 仅仅列出了 $n = 1$ 和 $n = 2$ 的归一化波函数（表中 a_0 为玻尔半径）. 在 $\psi_{nlm}(r,\theta,\varphi)$ 态时，电子在 (r,θ,φ) 点周围的体积元 $\mathrm{d}V = r^2\sin\theta\mathrm{d}r\mathrm{d}\theta\mathrm{d}\varphi$ 内的概率为

$$\begin{aligned} P(r,\theta,\varphi) &= |\psi_{nlm}(r,\theta,\varphi)|^2\,\mathrm{d}V \\ &= |R_{nl}(r)|^2|Y_{lm}(\theta,\varphi)|^2\,r^2\sin\theta\mathrm{d}r\mathrm{d}\theta\mathrm{d}\varphi \end{aligned}$$

图 19-2 给出氢原子了 $n = 1$、2 和 3 的各个状态对应的电子概率分布空间示意图. 如果将上式对 r 从 $0 \to \infty$ 积分，可得电子在角度 (θ,φ) 附近立体角 $\mathrm{d}\Omega = \sin\theta\mathrm{d}\theta\mathrm{d}\varphi$ 内

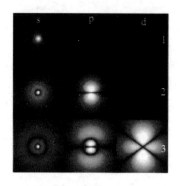

图19-2 氢原子中电子概率分布示意图.从上到下 $n=1,2,3$；从左到右s、p、d分别对应 $l=0,1,2$.

表19-1　几例类氢原子的归一化波函数 $\psi_{nlm}(r,\theta,\varphi)=R_{nl}(r)Y_{lm}(\theta,\varphi)$

$R_{10}(r)=2\left(\dfrac{Z}{a_0}\right)^{3/2}\exp\left(-\dfrac{Zr}{a_0}\right)$	$Y_{00}(\theta,\varphi)=\dfrac{1}{\sqrt{4\pi}}$
$R_{20}(r)=\left(\dfrac{Z}{2a_0}\right)^{3/2}\left(2-\dfrac{Zr}{a_0}\right)\exp\left(-\dfrac{Zr}{2a_0}\right)$	$Y_{11}(\theta,\varphi)=-\sqrt{\dfrac{3}{8\pi}}\sin\theta\mathrm{e}^{\mathrm{i}\varphi}$
$R_{21}(r)=\left(\dfrac{Z}{2a_0}\right)^{3/2}\dfrac{Zr}{a_0\sqrt{3}}\exp\left(-\dfrac{Zr}{2a_0}\right)$	$Y_{10}(\theta,\varphi)=\sqrt{\dfrac{3}{4\pi}}\cos\theta$
	$Y_{1-1}(\theta,\varphi)=\sqrt{\dfrac{3}{8\pi}}\sin\theta\mathrm{e}^{-\mathrm{i}\varphi}$

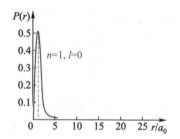

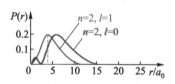

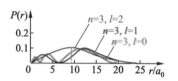

图19-3 氢原子中电子沿径向的概率分布

的概率为 $P_{lm}(\theta,\varphi)\mathrm{d}\Omega=|Y_{lm}(\theta,\varphi)|^2\mathrm{d}\Omega$. 类似地，对 θ 从 $0\to\pi$ 且对 φ 从 $0\to2\pi$ 积分，并注意 $Y_{lm}(\theta,\varphi)$ 是归一化的，可得到在半径 r 到 $r+\mathrm{d}r$ 的球壳内找到电子的概率为 $P_{nl}(r)\mathrm{d}r=R_{nl}^2(r)r^2\mathrm{d}r$，注意这里概率密度 $P_{nl}(r)=R_{nl}^2(r)r^2$. 图19-3画出了几个不同的 (n,l) 值的 P_{nl} 和 r/a_0 的关系曲线，即电子的径向概率分布. 图中红色曲线对应 $l=n-1$（即1s、2p和3d三种电子态）的情况，它们都只出现一个极大值，而且极大值处满足玻尔轨道条件 $r_n=n^2a_0$，即玻尔轨道对应于电子出现概率极大的位置. 但由图可见，在玻尔轨道之外电子出现的概率也不小，而且在 $l\neq n-1$ 的情况下（如图中非红色曲线对应的2s、3p和3s态）与玻尔轨道完全没有对应.

应该指出，电子的空间概率分布不能理解为电子轨道的密集程度. 事实上轨道概念有悖于量子力学的基本假设，电子什么时间出现在什么地方是完全随机的，不存在确定轨道. 上面提到的角动量是与电子空间运动相联系的力学量，加上"轨道"仅仅是沿用经典的"称呼"而已，角动量的投影示意图也只是为了帮助理解而采用的一种矢量模型而非物理学上的真实，请大家学习时注意.

思考题19.1：n 确定之后氢原子中电子的运动状态是否也像玻尔理论中那样就确定了？用 (n,l,m) 表示电子的"轨道"运动状态，则 $n=2$ 时电子可能的运动状态有几种？在 $(2,1,0)$ 状态电子是否在玻尔轨道内各处都能出现？

此外，电子的跃迁并非可以发生在任意两个态间，而是遵守一定的规则. 由量子力学理论可以证明，电子跃迁只允许发生在 $\Delta l=\pm1$ 且 $\Delta m=0,\pm1$ 的能级之间，这称为**跃迁选择定则**.

氢原子的基态为1s，根据选择定则，氢原子光谱中莱曼系的跃迁为 np 到 1s；巴耳末系的跃迁为 ns 和 nd 到 2p；余类推. 反过来，氢原子从低能态向高能态跃迁则需要吸收能量，例如，基态氢原子的吸收谱线应该是从1s到 np 的跃迁，这与实验结果是相符的.

顺便指出，与氢光谱类似，碱金属原子的光谱也由一系列线系构成，且每一线系都与特定角量子数 l 的能级相联系，于是最初命名的四个线系（Sharp 锐，Principal 主，Diffuse 漫，Fundamental 基）的首个英文字母 s、p、d、f 被用来表示相应的 $l = 0, 1, 2, 3$ 状态，后来对于更大的 l 值，就用 f 以后的字母 g、h、i 等代表．这就是用这些字母来表示角量子数的由来．

例题 19-1 求氢原子处于基态时，电子处于半径为玻尔半径的球面内的概率．

解： 径向概率密度 $P_{10}(r) = R_{10}^2(r)r^2 = \dfrac{4}{a_0^3}e^{-2r/a_0}r^2$，所求概率为

$$W = \int_0^{a_0} P_{10}(r)\,\mathrm{d}r = \int_0^{a_0} \frac{4}{a_0^3}e^{-2r/a_0}r^2\,\mathrm{d}r$$

分部积分得

$$W = 1 - 5e^{-2} = 0.32$$

19-1-2 电子的轨道磁矩

1896 年，荷兰物理学家塞曼（P. Zeeman）发现，把光源置于磁场中时，光源发出的光谱线会产生分裂，这一现象称为**塞曼效应**（Zeeman effect）．

由于每一条光谱线都对应着两个能级之间的跃迁，光谱线在磁场中的分裂意味着原子能级发生分裂，即一个能级转变成几个能级．其原因与电子的磁矩有关．

电磁理论给出电子轨道磁矩 $\boldsymbol{\mu}$ 与轨道角动量 $\boldsymbol{L}$ 有下列关系[参见式（10-44）]：

$$\boldsymbol{\mu} = -\frac{e}{2m_{\mathrm{e}}}\boldsymbol{L}$$

当存在外磁场时，由于磁矩 $\boldsymbol{\mu}$ 与磁场 $\boldsymbol{B}$ 之间存在相互作用，如果取磁场方向为 z 轴方向，则 $\boldsymbol{\mu}$ 与 $\boldsymbol{B}$ 之间的相互作用能量为[参见式（10-45）]

$$W = -\boldsymbol{\mu} \cdot \boldsymbol{B} = \frac{eB}{2m_{\mathrm{e}}}L_z = \frac{eB}{2m_{\mathrm{e}}}m\hbar = m\mu_{\mathrm{B}}B \qquad (19\text{-}7)$$

可见，相互作用能量 W 与磁量子数 m 有关．式中

$$\mu_{\mathrm{B}} = \frac{e\hbar}{2m_{\mathrm{e}}} = 9.27 \times 10^{-24}\ \mathrm{J/T} \qquad (19\text{-}8)$$

称为**玻尔磁子**（Bohr magneton）．

在氢原子那样的球对称库仑场中，能量本征值 E_n 只与主量子数 n 有关，简并度为 n^2．而碱金属原子中由于内层电子的屏蔽，价电子处于非球对称的库仑场中，能量本征值 E_{nl} 与量子数 n 和 l 都有关，简并度为 $2l+1$（因为 $m = 0, \pm 1, \cdots, \pm l$）．一旦加上了外磁场，原来的简并能级 E_{nl} 变为 $E_{nl} + m\mu_{\mathrm{B}}B$，即分裂成 $2l+1$ 条．当原子能级发生跃迁时，例如从第 (n', l', m') 态跃迁到第 (n, l, m) 态时，原子发射的光谱线频率为

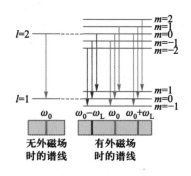

图19-4 磁场中原子光谱的正常塞曼效应

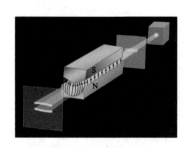

图19-5 施特恩-格拉赫实验

$$\omega = \frac{1}{\hbar}(E_{n'l'} - E_{nl}) + (m' - m)\frac{1}{\hbar}\mu_B B = \omega_0 + \Delta m \omega_L \qquad (19\text{-}9)$$

其中 $\Delta m = m' - m$，$\omega_0 = (E_{n'l'} - E_{nl})/\hbar$ 是没有外磁场（即 $B = 0$）时的光谱线频率，而 $\omega_L = \mu_B B/\hbar = eB/2m_e$ 称为拉莫尔（J. Larmor）频率。根据选择定则：$\Delta l = \pm 1$ 且 $\Delta m = 0, \pm 1$，可知原来频率为 ω_0 的一条光谱线在磁场中分裂成三条，其频率是 ω_0 和 $\omega_0 \pm \omega_L$，如图19-4所示。这种一条光谱线在磁场中分裂成相互等距的奇数条谱线的现象称为正常塞曼效应（normal Zeeman effect）。

| 思考题19.2：画出 $l = 1$ 和 $l = 0$ 两个能级在磁场中的分裂情况及光谱线？

19-1-3 电子自旋

1921年，施特恩（O. Stern）和格拉赫（W. Gerlach）首次对角动量的空间量子化进行了实验观测。实验中让银原子束经过一个不均匀的磁场，结果发现银原子束被分裂成两束，如图19-5所示。对于锂、钠、钾、铜和金原子束，都观察到了类似的现象。

原子束在不均匀磁场中的偏转也说明原子具有磁矩。根据式（19-7）可知，原子磁矩 $\boldsymbol{\mu}$ 在均匀磁场 $\boldsymbol{B}$ 不受力，但在非均匀磁场中则会受力。设磁场 $\boldsymbol{B}$ 沿着 z 轴方向且在 z 方向存在梯度，则原子在 z 方向受力为

$$F_z = -\frac{\partial W}{\partial z} = \mu_z \frac{\partial B}{\partial z} \qquad (19\text{-}10)$$

由此，可以从原子束的分裂情况推断原子磁矩在 z 方向上的投影 μ_z 的取值，从而获得角动量空间量子化的知识。然而，当 l 一定时 m（因而 μ_z）可以取 $(2l+1)$ 个值，则原子束应该分裂为奇数束，这无法解释银原子束分裂成两束的实验结果。

| 思考题19.3：施特恩-格拉赫实验中为什么要用非均匀磁场？

此外，利用分辨率较高的光谱仪观察发现，在碱金属原子的谱线中，原来所观察到的一条谱线，实际上是由两条或更多条谱线组成的，通常称为光谱的精细结构（fine structure）。例如，钠原子光谱中最亮的黄色谱线（D线）就是由靠得很近的两条谱线组成的，相应的波长分别是589.0 nm（D_1）和589.6 nm（D_2）。人们还发现，在弱磁场中，原子光谱线具有比正常塞曼效应更为复杂的分裂现象，即谱线分裂成偶数条，通常称为反常塞曼效应（anomalous Zeeman effect）。例如，在弱磁场中，钠 D_1 线分裂成4条，钠 D_2 线分裂成6条，都是分裂成偶数条。按解释正常塞曼效应的思路，这要求简并度 $2l+1$ 为偶数，即量子数为半整数。

1925年，当时还不到25岁的两位荷兰莱顿大学的学生乌伦贝克（G. Uhlenbeck）和古兹密特（S. Goudsmit），根据一系列实验事实大胆地提出假设：电子除了轨道运动外还有自旋（spin）运动，自旋角动量的投影有 $\pm\hbar/2$ 两个取值。

19　原子　分子与固体

应该指出，最初他们把电子自旋看成类似地球自转那样的机械转动，但这种经典图像是有问题的，不仅其表面速度会超过光速，电荷小球的旋转还必然产生辐射. 正确的理解是，电子自旋就如电子质量和电荷一样，是电子本身的固有属性，只不过这种内禀性质具有角动量的一切特征，因而命名为自旋而已，它是经典物理许可之外的新的自由度. 在后来狄拉克关于电子的相对论量子力学方程中，电子自旋则自然地出现.

自旋角动量与轨道角动量遵循相同的规律. 电子的自旋角动量用 S 表示，自旋量子数为 s，则 S 的投影有 $2s + 1 = 2$ 个，得 $s = 1/2$，于是 S 的大小为

$$S = \sqrt{s(s+1)}\hbar = \frac{\sqrt{3}}{2}\hbar \qquad (19\text{-}11)$$

它在空间任一方向的投影 S_z 为

$$S_z = m_s\hbar \qquad (19\text{-}12)$$

m_s 称为自旋磁量子数，它的取值有 2 个，为 $m_s = \pm s = \pm 1/2$. 即 $S_z = \pm\hbar/2$. 同时，每个电子具有自旋磁矩 $\boldsymbol{\mu}_s$，它与自旋角动量 S 之间的关系为

$$\boldsymbol{\mu}_s = -\frac{e}{m_e}\boldsymbol{S}, \quad \mu_{sz} = \pm\frac{e\hbar}{2m_e} = \pm\mu_B \qquad (19\text{-}13)$$

考虑到电子的轨道角动量 L 和自旋角动量 S，其总角动量 $L + S$ 在空间某一方向的投影取值就不是 $2l + 1$ 个，而是从 $l + 1/2$ 开始依次减 1 直到 $-l - 1/2$ 的 $2(l + 1)$ 个取值，为偶数. 这就解释了施特恩−格拉赫实验和反常塞曼效应的结果. 不仅如此，光谱的精细结构也是来源于这种轨道角动量与自旋角动量的耦合. 例如钠的 D 线为 3p→3s，考虑到 $L + S$，则 3p 分裂为 $l \pm 1/2$ 两个能级，而 3s 不分裂，于是光谱线为双线：3p$(l + 1/2)$→3s (D$_2$ 线) 和 3p$(l - 1/2)$→3s (D$_1$ 线).

1927 年用基态氢原子进行的施特恩−格拉赫实验具有特别的意义，因为基态氢原子的电子轨道磁矩为零，电子磁矩只能来自电子自旋. 实验观察到了氢原子束在不均匀磁场中分裂成两束的现象，说明电子自旋角动量所对应的量子数是 1/2，这就从实验上直接证实了电子自旋假说.

自旋作为粒子的内禀性质并非电子独有，质子、中子、光子等带电或不带电的粒子也都有自旋. 自旋量子数也不是都为 1/2，例如光子的自旋量子数为 1.

思考题 19.4：原子核也有磁矩（其磁矩与角动量的关系与电子的类似），为什么在基态氢原子的施特恩−格拉赫实验中却不加考虑？

19-1-4 原子的壳层结构

氢原子中只有一个电子，考虑到电子自旋，需要用 (n, l, m, m_s) 四个量子数来

描写氢原子状态. 对原子核外有两个及以上电子的多电子原子, 电子所处的势场不像氢原子那样简单, 每个电子都在核的库仑引力和其他电子的库仑斥力的联合作用下运动, 此外, 还需考虑电子角动量的相互作用. 因此, 多电子原子的理论较单电子原子的理论复杂得多. 但我们可以近似认为每一个电子是在原子核和所有其他电子的平均场中运动, 并认为这个平均场是一个有心力场. 在这样近似的条件下, 多电子原子中每一个电子的状态仍可由这四个量子数来确定.

（1）主量子数 n: $n = 1, 2, \cdots$. 主量子数 n 决定原子中电子能量的主要部分.

（2）角量子数 l: $l = 0, 1, \cdots, n-1$. 角量子数 l 决定轨道角动量, 同时 l 也会影响电子的能量.

（3）磁量子数 m: $m = 0, \pm 1, \cdots, \pm l$. 磁量子数 m 决定轨道角动量在外磁场方向上的分量, 即轨道角动量的空间取向.

（4）自旋磁量子数 m_s: $m_s = \pm 1/2$. 自旋磁量子数 m_s 决定电子自旋角动量在外磁场方向上的分量, 即自旋角动量的空间取向. 它也会影响原子在外磁场中的能量.

在多电子原子中, 电子的分布是分层次的, 这种电子的分布层次称为**电子壳层结构**（electron shell structure）. 主量子数 n 相同的电子属于同一**壳层**（shell）, $n = 1, 2, 3, \cdots$ 分别称为 K, L, M, $\cdots$ 壳层; 在每一个壳层里角量子数 l 相同的电子组成**支壳层**（subshell）, $l = 0, 1, 2, 3, 4, 5, 6, \cdots$ 分别称为 s, p, d, f, g, h, i, $\cdots$ 支壳层. 电子态的表示也与前面一致, 例如用 3p 表示 $n = 3$ 且 $l = 1$ 的支壳层, 同时把支壳层上填充的电子数标在右上角, 以反映电子在各个能态上分布的细节, 称为**电子组态**. 例如 3d^{10} 表示有 10 个电子占有 3d 支壳层. 由于原子中的电子只能处在一系列特定的状态, 每一壳层上能容纳的电子数量是一定的. 原子中电子的分布由下面两个原理来确定.

（a）**泡利不相容原理**（Pauli exclusion principle）: 在一个原子中不可能有两个或两个以上的电子具有完全相同的状态. 也就是说, 任何两个电子不可能有完全相同的一组量子数 (n, l, m, m_s).

（b）**能量最小原理**（minimum energy principle）: 当一原子系统处于正常状态时, 原子中的电子趋向占有能量低的能级. 在基态时, 原子中电子的排列分布应该使原子的能量最低.

一般来说, 当 n 给定时, l 的取值为 $0, 1, \cdots, n-1$, 共有 n 个可能值; 当 l 给定时, m 的取值为 $0, \pm 1, \cdots, \pm l$, 共有 $(2l+1)$ 个可能值; 当 n, l, m 都给定时, m_s 取 $\pm 1/2$ 两个可能值. 因此由泡利不相容原理可知, 每个支壳层最多能容纳 $2(2l+1)$ 个电子, 量子数为 n 的壳层上允许容纳的电子数最多为

$$N = \sum_{l=0}^{n-1} 2(2l+1) = 2n^2 \tag{19-14}$$

表 19-2 列出了多电子原子中各个支壳层和壳层所能容纳的电子数.

表 19-2 各壳层允许容纳的电子数

l \ n	0 s	1 p	2 d	3 f	4 g	5 h	6 i	$2n^2$
1K	2							2
2L	2	6						8
3M	2	6	10					18
4N	2	6	10	14				32
5O	2	6	10	14	18			50
6P	2	6	10	14	18	22		72
7Q	2	6	10	14	18	22	26	98

在多电子原子中，能级与量子数n和l有关．一条经验规律是：对于原子的外层电子，能级高低可以用（$n+0.7l$）值的大小来比较，其值越大，能级越高．原子中的能级由小到大的排列次序是：1s、2s、2p、3s、3p、4s、3d、4p、5s、4d、5p、6s、4f、5d、6p、7s、5f、6d…，图19-6给出了能级相对高低及可容纳的电子数．不过，由于电子的能量还随其他电子的占据情况而变化，因此也存在某些"反常"的能级顺序．例如Cu的电子组态（不包括前面满壳层的组态）是$4s^13d^{10}$而不是$4s^23d^9$，Pd的电子组态是$4d^{10}$而不是$5s^24d^8$等．Ag（银）的电子组态与Cu类似，为$5s^14d^{10}$，注意到满壳层电子的总角动量为零，银原子的总角动量就是5s（$l=0$）上电子的自旋角动量，这正是施特恩-格拉赫实验中银原子束分裂成两束的原因．

思考题19.5：按经验规律电子应先填充3d还是4s壳层？满壳层电子的总角动量为零，为什么？

原子的壳层结构和电子组态，已在各元素的物理性质和化学性质的周期性中得到证实．例如，壳层没有填满的元素化学性质相对活跃，而壳层完全填满时原子特别稳定，因此满壳层的惰性气体元素其化学性质就极不活泼．当电子向一个新的壳层填充时，就是一个新的周期的开始．例如，第一周期的最后一个元素氦，核外的两个电子填满了K壳层，电子组态为$1s^2$，第二周期元素的核外电子则在填满K壳层的基础上填充L壳层．例如元素碳（C）核外有6个电子，2个电子填满K壳层，组态为$1s^2$；剩下的4个填充在K壳层上，组态为$2s^22p^2$；完整的电子组态为$1s^22s^22p^2$．表19-3列出了元素周期表．表中元素栏内的电子组态仅为电子填充本周期壳层的组态（例如Cu为$4s^13d^{10}$），完整的电子组态应该加上前面所有周期的满壳层组态，例如铜（Cu）的完整电子组态为$1s^22s^22p^63s^23p^64s^13d^{10}$．可见，19世纪所发现的元素周期表，可以从核外电子的壳层分布予以彻底阐明．

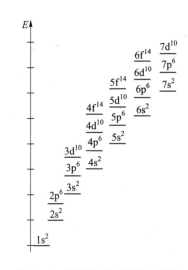

图19-6 能级相对高低及可容纳的电子数

例题19-2 （1）$n=2$时有几个量子态？用四个量子数（n,l,m,m_s）表示各个量子态；

（2）$n=3$，$m_s=1/2$时允许填充的电子有多少个？

解：（1）$n=2$时共有$2n^2=8$个量子态．这时可以有$l=0,1$两个取值．

$l=0$时$m=0$，$m_s=\pm1/2$，共2个态：

$$(2,0,0,1/2), \quad (2,0,0,-1/2);$$

$l=1$时可以取$m=0,\pm1$，$m_s=\pm1/2$，共6个态：

$$(2,1,0,1/2), (2,1,0,-1/2), (2,1,1,1/2), (2,1,1,-1/2), (2,1,-1,1/2), (2,1,-1,-1/2)$$

（2）$n=3$时共有$2n^2=18$个量子态．$m_s=1/2$和$m_s=-1/2$各有9个．因此$n=3$，$m_s=1/2$时有9个态，每个上面允许填充1个电子，故允许填充的电子数为9个．

表19-3 元素周期表

周期 (已满壳层电子组态)	IA	IIA	IIIB	IVB	VB	VIB	VIIB	VIIIB			IB	IIB	IIIA	IVA	VA	VIA	VIIA	0	电子壳层
1	氢 $_1$H $1s^1$																	氦 $_2$He $1s^2$	K
2 (1s²)	锂 $_3$Li $2s^1$	铍 $_4$Be $2s^2$											硼 $_5$B $2s^22p^1$	碳 $_6$C $2s^22p^2$	氮 $_7$N $2s^22p^3$	氧 $_8$O $2s^22p^4$	氟 $_9$F $2s^22p^5$	氖 $_{10}$Ne $2s^22p^6$	L K
3 (1s²2s²2p⁶)	钠 $_{11}$Na $3s^1$	镁 $_{12}$Mg $3s^2$											铝 $_{13}$Al $3s^23p^1$	硅 $_{14}$Si $3s^23p^2$	磷 $_{15}$P $3s^23p^3$	硫 $_{16}$S $3s^23p^4$	氯 $_{17}$Cl $3s^23p^5$	氩 $_{18}$Ar $3s^23p^6$	M L K
4 (1s²2s²2p⁶3s²3p⁶)	钾 $_{19}$K $4s^1$	钙 $_{20}$Ca $4s^2$	钪 $_{21}$Sc $3d^14s^2$	钛 $_{22}$Ti $3d^24s^2$	钒 $_{23}$V $3d^34s^2$	铬 $_{24}$Cr $3d^54s^1$	锰 $_{25}$Mn $3d^54s^2$	铁 $_{26}$Fe $3d^64s^2$	钴 $_{27}$Co $3d^74s^2$	镍 $_{28}$Ni $3d^84s^2$	铜 $_{29}$Cu $3d^{10}4s^1$	锌 $_{30}$Zn $3d^{10}4s^2$	镓 $_{31}$Ga $3d^{10}4s^24p^1$	锗 $_{32}$Ge $3d^{10}4s^24p^2$	砷 $_{33}$As $3d^{10}4s^24p^3$	硒 $_{34}$Se $3d^{10}4s^24p^4$	溴 $_{35}$Br $3d^{10}4s^24p^5$	氪 $_{36}$Kr $3d^{10}4s^24p^6$	N M L K
5 (1s²2s²2p⁶3s²3p⁶4s²3d¹⁰4p⁶)	铷 $_{37}$Rb $5s^1$	锶 $_{38}$Sr $5s^2$	钇 $_{39}$Y $4d^15s^2$	锆 $_{40}$Zr $4d^25s^2$	铌 $_{41}$Nb $4d^45s^1$	钼 $_{42}$Mo $4d^55s^1$	锝 $_{43}$Tc $4d^55s^2$	钌 $_{44}$Ru $4d^75s^1$	铑 $_{45}$Rh $4d^85s^1$	钯 $_{46}$Pd $4d^{10}$	银 $_{47}$Ag $4d^{10}5s^1$	镉 $_{48}$Cd $4d^{10}5s^2$	铟 $_{49}$In $4d^{10}5s^25p^1$	锡 $_{50}$Sn $4d^{10}5s^25p^2$	锑 $_{51}$Sb $4d^{10}5s^25p^3$	碲 $_{52}$Te $4d^{10}5s^25p^4$	碘 $_{53}$I $4d^{10}5s^25p^5$	氙 $_{54}$Xe $4d^{10}5s^25p^6$	O N M L K
6 (1s²2s²2p⁶3s²3p⁶4s²3d¹⁰4p⁶5s²4d¹⁰5p⁶)*	铯 $_{55}$Cs $6s^1$	钡 $_{56}$Ba $6s^2$	57~71 La-Lu 镧系	铪 $_{72}$Hf $5d^26s^2$	钽 $_{73}$Ta $5d^36s^2$	钨 $_{74}$W $5d^46s^2$	铼 $_{75}$Re $5d^56s^2$	锇 $_{76}$Os $5d^66s^2$	铱 $_{77}$Ir $5d^76s^2$	铂 $_{78}$Pt $5d^96s^1$	金 $_{79}$Au $5d^{10}6s^1$	汞 $_{80}$Hg $5d^{10}6s^2$	铊 $_{81}$Tl $6s^26p^1$	铅 $_{82}$Pb $6s^26p^2$	铋 $_{83}$Bi $6s^26p^3$	钋 $_{84}$Po $6s^26p^4$	砹 $_{85}$At $6s^26p^5$	氡 $_{86}$Rn $6s^26p^6$	P O N M L K
7 (1s²2s²2p⁶3s²3p⁶4s²3d¹⁰4p⁶5s²4d¹⁰5p⁶6s²4f¹⁴5d¹⁰6p⁶)**	钫 $_{87}$Fr $7s^1$	镭 $_{88}$Ra $7s^2$	89~103 Ac-Lr 锕系	104 Rf $(6d^27s^2)$	105 Db $(6d^37s^2)$	106 Sg $(6d^47s^2)$	107 Bh $(6d^57s^2)$	108 Hs $(6d^67s^2)$	109 Mt $(6d^77s^2)$										

57~71 镧系元素	镧 $_{57}$La $5d^16s^2$	铈 $_{58}$Ce $4f^15d^16s^2$	镨 $_{59}$Pr $4f^36s^2$	钕 $_{60}$Nd $4f^46s^2$	钷 $_{61}$Pm $4f^56s^2$	钐 $_{62}$Sm $4f^66s^2$	铕 $_{63}$Eu $4f^76s^2$	钆 $_{64}$Gd $4f^75d^16s^2$	铽 $_{65}$Tb $4f^96s^2$	镝 $_{66}$Dy $4f^{10}6s^2$	钬 $_{67}$Ho $4f^{11}6s^2$	铒 $_{68}$Er $4f^{12}6s^2$	铥 $_{69}$Tm $4f^{13}6s^2$	镱 $_{70}$Yb $4f^{14}6s^2$	镥 $_{71}$Lu $4f^{14}5d^16s^2$
89~103 锕系元素	锕 $_{89}$Ac $6d^17s^2$	钍 $_{90}$Th $6d^27s^2$	镤 $_{91}$Pa $5f^26d^17s^2$	铀 $_{92}$U $5f^36d^17s^2$	镎 $_{93}$Np $5f^46d^17s^2$	钚 $_{94}$Pu $5f^67s^2$	镅 $_{95}$Am $5f^77s^2$	锔 $_{96}$Cm $5f^76d^17s^2$	锫 $_{97}$Bk $5f^97s^2$	锎 $_{98}$Cf $5f^{10}7s^2$	锿 $_{99}$Es $5f^{11}7s^2$	镄 $_{100}$Fm $5f^{12}7s^2$	钔 $_{101}$Md $(5f^{13}7s^2)$	锘 $_{102}$No $(5f^{14}7s^2)$	铹 $_{103}$Lr $(5f^{14}6d^17s^2)$

* 镧系之后，满壳层电子组态还有 $4f^{14}$.
** 锕系之后，满壳层电子组态还有 $5f^{14}$.

19 原子 分子与固体

*19-1-5 全同粒子系 交换对称性

自然界中存在各种不同粒子,如电子、质子、中子、光子、π介子等.同一种粒子具有完全相同的内禀属性,包括质量、电荷、自旋、寿命等,称为全同粒子(identical particle).例如,体系中所有的电子.

全同粒子如果处于不同的区域,从空间上就可以将它们区分开来.如果处于同一区域,在经典物理中总可以通过追踪粒子的轨迹来加以辨认,但在量子物理中,由于没有轨道,全同粒子自然无法区分.例如,两个电子发生"碰撞",由于在碰撞区域它们的波函数相互交叠,碰撞后即使分开我们也不能区分哪个是撞击的电子,哪个是被撞的电子,如图19-7所示.这就是全同粒子的不可分辨性.

由多个全同粒子组成的体系称为**全同粒子系**.由于不可分辨,全同粒子系的基本特征是:任何可观测量,对于任何两个全同粒子的交换是不变的;也就是说,交换其中任何两个粒子的坐标,体系的量子态不变.这就是全同粒子系的交换对称性.以束缚在势阱中的两个全同粒子为例,设粒子1位于x_1而粒子2位于x_2的态为$\psi(x_1, x_2)$,交换后粒子1位于x_2而粒子2位于x_1的态为$\psi(x_2, x_1)$,由于不可分辨,交换前后的态$\psi(x_1, x_2)$和$\psi(x_2, x_1)$都表示测得在x_1和x_2各有一个粒子,于是

$$|\psi(x_1, x_2)|^2 = |\psi(x_2, x_1)|^2$$

或者

$$\psi(x_1, x_2) = \pm \psi(x_2, x_1) \tag{19-15}$$

上式表明,全同粒子系的波函数对于粒子交换具有一定对称性.对应于"+"的波函数对于粒子交换是不变的,称为**对称波函数**;对应于"−"的波函数对于粒子交换要改变正负号,称为**反对称波函数**.而且全同粒子系波函数的交换对称性不随时间改变,是守恒的.即如果全同粒子在某一时刻处在对称(或反对称)态上,则它将永远处在对称(或反对称)态上.

实验表明,全同粒子系波函数的交换对称性与粒子的自旋有确定的关系:凡自旋为$\hbar$的整数倍($s = 0, 1, 2, \cdots$)的粒子,波函数对于任意两个全同粒子的交换总是对称的,它们遵从玻色(Bose)−爱因斯坦统计,故称为**玻色子**(Boson);凡自旋为$\hbar$的半奇数倍($s = 1/2, 3/2, \cdots$)的粒子,波函数对于两个粒子交换总是反对称的,它们遵从费米(Fermi)−狄拉克统计,称为**费米子**(Fermion).例如,π介子($s = 0$)、光子($s = 1$)等都是玻色子;电子($s = 1/2$)、质子($s = 1/2$)、中子($s = 1/2$)等都是费米子.偶数个费米子可能"凝聚"成玻色子.例如,电子是费米子,但在超导态中由两个电子组成的**库珀对**(Cooper pair)却是玻色子.

如果全同粒子系中每个单粒子态都可以表示为$\varphi_n(x)$,则由处于态φ_a和态φ_b的两个全同粒子构成的体系,其波函数可以按下面两种方式分别构成对称态和反对称态

$$\psi_{\pm}(x_1, x_2) = A[\varphi_a(x_1)\varphi_b(x_2) \pm \varphi_b(x_1)\varphi_a(x_2)] \tag{19-16}$$

经典粒子可通过追踪其轨道来分辨

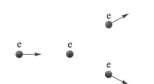

量子力学中全同粒子不可分辨

图19-7 全同粒子碰撞

式中右边取"+"得到的ψ_+为对称态,取"−"得到的ψ_-为反对称态,A为归一化常量.按照全同性的要求,玻色子的波函数由对称态ψ_+描述,费米子的波函数由反对称态ψ_-描述.显然,如果两个费米子处于相同的态(例如φ_a),则必然$\psi_-=0$,这是没有意义的.所以,两个全同的费米子(例如电子)不能处于相同的状态.这正是前面提到的**泡利不相容原理**,它是1925年奥地利物理学家泡利(W. E. Pauli)提出的.对于玻色子则没有这样的限制,即可以有多个玻色子处于相同的状态.

| 思考题19.6:为什么两个费米子不能处于相同的状态,而玻色子却可以?

*19-1-6 量子统计

热力学系统的性质取决于微观状态的概率分布.第12章给出了经典粒子的概率分布,即玻耳兹曼分布.经典粒子与全同玻色子和费米子的不同在于,经典粒子是可以分辨的,对可分辨的粒子,它们遵从玻耳兹曼分布;而全同玻色子和费米子是不可分辨的,它们分别遵从不同的统计分布,统称为量子统计分布.

为了获得统计分布函数,需要找出系统的宏观态与对应的微观态数目之间的关系.而可分辨粒子、全同玻色子和全同费米子对应的微观态数目是不同的.作为例子,我们来看由2个相同的粒子构成的系统,且单粒子态只有3个的简单情形.即讨论2个相同的粒子填充3个单粒子态所对应的微观态的数目.

从表19-4可以看出,以A和B代表2个可分辨的粒子,它们填充3个单粒子态的方式有两种:A、B同处于一个单态上和A、B分处于不同单态上,对应的微观态数目共9个.对于不可区分的全同粒子,统一用A代表.对于全同的玻色子,每个量子态上允许的粒子数不受限制,2个粒子填充3个单粒子态的方式也有两种:两个粒子同处于一个单态上和两个粒子分处于不同的单态上,对应的微观态数目共6个;对于全同的费米子,由于泡利不相容原理的限制,每个量子态最多只允许有1个粒子,粒子填充单粒子态的方式只有一种,即两个粒子分处于不同的单态上,对应的微观态数目只有3个.

表19-4 3个单粒子态上填充2个相同粒子的微观态

	可分辨粒子						玻色子			费米子		
单态1	A B		A	A	B	B	A A		A	A	A	A
单态2		A B	B		A A	B		A A	A A	A	A	
单态3			A B	B	B		A A		A A	A A		A A
微观态数	9						6			3		

可分辨粒子、全同玻色子和全同费米子的这种不同,将导致不同的统计分布.考虑由N个近独立的全同粒子组成的孤立系统.设每个粒子可能的能级为$\varepsilon_1, \varepsilon_2, \cdots \varepsilon_i, \cdots$,

能级相应的简并度分别为 $g_1, g_2, \cdots g_i, \cdots$（即能量 ε_i 对应的不同单粒子态为 g_i 个），分布在各能级上的粒子数分别为 $N_1, N_2, \cdots N_i, \cdots$。不同的粒子分布数 $(N_1, N_2, \cdots, N_i, \cdots)$ 确定了系统不同的宏观态。在粒子数 $\sum N_i = N$ 守恒和总能量 $\sum N_i \varepsilon_i = E$ 守恒的条件下，求得的对应微观态数目最多的宏观态出现的概率也最大，这个宏观态对应系统在温度为 T 时达到的平衡态，相应的粒子数分布 $(N_1, N_2, \cdots, N_i, \cdots)$ 称为最概然分布。对可分辨粒子、全同玻色子和全同费米子，结果分别如下。

可分辨粒子：

$$N_i = g_i e^{(\mu - \varepsilon_i)/kT} \tag{19-17}$$

玻色子：

$$N_i = \frac{g_i}{e^{(\varepsilon_i - \mu)/kT} - 1} \tag{19-18}$$

费米子：

$$N_i = \frac{g_i}{e^{(\varepsilon_i - \mu)/kT} + 1} \tag{19-19}$$

式中的 μ 称为化学势（chemical potential），可由粒子总数 N 定出。式（19-17）正是麦克斯韦-玻耳兹曼分布（简称M-B分布），式（19-18）称为玻色-爱因斯坦分布（简称B-E分布），式（19-19）称为费米-狄拉克分布（简称F-D分布）。我们看到，F-D分布中 $N_i/g_i \leqslant 1$，即一个量子态上最多只能容纳一个粒子，这正是泡利不相容原理限制的结果。当 $\varepsilon_i - \mu \gg kT$（即能量值远大于热运动能量的数量级 kT），即 $e^{(\varepsilon_i - \mu)/kT} \gg 1$ 时，B-E分布和F-D分布分母中的1可以忽略不计，就过渡到M-B分布，这说明经典统计是量子统计的极限情况。

平衡热辐射可看作光子气体，服从B-E分布（光子数不守恒要求取 $\mu = 0$），由此可以导出黑体辐射的普朗克公式。金属中自由电子气则服从F-D分布。

*19-2 分子与固体

19-2-1 化学键

按照通常的说法，原子通过化学键（chemical bond）联结成为分子。分子的典型尺度是纳米（nm）数量级，生物大分子（例如蛋白质分子）可以是很长（10^5 nm）的链，但宽度仍为纳米量级。通过化学键，原子、分子还可以聚集成不同尺度和结构的物质形态。这里，"键"既表示结合后的电子结构，也表示两个或多个原子或离子之间的相互作用。化学键的基本类型包括共价键、离子键、金属键、范德瓦耳斯键和氢键。

1. 氢分子和共价键

氢分子（H_2）由两个氢原子组成. 当两个氢原子相互靠近到电子波函数发生重叠时，两个电子为系统所共有. 由于电子是费米子，总的电子波函数必须是反对称的，在满足这个要求的态中，电子波函数的空间部分对称而自旋部分反对称的那个可以形成稳定的分子. 此时，两个电子在两核之间的区域内概率密度较大，电子同时和两个核有较强的库仑引力（超过两核之间的库仑斥力），从而把两个原子结合在一起. 这样一对为两个原子所共有的、自旋相反配置的电子结构，是一种典型的共价键（covalent bond）. 这里，两核之间的距离即为键长. 氢原子的键长 $r_0 = 1.43a_0$.

共价键有两个基本特性：饱和性和方向性.

所谓"饱和性"，是指一个原子只能形成一定数目的共价键，因此，通过共价键只能和一定数目的其他原子相结合. 共价键只能由未配对的电子形成，例如，上述氢原子在 1s 轨道上只有一个电子，自旋可以取任意方向，这样的电子是未配对的，可以形成共价键. 两个氢原子的电子以自旋相反的形式配对就形成氢分子，但不可能由三个氢原子形成 H_3 分子.

所谓"方向性"，是指原子只在特定的方向上形成共价键. 形成共价键的两个电子轨道相互交叠越多，共价键就越强. 因此，一个原子是在价电子波函数模的平方最大的方向上与其他原子键合的. 对于多键分子，各共价键的指向和长度决定了分子的构形.

图 19-8 金刚石的四面体结构

共价键除了可以把原子结合成分子外，还可以把原子结合成非金属晶体. 例如，每一个碳原子的 4 个键分别沿着互成 109.5° 夹角的方向与相邻的 4 个碳原子相互键合，形成四面体结构，如图 19-8 所示. 这样无限地堆积下去，就形成金刚石晶体. 半导体材料的锗晶体和硅晶体也是靠共价键以同样的方式结合成的. 因为共价键很强，所以这些晶体都很硬.

2. 离子键

存在于碱金属卤化物中的化学键就是典型的离子键（ionic bond）. 以氯化钠（NaCl）蒸气分子的形成为例，由于 Na^+ 和 Cl^- 的电子组态都是很稳定的满壳层（各电子都已配对），因此，Na 原子和 Cl 原子靠近时，Na 原子的外层价电子很容易转移到 Cl 原子一方填满 Cl 原子未满壳层的一个"空穴"，使之成为 Cl^- 离子，于是 Na^+ 和 Cl^- 因静电引力而相互靠拢，但当 Na^+ 和 Cl^- 很靠近时，它们的电子云重叠，因泡利不相容原理而又互相排斥，当离子之间的静电引力与这种量子力学的排斥力达到平衡时，两个离子中心之间的距离就是离子键的键长.

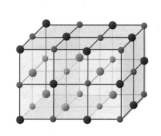

图 19-9 NaCl 晶体结构

靠静电力，离子可以按正负离子相间的方式堆积下去，形成所谓离子晶体. 图 19-9 所示为 NaCl 晶体结构，它是由 Na^+ 离子和 Cl^- 离子各自构成的（面心）立方结构嵌套而成的立方结构，离子的位置规则地排成立方网格的点阵，其中每两个相邻的 Na^+ 和 Cl^- 离子距离 $d = 0.282\ nm$，NaCl 晶体结合能的最主要部分是静电势能.

3. 金属键

孤立的金属原子中通常有一、二或三个束缚较松的外层电子，称为价电子，而其余的电子与核形成束缚较紧的原子实.当金属原子凑在一起形成金属时，原子实形成规则的晶格，外层电子被"共有化"，成为可以在整个晶体内运动的自由电子.金属晶体中原子间的结合力称为金属键（metallic bond）.金属键与一般化学键不同，它不存在于分立的分子中，而是存在于整个金属中，价电子不是由原子之间两两共享，而是由整个金属中的原子共享.

金属的共同特点是不透明，有金属光泽，能导热、导电，富有延展性.这几条性质都和自由电子的存在有关：对金属热导和电导的主要贡献来自自由电子；而导体将使电磁波（光波）强烈反射；此外，金属中的自由电子有如"胶体"一样把原子实堆砌起来，即使当晶体受到冲击而使原子实发生局部滑移时，自由电子仍然可以把原子实的"新邻居"黏合在一起，这便是金属材料有良好延展性的由来.

4. 范德瓦耳斯键

上面讨论的都是分子内部（或晶体内部）把原子结合在一起的化学键.其实，当分子与分子邻近时，分子之间还存在较弱的吸引力.范德瓦耳斯在解释实际气体的行为时就考虑了这种引力的存在，因此通常把这种力统称为范德瓦耳斯力（van der Waals force）.范德瓦耳斯力的几个主要来源是：① 极性分子固有电偶极矩之间的相互作用力；② 两个极性分子之间除了上述静电力之外，还存在因相互感应形成的诱导电偶极矩之间的相互吸引作用力；③ 无极分子振荡产生的瞬时电偶极矩间的相互作用力，由于热运动，这种作用总是存在的.

范德瓦耳斯键的结合能比共价键、离子键和金属键小得多，范德瓦耳斯键没有方向性和饱和性，它能把分子结合在一起成为分子晶体.

5. 氢键

氢键（hydrogen bond）是一种由氢原子参与的特殊类型的化学键，它涉及氢原子同时与两个原子的结合力，可以用化学式 X–H···Y 来表示，其中 X 和 Y 都是电负性较强的原子（例如在水分子通过氢键结成冰时，X 和 Y 都是 O 原子），当 H 原子以共价键和 X 结合时，由于 X 的电负性高，把部分电子云吸引过去，使 H 原子显示为正电性，它和 Y 原子之间也有吸引作用.形成氢键后，X–H 的键长拉长了，但 H···Y 的距离有所缩短.

氢键的键长、键角和方向性等各方面都比较灵活，此外，它的键能不大，约 $5 \sim 50\ kJ \cdot mol^{-1}$，介于共价键和范德瓦耳斯键之间，形成或破坏都比较容易.因此，氢键对物质的物理和化学性质的影响很大.水分子为生成氢键提供 H，凡是能为生成氢键提供与接受 H 的许多化合物（如醇和有机酸等）都可以通过氢键和水结合，使水成为应用最广的极性溶剂；水的表面张力来源于表面层的氢键，用肥皂、洗涤剂等表面活性剂破坏表面层的氢键，可使水的表面张力减小．氢键在生命过程中也起着重要作用，例如，蛋白质分子的螺旋结构和 DNA 分子的双螺旋结构都是由氢键来维系的；而麻醉剂的麻醉作用则是麻醉剂破坏生物体氢键的结果．

19-2-2 分子光谱

分子光谱的研究可以获得分子结构的信息，但由于分子内部运动比较复杂，分子光谱也比原子光谱复杂一些．分子内部的运动主要包括电子运动、构成分子的原子间的振动和分子的转动三部分．

分子中的电子运动与原子中的电子运动类似，只不过在分子中不是一个原子核而是若干个原子核．分子中的电子运动状态和能级也是量子化的，能级之间的跃迁产生的谱线一般在可见光区和紫外区．但分子的振动和转动是原子不具有的，这也导致了分子光谱具有不同于原子光谱的特点．下面以双原子分子为例来说明．

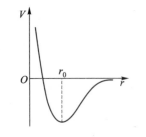

图 19-10 两个原子间的势能曲线

双原子分子中两个原子间的势能 $V(r)$ 如图 19-10 所示，其中 r_0 是平衡距离，分子中两个原子的运动为在平衡距离附近的振动．当分子能量较低时，可以将势能函数 $V(r)$ 在平衡位置 r_0 附近作级数展开，即

$$V(r) = V(r_0) + \frac{1}{2}\alpha(r - r_0)^2 + \cdots$$

取到平方项，称为简谐近似，α 为分子的键合弹性系数．显然，在简谐近似下，分子的振动相当于线性谐振子，其振动能量是量子化的，根据式（18-42）为

$$E_v = V(r_0) + \left(n + \frac{1}{2}\right)\hbar\omega_0 \quad (n = 0, 1, 2, \cdots) \tag{19-20}$$

式中 $\omega_0 = \sqrt{\alpha/\mu}$，$\mu$ 为两原子的折合质量．式（19-20）给出的振动能级是等间距的．但当 $E_v > 0$ 时，分子就离解成两个原子，所以式（19-20）只适用于低振动能级．对于高振动能级，必须在势能中计入高于 $(r - r_0)^2$ 的非简谐项，这时分子的振动能级下疏上密，不再是等间距的，如图 19-11 所示．振动能级的间隔比电子能级间隔小，振动能级间的跃迁产生的谱线一般在红外区．

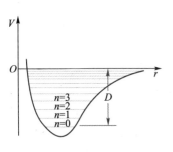

图 19-11 分子的振动能级

进一步来考虑双原子分子相对于质心的转动．设分子的转动惯量为 J_0，则分子的转动能为 $E_r = \dfrac{L^2}{2J_0}$．而 $L^2 = l(l+1)\hbar^2$，故分子的转动能量是量子化的，即

$$E_r = \frac{\hbar^2}{2J_0}l(l+1) \quad (l = 0, 1, 2, \cdots) \tag{19-21}$$

转动能量比电子运动和分子振动的能量都小得多．转动能级间的跃迁只能在 $\Delta l = \pm 1$ 之间的状态进行，相应的谱线在远红外区．

在分子中，电子的运动、分子的振动和转动是有相互影响的，但理论和实验都表明，在计算分子的能量时可以忽略这三种运动的相互影响，近似地认为分子的能量是电子能量E_e、分子振动能量E_v和分子转动能量E_r三部分的总和．即

$$E = E_e + E_v + E_r$$

由于电子能级间的跃迁产生的谱线在可见光波段，而振动和转动能级间跃迁产生的谱线分别位于红外和远红外区域，所以分子的三种运动的能级间隔的关系为$|\Delta E_e| >> |\Delta E_v| >> |\Delta E_r|$．在分子的能级结构上，可以看到在电子能级之间有振动能级，而在振动能级间有转动能级，如图19-12所示．

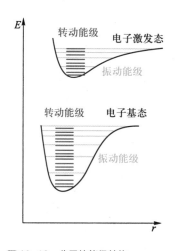

图19-12　分子的能级结构

分子能级结构的上述特点，反映在分子光谱中，表现为伴随两个振动能级之间跃迁有一系列转动能级的跃迁，由于转动能级的间隔小得多，转动能级间的跃迁在光谱上呈现出由一组很密集的谱线形成的光谱带．而一对电子能级的跃迁包含多个振动能级的跃迁，因而会形成由多个光谱带构成的光谱带系．可见，与原子光谱是线状光谱不同，分子光谱是带状光谱．图19-13是氮分子（N_2）两个电子能级间跃迁形成的带状光谱．

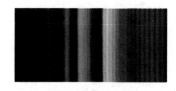

图19-13　氮分子的带状光谱

分子光谱是表征各种分子的组分、动能谱、同位素比以至分子的离化状态的有力工具．

思考题19.7：分子光谱有什么特点，为什么？

19-2-3　生物大分子

生命过程主要是在分子这个层次上进行的．生物大分子中最重要的是蛋白质和核酸．它们的结构、物理化学性质和极其复杂多样的生物学功能引人注目．蛋白质最重要的功能之一是酶催化作用，而所有的生物化学过程都是酶催化的．核酸控制蛋白质的合成，其功能与生物学的基本问题——遗传和变异相联系．一个蛋白质分子通常含有几十个甚至几十万个氨基酸，而这些氨基酸的种类有20种，由它们组合而成的蛋白质的可能结构多种多样．例如，蛋白质分子如果包含10种不同的氨基酸和100个残基，则可以有10^{100}种不同的结构．而酶由于具有导致一定空间结构分子的反应的选择性，使得链状分子的生成按照有序和确定的方式进行．

与一般高分子的不同之处在于，生物大分子都是所谓"手性"分子，即具有特定旋光性．当平面偏振光通过分子（溶液）时，其偏振面发生左旋的称为左手分子，发生右旋的称为右手分子．例如蛋白质中所有的氨基酸（除甘氨酸外）都是左手的，而核酸中只包含右手糖．大多数生物学家都已经把单一手性认为是组成蛋白质的氨基酸和组成核酸的核苷酸的特性之一．

核酸分子是由许多核苷酸体组成的．核酸有脱氧核糖核酸(DNA)和核糖核酸(RNA)两种．组成DNA的核苷酸有四种．

1953年沃森（J. D. Watson）和克里克（F. H. Crick）发现DNA分子是由两条相互缠绕的多核苷酸长链组成的右手双螺旋结构：脱氧核糖和磷酸基连成的主链以反平行的方式和右手方向相互缠绕，构成直径为2 nm的双螺旋结构；主链内侧是由腺嘌呤（Adenine）、鸟嘌呤（Guanine）、胸腺嘧啶（Thymine）和胞嘧啶（Cytosine）组成的碱基，碱基之间通过氢键形成碱基对.如图19-14所示.DNA分子中碱基很多，有数千个甚至可高达数百万个.以1000对碱基为例，可能的序列有$4^{1000} \approx 10^{602}$种.遗传信息就蕴藏在这些序列中，其中包括两类信息：一是结构信息，即负责蛋白质氨基酸组成的信息；二是调控信息，即编码选择性表达的遗传信息.后者决定在个体发育的不同阶段、不同器官和组织中以及不同外界环境下，各种结构信息是关闭还是表达、表达多少，等等.

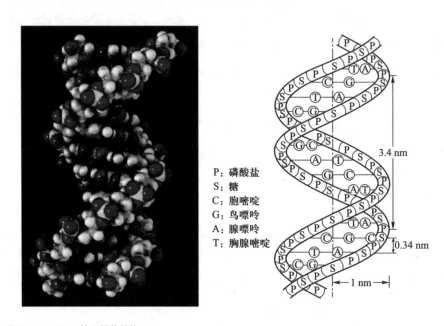

P：磷酸盐
S：糖
C：胞嘧啶
G：鸟嘌呤
A：腺嘌呤
T：胸腺嘧啶

图19-14 DNA的双螺旋结构

19-2-4 固体的能带

固体是一类重要的物质结构形态，它具有确定的形状和体积.固体通常分为晶体（crystal）和非晶体（non-crystal）两类.食盐、金刚石等都是晶体，而玻璃、沥青等都是非晶体.构成晶体的原子、分子或离子在晶体内呈周期性规则排列，形成晶体点阵，因此晶体具有规则的外观形状.非晶体、准晶体及液晶等则是具有部分有序但不同于晶体的物质.这里只讨论晶体.

当两个相同的原子逐渐靠近时，它们的电子波函数逐渐交叠，电子为两个原子所共有.那么，原来孤立原子中相同状态的电子现在不是处于同一状态了吗？这种情况违背泡利不相容原理，当然不会发生.如图19-15所示，当两个原子靠近到它们之间的电子波函数交叠时，原来孤立原子的一个能级将随之分裂为2个，而

19 原子　分子与固体

且不同能级发生分裂时两原子间的距离和能级分裂的宽度也各不相同.

　　N 个相同的原子相互接近形成晶体时，类似的电子共有化和能级分裂也随之发生. 电子的共有化意味着电子不再束缚于个别原子，而是在整个晶体的周期性势场中运动. 当然，原子中内外层电子的共有化程度是不同的，最外层电子的共有化程度最高. 而原来孤立原子中的每个能级也将分裂为 N 个，与原子数目一样多，以保证泡利不相容原理不被破坏. 实验表明，这 N 个分裂能级一般分布在不超过 10^2 eV 的能量范围内. 由于原子数目 N 巨大，即使在体积仅为 1 mm³ 的晶体中，其数量级也为 10^{19}. 由此可以估计，这 N 个分裂能级中相邻能级的间隔约为 10^2 eV/10^{19} = 10^{-17} eV，由于间隔极小，完全可以把这 N 个分裂能级看作一条连续的能带（energy band）. 我们把由价电子能级分裂而形成的能带称为价带（valence band），而把相邻两能带之间的区域称为禁带（forbidden band）. 两个相邻的能带也可能相互重叠而导致其间的禁带消失. 图 19-16 是金属钠（Na）的能带结构示意图，可以看出能带结构随着原子间距离 r 的改变而不同.

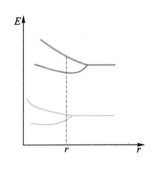

图 19-15　能级的分裂

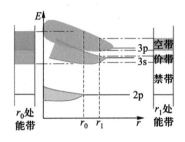

图 19-16　晶体能带结构

思考题 19.8： 为什么固体会形成能带结构？

　　电子填充能级的方式与原子中一样：按照泡利不相容原理，每个能级最多只能容纳两个电子；按照能量最小原理，电子将从低能级到高能级依次填充. 孤立原子中与角量子数 l 对应的支壳层允许填充的电子数为 $2(2l+1)$，而相应能带中允许填充的电子数则为 $2N(2l+1)$. 如果一能带中各能级均被电子填满，这种能带称为满带（filled band），而完全没有电子占据的能带称为空带（empty band）. 一般来说，内层电子能级所分裂的能带均为满带，价带上面的能带为空带，价带通常被一部分电子占据，也可能被电子占满. 例如，钠（Na）的电子组态为 $1s^2 2s^2 2p^6 3s^1$，钠金属的 2p 为满带，价带 3s 允许填充 $2N$ 个电子，而价电子总数只有 N 个，没有填满；而在金刚石晶体中价带为满带. 满带被电子占满，电子没有自由移动的空间，因此满带中的电子不参与导电过程. 而能带没有被电子占满时，电子在外电场作用下可以进入空的高能级而形成电流，这样的能带称为导带（conduction band）. 价带分别为满带和导带两种情况的能带示意如图 19-17 所示.

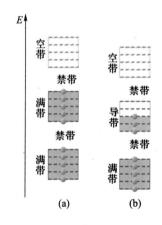

图 19-17　价带为满带（a）和价带为导带（b）两种情况示意图

　　能带和禁带的宽度及能带的结构取决于晶体的结构和组成该晶体的原子的性质. 如果除去满带外，价带部分地被电子填充（如 Li 等），或者价带本身未被电子填满却又与相邻空带重叠（如 Na、K、Cu、Al、Ag 等），或是满带与邻近空带紧密相接或部分重叠（如 Mg、Be、Zn 等二价金属），这时价带或价带与相邻空带都构成导带，这三种情况的能带结构如图 19-18（a）所示，它们都对应于导体（conductor）；这时最高占据能级称为费米能级，它位于一个或几个能带的能量范围之内. 而如果价带为满带，且价带与其上的空带之间的禁带宽度较大（约 3～6 eV）时，价带中的电子在一般外电场作用下跃迁到空带中的概率不大，这样的晶体则是

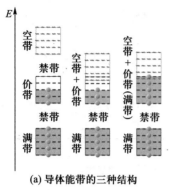

(a) 导体能带的三种结构

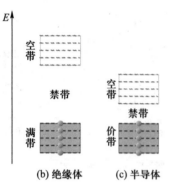

(b) 绝缘体　　**(c) 半导体**

图 19-18 价带为满带（a）和价带为导带（b）两种情况示意图

绝缘体（insulator），如图 19-18（b）所示. 当然，如果外电场很强，致使大量电子从价带跃到空带，则可以使绝缘体变为导体，这种情况对应电介质击穿. 如果价带为满带但禁带宽度较小，例如约为 1 eV，则通过掺杂或热激发等就能使价带中的电子跃迁到空带而导电（电子导电性），同时也在价带中留下空穴；原价带中的电子向这些空穴迁移又会形成新的空穴，这些空穴的迁移同样形成电流（空穴导电性）. 这种能带结构对应于**半导体**（semiconductor），如图 19-17（c）所示.

利用电子束麦击晶体，把晶体中的某些内层电子打掉形成空位，则能带中的一些电子跃迁到未被填满的内层能级上所发出的电磁波就是 X 射线，由 X 射线谱可以了解晶体的能带.

| 思考题 19.9：导体、半导体和绝缘体的能带有什么区别？

19-2-5　介观物理

单个原子的性质与大量的原子聚集成的固体有很大差别. 不同种类的原子性质各异，它们形成凝聚态时排列的方式也千差万别，由此构成的物质世界自然是丰富多彩的. 随着原子数目由少到多聚集，所形成的物质的性质也逐渐变化. 介观物理就是研究尺度从原子和分子到固体和液体之间的物质的学科.

1. 团簇

由几个或几百个原子构成的尺度在 1 nm 以下的原子团称为**团簇**（cluster）.

团簇的原子结构（原子间的键长、键角和对称性等）和电子结构（能级和电子态等）既不同于原子或分子，也不同于固体或液体. 团簇有很多独特的性质，它有极大的表面体积比（指表面面积与总体积之比），通常构成团簇的绝大部分原子处于表面，因此团簇的表面或界面效应极为突出. 随着原子团中原子数量的变化，原子团的原子结构和电子结构发生显著的改变. 图 19-19 是氙（Xe）簇的质谱.

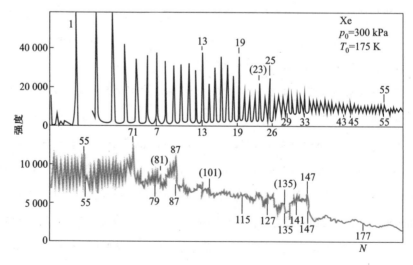

图 19-19 氙（Xe）簇的质谱

由图可见，在原子数为13，19，25，55，71，87，147等处有峰值，表明这些团簇特别稳定．上面这些特殊的数目称为幻数（magic number）．不同的原子或分子构成的团簇的幻数是不同的，下面是一些团簇的幻数．

K：2，8，20，40

Ar：3，14，16，19，21，23，27

C：20，24，28，32，36，50，60，70，240，540

可以想见这些数与某种壳层模型相联系，反映团簇构成上的差异．由此可由质谱认证团簇的形成，而质谱的丰度分布可以反映出团簇的热力学稳定性．

图19-20　C_{60}的空间构形

C_{60}和C_{70}是最稳定的团簇的一类．C_{60}是由60个碳原子构成的形状类似足球的结构，由于与建筑师富勒（Buckminster Fuller）设计的圆顶结构相像，称为巴基球或富勒球．如图19-20所示，所有的碳原子都处在由20个正六角环和12个正五角环围成的三十二体的顶角上，相邻的碳原子之间以共轭双键结合，近似球状结构的笼内笼外都存在π电子云．这样一个三维空间的芳香族分子及其诸多的衍生物为碳化学打开了一个新天地，也给固体物理学和材料科学的发展提供了一个新领域．

团簇的制备通常有离子溅射、激光蒸发、气体放电等方法．

2. 纳米材料

纳米材料的尺度在$1 \sim 100\,nm$之间．促进纳米材料发展的主要原因是微电子器件的发展．大规模集成电路中，元件尺寸由毫米到微米时，仍可运用传统的理论框架和技术手段；而从微米进入到纳米则需要研究新效应、新概念和新技术，需要发展相应的理论．因此，纳米科学和技术应运而生．

纳米功能薄膜是一类重要的纳米材料．目前的纳米功能薄膜有两类：① 含有原子团的薄膜，或称为原子团－基质薄膜；② 空间厚度为纳米尺寸的薄膜．

原子团具有显著的尺寸效应和特殊的光学、电学特性，但它置于空气中时不稳定，因而限制了其应用．若将原子团置于基质中，处于一种稳定环境中就会具有稳定的性能，而且原子团与周围基质会构成具有一定功能特性的体系，可以用来制作功能器件．在这类薄膜中，镶嵌的原子团可以是半导体原子团，也可以是金属原子团．不同的原子团，不同的基质，会组成性能各异的功能材料．

纳米尺寸厚度的薄膜也具有某些优异的特性．如在高密度信息存储薄膜的研究中，要求其存储能力强，读写速度快，这相应于小的操作信号电流和载流子的输运距离，因此应是纳米级厚度的晶体薄膜，具有完善的表面和界面．

有一类具有纳米特征结构的固态材料，在其中原子团仍保持其结构．这可以通过先制备某种材料的原子团，再堆压成块体，或将原子团打入某种固体材料中来制备．如果纳米结构是晶粒，则由于晶粒间的界面的存在，界面对材料的结构和特性的影响具有重要作用．这是一种既不同于晶态也不同于非晶态的固体材料．

纳米结构多层膜的研究已用于半导体器件、磁性多层膜等．利用这种多层膜的低维量子态，已研制出了多种电子和光学器件，如高速场效应晶体管、高效激光器以及非线性激光器和发光二极管等．

*19-3 激光

激光（Laser）是受激辐射光放大（light amplification by stimulated emission of radiation）的简称，它是基于受激辐射和光放大原理而产生的一种相干光辐射．诞生于1960年的世界上第一台激光器为红宝石激光器，照片如图19-21．由此开创的激光技术已经极其广泛地应用于科学技术乃至日常生活中，例如计算机的光驱、激光唱机，医学上的激光手术刀和光纤探视，工业上的打孔、切割、焊接，以及精密测距，全息照相，条形码，激光聚变，等等．

图19-21　T.Maiman和他的红宝石激光器

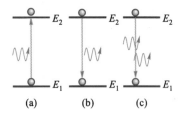

图19-22　受激吸收（a）、自发辐射（b）和受激辐射(c)

19-3-1　受激吸收、自发辐射和受激辐射

光和原子的相互作用可能引起受激吸收、自发辐射和受激辐射三种跃迁过程．我们以原子中的两个能级（高能级 E_2 和低能级 E_1）为例来加以说明．

处于低能级 E_1 上的原子，受到频率为 ν 的光照射时，如果满足 $h\nu = E_2 - E_1$，就有可能吸收光子向高能级 E_2 跃迁，这种过程称为受激吸收（stimulated absorption），如图19-22（a）所示．

处于高能级 E_2 上的原子是不稳定的，会自发地向低能级 E_1 跃迁，并辐射出一个能量为 $h\nu = E_2 - E_1$ 的光子，这称为自发辐射（spontaneous emission），如图19-22（b）所示．普通光源的发光属于自发辐射．自发辐射是一个随机过程，各个原子自发地、各自独立地发射光子，光子之间的相位、偏振态和传播方向等都没有确定的关系，因此，普通光源的光不是相干光．

处于高能级 E_2 上的原子，如果受到能量为 $h\nu = E_2 - E_1$ 的外来光子的诱发作用，也可能向低能级 E_1 跃迁，同时发射一个与外来光子频率、相位、偏振态和传播方向都相同的光子，这称为受激辐射（stimulated emission），如图19-22（c）所示．若有许多个这样的高激发态原子，则受激辐射产生的两个全同光子又会引起其他两个高激发态原子受激辐射而产生四个全同光子，这四个全同光子又会引起受激辐射而得到八个全同光子……，这种增殖过程继续下去，就能得到大量特征相同的全同光子，也就实现了光放大．由于这些光子的频率、相位、偏振态及传播方向都相同，故受激辐射的光是相干光.

思考题 19.10：受激辐射与自发辐射有何不同？

19-3-2 粒子数反转

在光和原子系统相互作用时，受激吸收、自发辐射和受激辐射三种跃迁过程是同时存在的. 对于一个包含大量原子的系统，只有当受激辐射占优势时才可能实现光放大. 然而，按照玻耳兹曼分布，在温度为 T 的平衡态下，处于能量为 E 的状态的原子数 N 正比于 $e^{-E/kT}$（k 是玻耳兹曼常量），即处于能级 E_1 和 E_2 的原子数 N_1 和 N_2 之比为 $N_2/N_1 = e^{-(E_2-E_1)/kT}$. 这种分布称为正常分布. 在正常分布时处于高能级上的原子数远远小于低能级上的原子数，例如室温下 $T = 300$ K，设 $E_2-E_1 = 1$ eV，可以估计出 $N_2/N_1 \sim 10^{-40}$. 因此，正常分布下将是吸收和自发辐射占优的过程，也就是说不会出现光放大. 要使受激辐射占优从而实现光放大，必须使处在高能级上的原子数大于低能级上的原子数. 这种分布和正常分布相反，称为粒子数反转（population inversion）分布，或"负温度"分布.

要实现粒子数反转，首先要选取适当的工作物质. 我们知道，处于高能级（为激发态）的原子一般是不稳定的，平均寿命约为 10^{-8} s，但有些物质中存在平均寿命长得多的能级，称为亚稳态（metastable state）能级，其寿命可达 $10^{-3} \sim 1$ s 的数量级. 具有亚稳态的物质有可能实现粒子数反转，从而实现光放大. 我们把能够实现粒子数反转的物质称为激活介质（active medium），或称为工作介质. 其次，要实现粒子数反转，还必须从外界输入能量，使激活介质有尽可能多的原子吸收能量跃迁到高能级上去. 这种能量供应过程称为激励或抽运（pumping），通常有光学激励、气体放电激励、化学激励等方式. 红宝石激光器是光学激励的例子，常见的 He-Ne 激光器采用的则是气体放电的激励方式.

利用激励能源可以把原子从低能级抽运到高能级. 然而，如果受激吸收、自发辐射和受激辐射三种跃迁过程仅仅发生在原子的两个能级之间，则可以证明受激吸收和受激辐射的概率相等，考虑到还有自发辐射存在，这样的系统也不能实现粒子数反转. 可见，双能级系统不能作为激光器的工作物质. 实际激光器的工作物质常采用三能级或四能级系统.

上面的讨论不仅仅限于原子，对于分子、晶体中的离子等能级系统都是成立的. 红宝石（Al_2O_3:Cr）是掺入少量铬离子（Cr^{3+}）的三氧化二铝晶体，红宝石激光器涉及的三能级系统如图 19-23 所示. 当用氙灯所发出的强光将铬离子激发到能级 E_3 后，由于寿命很短，它很快经过无辐射跃迁到达亚稳态 E_2 能级上. 亚稳能级 E_2 允许离子停留较长时间，可以使处于该能态的粒子数超过 E_1 能级上的粒子数从而实现粒子数反转. 此时 E_2 到 E_1 的自发辐射引起受激辐射，就会实现光放大产

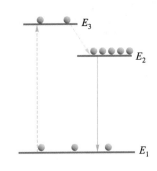

图 19-23　三能级示意图

生激光.由于E_1上的粒子数也较多,所以外界的抽运能力必须很强才能实现粒子数反转.这一缺点导致三能级系统的激光器效率不高,克服的途径是采用四能级系统.

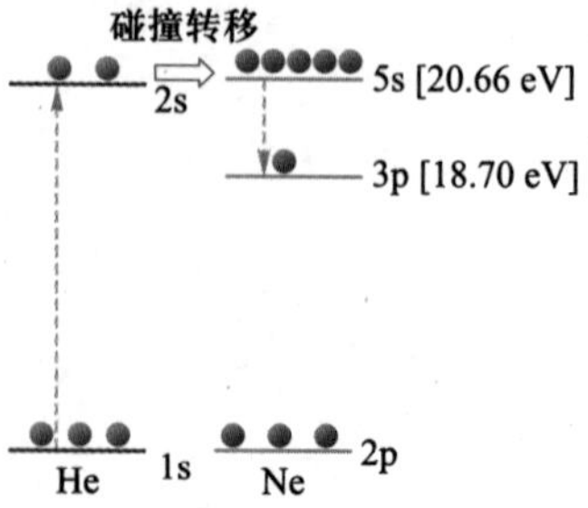

He-Ne激光器和CO_2激光器都是四能级系统.以常见的He-Ne激光器为例,它以氦(He)和氖(Ne)按一定比例(约4~10:1)混合作为工作物质封装在玻璃管中,这里Ne是激活介质,它最强的输出波长为632.8 nm、1.15 nm和3.39 nm.其中与632.8 nm的辐射波长相关的四能级系统如图19-24所示.图中,He的2 s能级和Ne的5s能级都是亚稳态.当激光管两端的电极上加上千伏的高压时,就会产生气体放电.在气体放电过程中先是He原子与电子、离子碰撞被激发到亚稳态2s,其能量(20.61 eV)与Ne的5s态的能量(20.66 eV)相近,当处于2s态的He原子和Ne原子碰撞时,能够把能量全部交给Ne原子,使Ne原子从基态激发到亚稳态5s能级上,由于激发态3p的寿命比亚稳态5s短得多,从而形成这两个能级之间的粒子数反转.这两个能级受激辐射就会产生能量为1.96 eV即波长为632.8 nm的红色激光.四能级系统中,粒子数反转的两个能级中的低能级是激发态,而在三能级系统中为基态.由于激发态上的粒子数远小于基态上的粒子数,因此四能级系统比三能级系统更容易实现粒子数反转.

思考题19.11:什么叫粒子数反转?如何实现?

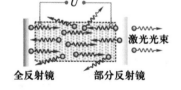

图19-24 He-Ne激光的四能级示意图

19-3-3 光学谐振腔

在能够实现粒子数反转的工作物质中,除受激辐射外还有自发辐射.自发辐射是随机的,所辐射的光是不相干的,以它们为受激源产生的光放大之间也是不相干的,因此还不能得到相位、偏振态和传播方向都一致的相干光.为了得到好的相干光输出,常采用光学谐振腔(optical cavity)这一装置.

最常用的光学谐振腔,是在工作物质的两端放置一对相互平行的反射镜,这两个反射镜可以是平面镜、凹面镜或凸面镜等,其中一个是全反射镜,另一个是部分反射镜,如图19-25所示.这样从工作物质中辐射出来的光子,凡偏离谐振腔轴线方向运动的光子,或直接溢出腔外,或经过几次来回反射最终溢出腔外,只有沿轴线方向运动的光子,在腔内来回反射经过工作物质产生连锁的光放大,最后从部分反射镜射出方向性很好的激光束.

光学谐振腔的另一个主要作用是选频.腔内沿轴线方向传播的光在两个反射镜之间来回反射,由于工作物质对光的吸收和散射以及反射镜的吸收和透射等造成的各种损耗,使得不满足驻波条件的光会很快衰减而被淘汰,满足驻波条件的光在腔中形成稳定的振荡,并且不断放大,当光强达到阈值条件时就会输出激光.由驻波条件$L = k\lambda/2n$可以得到激光输出的频率为

图19-25 谐振腔对光束方向的选择性

全反射镜　　部分反射镜

$$\nu_k = k\frac{c}{2nL} \qquad (19-22)$$

其中 L 为谐振腔长度，n 为介质折射率，k 为整数，c 为光速．每一个谐振频率 ν_k 称为一个纵模（longitudinal mode）．因为纵模的光谱线很窄，所以激光的单色性很好．激光可以多纵模输出，也可以实现单纵模输出．与纵模相对应的还有横模（transverse mode）．激光的横模是指谐振腔内光场沿横向的稳定分布．把激光束投射到屏上可以观察到激光的横模，它可能是个圆斑，也可能是几个花瓣或别的样式．

激光器主要由上面所述激励能源、工作介质和谐振腔三部分组成，如图 19-26 所示．按工作介质不同，可以将激光器分为固体激光器、气体激光器、液体激光器、半导体激光器以及自由电子激光器等．激光具有的高定向性、高单色性、高亮度、高相干性等特点，使其具有极其广泛的应用．

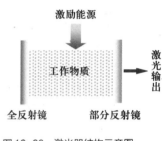

图 19-26　激光器结构示意图

┃ 思考题 19.12：光学谐振腔的作用是什么？

*19-4　宏观量子现象

19-4-1　A–B 效应

电磁场可以从动力学角度用电场强度 E 和磁感应强度 B 来描述，也可以从能量和动量角度用标势 φ（与电势 U 相对应）和矢势 A 来描述．标势 φ 和矢势 A 构成四维电磁势 (A,φ)，处于电磁场中的电荷 q 具有的电磁动量和能量分别为 qA 和 $q\varphi$．由电磁势可以通过如下关系确定 E 和 B：

$$B = \nabla \times A, \quad E = -\nabla\varphi - \frac{\partial A}{\partial t} \qquad (19-23)$$

虽然标势 φ 具有明确的物理意义，但在很长时间内并没有获得对矢势 A 的实验观测，所以只是把 A 和 φ 当作辅助量对待，而把可观测的 E 和 B 当作基本物理量．

由式（19-23）可知，在 A 和 φ 不为零的区域 E 和 B 可以为零．例如，通电长直螺线管外区域 $B = 0$，但 $A \neq 0$，因此通过包围螺线管的闭合回路 C 的磁通量

$$\Phi = \int_\sigma B \cdot \mathrm{d}S = \int_\sigma (\nabla \times A) \cdot \mathrm{d}S = \oint_C A \cdot \mathrm{d}l \neq 0$$

上式运用了矢量积分变换的斯托克斯公式，σ 为闭合回路 C 包围的面积．1959 年，阿哈罗诺夫（Y. Aharonov）和玻姆（D. Bohm）从理论上指出，即使在电子的运动路径上 E 和 B 为零，但只要 φ 和 A 不为零，也会使电子波函数的相位发生变化，并

且可以通过电子波的干涉来观察，这就是著名的A–B效应.

以m_e和q分别表示电子质量和电荷量，注意到其势能为$q\varphi$，动量为机械动量$\boldsymbol{p}=m_e\boldsymbol{v}$与电磁动量$q\boldsymbol{A}$之和，则其能量为$(\boldsymbol{p}-q\boldsymbol{A})^2/2m_e+q\varphi$. 注意机械动量$\boldsymbol{p}$的算符为$(-\mathrm{i}\hbar\nabla)$，可写出相应的薛定谔方程为

$$\mathrm{i}\hbar\frac{\partial\Psi}{\partial t}=\frac{1}{2m_e}(-\mathrm{i}\hbar\nabla-q\boldsymbol{A})^2\Psi+q\varphi\Psi \qquad (19\text{--}24)$$

不难验证该方程的解为

$$\Psi(\boldsymbol{r},t)=\mathrm{e}^{\mathrm{i}\phi}\Psi_0(\boldsymbol{r},t) \qquad (19\text{--}25)$$

其中$\Psi_0(\boldsymbol{r},t)$为无电磁场时的电子波函数，而

$$\phi=\frac{q}{\hbar}\left[\int_{r_0}^{r}\boldsymbol{A}\cdot\mathrm{d}\boldsymbol{r}-\int_{t_0}^{t}\varphi\mathrm{d}t\right] \qquad (19\text{--}26)$$

是电子波函数的相位从初态到末态的变化. 这一相位的变化可以引起电子波的干涉.

如图19-27所示的电子双缝实验，电子束由S出发，经缝Ⅰ和Ⅱ到达屏上P点. 如果在紧靠两缝后放一通电密绕长螺线管，则磁场引起的通过两个缝到达屏上P点的电子波函数的相位差仅与矢势$\boldsymbol{A}$有关，为

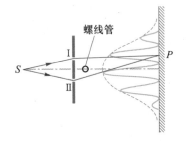

螺线管

图19-27　磁A–B效应示意图

$$\Delta\phi=\phi_1-\phi_2=\frac{q}{\hbar}\left[\int_{S\mathrm{I}P}\boldsymbol{A}\cdot\mathrm{d}\boldsymbol{r}-\int_{S\mathrm{II}P}\boldsymbol{A}\cdot\mathrm{d}\boldsymbol{r}\right]=\frac{q}{\hbar}\oint_C\boldsymbol{A}\cdot\mathrm{d}\boldsymbol{r}=\frac{q}{\hbar}\Phi \qquad (19\text{--}27)$$

其中C代表闭合回路$S\mathrm{I}P\mathrm{II}S$. 因此，可以控制穿过回路C的磁通量Φ来改变相位差，从而实现干涉图样的平移. 1960年，钱伯斯（R. G. Chambers）在实验中观测到了这种条纹移动，从而证实了A–B效应.

以上讨论的实验属于磁A–B效应. 关于标势的时间积分所引起的相位改变，即电A–B效应，这里不再详述. A–B效应得到实验证实，充分肯定了矢势$\boldsymbol{A}$和标势φ是比场强$\boldsymbol{E}$和$\boldsymbol{B}$更为基本的物理量.

1984年，阿哈罗诺夫和卡舍（A. Casher）提出了A–B效应的对偶效应A–C效应，即具有磁矩的中性粒子（如中子）可以受到电场的影响，粒子通过电场时有相位变化.

19-4-2　超流

在19-1-6中讨论了近独立粒子系统的三种分布. 那么，在什么情况下可以看作是经典粒子，在什么情况下必须考虑粒子的波动特性而采用量子分布呢？若令粒子动能$\dfrac{p^2}{2m}=\dfrac{3}{2}kT$，按照德布罗意关系$\lambda=\dfrac{h}{p}$，当粒子运动的空间尺寸$a$与波长$\lambda$可以比拟或更小，即$\lambda\geqslant a$时波动性明显，此时系统温度$T$应满足条件

$$T \leqslant \frac{h^2}{3mka^2} \equiv T_0$$

若体积 V 内粒子数为 N，则可近似取 $a = (V/N)^{1/3}$。可见 T_0 随粒子数密度 N/V 的增大而增大。这里的粗略演算用到了能量均分定理，由严格的推导可得

$$T_0 = \frac{h^2}{2\pi mk}\left(\frac{N}{V}\right)^{2/3}$$

T_0 称为简并温度，它与粒子质量成反比，与粒子数密度的2/3次方成正比。$T \leqslant T_0$ 称为简并条件。可见在温度 T 低于简并温度 T_0 时，必须考虑粒子的量子力学特征而采用量子统计。对于电子，m 约为 10^{-30} kg，可估计出固体或液体中自由电子的 T_0 约为 10^4 K，因此通常温度下总满足简并条件；原子的质量比电子高3个数量级，T_0 约为 1/1000，故 $T_0 \sim 10$ K，对于气体中的分子或原子，N/V 很小，T_0 也很小，因此，一般温度下原子分子可用经典统计处理，只有在低温下才满足简并条件；光子的频率或波长与温度 T 无关，在任何情况下都要考虑波动性。可见，对于光子、金属中的自由电子以及较低温度下固体或流体中的原子运动，都要用量子统计。特别是，在低温下的流体（气体或液体），原子的质量越小量子特征越显著。所以，原子质量小的 ^{4}He 与 ^{3}He 液体就成为量子液体的重要候选对象。^{4}He 液体服从玻色统计，^{3}He 液体服从费米统计。

液态 ^{4}He 在温度 T 为 2.17~4.2 K（沸点）时称为 ^{4}He I，它具有普通液体的性质；而在 $T < 2.17$ K 时称为 ^{4}He II，^{4}He II 的特征在于液体的黏性消失，从而具有和普通液体很不相同的性质。例如，将 ^{4}He II 盛在开口烧杯中，它可以沿烧杯内壁形成液膜爬出并流尽；又如 ^{4}He II 可以无阻尼地通过毛细管道流动，在一定条件下甚至可以像喷泉那样流出管外。这就是超流（superfluid）现象。图19-28 是 ^{4}He 的超流喷泉照片。

图19-28　^{4}He 的超流喷泉照片

超流现象是一种宏观状态下的量子现象。^{4}He 是玻色子，遵从量子统计的 B–E 分布，一个能级可以容纳任意多个原子。当温度降低到温度 $T_c = 2.17$ K 以下时，宏观上有一部分 ^{4}He 原子凝聚在基态，从而使系统的某些物理性质发生跃变。这种现象称为玻色–爱因斯坦凝聚（Bose-Einstein condensation），T_c 称为凝聚温度或临界温度。随着温度的下降，基态上粒子数继续增大。在 0 K 时，所有 ^{4}He 原子都将凝聚在基态能级上。这是玻色子系统的重要特性。注意这里所谓的"凝聚"，是指运动状态的"凝聚"（各个粒子"抱成一团""统一行动"），而不是在坐标空间的凝聚。在玻色凝聚后的原子系统中，所有原子仿佛联结成一个整体，具有相同的能量和动量，出现整体运动，可以看作一个宏观尺度的"原子"。

超流体这个宏观尺度的"原子"可以用一个统一的宏观波函数来描述，写成 $\Psi = \sqrt{\rho}\mathrm{e}^{i\theta}$，$\rho$ 是超流体的密度（$\rho = \Psi^*\Psi$），θ 为其相位。超流体这一整体的相位一致，

表明超流态是长程有序的宏观量子状态. 实验还证明, 与原子中电子轨道的量子化条件相似, 超流体中动量的环流也是量子化的, 即 $\oint \boldsymbol{p} \cdot \mathrm{d}\boldsymbol{l} = n\hbar$ ($n = 1,2,\cdots$). 可见超流体具有不连续的量子态. 如果超流体的动量为某个不为零的值, 要改变它的动量将十分不易, 因为所有原子的动量均需作等量的量子跃迁才行. 这说明超流态不会发生动量输运, 宏观上表现为超流体黏性的消失.

19-4-3 超导

1911年荷兰物理学家昂内斯 (H. K. Onnes) 在研究低温下汞的电阻特性时, 发现当温度降低到大约 4.2 K 时汞的电阻突然降为零. 昂内斯首先把这种物质在一定温度下呈现出的电阻完全消失的性质称为**超导电性** (superconductivity), 具有超导电性的物质称为**超导体** (superconductor). 人们已经发现不少元素、合金和金属化合物等都会出现超导现象. 昂内斯本人由于液氦的制取和超导现象的研究而在1913年获得诺贝尔物理学奖.

超导体由正常态转变为超导态的温度 T_c 称为**临界温度** (critical temperature), 只有当温度低于 T_c 时, 才出现超导现象. 实验还发现, 当外加磁场超过某一场强 B_c 时超导态将被破坏. B_c 称为**临界磁场** (critical magnetic field). 临界磁场与温度有关, 可近似地用公式表示为

$$B_\mathrm{c}(T) = B_\mathrm{c}(0)\left[1 - \left(\frac{T}{T_\mathrm{c}}\right)^2\right] \qquad (19\text{-}28)$$

式中 $B_\mathrm{c}(T)$ 和 $B_\mathrm{c}(0)$ 分别为温度为 T 和 0 K 时的临界磁场. 图19-29是汞的 $B_\mathrm{c}(T)$-T 曲线, 曲线内侧是超导态. 不同超导体的 T_c 和 $B_\mathrm{c}(0)$ 不同, 表19-5给出了一些超导元素的 T_c 和 $B_\mathrm{c}(0)$ 值. 临界磁场的存在, 限制了超导体中能够通过的电流, 当超导体中的电流在其内部产生的磁场超过临界磁场时, 超导电性就会被破坏.

在超导态时, 超导体内没有电阻, 不存在电流的热损耗. 若用这样的超导体组成一闭合回路, 一旦回路内激发起电流, 此回路内的电流将长久地维持下去. 由于超导体的电阻为零, 电流在超导体内流动时也不存在电势差, 整个超导体是一个等势体. 这样, 在超导体内不存在电场, $\boldsymbol{E} = 0$, 由电磁感应定律, 应有

$$\oint_L \boldsymbol{E} \cdot \mathrm{d}\boldsymbol{l} = -\int_S \frac{\partial \boldsymbol{B}}{\partial t} \cdot \mathrm{d}\boldsymbol{S}$$

这就是说, 超导体处于超导态时, 其内部的磁场不随时间变化. 若把处于超导态的超导体放到外磁场中, 只要外磁场比临界磁场小, 超导体内的磁场仍然为零. 这就好像穿过超导体的磁感线被排斥到超导体外面去了. 这称为**迈斯纳** (W. Meissner) **效应**, 它表明, 处于超导态的超导体具有完全的抗磁性. 造成超导体完全抗磁性的原因来自超导体表面的感应电流, 与一般抗磁体感应电流来自束缚在原子中的

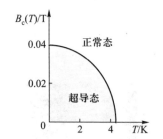

图19-29 汞的 $B_\mathrm{c}(T)$-T 曲线

表19-5 一些超导元素的 T_c 和 $B_\mathrm{c}(0)$

元素	T_c/K	$B_\mathrm{c}(0)$/mT
Al	1.14	10.5
Ti	0.39	10.0
V	5.38	142
Zn	0.875	5.3
Ga	1.09	5.1
Nb	9.50	198.0
Tc	7.77	141.0
Cd	0.56	3.0
In	3.40	29.3
Sn	3.72	30.9
La	6.00	110.0
Ta	4.48	83.0
W	0.012	0.107
Hg	4.153	41.2
Pb	7.193	80.3
Th	1.368	0.162

电子的轨道运动不同，表面超导电流产生的附加磁场与超导体内的外磁场完全抵消．超导体的完全抗磁性可由如图19-30所示的磁悬浮现象演示出来．图中下面为置于液氮中处于超导态的超导体，上面为小的永磁体，由于超导电流产生的磁场与永磁体的磁场方向相反，这个磁场斥力与重力平衡而使小磁体悬浮在空中．

图19-30 超导磁悬浮

零电阻特性和完全抗磁性是超导电性的两个基本特征．人们发现超导现象以来，将近半个世纪都一直未能建立微观理论加以解释．早就有人猜测，超导电性是一种电子液体的超流．但是，电子是费米子，不会出现玻色凝聚．这个难题直到1957年三位美国物理学家巴丁（J. Bardeen）、库珀（L. N. Cooper）和施里弗（J. R. Schrieffer）共同提出超导态的微观理论（简称BCS理论）以后才得到解决，他们也因此获得1972年度诺贝尔物理学奖．

大家知道，金属中的原子离解为带负电的自由电子和带正电的离子，离子排列成周期性的晶格．在温度$T>T_c$的情况下，自由电子在金属导体中运动时与晶格上的离子发生碰撞而散射，这是金属导体具有电阻的原因．在温度$T<T_c$的情况下，自由电子在晶格中运动时由于异号电荷间的吸引力作用，影响了晶格的振动，从而使晶体内局部区域发生畸变．晶体内部的畸变可以像波动一样从一处传至另一处．从量子观点来看，光子是光波传播过程中的能量子，而在晶体中由晶格的振动而产生晶体畸变传播的能量子是一种准粒子，称为声子（phonon）．声子可被晶体中另一自由电子吸收．于是一个自由电子的运动就影响另一个自由电子的运动．电子与振动晶格的相互作用中，两个自旋相反、动量相等且反向的电子可以通过与声子的相互作用而联系在一起，这种通过交换声子而使两个电子结合成的电子对称为库珀对（Cooper pair），它具有零自旋，是准玻色子，能发生玻色凝聚．因此超导电流其实是由电子对组成的"电子液的超流"．当温度$T<T_c$时，金属内的库珀对开始形成，并都以相同大小和方向的动量运动．因为通常的散射过程不能传递足够的能量打破电子对，所以电子对流动时阻力减小．由于这种电子的耦合尺寸相当大，约比晶格间距大1万倍，远大于不同电子对之间的平均距离，实际上，这些库珀对相互重叠，互相渗透，而且超导体内库珀对的数量十分巨大，并都朝同一方向运动，所以形成几乎没有电阻的超导电流．当温度$T>T_c$时，由于电子对被激发而拆散，超导态就转化为通常的导电态了．应当指出，上述讨论只是对直流电流而言的，当超导体中有交变电流通过时，还是有一定电阻的．

^{3}He原子也是费米子，两个^{3}He配成玻色子的超流态于1972年在2 mK的极低温下被发现．但与库珀电子对的总角动量为零不同，两个^{3}He配成的原子对的总角动量不为零，因而是各向异性的超流体（^{4}He是各向同性的超流体），而且存在两种超流相．类似的配对，有可能存在于中子之间，在中子星内的中子物质可能是超流体．中子超流体的T_c可高达$10^8 \sim 10^{10}$ K．

此外，超导态的环状导体中（超导电流做环形流动）还有磁通量子化现象．虽然超导体把磁场从体内排斥出来，但磁场可以从超导圆环的中央穿过．由A-B效应的讨论可知，与超导态（为库珀对的电子波）相联系的相位随圆环上的位置而变化．绕圆环一周相位改变为$q\Phi/\hbar$，这里Φ为圆环所包围的面积上的磁通．根据电子对波函数单值性的要求，应有

$$q\Phi/\hbar = 2e\Phi/\hbar = 2n\pi \quad （n为整数）$$

可见，穿过超导圆环中央的磁通Φ是量子化的，为

$$\Phi = n(h/2e) = n\Phi_0 \tag{19-29}$$

式中$\Phi_0 = h/2e = 2.07 \times 10^{-15}\,\mathrm{Wb}$，称为磁通量子．这种外加磁场的量子化现象于1961年为实验所证实．

超导环电流一旦产生，就会出现电流的持续流动．与超流中涉及大量原子"抱团"的整体运动一样，要使电流发生变化，必须使磁通发生跃迁，所涉及的能量远远超过低温下kT的量级．因此，超导态下电荷持续流动十分稳定，很难衰减．

如果在两层超导体之间夹一层很薄（约$1\,\mathrm{nm}$）的氧化物绝缘层，就构成了约瑟夫森结．1962年，英国物理学家约瑟夫森（B. D. Josephson）预言，超导电子（库珀对）流由于量子隧道效应能够越过约瑟夫森结，这在1964年被实验证实，所以称为约瑟夫森效应（Josephson effect）．

把两个约瑟夫森结并联起来，还可以制成一种超导量子干涉器件（SQUID）．如图19-31所示，电流I在a处分为I_1和I_2，它们经过的两个约瑟夫森结（图中J_1和J_2）有点像电子双缝干涉系统中的两个缝，这样当穿过SQUID的磁通Φ发生变化时，由于两条支路中电子对的相位差随之改变，在b处总电流$I = I_1 + I_2$也将变化，其关系为

$$I = I_{max}\cos\frac{e}{\hbar}\Phi \tag{19-30}$$

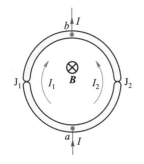

图19-31 超导量子干涉器件

I-Φ的关系类似双缝干涉，当$\Phi = n\Phi_0(n = 0, \pm1, \pm2, \cdots)$时，$I$为最大，如图19-32所示．由于磁通量子$\Phi_0$很小且有较精确的公认值，因此SQUID常用于磁场的精确测量．

图19-32 量子干涉图样

| 思考题19.13：是否只有在微观世界才会出现量子现象？

习 题

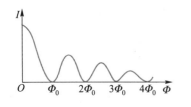

习题参考答案

19.1 设氢原子处于$l = 3$状态，求轨道角动量$\boldsymbol{L}$的大小，$\boldsymbol{L}$在z轴上的投影值及与z轴的夹角．

19.2 求分别处于 2p 态和 3s 态的氢原子的轨道角动量的 z 分量的可能值.

19.3 处于第五激发态（$n = 6$）的氢原子发出波长为 1090 nm 的光子后,电子可能具有的最大轨道角动量为多少?

19.4 已知氢原子的基态波函数为 $\sqrt{\dfrac{1}{\pi a_0^3}} e^{-r/a_0}$,求出基态电子的最概然半径（即出现概率最大的半径）和平均半径,写出电子位于半径为 r 的球内的概率的积分式.

*19.5 （1）氢原子处于主量子数为 n 的状态,证明其电子的经典禁区（$E<V$）为 $r>2a_0 n^2$;（2）氢原子分别处于基态和 $n = 2$,$l = 1$ 态,计算其中电子出现在经典禁区的概率.

19.6 设氢原子从 2p 态跃迁到 1s 态时辐射出的光子频率为 ν_0. 现加上均匀外磁场 $\boldsymbol{B}$,
（1）2p 态电子轨道角动量相对磁场的可能取向有几个? 它们与外磁场的夹角的余弦分别为多少? *（2）已知电子的轨道磁矩 $\boldsymbol{\mu} = -\dfrac{e\boldsymbol{L}}{2m_e}$,$\boldsymbol{\mu}$ 与外磁场间的相互作用能 $W = -\boldsymbol{\mu} \cdot \boldsymbol{B}$,试画出由此产生的能级分裂和可能的跃迁; *（3）求这些跃迁辐射的光子频率.

19.7 （1）当主量子数 $n = 6$ 时,角量子数 l 有多少种可能值? 写出可能的角动量大小值;（2）当 $l = 6$ 时,磁量子数 m 的可能取值是什么?（3）若 $l = 4$,则 n 的最小值是多少?（4）使角动量的 z 分量为 $4\hbar$ 的 l 的最小值是多少?

19.8 电子的总角动量等于其轨道角动量和自旋角动量之和 $\boldsymbol{L} + \boldsymbol{S}$. 求处于 d 轨道上的电子的总角动量在 z 轴上投影的可能值.

19.9 （1）$n = 3$ 的壳层内有几个支壳层,各支壳层内分别可容纳多少个电子?（2）量子态 $n = 3$ 上允许填充的电子数为多少?（3）用四个量子数（n, l, m, m_s）表示出所有 $n = 3$,$m_s = 1/2$ 的电子态.

19.10 某原子处于基态时电子刚好填满 L 壳层. 写出其电子组态,它是什么元素的原子?

19.11 写出硼（B,$Z = 5$）,硅（Si,$Z = 14$）,氩（Ar,$Z = 18$）,溴（Br,$Z = 35$）各原子在基态时的电子组态.

*19.12 一体系中有 3 个近独立的全同粒子,可能的单粒子态有三种. 试就粒子可分辨、全同玻色子和全同费米子三种情况,列表给出这三种粒子在三个单粒子态上的分布情况,可能的微观态各有多少种? 宏观态各有几种?

*19.13 氧分子的转动光谱相邻两谱线的频率差为 8.6×10^{10} Hz,试由此求氧分子中两原子的间距. 已知氧原子的质量为 2.66×10^{-26} kg.

*19.14 CO 分子的键合弹性系数 $\alpha = 187$ N/m,C 和 O 原子的质量分别为 $m_C = 1.99 \times 10^{-26}$ kg 和 $m_O = 2.66 \times 10^{-26}$ kg. 试计算:（1）原子相对振动的频率;（2）分子振动的零点能和能级间距;（3）设大量 CO 分子处于温度为 3000 K 的平衡态,求处于振动能级的基态与第一激发态上的分子数之比（提示:折合质

量 $\mu = \dfrac{m_O m_C}{m_O + m_C}$ ）.

*19.15 由 N 个原子组成的晶体中，其 2p 能带能容纳多少个电子？

*19.16 硅与金刚石的能带结构相似，只是禁带宽度不同. 已知硅的禁带宽度为 1.14 eV，金刚石的禁带宽度为 5.33 eV，试问：（1）室温下（300 K）禁带顶与底的能级上的电子数的比值对硅和金刚石分别约为多少？（2）它们能吸收或辐射的最大波长各是多少？

*19.17 KCl 晶体在已填满的价带之上有一个 7.6 eV 的禁带. 对波长为 140 nm 的光来说，此晶体是透明的吗？

*19.18 产生激光的原理是什么？实现粒子数反转的条件是什么？激光器主要由哪几部分组成？光学谐振腔的作用是什么？

19.19 CO_2 激光器所发波长 $\lambda = 10.6$ μm.（1）求该波长对应的能级差；（2）求在温度为 300 K 的平衡态下，处于这两个能级上的分子数的比（高能级分子数/低能级分子数）；（3）该激光器工作时，假设高能级上的分子数比低能级多 1%，则与此粒子数反转对应的热力学温度是多少？

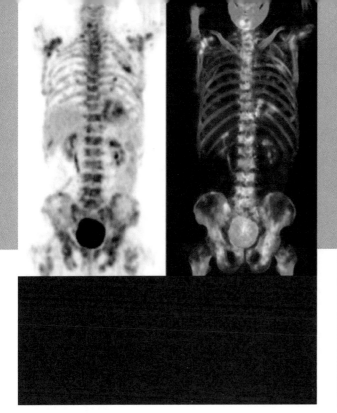

正电子发射层析术（positron-emission tomography, PET）是利用 ^{18}F、^{13}N、^{11}C 等超短半衰期同位素作为示踪剂注入人体，它们参与体内生理生化代谢过程，所发射的正电子与体内的负电子结合释放出一对 γ 光子，探测 γ 光子可以得到活体断层图像．图中 PET/CT 显示了一位患者的肿瘤（深色部分）在全身的分布情况．

*20

原子核简介

20-1　原子核的一般性质
20-2　核衰变与核反应

思考题解答

　　原子核的概念是卢瑟福（E. Rutherford）在 1911 年 α 粒子（即氦核）散射实验中建立的．原子核的线度比原子小 5 个数量级，却集中了原子的全部正电荷和几乎全部质量．1919 年，卢瑟福第一次用 α 粒子轰击氮核实现了原子核的人工转变，同时发现了质子；此后，1932 年英国物理学家查德威克（J.A.Chadwick）在 α 粒子轰击铍的实验中发现了中子，由此人们认识到原子核是由质子和中子组成的．

　　大多数原子核并不稳定，它们会放出某种射线而变为另一种元素的原子核．事实上，早在 1896 年法国物理学家贝可勒尔（A.H.Becquerel）就发现了天然放射性现象．此外，原子核还会发生裂变和聚变等核反应．

　　核物理及其应用已经存在于我们的日常生活中．除了核能之外，核技术在检测、考古以及医学等方面都有广泛应用．核医学是现代医学的重要组成部分，它把核技术应用于医学诊断和疾病（特别是癌症）治疗．

　　关于核的知识在中学了解不多．本章也只对原子核的一般性质、原子核衰变以及核反应作简单介绍．

20-1-1 核的组成

1896年，法国物理学家贝可勒尔发现铀和含铀的矿物质能够发出看不见的射线（ray），它能使黑纸包住的照相底片感光. 这种物质发出射线的性质称为放射性（radioactivity）. 此后，法国科学家玛丽·居里（M.S.Curie）和她丈夫皮埃尔·居里（P.Curie）发现了元素钋（Po）和镭（Ra）也具有放射性. 后来又发现，许多元素都具有放射性.

将放射性元素镭放在铅容器中，射线仅从容器的开孔中射出，通过施加磁场则会发现射线分裂为三束，分别称为α射线、β射线和γ射线. 仔细的研究表明，α射线为带正电的高速氦核（α粒子）流，β射线为带负电的高速电子流，γ射线为不带电的光子流.

元素的化学性质取决于原子核外的电子. 实验发现，如果一种元素具有放射性，那么，无论它是以单质还是以化合物形式存在，都具有放射性. 这说明放射性与元素的化学性质无关，即不是来自核外电子，而是来自原子核（nucleus）. 从某些原子核可以辐射出三种射线而不是一种，可以推想原子核具有复杂的结构.

1919年，卢瑟福用镭放射出的α粒子轰击氮核，结果生成了氧核和一种新粒子，根据这种新粒子在电场和磁场中的偏转，测得其质量和电荷量，知道它就是氢原子核，称为质子（proton），并用p表示. 质子带正电，其电荷量与电子电荷量的绝对值e相等. 原子核中并非只有质子，根据大多数原子核的质量与电荷量之比都大于质子质量和电荷量之比的事实，卢瑟福猜测原子核中还存在着另一种不带电的粒子，1932年他的学生查德威克在α粒子轰击铍的实验中发现了这种粒子，它被称为中子（neutron），并用n表示. 海森伯随即提出原子核是由质子和中子组成的，并把质子和中子统称为核子（nucleon）.

如果以Z表示原子核内的质子数，以N表示核内的中子数，则总核子数为$A=N+Z$. 由于中子不带电，故Z也就是原子核电荷数，即质子数为Z的原子核带有Ze的正电荷. 在元素周期表中用不同的元素符号表示Z不同的原子核，Z就是元素的原子序数. 例如，氢$Z=1$，元素符号为H；氧$Z=8$，元素符号为O，等等.

不同原子核的质子数Z和中子数N（或核子数A）不同，我们把各种原子核统称为核素（nuclide）. 任何一种核素都可以表示为$^A_Z X$，其中X代表元素符号，例如，^1_1H、$^{16}_8O$，等等. 质子数Z相同而中子数N（或核子数A）不同的核素互称为同位素（isotopes），它们在元素周期表中占据同一位置，具有相同的化学性质. 例如氢有三种同位素，分别为^1_1H（氢）、^2_1H（氘，记为D）和^3_1H（氚，记为T）. 由于元素符号与质子数Z对应，由元素符号即可知道Z，在核素表示中有时也可以省去Z，例如氢的三种同位素可以分别表示为^{1}H、^{2}H和^{3}H.

20-1-2 核的质量和结合能

在核物理中，常用原子质量单位作为质量单位，简记为u，它是^{12}C原子质量的1/12，2018年的国际推荐值为

$$1\ \mathrm{u} = 1.660\ 539\ 066\ 60（50）\times 10^{-27}\ \mathrm{kg} = 931.494\ 102\ 42（28）\mathrm{MeV}/c^2$$

下面列出一些粒子的质量：

电子：$m_{\mathrm{e}} = 9.109\ 384 \times 10^{-31}\ \mathrm{kg} = 5.485\ 799 \times 10^{-4}\ \mathrm{u} = 0.510\ 999\ \mathrm{MeV}/c^2$

质子：$m_{\mathrm{p}} = 1.672\ 622 \times 10^{-27}\ \mathrm{kg} = 1.007\ 276\ \mathrm{u} = 938.272\ \mathrm{MeV}/c^2$

中子：$m_{\mathrm{n}} = 1.674\ 927 \times 10^{-27}\ \mathrm{kg} = 1.008\ 665\ \mathrm{u} = 939.565\ \mathrm{MeV}/c^2$

由于质子质量m_{p}和中子质量m_{n}近似相等，所以核子数为A的原子核的质量$m_{\mathrm{a}} \approx A m_{\mathrm{p}}$. 核子数$A$也常称为原子核的质量数.

实验表明，大多数原子核近似为球形. 除了核表面附近的区域之外，原子核的质量密度几乎是均匀的，且对不同的元素（Z）其核质量密度近似相等，如图20-1所示. 以R表示原子核半径，ρ表示这个核质量密度值，则有

$$\rho = \frac{A m_{\mathrm{p}}}{4\pi R^3/3}$$

实验测得氢核半径为$R_0 \approx 1.2 \times 10^{-15}\ \mathrm{m}$，于是可求出$\rho \approx 2.3 \times 10^{17}\ \mathrm{kg \cdot m^{-3}}$，即核质量密度相当于人体密度的$10^{14}$倍（这意味着一个乒乓球大小的核其质量将达20亿吨）！由上式可得经验公式

$$R = R_0 A^{1/3} \qquad （20\text{-}1）$$

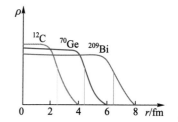

图20-1　核质量密度

例如，${}^{12}_{6}$C的$R \approx 2.7 \times 10^{-15}\ \mathrm{m}$.

思考题20.1：根据式（20-1），可以把核看作是A个硬小球挤在一起形成的，且各种核的密度大致相同，如何理解？

原子核质量$m_{\mathrm{a}} \approx A m_{\mathrm{p}}$，准确的结果似乎是$m_{\mathrm{a}} = Z m_{\mathrm{p}} + N m_{\mathrm{n}}$，但事实却并非如此. 原子核质量一般总是小于构成它的核子质量，即$m_{\mathrm{a}} < Z m_{\mathrm{p}} + N m_{\mathrm{n}}$. 最简单的例子如氘核，它由一个质子和一个中子组成，$m_{\mathrm{p}} + m_{\mathrm{n}} = 2.015\ 941\ \mathrm{u}$，但氘的质量$m_{\mathrm{D}} = 2.013\ 553\ \mathrm{u}$. 究其原因是核子结合成原子核时会有能量释放出来而造成质量亏损. 这种把核子结合在一起形成原子核所释放的能量称为原子核的结合能（binding energy），用E_{b}表示. 原子核的结合能E_{b}在数值上等于将原子核"击碎"为单个核子所需的能量. 根据质量亏损$\Delta m = (Z m_{\mathrm{p}} + N m_{\mathrm{n}}) - m_{\mathrm{a}}$，利用相对论的质能关系$E_{\mathrm{b}} = \Delta m c^2$，可求出

$$E_{\mathrm{b}} = (Z m_{\mathrm{p}} + N m_{\mathrm{n}} - m_{\mathrm{a}})\ c^2 \qquad （20\text{-}2）$$

对于氘 ^2_1H，可算出其结合能为

$$E_b = (m_p + m_n - m_D) c^2 = (0.002\ 388\ u)\ c^2 = 2.225\ MeV$$

^2_1H 的结合能不仅被精确的实验测量证实，而且，反过来当用能量为 2.225 MeV 的光子照射 ^2_1H 时，实验发现 ^2_1H 核一分为二，释放出质子和中子.

为了比较不同核素的结合能，可以用每个核子的平均结合能 E_b/A 作为标准，E_b/A 也称为比结合能（specific binding energy）. 例如氘的平均结合能 $E_b/A =$ 2.225/2 MeV≈1.1 MeV，氦的平均结合能 $E_b/A =$ 28.296/4 MeV≈7 MeV. 显然，E_b/A 越大"击碎"原子核就越困难，即原子核中核子结合得越牢固，原子核也就越稳定. 图20-2是一些核的 $E_b/A - A$ 的关系曲线. 从图中可以看出，该曲线中间高两头低，也就是中等核的比结合能较轻核和重核都大，因而中等核较稳定. 这意味着两个轻核结合成中等或一个重核分裂为两个中等核，都将释放能量，因此裂变和聚变是获得核能的两种途径.

| 思考题20.2：为什么裂变和聚变都能释放能量？

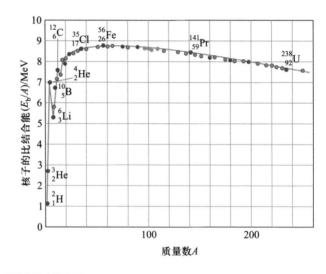

图20-2 核子的比结合能曲线

20-1-3 核的自旋与磁矩

早在电子自旋概念提出之前，泡利为了解释原子光谱的超精细结构，就提出了原子核作为整体具有自旋的假说. 按照量子力学的规则，如果以 I 表示核自旋量子数，则核的自旋角动量 L_I 的大小为

$$L_I = \sqrt{I(I+1)}\hbar \qquad (20-3)$$

L_I 在空间某方向（z 方向）的投影为

$$L_{Iz} = m_I \hbar \qquad (20-4)$$

*20 原子核简介

其中 m_I 称为核自旋磁量子数. 对于确定的 I 值, L_{Iz} 有 $2I+1$ 个可能的取值, 分别对应 $m_I = -I, -I+1, \cdots, I-1, I$.

原子核的自旋角动量来源于组成它的核子的轨道和自旋角动量. 质子和中子都是费米子, 它们的自旋量子数与电子一样都是 1/2. 实验表明 I 值与组成核的核子数有关: 所有偶偶核 (质子和中子数都是偶数的原子核) 的 $I=0$, 例如, ${}_{2}^{4}\text{He}$、${}_{8}^{16}\text{O}$; 所有奇偶核 (质子和中子数中一个为奇数另一个为偶数的原子核) 的 I 值都是半整数, 例如, ${}_{2}^{3}\text{He}$ 为 1/2, ${}_{3}^{7}\text{Li}$ 为 3/2, ${}_{13}^{27}\text{Al}$ 为 5/2; 所有奇奇核 (质子和中子数都是奇数的原子核) 的 I 值都是整数, 例如, ${}_{1}^{2}\text{H}$ 和 ${}_{7}^{14}\text{N}$ 为 1, ${}_{17}^{36}\text{Cl}$ 为 2, ${}_{19}^{40}\text{K}$ 为 4. 与原子类似, 原子核也可以处于不同的量子态上. 上述原子核自旋的结论是就原子核的基态而言的, 对处于激发态的原子核并不成立. 例如, 偶偶核在激发态的自旋就不一定是 0.

| 思考题20.3: 为什么处于基态和激发态的原子核其自旋会不同?

与角动量相联系的是磁矩. 质子做轨道运动的磁矩类似于电子轨道磁矩, 为 $\boldsymbol{\mu}_L = \dfrac{e}{2m_\text{p}}\boldsymbol{L}$. 该磁矩在 z 方向的投影为

$$\mu_{L,z} = \frac{e}{2m_\text{p}}L_z = \frac{e\hbar}{2m_\text{p}}m_l = \mu_\text{N} m_l \qquad (20\text{-}5)$$

式中整数 m_l 为轨道磁量子数, 而常量

$$\mu_\text{N} = \frac{e\hbar}{2m_\text{p}} = 5.05 \times 10^{-27}\ \text{J/T} \qquad (20\text{-}6)$$

称为核磁子 (nuclear magneton). 由于质子质量比电子质量大约 1840 倍, 核磁子比玻尔磁子小约 1840 倍. 中子不带电, 所以中子没有轨道磁矩, 但中子与质子一样都具有自旋磁矩, 这表明中子内部存在电荷分布. 实验测得, 质子的自旋磁矩为 $2.793\mu_\text{N}$, 中子的自旋磁矩为 $-1.913\mu_\text{N}$.

原子核内核子的轨道磁矩和自旋磁矩使得原子核作为整体也具有磁矩. 类似原子磁矩的表达式, 核磁矩 $\boldsymbol{\mu}_I$ 与核自旋角动量 $\boldsymbol{L}_I$ 成正比, 为 $\boldsymbol{\mu}_I = g\dfrac{e}{2m_\text{p}}\boldsymbol{L}_I$, 它在 z 方向的投影为

$$\mu_{I,z} = g\frac{e\hbar}{2m_\text{p}}m_I = g\mu_\text{N} m_I \qquad (20\text{-}7)$$

式中 g 称为 g 因子. 对质子 $g = 5.5857$, 对中子 $g = -3.8261$.

显然, 处于外磁场 $\boldsymbol{B}$ 中的原子核, 核磁矩与磁场相互作用产生的附加能量为

$$E = -\boldsymbol{\mu}_I \cdot \boldsymbol{B} = -g\mu_\text{N} B m_I \qquad (20\text{-}8)$$

于是原子核的能级发生塞曼分裂. 由于 m_I 有 $2I+1$ 个取值, 每一条核能级将分裂为 $2I+1$ 条, 间距为 $\Delta E = g\mu_\text{N} B$. 例如, 氢原子核 (即质子) 的 $I = 1/2$, $m_I = \pm 1/2$, 在磁场中其每一条能级都将分裂为间距为 $g\mu_\text{N} B$ 的 2 条, 如图20-3所示.

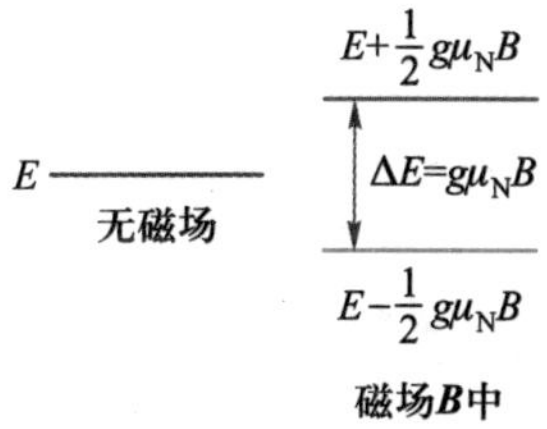

图20-3 氢核在磁场中能级分裂

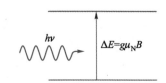

图20-4 核磁共振的能级跃迁

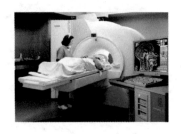

图20-5 核磁共振成像

如果在垂直于外磁场B的方向再施加一个频率为ν的射频磁场,当ν满足$h\nu = g\mu_N B$时将发生共振吸收,原子核将从较低的分裂能级跃迁到相邻的高能级上,如图20-4所示.这种在外磁场中原子核吸收特定频率电磁波的现象称为核磁共振(nuclear magnetic resonance,NMR).而去掉射频磁场,则处于激发态的原子核可以通过跃迁回到低能级,同时辐射出电磁信号,这就是NMR信号.由于生物组织含有大量的水和碳氢化合物,氢核比其他核的NMR信号强1000倍以上.医学核磁共振成像利用的正是氢核的NMR信号.由于不同组织之间或正常与病变组织之间含氢密度不同,它们的NMR信号存在差异,由此形成核磁共振图像的对比度.图20-5为核磁共振成像系统.

发现核磁共振现象的是美国科学家珀塞尔(E.M.Purcell)和瑞士物理学家布洛赫(F.Bloch),他们分享了1952年诺贝尔物理学奖.

20-1-4　核力

把质子和中子束缚在原子核内,靠的显然不是电磁力.事实上,为了克服质子间的库仑斥力,核子间必须有一种很强的吸引力.这种把核子束缚在一起的核力主要是强相互作用.综合各种实验结果,可知核力具有以下特点.

(1)强度大.这一点可以从原子核的稳定性来定性认识.原子核的线度仅10^{-15} m(fm)左右,核内质子间的库仑力是很强的斥力,而中子不带电,至于万有引力,其强度只及库仑力的10^{-36}倍,可见核力不同于电力和万有引力.强相互作用是已知的最强的力.实验表明,强相互作用的强度约为电磁相互作用的10^2倍,为弱相互作用的$10^8 \sim 10^{13}$倍,为引力相互作用的$10^{38} \sim 10^{40}$倍.另外核反应过程中,强相互作用所需的时间也是最短的,约为10^{-23} s,可见强相互作用是极为剧烈的.

(2)力程短.核力作用距离大约在fm范围,而且并不总是吸引力.当两个核子之间的距离为0.8~2.0 fm时,核力表现为吸引力;在小于0.8 fm时,核力表现为斥力;在大于10 fm时,核力完全消失.

(3)饱和性.核力是短程力,每一个核子只与邻近的核子相互作用.如果不是这样,假如核子与核内其他($A-1$)个核子都有相互作用,那么,核的结合能E_b就应该与核内核子的成对数$A(A-1) \sim A^2$成正比,然而,图20-2的结合能曲线中,$A>20$的原子核的比结合能E_b/A都在8.0 MeV附近,近似为一常量,即达到了饱和值,而不是随A增加而增加.核力的饱和性必然要求核力有短程性,即只作用于邻近核子.饱和性和短程性是核力最重要的两个特性.

(4)与电荷无关.无论是质子与质子、中子与中子还是质子与中子之间,核力的作用性质都完全相同,即核力与电荷无关.

(5)与自旋有关.两核子间的核力与它们的自旋取向有关.氘核($_1^2$H)的自旋

　　　　*20　原子核简介

量子数为1，这说明组成氘核的两个核子自旋平行，即质子和中子自旋平行时才有较强的核力把二者结合在一起．核力的主要成分是沿核子间连线的有心力，此外还存在与核子的自旋相对于连线的取向有关的非有心力的成分．

思考题20.4：中子星的密度与核的密度近似相等，这些中子是靠什么力束缚在一起的？

按照量子场论，相互作用是通过交换场量子来实现的．1935年汤川秀树曾提出核力的交换模型，他把核力的场量子称为π介子．π介子的质量可用量纲估计如下：

$$m_\pi c^2 \approx \frac{\hbar c}{r_0} \approx 100 \text{ MeV} \qquad (20-9)$$

式中力程$r_0 \approx 2$ fm．可见π介子质量约为电子静止质量的200倍，介于电子质量和质子质量之间(介子命名由之而来)．1947年在宇宙射线中发现了π介子，汤川秀树也因此获得1949年诺贝尔物理学奖．

π介子交换只是近似描述了核子之间的相互作用，实际上核力是比较复杂的．按照夸克模型，强子（参与强相互作用的粒子，如质子、中子、π介子等）都是由夸克组成的．例如，质子由2个上夸克（u）和1个下夸克（d）组成，记为 p = (uud)；中子由1个上夸克（u）和2个下夸克（d）组成，记为 n = (udd)；夸克的自旋量子数都是1/2，u夸克和d夸克带有的电荷分别为$2e/3$和$-e/3$，所以质子和中子的自旋量子数都是1/2，电荷分别为$+e$和0，如图20-6所示．此外，每种夸克可以带有三种不同的"色荷"．强相互作用正是"色荷"间通过交换胶子传递的色相互作用的表现．也就是说，真正的强相互作用并不是发生在核子层次，而是通过交换胶子发生在夸克之间，胶子是传递强相互作用的场量子．另外，强相互作用是"渐近自由"和"色囚禁"的，即夸克之间的相互作用随距离减小趋于零，随着距离增大趋于无穷，因而夸克总是被束缚在强子内部．

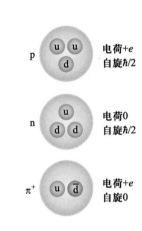

图20-6　p、n和π⁺的夸克组成

核衰变与核反应

20-2-1　原子核的稳定性

一个质子与一个中子结合在一起构成1对p-n，就是氘核，而2对p-n相结合就是氦（He），8对p-n相结合就是氧（O），这些都是自然界存在的原子核．然而，这样的质子数和中子数相等的结构却不会形成很大的原子核．其原因是，随着这样的p-n对增加，原子核越来越大，核子间的距离越来越远，但由于核力具有饱和性，核力是短程力，当原子核大到一定程度时，相距较远的质子之间的核力就不足以平衡它们之间的库仑力，原子核也就不稳定了．由于中子与其他核子之间有相互吸引的核力而没有库仑斥力，可以只增加中子而不是增加p-n对，即用中子来维系原子核的稳定．虽然添加中子能在一定程度上稳定原子核并使核继续增大，但当原子核大到某些核子的距离超出核力作用范围时，核仍然不稳定．

已经发现的核素约有2500种，其中稳定的不到300种，其余大量核素都是不稳定的．稳定核的中子数N和质子数Z间的关系如图20-7所示，图中的点代表稳定核．从图中可以看出，这些点集中在一个狭窄的区域内，构成稳定带．对于质量数A较小的原子核，它们的质子数和中子数大致相等，即$N/Z \approx 1$；随着A增大，$Z \approx N$的结构不稳定，需要较多的中子以维系原子核的稳定，故N/Z随之增大；对应于最大质量数的稳定核，$N/Z = 1.6$. 而在稳定带的上方有过多的中子，稳定带的下方则有过多质子，它们都是不稳定的．此外，太大的原子核（$A > 209$，或$Z > 83$）也都不稳定．

思考题20.5：为什么许多重核都不稳定？

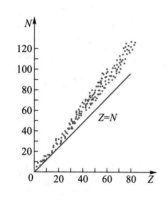

图20-7 核素图

20-2-2 放射性衰变的模式

不稳定的原子核会自发地放出射线变为另一种元素的原子核，这种现象称为**放射性衰变**（radioactive decay）．α射线、β射线和γ射线就分别是α衰变、β衰变和γ衰变三种常见的衰变过程中伴随放出的射线．除这三种模式外，核衰变还有自发核裂变及一些罕见的模式．原子核的放射性衰变同样遵循能量守恒、动量守恒、角动量守恒、电荷数守恒、核子数守恒等一些物理学的基本守恒定律．下面我们仅介绍α衰变、β衰变和γ衰变三种常见的衰变模式．

α衰变是原子核自发地放射出α射线的核衰变．α射线是α粒子（氦核^4_2He）流．^4_2He由2个质子和2个中子构成．所以α衰变可一般地表示为

$$^A_Z\text{X} \rightarrow {}^{A-4}_{Z-2}\text{Y} + {}^4_2\text{He}(\alpha) \tag{20-10}$$

其中衰变前的原子核^A_ZX称为**母核**，衰变后的剩余核$^{A-4}_{Z-2}\text{Y}$称为**子核**．注意，衰变过程中由于核子数守恒和质子数（或电荷数）守恒，箭头两侧的上角标之和、下角标之和分别相等．例如铀核的α衰变过程为

$$^{238}_{92}\text{U} \rightarrow {}^{234}_{90}\text{Th} + {}^4_2\text{He}(\alpha) \tag{20-11}$$

α粒子能作为一个整体释放出来，原因是其比结合能较大（图20-2中位于尖端），所以它的结构稳定．α粒子可以通过其在磁场中的偏转来测定，也可以利用它使气体电离来探测．衰变后子核和α粒子都具有一定的动能，按照能量守恒定律，可以得出**衰变前母核原子的质量必须大于衰变后子核原子与氦原子质量之和**

的结论，这就是α衰变的条件. 根据这个条件可以说明，$^{64}_{29}\text{Cu}$不能发生α衰变.

放射性是研究核内部情况的途径之一. 通过放射现象中能量关系的研究发现，原子核内部能量结构是量子化的，存在类似原子那样的能级结构.

β衰变是核电荷数Z改变而核子数A不变的核衰变. 它主要包括三种类型：原子核释放出电子e^-的β^-衰变，原子核释放出正电子e^+（电子e^-的反粒子）的β^+衰变，以及原子核自发俘获一个核外电子e^-的电子俘获（electron capture）. 电子的自旋角动量为$\hbar/2$，由于原子核中不存在电子，按照角动量守恒和动量守恒定律的要求，1930年泡利假设β衰变中原子核放出电子的同时还伴随着另一种粒子射出，费米称这种粒子为中微子，其自旋角动量为$\hbar/2$，电荷为0，质量很小，而且与物质的作用非常微弱（因而在实验中很难被发现）. 1956年人们在实验中直接探测到了中微子. 通常用符号ν表示中微子，$\bar{\nu}$表示反中微子. 在β^-衰变中，伴随着电子e^-的释放还有反中微子；在β^+衰变中，伴随着e^+的释放还有中微子；电子俘获时也同时释放中微子. 三种β衰变可分别表示为

$$\beta^-衰变：{}^A_Z\text{X} \rightarrow {}^A_{Z+1}\text{Y} + e^- + \bar{\nu}，例如：{}^{14}_6\text{C} \rightarrow {}^{14}_7\text{N} + e^- + \bar{\nu} \qquad (20-12)$$

$$\beta^+衰变：{}^A_Z\text{X} \rightarrow {}^A_{Z-1}\text{Y} + e^+ + \nu，例如：{}^{13}_7\text{N} \rightarrow {}^{13}_6\text{C} + e^+ + \nu \qquad (20-13)$$

$$电子俘获：{}^A_Z\text{X} + e^- \rightarrow {}^A_{Z-1}\text{Y} + \nu，例如：{}^7_4\text{Be} + e^- \rightarrow {}^7_3\text{Li} + \nu \qquad (20-14)$$

原子核在β衰变时会释放能量. 由于核内部的能态是量子化的，衰变的能谱应该是分立的. 但实验发现在β^-衰变中释放出的电子能量谱是连续的，这是因为β^-衰变的能量可以在电子和中微子两个产物间任意分配，由此大量原子核作β衰变时就会出现电子的连续能谱.

1934年费米提出β衰变的弱相互作用理论，他认为，β^-衰变实质上是核内一个中子转变为质子，β^+衰变和电子俘获的本质则是核中一个质子转变为中子. 而中子与质子则可视为核子的两种状态，因此，中子与质子之间的相互转变相当于态的跃迁，在跃迁过程中放出的电子和中微子事先并不存在于核内，就如原子态间的跃迁放出的光子事先并不存在于原子内一样. 导致原子跃迁产生光子的是电磁作用，而β衰变中导致产生电子和中微子的新相互作用则是弱相互作用. 这一理论被实验所证实，迄今经历了几十年的考验.

吴健雄等在下面的β衰变实验中证实了李政道和杨振宁关于弱相互作用中宇称可能不守恒的论点：

$$^{60}\text{Co} \rightarrow {}^{60}\text{Ni} + e^- + \bar{\nu} \qquad (20-15)$$

最后来看γ衰变. 我们知道原子核内部是有能级结构的，而处于激发态的原子核并不稳定，当它向低能态跃迁时往往辐射出能量很高的光子（称为γ光子），γ射

线就是γ光子流. 这种原子核能态间跃迁辐射出γ光子的现象称为γ衰变. γ衰变可表示为

$$_Z^A Y^* \rightarrow {}_Z^A Y + \gamma \qquad (20\text{-}16)$$

式中，Y^*表示处于激发态的原子核.

虽然通过剧烈碰撞等方式可以获得处于激发态的原子核，但更多的是发生在α和β衰变过程中，这时原子核通常先衰变到子核的激发态，然后经过γ衰变放射出γ光子. 以^{12}B的衰变为例，它衰变为基态^{12}C的途径有两种，即

$$_5^{12}B \rightarrow {}_6^{12}C + e^- + \bar{\nu}$$

$$_5^{12}B \rightarrow {}_6^{12}C^* + e^- + \bar{\nu}, \quad {}_6^{12}C^* \rightarrow {}_6^{12}C + \gamma$$

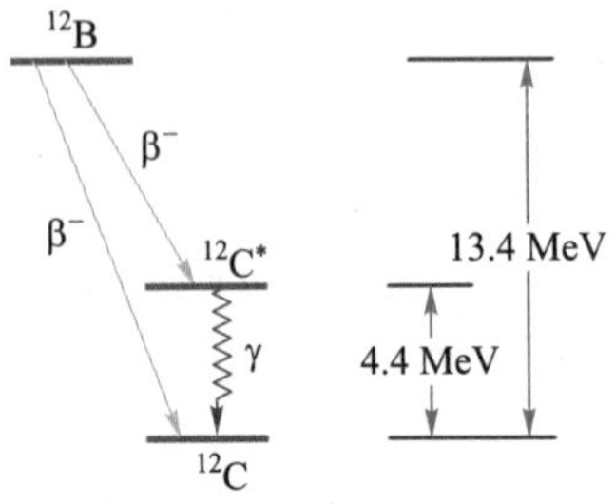

如图20-8所示，前者为直接通过β⁻衰变，后者则是先通过β⁻衰变到激发态^{12}C*，再通过γ衰变到基态^{12}C. γ光子的能量比原子跃迁过程中的光子高2～3个数量级，因此具有非常强的穿透力和对细胞的杀伤力. 医学上利用放射性元素（通常为^{60}Co）发射的γ射线照射病变部位，以达到治疗肿瘤的目的.

| 思考题20.6：α射线、β射线和γ射线分别是什么粒子流？

反过来，处于基态的原子核能否吸收同类原子核发出的γ光子而跃迁到激发态呢？这只有在一定的条件下才能实现. 为了保证基态原子核能够与γ光子共振而被吸收，必须克服发射和吸收过程中核的反冲能量的影响，这可以通过把发射和吸收核都固定在固体中来实现，为了消除热振动的影响，有些实验还需在低温下进行. 穆斯堡尔（R. L. Mössbauer）通过让γ射线源运动而使其频率在一定范围内变化，从而有利于共振吸收，这种现象称为**穆斯堡尔效应**. 穆斯堡尔效应已被用于研究样品的原子核性质、固体性质和化学结构等.

当然，处于激发态的原子核跃迁到低能态时也可能不辐射光子，而是把能量直接交给核外电子使之电离，这一过程称为**内转换**（internal conversion）.

20-2-3 衰变的规律

原子核是一个量子体系，核衰变服从量子力学的统计规律. 也就是说，对于放射性核材料中的大量不稳定的原子核而言，虽然无法预知每个原子核将在什么时刻衰变，但衰变事件却遵循确定的统计规律. 若N个核在dt时间内衰变了dN个（记为$-dN$），显然衰变的概率应与dt成正比，于是

$$\frac{-dN}{N} = \lambda dt \qquad (20\text{-}17)$$

比例常量λ是标志放射性衰变快慢的物理量，称为**衰变常量**（decay constant），它

图20-8 γ衰变

*20 原子核简介

表示单个原子核在单位时间内衰变的概率. 对上式积分可得

$$N = N_0 e^{-\lambda t} \qquad (20-18)$$

式中 N_0 是 $t = 0$ 时的 N 值.

放射性核素衰变到原有数目的一半所需要的时间称为**半衰期**（half life），用 $T_{1/2}$ 表示. 例如，^{235}U 的半衰期为 7.04×10^8 a（年），^{238}U 为 4.47×10^9 a，^{42}K 为 12.4 h（小时），^{32}P 为 14.3 d（天），^{14}C 为 5.73×10^3 a，^{13}N 为 9.961 min（分），^{6}He 为 0.8 s，等等. 根据式（20-18），放射性原子核的衰变规律如图20-9所示. 经过 $T_{1/2}$ 时间原子核数目减少一半；但再经过 $T_{1/2}$ 时间原子核并不全部衰变，而是又减少一半，即剩下原来的四分之一. 显然，λ 越大衰变越快，$T_{1/2}$ 也就越小. 由式（20-18）有 $N/N_0 = 1/2 = e^{-\lambda T_{1/2}}$，于是可得 $T_{1/2}$ 与 λ 的关系为

$$T_{1/2} = \frac{\ln 2}{\lambda} = \frac{0.693}{\lambda} \qquad (20-19)$$

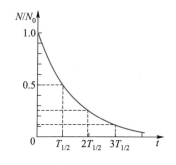

图20-9 放射性衰变规律

放射性核素在衰变前各个原子核存活的时间有长有短，即寿命不同，但确定的核素具有确定的**平均寿命**（mean lifetime）. 平均寿命用 τ 表示. 根据式（20-18），t 时刻的核数为 $N = N_0 e^{-\lambda t}$，t 到 $t + \mathrm{d}t$ 时间内有 $\mathrm{d}N$ 个衰变了，这 $\mathrm{d}N$ 个核的寿命为 t，于是从 $t = 0$ 时的 N_0 个核到 $t = \infty$ 全部衰变完，平均寿命为

$$\tau = \frac{1}{N_0}\int_{N_0}^{0} t\,\mathrm{d}N = -\lambda \int_{\infty}^{0} t\,e^{-\lambda t}\,\mathrm{d}t = \frac{1}{\lambda} = 1.44 T_{1/2} \qquad (20-20)$$

每一种核素都有它特有的半衰期 $T_{1/2}$、衰变常量 λ 和平均寿命 τ，而式（20-20）反映了它们之间是相互联系的，因此这三个量都可以作为放射性核素的特征量. 实际中，人们可以通过测量其特征量来判别它是哪种放射性核素.

思考题20.7：^{63}Ni 的半衰期为 100 a，即其平均寿命为 144 a. 这是否意味着一个 ^{63}Ni 核存活的时间恰恰为 144 a？或者在 200 年后核素 ^{63}Ni 就会衰变殆尽？

放射性物质在单位时间内发生衰变的原子核数目称为**放射性活度**（activity），用 A 表示. 由式（20-17）可知

$$A = \frac{-\mathrm{d}N}{\mathrm{d}t} = \lambda N = \lambda N_0 e^{-\lambda t} \qquad (20-21)$$

放射性活度决定了物质的放射性的强弱，其单位为贝可勒尔，简称贝可，用 Bq 表示. 它与另一个常用单位居里（Ci）的换算关系为

$$1\ \text{Ci} = 3.7 \times 10^{10}\ \text{Bq}$$

放射性衰变规律在地质学和考古学上可用于年代测定. 例如铀衰变后最终变为稳定的铅，由此可以通过测定岩石中铀和铅的含量来确定岩石的地质年龄. 对古生物则常用 ^{14}C 放射性鉴年法. ^{12}C 是一种稳定核素，其同位素 ^{14}C 却是一种放射性

核素，它是大气中由宇宙射线导致的核反应的产物．空气中天然碳绝大部分为 ^{12}C，^{14}C 只占 1.3×10^{-10}%，而生物组织并不能区分它们，所以被生物体吸收的 ^{12}C 和 ^{14}C 的比例与天然碳相同．当生物体死亡后，由于生物不再吸收大气中的天然碳，而其体内 ^{14}C 的放射性活度将随放射性衰变而减少，故可通过检测一定量遗体中 ^{14}C 的放射性活度来推算出古生物的年代．

例题20-1 从某古墓中一块骸骨分离出 12 g 碳，测得样品中 ^{14}C 的活度为 2.0 Bq，试确定其墓主死亡年代．已知 ^{14}C 的半衰期为5730年．

解： ^{14}C 的衰变常量为

$$\lambda = \frac{0.693}{T_{1/2}} = \frac{0.693}{5730 \times 365 \times 24 \times 3600} \, \text{s}^{-1} = 3.84 \times 10^{-12} \, \text{s}^{-1}$$

碳的摩尔质量为 12 g/mol（不计 ^{14}C），12 g 碳含有 6.02×10^{23} 个 ^{12}C 原子，而天然碳中 $^{14}C/^{12}C$ 的比例为 1.3×10^{-12}，故可得墓主死亡时骸骨 12 g 碳中含 ^{14}C 的原子数为

$$N_0(^{14}C) = 6.02 \times 10^{23} \times 1.3 \times 10^{-12} = 7.8 \times 10^{11}$$

根据式（20-21），得

$$t = \frac{1}{\lambda} \ln \frac{\lambda N_0}{A} = \frac{5730 \, \text{a}}{0.693} \ln \frac{3.84 \times 10^{-12} \times 7.8 \times 10^{11}}{2.0} = 3340 \, \text{a}$$

即墓主死亡时距今3340年．

20-2-4 核反应

放射性衰变是核自发发生的改变，核反应（nuclear reaction）则是核受外部影响（通常是其他粒子轰击）发生的变化．1919年卢瑟福第一次发现原子核反应，其过程为 α 粒子撞击空气中的 N 原子核而放出质子，同时产生一个 O 原子核，即

$$^{4}_{2}\text{He}(\alpha) + ^{14}_{7}\text{N} \rightarrow ^{17}_{8}\text{O} + ^{1}_{1}\text{H}(\text{p})$$

而第一个用人工加速粒子实现的核反应是用加速质子撞击 Li 靶的如下实验：

$$^{7}_{3}\text{Li} + ^{1}_{1}\text{H}(\text{p}) \rightarrow ^{4}_{2}\text{He}(\alpha) + ^{4}_{2}\text{He}(\alpha)$$

人工核反应产生的一系列核素中，许多在地球上并不天然存在，它们是放射性的．1934年居里夫妇用下列反应产生了第一个人工放射性核素：

$$^{27}_{13}\text{Al} + ^{4}_{2}\text{He}(\alpha) \rightarrow ^{30}_{15}\text{P} + ^{1}_{0}\text{n}$$

产物 $^{30}_{15}\text{P}$ 是 β^+ 放射性核素，半衰期为 2.5 min，其衰变过程为

$$^{30}_{15}\text{P} \rightarrow ^{30}_{14}\text{Si} + \text{e}^+ + \nu$$

此外，导致中子发现的核反应是

$$_{4}^{9}\text{Be} + _{2}^{4}\text{He}(\alpha) \rightarrow _{6}^{12}\text{C} + _{0}^{1}\text{n}$$

核反应可能消耗能量，也可能释放能量. 以 m_i、m_f 分别表示反应前、后粒子的总质量，则能量守恒关系可以写成 $m_ic^2 = m_fc^2 + Q$. 这里 Q 称为反应能，$Q>0$ 为放能反应，$Q<0$ 则为吸能反应. 根据式（20-2），Q 也可以用核的结合能 E_b 表示为 $Q = E_{bf} - E_{bi}$，E_{bi}、E_{bf} 分别为反应前、后核的总结合能.

核裂变（nuclear fission）是大质量的原子核在中子轰击下裂变为两个或多个中等质量的核并放出中子的核反应. 例如：

$$_{0}^{1}\text{n} + _{92}^{235}\text{U} \rightarrow _{56}^{141}\text{Ba} + _{36}^{92}\text{Kr} + 3_{0}^{1}\text{n}$$

$$_{0}^{1}\text{n} + _{92}^{235}\text{U} \rightarrow _{54}^{140}\text{Xe} + _{38}^{94}\text{Sr} + 2_{0}^{1}\text{n}$$

这里的核反应是放能的. 根据图20-2可知，$A=235$ 和 $A=92\sim141$ 附近比结合能分别约为 7.6 MeV 和 8.5 MeV，由此可以估计出一次核反应所释放的能量为（以第一种反应为例）

$$Q = (141 + 92) \times 8.5 \text{ MeV} - 235 \times 7.6 \text{ MeV} = 194.5 \text{ MeV}$$

大致为 200 MeV，即 1 g^{235}U 裂变释放出的能量相当于2.5吨煤的燃烧热！由于核裂变会释放一定数量的中子，每次反应放出的中子又可以激发下一代裂变从而形成链式反应. 核电站就是利用链式反应所产生的巨大能量来发电的.

核可以裂变为两个核，这种现象称为二分裂.1946年我国物理学家钱三强和何泽慧夫妇还发现核裂变为三个或四个核的三分裂或四分裂现象，但其概率比二分裂要小得多.

另一类核反应是小质量的核结合成较大质量核的核聚变（nuclear fusion）. 根据图20-2，小质量的核（$A<20$）的比结合能较小，因此核聚变同样会释放出能量. 例如，下列核聚变过程：

$$_{1}^{2}\text{H} + _{1}^{2}\text{H} \rightarrow _{2}^{3}\text{He} + _{0}^{1}\text{n} + 3.27 \text{ MeV}$$

$$_{1}^{2}\text{H} + _{1}^{2}\text{H} \rightarrow _{1}^{3}\text{H} + _{1}^{1}\text{H} + 4.03 \text{ MeV}$$

$$_{1}^{2}\text{H} + _{1}^{3}\text{H} \rightarrow _{2}^{4}\text{He} + _{0}^{1}\text{n} + 17.59 \text{ MeV}$$

太阳能就是来源于一系列的核聚变. 核聚变的控制和能量的利用是一个重要的研究课题.

| 思考题20.8：核反应一定会释放出能量吗？

习题

习题参考答案

20.1 求下列几种核素的质子数、中子数和核子数：$^{12}_{6}C$、$^{14}_{6}C$、$^{16}_{8}O$、$^{18}_{9}F$、$^{43}_{20}Ca$、$^{202}_{80}Hg$.

20.2 计算下列核的半径：^{16}O、^{197}Au、^{28}Si.

20.3 中子星的密度与核的密度近似相等，假定太阳塌缩为中子星，其半径将变为多少？已知太阳质量 $m_S = 1.989 \times 10^{30}$ kg.

20.4 $^{16}_{8}O$ 的质量为 15.994 915 u，$^{120}_{50}Sn$ 的质量为 119.902 198 u，$^{238}_{92}U$ 的质量为 238.048 61 u. 分别求它们的结合能和比结合能.

20.5 处于基态的 $^{7}_{3}Li$ 核的自旋量子数为 3/2，$^{2}_{1}H$ 核的自旋量子数为 1.（1）求这两种核的自旋角动量的大小和在 z 方向的投影值；（2）它们的基态能级在磁场中各分裂为几条？

20.6 完成下面的核衰变过程：

（1）$^{210}_{84}Po \rightarrow$ _____ $+ ^{4}_{2}He$（α）;

（2）$^{28}_{13}Al \rightarrow$ _____ $+ e^{-} + \bar{\nu}$;

（3）$^{21}_{11}Na \rightarrow$ _____ $e^{+} + \nu$;

（4）$^{41}_{20}Ca + e^{-} \rightarrow$ _____ $+ \nu$.

20.7 证明 $^{64}_{29}Cu$ 不能发生 α 衰变（已知原子质量：$m_{Co} = 59.9338$ u，$m_{He} = 4.0026$ u，$m_{Cu} = 63.9298$ u）.

20.8 放射性元素镭 $^{226}_{88}Ra$ 的半衰期是 1600 年.（1）求它的衰变常量 λ；（2）若某样品中含有 3.0×10^{16} 个镭核，则 1000 年和 2000 年后其放射性活度分别为多少？

20.9 ^{238}U 的半衰期为 4.47×10^{9} 年，而铅 ^{206}Pb 是稳定的. 如果一块岩石样品中含有 0.3 g 的 ^{238}U 和 0.12g 的 ^{238}Pb，假定岩石中的铅 ^{206}Pb 全部来自 ^{238}U 的衰变，求这块岩石形成时 ^{238}U 的含量并确定其地质年龄.

20.10 一个 ^{235}U 核裂变释放的能量约为 200 MeV.（1）求裂变反应堆中 1.0 kg 的 ^{235}U 裂变释放的能量；（2）为了产生 1.0 W 的功率，^{235}U 的中子裂变应有怎样的速率？

20.11 完成下列反应式：

（1）$^{59}_{27}Co +$ _____ $\rightarrow ^{60}_{27}Co + \gamma$（$^{60}Co$ 用于癌症治疗）

（2）$^{19}_{9}F + ^{1}_{1}H \rightarrow$ _____ $+ ^{4}_{2}He$

（3）$^{1}_{0}n + ^{233}_{92}U \rightarrow ^{134}_{52}Te +$ _____ $+ 2^{1}_{0}n$

20.12 求反应 $^{4}He + ^{14}N \rightarrow ^{17}O + ^{1}H$ 的反应能，它是吸能反应还是放能反应？（已知原子质量：^{4}He: 4.002 60 u；^{14}N: 14.003 07 u；^{17}O: 16.999 13 u；^{1}H: 1.007 82 u.）

参考文献

扫描二维码可查阅
参考文献

大学物理学思考题与习题解答

扫描二维码可购买
思考题与习题详细解答